간호조무사

모의고사 문제집

백지운 저

다락원

머리말

국가의 간호인력 부족현상은 연일 이슈가 되고 있습니다.
간호조무사는 이론 740시간과 실습 780시간을 이수해야 국시원의 시험을 볼 수 있는 어려운 자격시험이지만, 매일 아픈 환자들을 돌보며 자신 또한 다듬어 갈 수 있는 보람있는 직업임은 분명합니다.
간호조무사를 준비하는 학생들을 15년 이상 직접 교육하면서 "내가 수험생이라면?"이라는 생각을 수없이 해왔습니다.
시험을 앞둔 학생들의 막연함과 답답함을 해소하기 위해 잘 정리된 교재를 제공하는 것이 교사로서 할 수 있는 최소한의 것임을 알고 있기에, 본 수험서는 그러한 마음을 모두 담아 간호조무사를 꿈꾸는 수험생들의 길잡이가 되기를 바라는 마음으로 집필했습니다.

본 교재는,

1. 최신 출제 경향에 맞춘 간호조무사 시험대비 최종 마무리 문제집입니다.
2. 각 과목별 문제를 엄선하여 실제 시험과 유사하게 모의고사를 구성했습니다.
3. 최근에 바뀐 국가고시 유형에 맞추어 실기 그림문제를 삽입하였습니다.

향후 부족한 부분은 계속 보완해 나갈 것이며, 늘 수험생들과 소통하는 저자가 되기 위해 노력하겠습니다.

본 교재를 통해 실전 감각을 익혀 시험에 합격하는 영광을 누리길 바라며, 간호조무사가 우리나라 보건의료분야에 절대적인 인력이 되기를 바랍니다.

저자 백지운

개요

간호조무사는 각종 의료기관에서 의사 또는 간호사의 지시 하에 환자의 간호 및 진료에 관련된 보조업무를 수행하는 자를 말한다.

응시자격

- 초·중등교육법령에 따른 특성화고등학교의 간호 관련 학과를 졸업한 사람(간호조무사 국가시험 응시일로부터 6개월 이내에 졸업이 예정된 사람을 포함한다)
- 「초·중등교육법」 제2조에 따른 고등학교 졸업자(간호조무사 국가시험 응시일로부터 6개월 이내에 졸업이 예정된 사람을 포함한다) 또는 초·중등교육법령에 따라 같은 수준의 학력이 있다고 인정되는 사람(이하 이 조에서 "고등학교 졸업학력 인정자"라 한다)으로서 보건복지부령으로 정하는 국·공립 간호조무사양성소의 교육을 이수한 사람
- 고등학교 졸업학력 인정자로서 평생교육법령에 따른 평생교육시설에서 고등학교 교과 과정에 상응하는 교육과정 중 간호 관련학과를 졸업한 사람(간호조무사 국가시험 응시일로부터 6개월 이내에 졸업이 예정된 사람을 포함한다)
- 고등학교 졸업학력 인정자로서 「학원의 설립·운영 및 과외교습에 관한 법률」 제2조의2제2항에 따른 학원의 간호조무사 교습과정을 이수한 사람
- 고등학교 졸업학력 인정자로서 보건복지부장관이 인정하는 외국의 간호조무사 교육과정을 이수하고 해당 국가의 간호조무사 자격을 취득한 사람
- 제7조제1항제1호 또는 제2호에 해당하는 사람

시험일정

구분	응시원서 접수기간	시험일	합격자발표 예정일시
상반기	1월경	3월경	3월경
하반기	7월경	9월경	9월경

* 코로나 19 추이 등에 따라 시험일정이 변경되므로 국시원 홈페이지를 통해 확인하시기 바랍니다.(www.kuksiwon.or.kr)

시험시간표

교시	시험과목[문제수]	응시자 입장시간	시험시간	배점	시험방법
1교시	1. 기초간호학 개요 [35] (치의학기초개론 및 한의학기초 개론을 포함한다) 2. 보건간호학 개요 [15] 3. 공중보건학개론 [20] 4. 실기 [30]	09:30	10:00 ~ 11:40 (100분)	1점 / 1문제	객관식 (5지 선다형)

* 매 과목 만점의 40퍼센트 이상, 전 과목 총점의 60퍼센트 이상 득점한 자를 합격자로 한다.
* 합격기준 점수 : 1과목 14점, 2과목 6점, 3과목 8점, 4과목 12점

시험범위

기초간호학 개요

1. 간호관리
2. 기초해부생리
3. 기초약리
4. 기초영양
5. 기초치과
6. 기초한방
7. 기본간호
8. 성인관련 간호의 기초
9. 모성관련 간호의 기초
10. 아동관련 간호의 기초
11. 노인관련 간호의 기초
12. 응급관련 간호의 기초

보건간호학 개요

1. 보건교육
2. 보건행정
3. 환경보건
4. 산업보건

공중보건학 개론

1. 질병관리사업
2. 인구와 출산
3. 모자보건
4. 지역사회보건
5. 의료관계법규

실기

이 책의 구성

실전모의고사

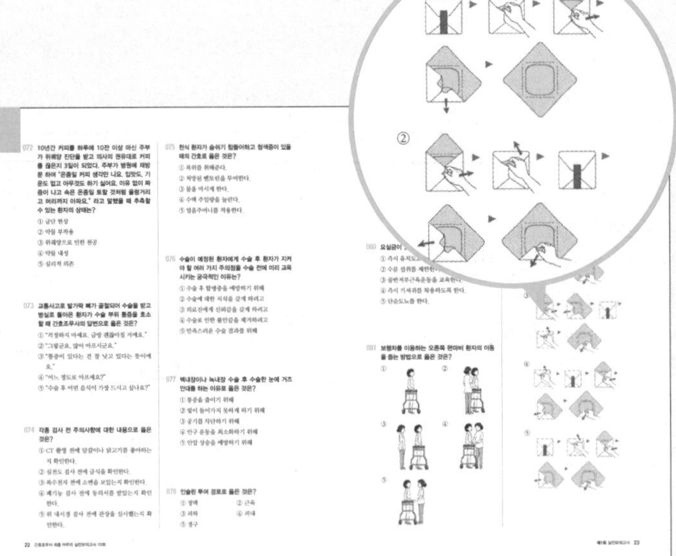

- 최신 출제경향에 맞춰 실전모의고사 10회분을 수록하였습니다.
- 최근 출제되고 있는 실기 그림 문제를 적극 반영하여 적중률을 높였습니다.

정답 및 해설

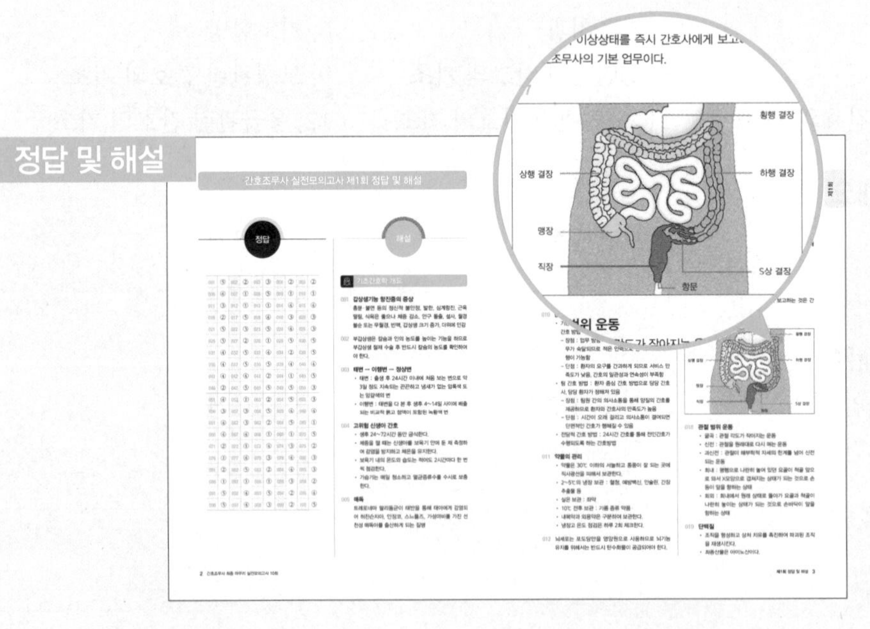

- 이론이 따로 필요 없을 만큼 상세한 해설을 수록하였습니다.
- 이해하기 쉽게 그림 설명을 보충하였습니다.

STEP 1

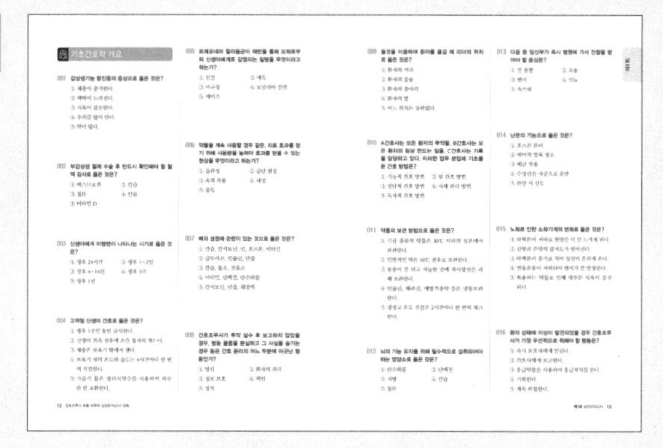

실전모의고사로 실제 시험 유형 익히기

출제기준과 출제유형에 맞게 엄선한 실전모의고사 10회를 풀어본다.

STEP 2

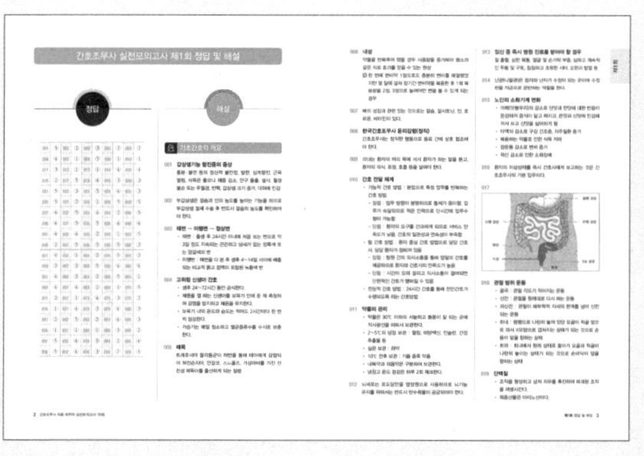

정답과 해설 꼼꼼하게 복습하기

각 문제별 해설을 꼼꼼히 확인하고, 틀린 문제는 꼭 복습한다.

STEP 3

궁금한 사항은 저자에게 묻기

저자가 직접 답하는 Q&A 게시판을 활용하여 학습 중 궁금한 점이나 간호조무사 시험에 대한 문의사항을 해결한다.

※ 다락원 원큐패스카페(http://cafe.naver.com/1qpass)

차례

[실전모의고사]

[정답 및 해설]

실전 모의고사

QR코드를 스캔하여 모바일로 간편하게 무료 강의를 수강하세요.
원큐패스 유튜브에서 유료강의 일부를 무료로 수강하실 수 있습니다.

기초간호학 개요

실전모의고사 제1회
기초간호학 문제풀이 영상

001 위암으로 입원한 환자가 간호조무사에게 자신의 진단 결과를 알려달라고 할 때 간호조무사가 취해야 할 행동으로 가장 옳은 것은?

① 환자의 권리이므로 알려준다.
② 의무기록을 복사해서 진단명을 확인하는 방법을 알려준다.
③ 간호사에게 보고한다.
④ 가족에게 대신 말해준다.
⑤ 모르겠다고 말한다.

002 간에 대한 설명으로 옳은 것은?

① 좌상복부에 있다.
② 인체에서 가장 작은 장기이다.
③ 간에서 여러 가지 호르몬을 분비한다.
④ 담낭은 간의 하면에 위치하며 담즙을 저장·농축한다.
⑤ 췌장(이자)에서 형성된 담즙이 간으로 보내진다.

003 병실 바닥에 고여 있는 물로 인해 미끄러져 환자의 손목뼈가 부러지게 되었다. 간호조무사의 책임은?

① 간호조무사가 물을 뿌린 것이 아니므로 책임이 없다.
② 낙상 예방은 간호업무에 속하므로 간호조무사로서 책임이 있다.
③ 보호자의 부재로 인해 발생했으므로 보호자 책임이다.
④ 바닥에 물을 뿌린 사람의 책임이다.
⑤ 병원 환경의 문제이므로 병원의 책임이다.

004 임신 중 흡연이 태아에게 미치는 영향으로 옳은 것은?

① 태반 순환 감소로 태아 성장이 촉진된다.
② 태아 큰몸증(거대아) 출생률이 높아진다.
③ 태아의 심박동을 감소시킨다.
④ 간접흡연은 태아와 무관하다.
⑤ 유산 가능성과 유아기 사망률이 높아진다.

005 골관절염의 증상으로 옳은 것은?

① 무통증
② 관절 사용 시 통증이 심해짐
③ 자가면역질환
④ 대칭적 관절통
⑤ 30대 여성에게 호발

006 신생아 출생 직후 가장 먼저 관찰해야 할 사항으로 옳은 것은?

① 호흡 ② 출혈 유무
③ 순환 ④ 피부색
⑤ 반사 반응

007 질병의 종류나 감염성 질환의 유무와 관계없이 의료기관에 입원한 모든 환자를 대상으로 의료관련 감염을 예방하고 관리하기 위해 작성된 지침을 무엇이라고 하는가?

① 접촉주의 ② 비말주의
③ 표준주의 ④ 감염주의
⑤ 공기주의

008 임신 말기에 통목욕을 삼가야 하는 이유로 가장 옳은 것은?

① 자궁 수축을 촉진하여 진통이 올 수 있으므로
② 쉽게 피로해지므로
③ 욕조로 이동 시 무게중심의 변화로 낙상 우려가 있으므로
④ 피부가 거칠어지므로
⑤ 혈관 이완으로 혈압이 높아질 수 있으므로

009 노인의 시각 변화와 간호에 대한 설명으로 옳은 것은?

① 안구가 건조해지고 수정체 탄력이 증가한다.
② 수정체의 황화현상으로 남색계통, 특히 초록색과 파란색을 잘 구분하게 된다.
③ 눈부심이 심해지고 명암의 적응능력이 떨어지므로 야간 운전을 되도록 피한다.
④ 백내장이 자주 나타나고 동공이 커진다.
⑤ 간접조명보다는 중앙에 큰 조명을 하나만 둔다.

010 국소마취제의 대표적인 약물로 부정맥을 치료할 때도 사용되는 것은?

① 헤파린　② 리도케인
③ 페노바비탈　④ 아스피린
⑤ 모르핀

011 노인의 운동에 대한 설명으로 옳은 것은?

① 걷기, 조깅, 체중부하운동을 절대 금한다.
② 관절염 노인은 수영을 금한다.
③ 수시로 스트레칭을 하도록 한다.
④ 주 5일 이상, 1회 1시간 이상 운동한다.
⑤ 빠르게 방향을 바꾸는 운동이나 동작을 연습한다.

012 결핵 치료제 복용 시 공복에 두 가지 이상의 약제를 병용해서 사용하는 이유는 무엇인가?

① 혈중 약물 농도를 일정하게 유지하기 위해
② 내성을 지연시키고 치료 효과를 증진시키기 위해
③ 심리적 효과를 이용하여 증상을 완화시키기 위해
④ 빼먹지 않고 약을 복용하기 위해서
⑤ 흡수가 빨리 되게 하려고

013 치매 증상이 심한 노인 환자에게 약물을 투여하는 방법으로 옳은 것은?

① 잠자기 전에 이뇨제를 투여한다.
② 가족에게 투약 방법을 설명해준다.
③ 통증을 호소하는 노인에게는 주로 모르핀을 사용한다.
④ 반드시 환자 스스로 복용하게 한다.
⑤ 반복 투여의 우려가 있으므로 반드시 주사제로 공급한다.

014 비타민 중 결핍 시 혈액 응고 시간 연장 및 출혈이 유발되기도 하는 것은?

① 비타민 A　② 비타민 D
③ 비타민 E　④ 비타민 K
⑤ 비타민 C

015 임부의 입덧을 완화하기 위한 방법으로 옳은 것은?

① 아침식사 전 수분이 적은 비스킷을 먹는다.
② 공복에 약간의 카페인을 섭취한다.
③ 탄산음료를 마신다.
④ 음식 섭취 후 곧바로 움직인다.
⑤ 수분을 제한한다.

016 손목 염좌 시 응급처치로 옳은 것은?

① 손목을 좌우로 부드럽게 움직여 구축을 예방한다.
② 손목을 탄력붕대 등으로 고정한다.
③ 즉시 더운물찜질을 한다.
④ 손을 심장 아래로 내린다.
⑤ 손상 부위를 부드럽게 마사지한다.

017 임신 20주된 임부가 한동안 태아의 태동도 느껴지지 않았고 복통과 질 출혈도 없었으나 최근 갑자기 코피가 났을 경우 예상 가능한 유산은?

① 절박유산 ② 완전유산
③ 불완전유산 ④ 계류유산
⑤ 습관유산

018 응급환자 처치 방법으로 옳은 것은?

① 익수자는 이물(이물질) 제거 → 기도 개방 → 인공호흡을 실시한다.
② 코피(비출혈) 시 코를 세게 풀도록 한다.
③ 화상 부위에는 즉시 연고를 바른다.
④ 골절 환자는 가장 먼저 안전한 곳으로 옮긴다.
⑤ 뱀에게 물렸을 경우 칼로 상처를 내서 뱀독을 빨아낸다.

019 고혈압을 진단받은 산모가 산부인과를 방문할 때마다 정기적으로 받아야 할 검사로 옳은 것은?

① 복부 X선 검사
② 단백뇨 검사
③ 24시간 혈압 검사
④ 임질 검사
⑤ 혈액형 검사

020 콜레스테롤에 대한 설명으로 옳은 것은?

① 비타민 K 합성 전단계 물질이다.
② 우리 몸에 전혀 필요하지 않은 성분이다.
③ 콜레스테롤 과잉 시 동맥경화, 고혈압 등이 유발되기도 한다.
④ 체내에 쌓이면 호르몬 이상이 발생한다.
⑤ 주로 식물성 지방에 많이 함유되어 있다.

021 임신 후반기에 무통성 질 출혈이 있는 전치태반에 대한 설명으로 옳은 것은?

① 정상분만은 할 수 없다.
② 내진하지 않는다.
③ 초임부에게 흔하다.
④ 임신 주수와 상관없이 제왕절개로 분만을 유도한다.
⑤ 태반이 자궁의 하부에 위치한 것이다.

022 화상에 대한 설명으로 옳은 것은?

① 심각한 전신 화염화상인 경우 환자를 눕혀서 깨끗한 담요나 융단으로 덮어준다.
② 물집은 터트리고 소독한다.
③ 화상의 범위보다 화상의 깊이가 사망에 더 큰 영향을 미친다.
④ 1도 화상은 멸균거즈나 붕대로 덮어 쇼크와 감염 방지에 신경을 쓴다.
⑤ 심한 화상을 입은 환자 처치 중 가장 먼저 고려해야 하는 것은 감염 예방이다.

023 신생아 목욕에 대한 내용으로 옳은 것은?

① 목욕시간은 30분이 적당하다.
② 다리에서 머리방향으로 씻긴다.
③ 수유 후에 목욕한다.
④ 목욕물 온도는 팔꿈치를 담가 측정한다.
⑤ 40℃ 이내의 물을 이용하고 태지는 부드럽게 벗겨낸다.

024 태아적혈모구증(태아적아구증)을 일으키는 경우는?

① 부 RH(−), 모 RH(−)
② 부 RH(−), 모 RH(+)
③ 부 RH(−), 태아 RH(+)
④ 모 RH(−), 태아 RH(+)
⑤ 모 RH(+), 태아 RH(−)

025 항암제를 투여받고 있는 암 환자 간호로 옳은 것은?

① 항암 치료로 구역이 심하면 뜨거운 음료를 제공한다.
② 항암제 투여 시 약물이 혈관 밖으로 새어나오면 피부 괴사를 일으키므로 주의 깊게 관찰한다.
③ 탈모 예방에 가장 신경 써야 한다.
④ 치료를 위해 진통제를 사용하지 않는다.
⑤ 구토가 심하더라도 음식 섭취를 권장한다.

026 기관지 천식에 대한 설명으로 옳은 것은?

① 낮에만 증상이 있다.
② 기관지 벽이 부풀어 오르고 부종이 생겨 기관지가 넓어진다.
③ 기관지 확장제인 살부타몰(상품명 벤토린)을 휴대하고 다닌다.
④ 꽃가루, 동물의 털, 먼지(분진), 스트레스 등에 자주 노출되게 한다.
⑤ 호흡곤란 시 앙와위를 취해주고 안정시킨다.

027 저혈당에 대한 설명으로 옳은 것은?

① 어지러움, 식은땀, 오한, 고열 등이 발생한다.
② 뇌손상을 일으킬 수 있으므로 의식이 있다면 속히 사탕, 설탕물 등을 먹인다.
③ 환자가 가지고 있는 혈당강하제를 복용하게 한다.
④ 포도당 주사 주입은 금기이다.
⑤ 속히 인슐린을 투여한다.

028 단백질의 기능으로 옳은 것은?

① 1g당 9kcal의 에너지를 발생한다.
② 고혈압, 동맥경화증 및 각종 심장질환과 관계가 있다.
③ 파괴된 조직을 재생하여 새로운 조직을 형성한다.
④ 뼈와 치아의 구성 성분으로 부족 시 골다공증이 유발된다.
⑤ 외부와의 절연체 역할을 하여 신체 온도를 유지시켜준다.

029 간염에 대한 내용으로 옳은 것은?

① A형, B형 간염은 주로 수혈로 감염된다.
② 전염 간염은 만성 간염의 가능성이 크다.
③ 혈청 간염은 대소변에 오염된 음식물이나 물에 의해 감염된다.
④ non-A non-B형 간염은 일회용 주사기를 재사용하거나 수혈로 인해 감염된다.
⑤ 고단백, 고탄수화물, 고비타민, 고지방 식이를 제공한다.

030 대상포진의 특징에 대한 설명으로 옳은 것은?

① 원인은 단순 포진 바이러스(herpes simplex virus)이다.
② 신경을 따라 수포성 발진과 통증이 나타난다.
③ 항히스타민제와 항생제로 치료한다.
④ 수두-대상포진 바이러스는 소아에게는 대상포진을, 성인에게는 수두를 유발시킨다.
⑤ 대부분 2~3일이면 완치된다.

031 안구에 심한 타박상을 입은 경우 응급처치로 옳은 것은?

① 절대안정을 취한다.
② 눈을 압박하는 드레싱을 해준다.
③ 눈동자를 굴린다.
④ 머리를 낮추고 다리를 올린다.
⑤ 즉시 더운물찜질을 해준다.

032 이머리(치관)와 이뿌리(치근) 사이의 경계 부위를 무엇이라고 하는가?

① 치주인대 ② 잇몸낭(치주낭)
③ 치수 ④ 사기질
⑤ 이목(치경)

033 어둡고 보이지 않는 부분을 밝게 해서 치료를 도와주는 치과 기구는?

① 이거울(치경) ② 탐침(익스플로러)
③ 스푼익스카베이터 ④ 라이트(무영등)
⑤ 핀셋(커튼플라이어)

034 급성 질환에는 주로 (A)를, 만성 질환에는 흔히 (B)를 사용한다. 괄호 안에 들어갈 말로 알맞은 것은?

① A : 산제, B : 고제
② A : 고제, B : 환제
③ A : 탕제, B : 환제
④ A : 탕제, B : 정제(알약)
⑤ A : 환제, B : 탕제

035 탕제의 복용 방법으로 옳은 것은?

① 일반적으로 1일 1회 복용한다.
② 위장에 자극을 주는 약은 식사 직전에 복용한다.
③ 구토를 할 때는 조금씩 여러 번 나누어 복용시킨다.
④ 독성이 있는 약을 복용할 경우 처음에는 많은 양을 복용하고 천천히 줄인다.
⑤ 허약체질 등의 만성병에는 복용 횟수를 줄이고 약의 분량을 늘린다.

보건간호학 개요

실전모의고사 제1회
보건간호학 문제풀이 영상

036 보건교육을 통한 바람직한 변화는?

① 지식 → 태도 → 습관
② 습관 → 지식 → 태도
③ 태도 → 지식 → 습관
④ 태도 → 습관 → 지식
⑤ 지식 → 습관 → 태도

037 1차 보건의료의 원칙과 기본 개념에 대한 설명으로 옳은 것은?

① 의료서비스의 무상 제공
② 주민의 적극적인 참여 필요
③ 의사, 간호사만 접근 가능
④ 지역사회 개발사업과는 별개로 이루어져야 함
⑤ 특수한 지역사회 건강문제 관리

038 처치나 진료서비스 행위에 대하여 의료수가를 부과하므로 의료서비스의 질이 향상되는 장점이 있지만 과잉 진료로 인해 국민 총 의료비가 상승될 수 있는 단점을 가진 진료비 보상제도는?

① 행위별수가제 ② 봉급제
③ 인두제 ④ 포괄수가제
⑤ 총액예산제

039 근로자가 산업재해 보상판정을 받을 수 있는 기관은?

① 한국산업인력공단 ② 국민연금공단
③ 건강보험공단 ④ 근로복지공단
⑤ 교통안전공단

040 작업 환경 관리의 기본 원칙 중 대체(대치)에 해당되는 것은?

① 유해물질이 나오는 기계를 작동시킬 때 원격조정을 한다.
② 페인트를 칠할 때 분무식에서 전기 흡착식으로 전환한다.
③ 개인보호구를 착용한다.
④ 창문을 열어 환기시킨다.
⑤ 먼지(분진)가 많이 나는 작업을 할 때 물을 뿌린다.

041 금연교육 실시 후 대상자에게 궁극적으로 요구되는 것은 무엇인가?

① 금연 의지
② 행동 변화
③ 교육내용 습득 정도
④ 대상자의 학습에 영향을 주는 요인
⑤ 금단 증상에 대한 대처법

042 효과적인 면접(면담, 상담)을 위해 가장 중요한 것은 무엇인가?

① 꼼꼼하게 기록하며 면접을 시행한다.
② 면접 전 안정된 분위기를 조성해야 한다.
③ 피면접자와 면접자의 신뢰감이 형성되어야 한다.
④ 적절한 충고를 해준다.
⑤ 해결방법을 제시해주어야 한다.

043 한 주제에 대해 상반된 주장을 가진 4~7명의 전문가가 사회자의 안내에 따라 토의를 진행한 후 청중과 질의응답을 통해 결론을 내는 방법을 무엇이라고 하는가?

① 패널토의 ② 브레인스토밍
③ 분단토의 ④ 집단토의
⑤ 역할극

044 잠함병에 대한 설명으로 옳은 것은?

① 저기압 상태에서 감압이 급속히 일어남으로써 발생한다.
② 체내에 녹아있던 이산화탄소 가스가 혈액으로 배출되어 공기색전증을 일으킨다.
③ 전문 등산가, 비행기 조종사에게 많이 발생한다.
④ 작업 후 산소 공급을 위해 간단한 운동을 한다.
⑤ 눈피로(안정피로), 근시, 안진(눈떨림), 작업 능률 저하 등의 증상이 나타난다.

045 냉방병에 대한 설명으로 옳은 것은?

① 여름철 냉방 시 실내외 온도차는 10~12℃가 적합하다.
② 과도한 실내외 기압차에 의해 발생한다.
③ 고열, 발한, 혈변 등이 나타난다.
④ 덤핑 증후군이라고도 하며 레지오넬라에 의해 발생하기도 한다.
⑤ 두통, 감기증세, 위장장애, 요통, 소변배설량 증가 등의 증상이 있다.

046 상처에 대한 살균 효과, 피부 결핵에도 효과가 있으며 비타민 D를 활성화시켜 구루병이나 골다공증 예방에도 중요한 역할을 하는 태양광선은?

① 자외선
② 적외선
③ 가시광선
④ 전리방사선(이온화방사선)
⑤ 레이저

047 상수도 정화 시 염소를 넣은 후 일시적으로 세균이 증가하는 현상을 무엇이라고 하는가?

① 과잉영양화(부영양화) 현상
② 부활 현상
③ 증식 현상
④ 세균 생성 현상
⑤ 교환 현상

048 신경계 중독 증상을 일으키며 치사율이 가장 높은 식중독으로, 통조림이나 소시지 등이 원인인 식중독은?

① 보툴리누스 중독
② 살모넬라 식중독
③ 테트로도톡신 식중독
④ 포도알균 식중독
⑤ 노로바이러스 식중독

049 우리나라의 보건의료 전달체계에 대한 설명으로 옳은 것은?

① 보건의료 수요자에게 적절한 의료를 효율적으로 제공하는 것이 목적이다.
② 모든 국민에게 동일한 의료혜택을 제공하고자 하는 체계이다.
③ 우리나라의 의료전달체계는 사회보장형이다.
④ 개인의 능력과 자유를 통제한다.
⑤ 정부의 통제와 간섭 하에 보건의료서비스를 제공한다.

050 의료기관 이용 시 환자에게 일부 금액을 내도록 하는 본인일부부담제를 실시하는 이유는?

① 본인에게도 부담을 주어 불필요한 의료서비스를 이용하지 않게 하려고
② 보험료 부담 능력이 있는지 알아보기 위해
③ 다음 예약시간을 지키게 하기 위해
④ 국가로부터 환급을 받기 위해
⑤ 병원 재정에 보탬이 되기 위해

공중보건학 개론

실전모의고사 제1회
공중보건학 문제풀이 영상

051 12세 손녀와 할머니가 단 둘이 사는 가정에 방문간호를 시행하였다. 거동이 불편한 할머니를 돌보기 위해 손녀는 학교가 끝나면 곧바로 집으로 가서 집안 살림을 하고 할머니의 거동을 돕고 식사를 준비하고 있다. 항상 피곤해 하며 학업성취도 또한 낮은 손녀에게 제공할 수 있는 지역사회 간호중재로 가장 시급한 것은?

① 가사 노동은 할머니가 전적으로 담당하도록 한다.
② 가족을 도울 수 있는 사회자원을 조사하여 연계해준다.
③ 정서적 지지를 제공한다.
④ 할머니를 요양병원으로 모신다.
⑤ 가족이 가진 문제를 직접 해결해준다.

052 학교 학생들의 건강을 위한 안전대책을 준비하고 위생을 개선해야 할 근본적인 행정 책임을 가진 사람은 누구인가?

① 학교장 ② 담임교사
③ 보건교사 ④ 보건소장
⑤ 시장, 군수, 구청장

053 노령화지수가 증가한다는 것은 무엇을 의미하는가?

① 청소년 인구가 증가한다.
② 부양비가 감소한다.
③ 노인 인구가 증가한다.
④ 평균 수명이 감소한다.
⑤ 생산 연령 인구가 증가한다.

054 다음의 지역사회 건강문제 중 가장 먼저 다루어야 할 문제로 옳은 것은?

① 청소년 비행
② 임산부 산전관리(분만전관리)
③ 감염병 발생
④ 노년치매
⑤ 영유아 예방접종 미흡

055 모자보건수첩에 기록되어야 할 내용으로 옳은 것은?

① 가족병력
② 임산부의 경제상태
③ 임산부의 산전·산후 관리사항
④ 임산부 부모님의 인적사항
⑤ 예방접종이 가능한 병원과 비용

056 6개월 동안 금연 후 유지단계에 있는 대상자를 위한 지역사회 간호조무사의 역할로 옳은 것은?

① 흡연으로 인해 폐암에 걸린 사람의 사진을 보여준다.
② 금연의 장점에 대해 다양한 정보를 제공한다.
③ 흡연 유혹을 거절하는 방법을 연습시킨다.
④ 담배의 유해성분을 확인할 수 있는 실험에 참여시킨다.
⑤ 금단증상 대처법을 교육한다.

057 피임과 성병 예방을 동시에 할 수 있는 피임법은 무엇인가?

① 정관절제
② 난관결찰(자궁관묶음)
③ 콘돔
④ 경구피임약
⑤ 자궁 내 장치

058 지역사회 보건사업 시 주민의 참여를 촉진시키기 위한 방법으로 옳은 것은?

① 사업 목표의 중요성을 강조한다.
② 설득하기 쉬운 주민들을 위주로 참여시킨다.
③ 전문가들이 주민들을 위해 수고한다는 것을 강조한다.
④ 주민의 입장에서 생각하고 신뢰감을 주기 위해 노력한다.
⑤ 강경하고 단호한 자세를 취한다.

059 결핵 환자의 가래 처리 방법으로 옳은 것은?

① 변기에 버린다.
② 땅에 묻는다.
③ 세면대에 버린다.
④ 휴지에 싸서 소각한다.
⑤ 바람을 이용하여 말린다.

060 2차 예방에 해당하는 것으로 옳은 것은?

① 올바른 양치질
② 신선한 야채와 과일 섭취
③ 흡연을 예방하기 위한 보건교육
④ 위암 검진
⑤ 규칙적인 운동

061 성폭행을 당한 후부터 꿈에 그 남자가 계속 나타나고 지하철이나 버스에서 남자가 옆에 서 있기만 해도 두려워서 자리를 피하는 증상이 오랫동안 지속되었다. 예측할 수 있는 환자의 질병으로 옳은 것은?

① 우울증
② 분노 조절 장애
③ 공황 장애
④ 외상 후 스트레스 장애
⑤ 양극성 장애

062 4세 이하 남아에게 발생률이 높고 고열과 심한 설사, 혈액과 고름(농)이 섞인 점액성 혈변이 나타날 경우 의심할 수 있는 질병은?

① 말라리아　② 세균 이질
③ 일본뇌염　④ 대장암
⑤ 공수병

063 디프테리아에 대한 설명으로 옳은 것은?

① 병원체는 디프테리아 바이러스이다.
② MMR로 예방한다.
③ 딕 검사로 진단한다.
④ 후두 디프테리아의 주요 사망원인은 기도 폐쇄이므로 환아의 병실에 기관절개세트를 준비해둔다.
⑤ 3급 감염병이며 격리는 필요 없다.

064 낙동강·한강 등 5대강 유역에 주로 분포하며 민물고기(담수어)를 통해 감염되고 대변 검사에 의한 충란 검사로 확인되는 기생충 질환은 무엇인가?

① 간흡충증　② 폐흡충증
③ 장티푸스　④ 이질
⑤ 회충증

065 간호·간병 통합서비스를 제공하는 인력으로 옳은 것은?

① 의사, 간호사, 간호조무사
② 침사, 간호사, 접골사
③ 간호사, 간호조무사, 간병지원인력
④ 간병지원인력, 안마사, 구사
⑤ 안마사, 침사, 구사

066 **생물테러감염병 또는 치명률이 높거나 집단 발생의 우려가 커서 발생 또는 유행 즉시 신고하여야 하고, 음압 격리와 같은 높은 수준의 격리가 필요한 감염병은?**

① 1급 ② 2급
③ 3급 ④ 4급
⑤ 의료관련 감염병

067 **의료인의 의료기관 개설에 관한 설명으로 옳은 것은?**

① 모든 의료인은 의료기관을 개설할 수 있다.
② 의사, 치과의사, 한의사는 정신병원을 개설할 수 있다.
③ 의사는 병원, 의원만을 개설할 수 있다.
④ 한의사는 한방병원, 한의원, 요양병원을 개설할 수 있다.
⑤ 조산사는 조산원, 요양병원을 개설할 수 있다.

068 **감염병 환자에 대한 신고 주기로 옳은 것은?**

① 1, 2, 3, 4급 모두 즉시 신고
② 1급은 즉시 신고
③ 2급은 7일 이내에 신고
④ 3급은 24일 이내에 신고
⑤ 4급은 30일 이내에 신고

069 **정신건강증진시설의 장과 종사자가 받아야 할 인권교육시간은?**

① 4시간/월 ② 4시간/년
③ 8시간/월 ④ 8시간/년
⑤ 16시간/월

070 **헌혈자로부터 혈액을 채혈한 후 실시해야 하는 검사로 옳은 것은?**

① A형 간염 검사 ② C형 간염검사
③ 임질 검사 ④ BUN/Cr
⑤ 빈혈 검사

실기

071 **분만 후 산후기(산욕기)간에 가장 잘 관찰해야 할 사항으로 옳은 것은?**

① 산후질분비물(오로) 관찰
② 출혈과 감염
③ 소변 배출
④ 자궁 수축
⑤ 유즙 분비

072 **수술 전날 배운 기침과 심호흡을 복부 수술 후 가장 정확히 시행하고 있는 환자는?**

① 깊이 숨을 들이마신 후 멈추었다가 2~3회 연속해서 크게 기침한다.
② 수술 부위에 통증이 있는 경우 베개를 등에 대고 가볍게 압박하며 시행한다.
③ 봉합 부위가 아무는 시기인 2주 후부터 기침과 심호흡을 하겠다고 한다.
④ 천천히 깊게 입으로 공기를 들이마시고 코로 내쉰다.
⑤ 입을 동그랗게 오무려 숨을 들이마신다.

073 충수염으로 수술을 받고 장운동이 회복되어 금식이 해제된 환자에게 가장 먼저 제공할 수 있는 음식은?

① 반찬이 다져진 경식
② 일반식(보통식사)
③ 전복죽
④ 맑은 국물
⑤ 순두부찌개

074 주로 누워서 지내는 환자에게 식사를 제공할 때 간호로 옳은 것은?

① 무조건 스스로 식사하도록 한다.
② 그대로 누운 채로 먹인다.
③ 식사 직전에 주사 처치나 드레싱을 한다.
④ 식사 중에는 되도록 말을 시키지 않는다.
⑤ 삼킴곤란(연하곤란)이 있는 환자의 경우 흡인을 예방하기 위해 액상음식만 제공한다.

075 협조 가능한 환자가 침대 발치 쪽으로 내려와 있을 때 침상 머리 쪽으로 이동시키는 방법으로 옳은 것은?

① 먼저 침대 머리 쪽을 30° 정도 올린다.
② 베개는 발치 쪽으로 내려둔다.
③ 간호조무사의 한 쪽 팔은 어깨 밑에, 다른 팔은 허벅지 아래에 넣고 환자를 힘으로 들어 올린다.
④ 환자는 무릎을 세우고 침대 머리 쪽 난간을 잡은 상태로, 간호조무사는 환자의 어깨 쪽과 대퇴 부위를 지지하여 구령에 맞추어 이동한다.
⑤ 침대 양편에 간호조무사 두 명이 마주 서서 환자 몸통 아래에서 손을 맞잡고 구령에 맞추어 이동한다.

076 환자를 병원 내에 있는 다른 병동으로 전동시킬 때 간호로 옳은 것은?

① 전동에 대한 내용은 주치의만 설명할 수 있다.
② 전출 전에 반드시 키와 몸무게, 활력징후를 측정하여 기록한다.
③ 전동 이유, 환자 상태 등을 기록하고 의무기록지를 정리하여 전입 병동으로 보낸다.
④ 환자 스스로 전입 병동을 찾아가게 한다.
⑤ 환자가 복용 중이던 약은 폐기처분한다.

077 채혈을 위한 간호 보조활동으로 옳은 것은?

① 채혈 전 팔을 심장 위치보다 높여준다.
② 채혈 부위의 혈관 확장을 위해 냉찜질을 해준다.
③ 바늘을 제거한 부위를 문질러준다.
④ 채혈된 혈액이 검체용기의 벽으로 흘러 들어가도록 담는다.
⑤ 혈액이 시약과 골고루 섞일 수 있도록 검체용기를 세게 흔든다.

078 설사로 인해 탈수가 심한 아동을 위한 간호로 옳은 것은?

① 앞숫구멍(대천문)이 팽창되는지 확인한다.
② 경구로만 수분을 공급한다.
③ 설사 양상을 파악하고 둔부를 청결히 해준다.
④ 항문 체온을 측정한다.
⑤ 체위 변경은 삼간다.

079 활력징후에 관한 설명으로 옳은 것은?

① 혈압은 나이가 많을수록 감소한다.
② 맥박은 나이가 많을수록 증가한다.
③ 체온이 증가하면 호흡이 감소한다.
④ 체온이 증가하면 맥박이 증가한다.
⑤ 체온, 맥박, 호흡, 혈당을 말한다.

080 입안체온(구강체온) 측정 직전 팥빙수를 먹은 경우 어떻게 해야 하는가?

① 따뜻한 물로 입안을 헹군 후 측정한다.
② 10분 후 다시 측정한다.
③ 30분 후 다시 측정한다.
④ 그냥 측정해도 된다.
⑤ 3시간은 지나야 정확한 측정 결과를 얻을 수 있다.

081 오른쪽 반신마비(편마비) 환자가 지팡이를 사용할 때 지팡이의 위치로 옳은 것은?

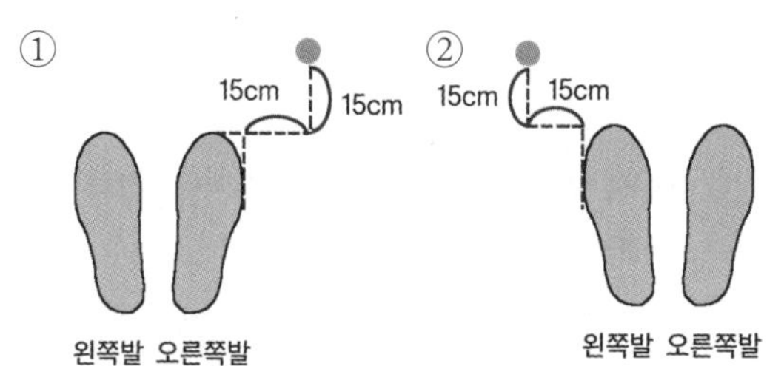

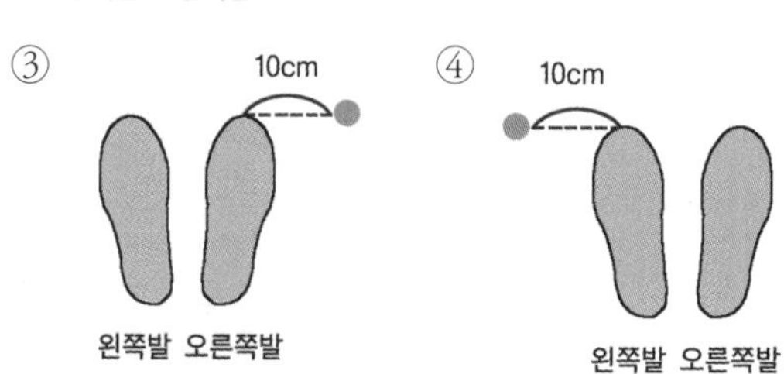

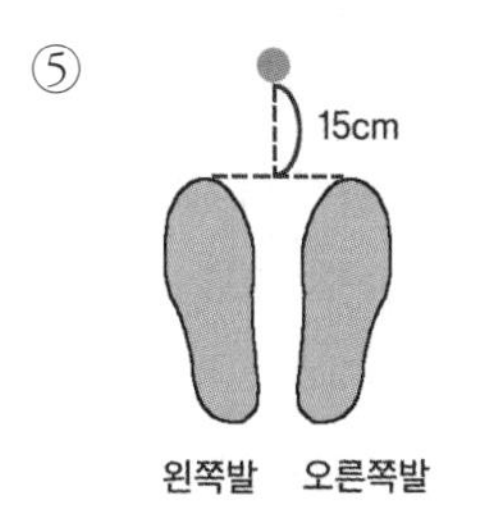

082 지팡이 길이 결정 방법으로 옳은 것은?

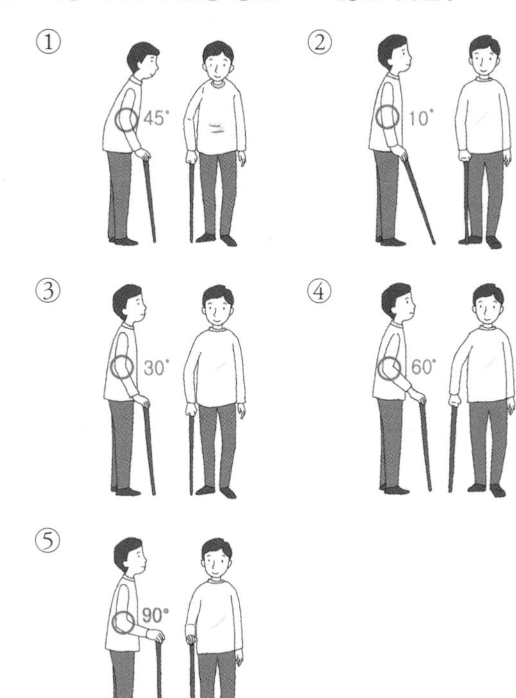

083 지혈대를 묶는 위치로 가장 옳은 것은?

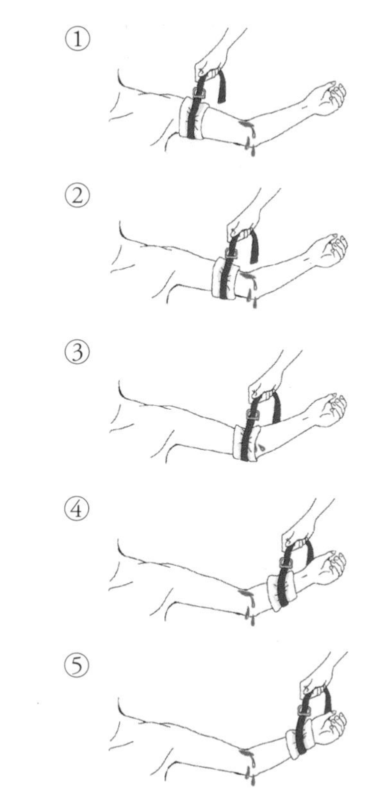

084 말초맥박이 심첨맥박보다 적게 측정되어 맥박 결손을 측정하려고 한다. 이에 대한 설명으로 옳은 것은?

① 한 명은 심첨맥박, 한 명은 노뼈(요골)맥박을 측정하는데 반드시 동시에 시작하여 1분간 측정한다.
② 규칙적인 경우 30초 동안 측정하여 곱하기 2를 한다.
③ 입원한 모든 환자에게 반드시 측정해야 한다.
④ 먼저 심첨맥박을 1분간 측정한 후 이어서 노뼈맥박을 1분간 측정하여 비교한다.
⑤ 최소 3명의 간호조무사가 필요하다.

085 펜라이트(Penlight)를 이용한 빛반사(홍채 수축 반사, Pupil reflex)의 내용으로 옳은 것은?

① 빛을 비추면 동공이 수축한다.
② 빛을 비추면 동공이 확장한다.
③ 양쪽 동공의 크기가 달라야 한다.
④ 빛을 비추지 않은 반대쪽 눈에는 변화가 없어야 한다.
⑤ 빛을 비추면 동공이 천천히 커져야 정상이다.

086 MRI(자기공명영상) 검사 시 주의사항은?

① 몸에 부착된 금속물을 모두 제거한다.
② 틀니와 보청기는 착용해도 된다.
③ 폐소공포증이 있는 환자에게 적합한 검사이다.
④ 반드시 금식이 필요하다.
⑤ 진정제는 검사 결과에 영향을 주게 되므로 어떠한 상황에서도 금기이다.

087 우울증이 있는 환자와의 대화 중 특히 주의를 기울여야 할 말은?

① "속이 안 좋아서 식사를 못하겠어요."
② "부모님을 생각하면 죄송해서 눈물이 나요."
③ "사회에 나가도 적응을 할 수 있을지 걱정이에요."
④ "제가 없어져도 아무도 찾지 않을 거에요."
⑤ "치료 프로그램에 참석하라는데 귀찮아요."

088 생후 10일된 아기의 맥박이 140회/분, 호흡이 60회/분일 때의 간호로 옳은 것은?

① 즉시 의사에게 보고한다.
② 산소를 투여한다.
③ 상체를 하체보다 낮추어 이물(이물질)을 배출시킨다.
④ 울고 난 이후의 상태가 아닌지 확인한 후 계속 관찰한다.
⑤ 입에 고여 있는 분비물을 흡인한다.

089 혈액 중에 이산화탄소가 증가할 경우 호흡수의 변화로 옳은 것은?

① 변화 없다.
② 증가한다.
③ 감소한다.
④ 감소 후 증가한다.
⑤ 증가 후 감소한다.

090 소독과 멸균 방법으로 옳은 것은?

① 자비 소독 : 혈청, 약품
② 여과 멸균 : 우유나 예방주사약
③ 일광 소독 : 의류, 침구, 서적
④ 건열 멸균 : 식기
⑤ 가압증기멸균 : 파우더, 바셀린 거즈

091 전달집게(이동겸자) 사용 방법으로 옳은 것은?

① 소독솜을 주고 받을 때는 겸자끼리 서로 닿아야 한다.
② 겸자를 꺼낼 때는 겸자 끝의 양쪽면이 맞물리지 않게 해서 꺼낸다.
③ 겸자통 입구 가장자리는 멸균으로 간주한다.
④ 겸자의 끝이 항상 위를 향하도록 잡는다.
⑤ 서로 오염되는 것을 방지하기 위해 겸자통에 겸자는 하나씩만 꽂아 사용한다.

092 환자의 식사를 돕기 위한 간호로 옳은 것은?

① 식사 전 환자의 입 안을 헹구어주어 식욕을 촉진한다.
② 식욕을 감퇴시키는 처치는 식사 전에 끝내도록 한다.
③ 삼킴곤란(연하곤란)이 있는 환자에게는 신맛이 강한 음식을 제공한다.
④ 식사 때마다 방문객이 찾아오게 해 분위기를 밝게 해 준다.
⑤ 식사 중 환자에게 말을 걸어 유쾌한 분위기를 조성한다.

093 침상목욕 방법으로 옳은 것은?

① 복부는 시계방향으로 닦아 장운동을 촉진시켜준다.
② 동맥혈 귀환을 촉진하기 위해 말초에서 중심으로 문지르며 닦는다.
③ 왼쪽 눈에 눈곱이 끼어 있을 경우 왼쪽 눈부터 눈의 안쪽에서 바깥 방향으로 닦는다.
④ 간호조무사 가까운 쪽의 신체부터 닦는다.
⑤ 세수를 도울 때는 귀 → 입 → 코 → 눈의 순서로 닦는다.

094 의치 관리법으로 옳은 것은?

① 의치는 아랫니에서 윗니의 순서로 제거한다.
② 의치가 깨끗하지 않을 때는 과산화수소수에 담가둔다.
③ 기도를 막아 질식할 우려가 있으므로 수면 중이나 수술 전에는 제거한다.
④ 의치를 헹굴 때는 뜨거운 물을 사용한다.
⑤ 의치는 뚜껑이 없는 투명한 컵에 담아 상태를 자주 확인한다.

095 신체보호대의 종류와 사용목적에 대한 설명으로 옳은 것은?

① 재킷 보호대 : 소아의 팔꿈치 부위에 정맥주사 후
② 장갑 보호대 : 아토피 피부염 아동이 몸을 긁을 때
③ 손목 보호대 : 영아에게 정맥주사나 채혈 시
④ 크립 망 : 손과 발의 움직임 제한
⑤ 팔꿈치 보호대 : 진정제를 투여한 환자

096 상처 소독 방법으로 옳은 것은?

① 주변 조직 → 수술 부위
② 밖 → 안
③ 아래 → 위
④ 더러운 곳 → 깨끗한 곳
⑤ 두덩뼈(치골) → 항문

097 목뼈(경추) 손상으로 절대안정을 취하고 있는 환자에게 가장 필요한 간호로 옳은 것은?

① 말동무를 해주어 정서적인 지지를 도모한다.
② 욕창 예방을 위한 피부간호를 해주고, 장의 연동운동을 촉진시키기 위해 복부마사지를 시행한다.
③ 상체를 높여 호흡을 원활하게 해준다.
④ 목운동을 권장한다.
⑤ 통목욕을 도와준다.

098 투약에 대한 내용으로 옳은 것은?

① 약을 준비하는 사람과 투약하는 사람을 엄격하게 구분한다.
② 반드시 침상에 있는 이름표를 확인한 후 투약한다.
③ 경구약은 외과적 무균술을, 주사약은 내과적 무균술을 준수하여 준비한다.
④ 구두처방으로 투약을 했을 경우 1주일 이내에 서면처방을 받는다.
⑤ 투약 실수가 있을 경우 즉시 간호사에게 보고한다.

099 임종 직후 혈액 정체로 인해 환자의 얼굴색이 검게 변하는 것을 막기 위한 간호로 옳은 것은?

① 옆으로 눕힌다.
② 사용했던 의료기구를 제거한다.
③ 베개를 넣어 머리를 올려준다.
④ 트렌델렌부르크 자세를 취해준다.
⑤ 담요를 덮어준다.

100 환자가 간호조무사에게 "혈소판이 뭔가요?"라고 물었을 때 적절한 대답은?

① "산소를 운반하는 역할을 해요"
② "면역 작용을 해요"
③ "포식작용을 해요"
④ "혈액 응고 작용을 해요"
⑤ "혈액 안에 있는 물 성분이에요"

실전 모의고사

QR코드를 스캔하여 모바일로 간편하게 무료 강의를 수강하세요.
원큐패스 유튜브에서 유료강의 일부를 무료로 수강하실 수 있습니다.

기초간호학 개요

실전모의고사 제2회
기초간호학 문제풀이 영상

001 신생아에게 출생 직후 비타민 K를 주사하는 이유로 옳은 것은?

① 폐포를 확장시켜 호흡을 원활하게 하기 위해
② 저프로트롬빈혈증으로 인한 출혈을 예방하기 위해
③ 신생아 임균눈염증을 예방하기 위해
④ 수정체 뒤 섬유 증식을 예방하기 위해
⑤ 태변 배출을 촉진하기 위해

002 노인의 심리·사회적 변화에 대한 내용으로 옳은 것은?

① 가장으로서의 역할 증가
② 퇴직으로 인한 교우관계 확대
③ 신체 기능 회복으로 인한 우울감 감소
④ 소외감 감소
⑤ 수입 감소로 인한 경제적 곤란 증가

003 간호조무사가 근무 중 사고나 과실을 방지하기 위한 방법으로 가장 옳은 것은?

① 자신의 직무한계를 정확히 알고 업무에 임한다.
② 간호사가 지시하는 것만 수행한다.
③ 의문이 있을 때는 인터넷 검색을 통해 해결한다.
④ 양심에 따라 행동한다.
⑤ 환자가 원하는 것을 모두 들어준다.

004 심장 순환의 순서로 옳은 것은?

① 우심실–폐동맥–폐–폐정맥–좌심방–좌심실–대동맥–전신–대정맥–우심방
② 좌심실–폐동맥–폐–폐정맥–우심방–우심실–대동맥–전신–대정맥–좌심방
③ 폐–폐동맥–좌심방–좌심실–대정맥–전신–대동맥–우심방–우심실–폐정맥
④ 전신–폐정맥–우심방–우심실–폐–대동맥–대정맥–좌심방–좌심실–폐동맥
⑤ 좌심방–좌심실–우심방–우심실–폐동맥–폐정맥–대동맥–대정맥–전신–폐

005 소화성 궤양이 가장 잘 발생하는 부위는?

① 식도
② 위
③ 십이지장
④ 공장
⑤ 회장

006 환자의 활력징후를 측정하던 중 혈압계가 떨어져 파손되었을 때 대처 방법으로 옳은 것은?

① 속히 원래 장소에 가져다 놓는다.
② 새 혈압계를 구입해온다.
③ 같이 근무한 직원들이 돈을 모아 새 혈압계를 구입한다.
④ 즉시 간호사에게 사실대로 보고한다.
⑤ 아무도 모르게 수리하는 곳에 맡긴다.

007 투약의 일반적인 주의사항으로 옳은 것은?

① 약을 준비하는 사람과 투여하는 사람이 꼭 같을 필요는 없다.
② 투약 시 “OOO님이시죠?”라고 질문한 후 투약한다.
③ 한 병에서 다른 병으로 약을 옮기지 않도록 한다.
④ 약을 너무 많이 따랐을 경우 약병으로 다시 옮겨 정확한 용량을 꺼낸다.
⑤ 침전물이 있거나 색깔이 변한 약은 변기에 버린다.

008 노인 환자의 피부간호로 옳은 것은?

① 목욕은 한 달에 한 번 정도가 적당하다.
② 등마사지 시 알코올을 사용한다.
③ 뜨거운 물로 목욕하여 순환을 촉진한다.
④ 가습기 사용을 제한한다.
⑤ 목욕 후 오일이나 로션을 피부에 바른다.

009 임신 6주째인 임부의 다음 검진 시기와 검사 항목으로 옳은 것은?

① 7주째, 소변 검사
② 8주째, 태아 성별 확인
③ 10주째, 혈압 측정
④ 12주째, 흉부 X-선 검사
⑤ 16주째, 매독 검사

010 환자의 개인정보 공개에 대한 간호조무사의 태도로 옳은 것은?

① 정보 공개 정도에 대해 환자와 상의한다.
② 절대 보장되도록 노력한다.
③ 언론기관에서 면접(면담) 요청 시 성실히 응한다.
④ 병원 직원들과 상의 후 공개한다.
⑤ 간호조무사 판단에 따라 결정한다.

011 응급상황에서 환자의 생명을 구하기 위해 가장 우선 시 되어야 하는 것은?

① 의료업무 종사자의 처우 개선
② 심폐소생술 의무화
③ 응급의료서비스체계를 통한 관리
④ 전국민 의료보험 제도 시행
⑤ 다수의 응급구조사 양성

012 영양상태를 확인하기 위해 밀림자(지름자, calipers)를 이용하여 피하지방 두께를 측정하기에 적당한 부위는?

① 위팔세갈래근(상완삼두근)
② 큰볼기근(대둔근)
③ 등세모근(승모근)
④ 넓적다리곧은근(대퇴직근)
⑤ 어깨세모근(삼각근)

013 임신 36주에 조기양막파열(조기양막파수)이 된 후 12시간이 지난 임부에게 유도분만을 위해 투여하는 약물은?

① 인슐린　② 옥시토신
③ 아트로핀　④ 데메롤
⑤ 발륨(valium)

014 정기적으로 수면제를 복용하는 노인 환자의 낙상 예방을 위한 간호로 옳은 것은?

① 앉거나 일어날 때 빠른 동작으로 움직이게 한다.
② 반드시 신체보호대를 적용한다.
③ 슬리퍼를 신도록 한다.
④ 침대난간을 항상 올려준다.
⑤ 수면제 복용 시 물을 많이 마셔 약물을 희석시킨다.

015 수술 후 회복기 환자나 삼킴곤란(연하곤란)이 있는 환자, 소화기능이 좋지 못한 환자에게 제공할 수 있는 음식은?

① 맑은 유동식　② 연식
③ 이유식　④ 경식
⑤ 일반식(보통식사)

제2회

016 **제왕절개 적응증으로 옳은 것은?**

① 태아 심음이 규칙적일 때
② 38주 산모
③ 태아 선진부가 둔위일 때
④ 임부 가족의 요구가 있을 때
⑤ 임부의 복통과 요통이 심할 때

017 **봉합이 불가능할 정도로 피부의 전층이 상실된 박리(결출) 환자의 응급처치로 옳은 것은?**

① 압력이 센 수돗물로 상처 부위를 세척한다.
② 지혈대를 사용하여 출혈을 막는다.
③ 박리된 조직을 떼어낸다.
④ 원위치로 돌려 두터운 압박붕대로 압박한다.
⑤ 박리 상태 그대로 병원으로 간다.

018 **자간(증) 임부에 대한 내용으로 옳은 것은?**

① 실내를 밝고 조용하게 하고 가벼운 보행을 권장한다.
② 자간전증(전자간증) 증상에 고열이 더해지면 자간으로 진단한다.
③ 경련이 시작되면 신체보호대를 적용한다.
④ 경련이 심하면 처방된 진정제를 투여한다.
⑤ 저단백, 저지방, 저염 식이를 한다.

019 **소화기관과 기능이 옳게 연결된 것은?**

① 구강 : 호르몬 분비
② 간 : 담즙 저장
③ 식도 : 영양분 흡수
④ 췌장(이자) : 혈압 조절
⑤ 위 : 음식물 저장, 염산과 펩신 분비

020 **심장에 존재하는 판막의 역할로 옳은 것은?**

① 심장에 혈액 공급
② 혈액 역류 방지
③ 근육에 산소 공급
④ 혈액 여과
⑤ 포식작용, 면역 작용, 부종 예방 기능

021 **배림과 발로에 대한 설명으로 옳은 것은?**

① 분만 3기 때 나타나는 현상이다.
② 발로란 진통 시 태아머리의 일부가 음문 밖으로 보이다가 진통 소실 시 보이지 않는 현상을 말한다.
③ 배림이란 자궁수축 시 밀려나온 태아머리가 수축이 없을 때에도 음문 안으로 들어가지 않고 계속 보이는 현상을 말한다.
④ 태아머리 발로 시 산모는 복압을 멈추고 이완해야 한다.
⑤ 배림 시 회음보호와 회음절개를 실시한다.

022 **여름철 밭에서 일하던 노인의 얼굴이 갑자기 창백해지며 쓰러졌다. 맥박이 빠르고 약하며, 땀을 많이 흘리고 있는 노인을 위한 응급처치 방법으로 옳은 것은?**

① 담요를 덮어 보온해준다.
② 상체를 올려준다.
③ 소금물을 먹이고 근육 경련부위는 마사지한다.
④ 수분과 전해질을 공급하고 쇼크 증상에 대한 대처를 한다.
⑤ 찬 식염수 관장을 시행한다.

023 **입 주위를 자극하면 그쪽으로 고개를 돌리는 반사를 무엇이라고 하는가?**

① 빨기 반사　② 먹이찾기 반사
③ 바뱅스키 반사　④ 모로 반사
⑤ 눈깜박 반사(각막 반사)

024 모유와 우유에 대한 설명으로 옳은 것은?

① 모유와 우유 중 우유에 비타민 A가 더 많다.
② 모유와 우유 중 모유에 단백질이 더 많다.
③ 함몰유두를 가진 경우 모유수유를 할 수 없다.
④ 젖병은 100℃에서 1시간동안 자비 소독한다.
⑤ 모유수유나 인공수유 시 비타민 C를 첨가해야 한다.

025 감기를 앓은 영아에게 중이염이 흔히 오는 이유로 가장 옳은 것은?

① 귀관(이관)이 짧고, 곧고, 넓기 때문에
② 기침을 효과적으로 하지 못하기 때문에
③ 감염에 민감하기 때문에
④ 귀관이 길고 얇기 때문에
⑤ 음식을 골고루 섭취하지 않기 때문에

026 쇼크의 증상으로 옳은 것은?

① 혈압 상승
② 느린 맥박
③ 느리고 얕은 호흡
④ 창백, 차고 축축한 피부
⑤ 체온 상승

027 만성폐쇄폐질환 환자의 간호로 옳은 것은?

① 실내를 서늘하고 건조하게 유지한다.
② 호흡 시 입으로 들이마시고 코로 천천히 내뱉는다.
③ 산소마스크를 이용하여 고농도의 산소를 공급한다.
④ 항생제, 기관지 확장제, 거담제 등으로 치료한다.
⑤ 호흡곤란 시 하체를 상승시켜준다.

028 호르몬 분비 이상과 질병이 옳게 연결된 것은?

① 갑상샘호르몬 증가 – 점액부종
② 갑상샘호르몬 감소 – 그레이브스병
③ 부신피질 항진 – 쿠싱 증후군
④ 인슐린 분비 감소 – 저혈당 쇼크
⑤ 항이뇨호르몬 증가 – 요붕증

029 영아와 성인의 심폐소생술 시행 중 순환상태를 확인하기에 적합한 맥박 측정 부위는?

① 영아 : 목동맥(경동맥) / 성인 : 노뼈(요골)동맥
② 영아 : 위팔동맥(상완동맥) / 성인 : 넓적다리동맥(대퇴동맥)
③ 영아 : 넓적다리동맥(대퇴동맥) / 성인 : 목동맥(경동맥)
④ 영아 : 관상동맥(심장동맥) / 성인 : 위팔동맥(상완동맥)
⑤ 영아 : 위팔동맥(상완동맥) / 성인 : 목동맥(경동맥)

030 방광염에 대한 설명으로 옳은 것은?

① 요도 길이가 짧은 남성에게 흔하다.
② 소변을 희석하고 혈류량을 증가시키기 위해 수분 섭취를 권장한다.
③ 바이러스가 주된 원인이다.
④ 배뇨 시 화끈감(작열감), 빈뇨, 절박뇨, 혈뇨, 의식저하, 경련이 나타난다.
⑤ 재발은 거의 일어나지 않는다.

031 녹내장에 대한 설명으로 옳은 것은?

① 망막이 맥락막에서 떨어진 상태를 말한다.
② 안압의 하강으로 시신경이 손상되어 발생한다.
③ 인공수정체 삽입 수술로 치료한다.
④ 수술 직후 최대한 빨리 조기이상하여 회복을 돕는다.
⑤ 해를 쳐다보았을 때 무지개 잔상이 나타나면 병원을 방문해야 한다.

032 아래 설명에 해당하는 멸균법으로 옳은 것은?

> • 치과 기구의 멸균에 주로 사용한다.
> • 침투력이 좋다.
> • 멸균 후에 증기가 남으므로 멸균 후 사용하기 전까지 자외선살균기에 보관하였다가 사용하는 것이 권장된다.

① 건열멸균법
② 자외선 멸균법
③ 가압증기멸균법(고압증기멸균법)
④ 에틸렌옥시드 가스 멸균법
⑤ 여과 멸균법

033 발치 후 주의사항으로 옳은 것은?

① 입에 물고 있는 솜은 10분 후에 뱉는다.
② 발치 당일 온수 통목욕을 한다.
③ 금연, 금주 하도록 한다.
④ 발치 직후 발치 부위에 더운물주머니를 적용한다.
⑤ 입에 고이는 침과 피는 수시로 뱉는다.

034 뜸의 작용으로 옳은 것은?

① 면역 작용
② 체중 조절 작용
③ 배출 작용
④ 지혈 작용
⑤ 자극과 진정 작용

035 질병을 예방하고 장수하기 위해 여러 가지 생활 규칙을 지키고 몸을 다스리는 방법인 양생의 방법으로 옳은 것은?

① 밤낮이 뒤바뀐 생활
② 좋아하는 음식을 마음껏 섭취하는 것
③ 자연을 이용하고 개발하는 것
④ 심신의 안정
⑤ 약물치료

보건간호학 개요

실전모의고사 제2회
보건간호학 문제풀이 영상

036 보건교육 방법 중 시범의 장점으로 옳은 것은?

① 개인의 요구를 모두 충족시킬 수 있다.
② 교육을 준비하는 시간이 짧다.
③ 실무 적용이 용이하다.
④ 비용이 저렴하다.
⑤ 짧은 시간에 많은 사람에게 교육할 수 있다.

037 세계보건기구(WHO)에 관한 설명으로 옳은 것은?

① 건강을 신체적, 정신적, 사회적, 영적인 안녕상태로 정의하였다.
② 8개의 지역사무소가 있다.
③ 본부는 필리핀 마닐라에 있다.
④ 우리나라는 서태평양 지역에 속한다.
⑤ 최고의 의료기술 도입을 목적으로 1948년 설립되었다.

038 사회보장에 대한 설명으로 옳은 것은?

① 고용보험은 의료보장에 속한다.
② 국민건강보험은 소득보장에 속한다.
③ 기초생활보장은 의료보장에 속한다.
④ 사회보험은 의료보장과 소득보장이 있다.
⑤ 노인장기요양보험은 소득보장과 의료보장 모두에 속한다.

039 80세 여자 노인이 노인정에 갔다가 집을 찾지 못하는 일이 많아졌고, 전날 산 물건을 기억하지 못해 마트에서 며칠째 같은 물건을 반복해서 사는 증상을 보이고 있다. 이 노인이 보건소에서 받을 수 있는 서비스는?

① 치매 검사　② 치매 치료
③ 일자리 마련　④ 장기요양등급 판정
⑤ 보건소 입원 치료

040 관절통과 골절이 주증상인 이타이이타이병의 원인은?

① 다이옥신 축적　② 유기수은 축적
③ 납 축적　④ 카드뮴 축적
⑤ 유해 전자파 축적

041 다이옥신에 대한 설명으로 옳은 것은?

① 퇴비 소각 시 주로 발생한다.
② 물에 잘 녹으므로 몸속으로 들어가면 소변으로 배설된다.
③ 신체에 축적 시 기형아 출산, 피부질환, 면역 감소 등이 유발된다.
④ 자연환경에서 만들어진다.
⑤ 상온에서 짙은 회색을 나타낸다.

042 우리나라에서도 시행되고 있는 제도로, 환경개선을 위해 경유를 연료로 사용하는 자동차 소유자에게 부담시키는 금액을 무엇이라고 하는가?

① 탄소세　② 환경개선부담금
③ 공해배출부과금　④ 안전관리예치금
⑤ 환경영향평가

043 지역사회 주민의 보건교육 홍보를 위한 벽보판의 설치장소로 가장 파급효과가 높은 곳은?

① 동사무소 게시판
② 은행이나 관공서의 게시판
③ 공원
④ 지역사회 주민의 왕래가 가장 빈번한 곳
⑤ 시장

044 강의의 장점으로 옳은 것은?

① 대상자(학습자)들의 개인 차이를 좁힐 수 있다.
② 질적으로 높은 수준의 교육을 실시할 수 있다.
③ 짧은 시간 안에 많은 양의 지식을 많은 사람에게 전달할 수 있다.
④ 문제 해결능력을 길러준다.
⑤ 대상자(학습자)의 자발적 참여를 유도할 수 있다.

045 장시간 컴퓨터 작업을 할 때 눈의 피로, 두통, 근골격계 증상 등을 유발하는 것을 무엇이라고 하는가?

① 안진(눈떨림)　② VDT 증후군
③ 레이노병　④ 눈피로(안정피로)
⑤ 백내장

046 대기오염의 지표로 사용되는 것은?

① CO, SO_2, 분진
② 분진, CO, CO_2
③ CO_2, O_3, NO_2
④ 매연, O_2, 분진
⑤ CO, O_3, O_2

047 영양염류의 과다로 호수에 녹색 플랑크톤이 증식하게 되고, 이로 인해 물이 녹색으로 변하고, 수질이상이 초래되는 현상을 무엇이라고 하는가?

① 적조 현상 ② 부활 현상
③ 라니냐 현상 ④ 녹조 현상
⑤ 과잉영양화(부영양화) 현상

048 식품 저장법에 대한 설명으로 옳은 것은?

① 방부제법은 식품에 방부제를 넣어 미생물을 사멸시키는 방법이다.
② 당장법은 식품에 80% 이상의 당을 넣어 세균의 발육을 억제하는 방법이다.
③ 염장법은 식품에 식염을 넣어 식품 내의 수분을 제거하는 방법으로 미생물의 발육을 억제하는 방법이다.
④ 건조법은 훈증가스를 넣어 미생물을 사멸시키는 방법이다.
⑤ 산저장법은 염산과 빙초산을 이용하여 미생물의 번식을 억제하는 방법이다.

049 사회보장제도의 기능으로 옳은 것은?

① 문화생활 기능
② 소득 재분배 기능
③ 위화감 조성 기능
④ 고가의 의료서비스 이용혜택 기능
⑤ 여유로운 생활 보장 기능

050 며칠 전 학교 급식으로 햄버거를 먹은 학생들이 경련성 복통, 구역·구토, 발열, 혈변 증상을 집단으로 호소하고 있으며 그 중 일부는 병원 진료 결과 '용혈 요독증후군'이 의심된다는 소견을 받았다. 의심할 수 있는 식중독으로 옳은 것은?

① 장염비브리오균 식중독
② 장출혈성 대장균 식중독
③ 살모넬라 식중독
④ 포도알균 식중독
⑤ 보툴리누스중독

공중보건학 개론

실전모의고사 제2회
공중보건학 문제풀이 영상

051 모자보건사업 중 영유아 보건사업 대상에 해당되는 사람은?

① 9세 초등학생 ② 7세 유치원생
③ 15세 중학생 ④ 4세 아동
⑤ 엄마 뱃속의 태아

052 방문간호의 재가급여 업무를 하는 장기요양요원의 자격으로 옳은 것은?

① 간호사로서 2년 이상의 간호업무 경력이 있는 자
② 간호조무사로서 2년 이상의 간호보조업무 경력이 있는 자
③ 물리치료사로서 3년 이상의 업무 경력이 있는 자
④ 사회복지사로서 3년 이상의 업무 경력이 있는 자
⑤ 치위생사가 되기 위해 해당 학과에 재학중인 자

053 지역보건의료계획에 대한 설명으로 옳은 것은?

① 지역 주민의 보건의료서비스 질을 향상시키고 궁극적으로 주민의 건강향상에 기여하기 위해 수립된 것이다.
② 의료기관이나 주민과는 관련이 없는 별도의 독립된 계획이다.
③ 의료법에 법적 근거를 두고 있다.
④ 지역보건의료계획은 5년마다 수립한다.
⑤ 계획수립주체는 지역주민이다.

054 학교에서 결핵 환자가 발생하였을 때 학교장이 취해야 할 조치로 옳은 것은?

① 시장, 군수, 구청장에게 보고한다.
② 교육청에 보고한다.
③ 보건복지부장관에게 보고한다.
④ 교육감을 경유하여 교육부장관에게 보고한다.
⑤ 경찰서장에게 보고한다.

055 피임법 선택 시 고려해야 할 점으로 옳은 것은?

① 원할 때 언제든 임신이 가능해야 한다.
② 태아에게 해가 있더라도 피임의 효과가 확실해야 한다.
③ 사용 방법이 복잡해야 한다.
④ 비싼 피임 방법이 효과적이다.
⑤ 성생활에 지장을 주더라도 피임만 확실하면 된다.

056 알코올 중독자인 환자가 "내가 이렇게 사는 건 평생 술 마시는 모습만 보여준 아버지 탓이야"라고 한다면 이 환자는 어떤 방어기제를 사용하는 것인가?

① 대치 ② 전치
③ 부정 ④ 투사
⑤ 해리

057 소화기계 감염병으로만 묶인 것은?

① 홍역, 결핵, 세균 이질
② 세균 이질, 콜레라, 장티푸스
③ 일본뇌염, 결핵, 폴리오
④ 말라리아, 폴리오, 콜레라
⑤ 홍역, 폴리오, 결핵

058 집단감염병 발생 후 감염병 관리를 위해 간호조무사가 해야 할 일로 옳은 것은?

① 환자 치료
② 감염자 및 보균자 색출
③ 감염병 예방을 위해 예방접종 시행
④ 역학 조사
⑤ 환자 진단

059 **여름철에 에어컨 냉각수 관리가 소홀하여 발생할 수 있는 감염병은?**

① 공수병 ② 발진티푸스
③ 레지오넬라증 ④ 폐결핵
⑤ 수두

060 **박쥐에서 낙타를 매개로 전파되는 것으로 추정되며 고열, 기침, 호흡곤란 등의 증상을 일으키며 치사율이 높은 질병은?**

① 신종 인플루엔자
② 사스
③ 중동호흡증후군(MERS)
④ 에볼라바이러스병
⑤ 콜레라

061 **2차 성비란 무엇인가?**

① 태아의 성비 ② 출생 시 성비
③ 출생 1년 후 성비 ④ 현재 성비
⑤ 사망 시 성비

062 **후천면역결핍증후군(AIDS)에 대한 설명으로 옳은 것은?**

① 공기로 전파된다.
② 에이즈균에 의한 감염이므로 항생제로 치료한다.
③ 모유로는 감염되지 않는다.
④ 동성애자, 습관성 마약중독자에게 감염 가능성이 높다.
⑤ 포옹, 입맞춤 등으로 전염될 수 있다.

063 **가족 중에 결핵 환자가 있을 때 신생아는 언제 BCG접종을 하는 것이 바람직한가?**

① 4주 이내
② 가족 중 결핵 환자의 치료가 끝난 후
③ PPD test 결과에 따라
④ 항결핵제 투여 후
⑤ 출생 직후

064 **질병 발생의 3대 요인으로 옳은 것은?**

① 환자, 숙주, 영양
② 숙주, 병원체, 환경
③ 병원체, 매개체, 유전인자
④ 숙주, 기온, 환경
⑤ 환경, 영양, 병원체

065 **간호기록부의 보존 기간으로 옳은 것은?**

① 1년 ② 3년
③ 5년 ④ 8년
⑤ 10년

066 **감염병을 예방하기 위한 조치로 옳은 것은?**

① 감염병 매개동물의 구제 또는 구제시설 설치를 허락하지 않는다.
② 감염병 유행기간 중 의사나 간호사의 동원을 금한다.
③ 감염병 전파 위험이 있는 음식물이나 배설물의 폐기를 금한다.
④ 관할지역에 대한 교통의 전부 또는 일부를 차단한다.
⑤ 감염병 매개의 중간숙주가 되는 동물류의 포획 또는 생식을 권장한다.

067 **상황에 따른 벌칙 또는 처벌이 바르게 연결된 것은?**

① 입원한 정신질환자에게 노동을 강요했을 경우 벌칙은 5년 이하의 징역 또는 5천만 원 이하의 벌금
② 의료인이 아니면서 의료행위를 한 자에 대한 벌칙은 3년 이하의 징역 또는 3천만 원 이하의 벌금
③ 발급받은 면허증을 대여한 사람에 대한 벌칙과 처벌은 3년 이하의 징역 또는 3천만 원 이하의 벌금 또는 자격 취소
④ 태아의 성감별을 목적으로 임부를 진찰 또는 검사했을 경우 벌칙과 처벌은 3년 이하의 징역 또는 3천만 원 이하의 벌금 또는 자격정지
⑤ 정신질환자를 유기한 보호의무자, 정신건강증진시설에 입원한 환자에게 폭행을 하거나 가혹행위를 한 정신건강증진시설의 장 또는 종사자가 받게 되는 벌칙은 5년 이하의 징역 또는 5천만 원 이하의 벌금

068 **예방접종 여부를 확인하여 이를 끝내지 못한 영유아나 학생에게 예방접종을 하여야 하는 의무가 있는 사람은?**

① 경찰서장
② 특별자치도지사 또는 시장·군수·구청장
③ 보건소장
④ 보건복지부장관
⑤ 질병관리청장

069 **결핵 환자가 동거자 또는 제3자에게 전염시킬 가능성이 있다고 인정될 때 일정기간 동안 의료기관에 입원하거나 격리를 명령할 수 있는 사람은?**

① 시·도지사, 시장·군수·구청장
② 보건소장
③ 대한결핵협회장
④ 감염관리위원회장
⑤ 결핵병원장

070 **부적격 혈액의 처리 방법으로 옳은 것은?**

① 부적격 혈액이 발견된 즉시 식별이 용이하도록 혈액용기의 겉면에 그 사실 및 사유를 기재한다.
② 적격 혈액과 함께 보관한다.
③ 보건복지부령으로 정하는 바에 따라 영구보관한다.
④ 부적격 혈액이 발견된 즉시 혈액백을 잘라 세면대에 버린다.
⑤ 부적격 혈액은 어떠한 경우에도 재활용될 수 없다.

실기

071 **눈에 안약을 투여하는 위치로 옳은 것은?**

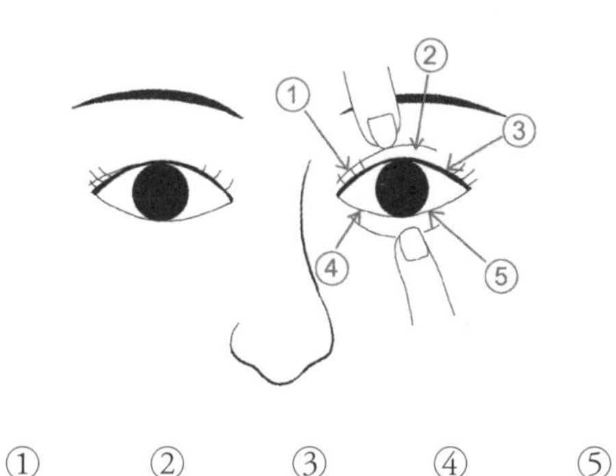

① ② ③ ④ ⑤

072 6세 아동에게 다음과 같은 증상이 나타났을 때 추측할 수 있는 증상 및 질병은?

> • 체온 38.5℃, 맥박 140회/분, 호흡 36회/분
> • 소변 농축, 요비중 증가
> • 건조한 피부와 입술
> • 기운이 없고 축 늘어져 있음

① 손발입병(수족구병) ② 경련
③ 감기 ④ 탈수
⑤ 중이염

073 1시간 전 분당 80회였던 환자의 맥박이 현재 분당 64회이다. 예측 가능한 이유로 옳은 것은?

① 심한 두통 ② 체온 상승
③ 불안 ④ 수면
⑤ 운동 후

074 신규 간호조무사가 주삿바늘과 수술용 칼날의 처리 방법에 대해 물어보았을 때 적절한 대답은?

① "격리의료 폐기물 용기에 버려주세요."
② "손상성 폐기물 용기에 버려주세요."
③ "병리계 폐기물 용기에 버려주세요."
④ "일반의료 폐기물 용기에 버려주세요."
⑤ "혈액오염 폐기물 용기에 버려주세요."

075 기생충 검사를 위한 대변 검사물을 받는 방법으로 옳은 것은?

① 검사 전날 밤 10시부터 금식한다.
② 설사일 경우 검사를 연기한다.
③ 뚜껑이 있는 용기에 받는다.
④ 반드시 얼음이 담긴 아이스박스에 담아 검사실로 보낸다.
⑤ 육안으로 보이는 기생충은 용기에 담지 않는다.

076 코위관영양이 끝난 직후 체위로 옳은 것은?

① 코위관영양 주입 동안 앉아 있었으므로 즉시 앙와위를 취해준다.
② 30분가량 좌위를 취해 음식물 소화를 돕는다.
③ 복압을 가장 낮추는 자세인 배횡와위를 취해준다.
④ 구토의 위험이 있으므로 복와위를 취해준다.
⑤ 편안히 쉴 수 있도록 트렌델렌부르크 자세를 취해준다.

077 수혈세트를 정리하다가 간호조무사의 손에 혈액이 묻었을 경우 적절한 손위생 방법은?

① 비누를 사용하여 흐르는 물에 30초간 씻는다.
② 혈액이 묻은 부분만 알코올솜으로 닦아낸다.
③ 손소독제를 사용하여 비빈 후 그대로 말린다.
④ 알코올이 함유된 손소독제를 사용하여 2~5분 동안 씻는다.
⑤ 소독수에 5분 이상 손을 담갔다가 흐르는 물로 헹군다.

078 겨드랑 체온 측정 방법으로 옳은 것은?

① 체온계의 측정부위가 액와부 중앙에 놓이게 한다.
② 겨드랑 체온 기록 시 'O'로 표시한다.
③ 무의식 환자에게 적용할 수 없는 방법이다.
④ 겨드랑에 땀이 있을 경우 수건으로 문질러 닦고 드라이기로 건조시킨 후 측정한다.
⑤ 체온계 끝부분에 수용성 윤활제를 바른다.

079 산전 유방간호로 옳은 것은?

① 유방에 로션 등을 바르고 부드럽게 마사지한다.
② 분만 전까지 절대 유두를 만지지 않는다.
③ 유두 부위를 때타올로 강하게 밀어준다.
④ 유축기를 사용해서 매일 자극을 준다.
⑤ 유두를 75% 알코올로 주 1회 소독한다.

080 좌심실이 수축될 때 혈액이 대동맥벽을 향해 밀고 나가는 압력을 무엇이라고 하는가?

① 혈압 ② 수축기압
③ 확장기압 ④ 맥압
⑤ 중심정맥압

081 보행기의 위치로 옳은 것은?

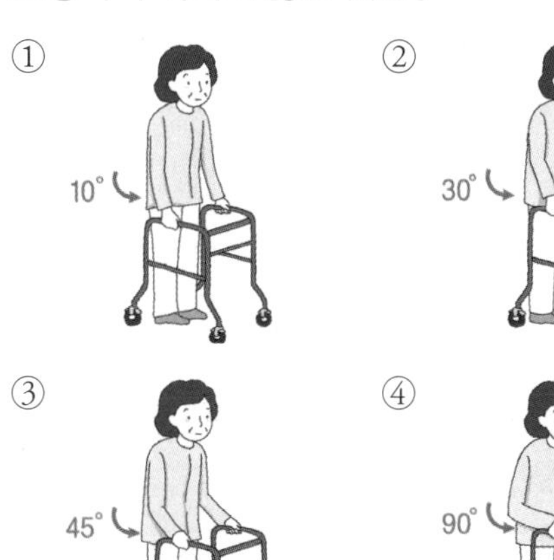

⑤
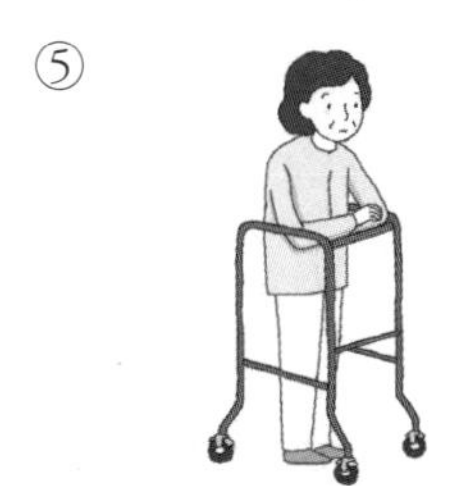

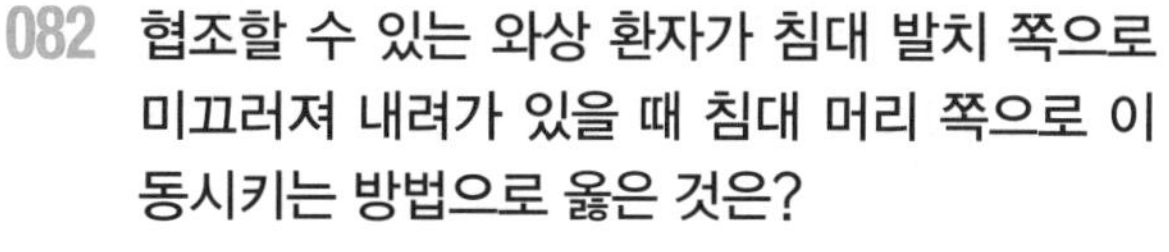
082 협조할 수 있는 와상 환자가 침대 발치 쪽으로 미끄러져 내려가 있을 때 침대 머리 쪽으로 이동시키는 방법으로 옳은 것은?

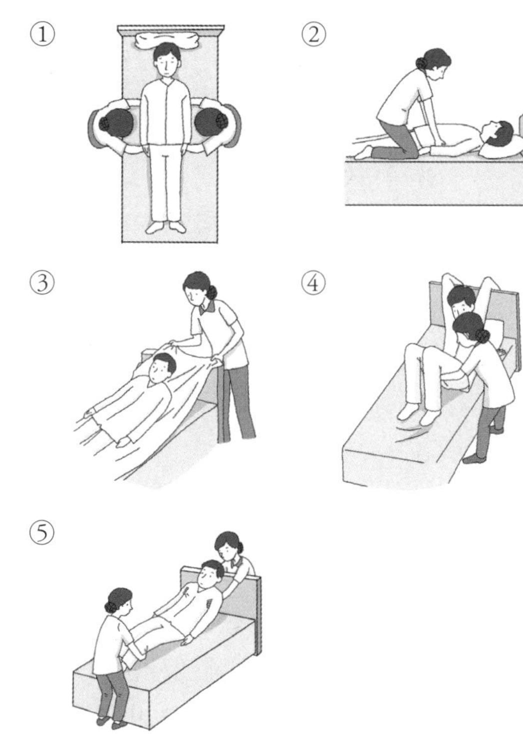

083 오른쪽 반신마비(편마비) 환자가 지팡이를 이용하여 걸을 때 간호조무사의 위치로 옳은 것은?

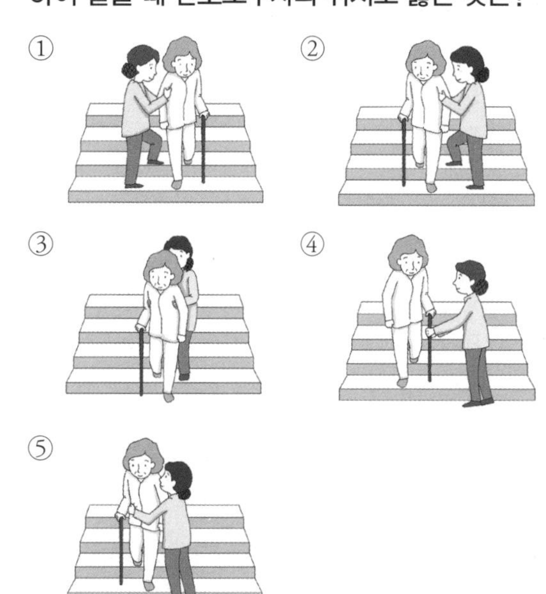

084 임신 초반기에 혈액 검사에서 【매독혈청검사(VDRL 검사) : 양성】이라는 결과를 받은 임부를 위한 간호 방법으로 옳은 것은?

① 즉시 치료하도록 권한다.
② 작은머리증(소두증), 심장질환 등의 선천성 기형아가 태어날 수 있으므로 치료적 유산을 고려한다.
③ 1% 질산은으로 치료한다.
④ 기다렸다가 16~20주 사이에 치료한다.
⑤ 태아에게는 피해를 주지 않으므로 출산 후에 치료한다.

085 멸균뇨 채취를 위한 소변 배양 검사에 대한 설명으로 옳은 것은?

① 요로 감염의 원인균을 파악하여 적합한 항생제를 사용하기 위해 검사한다.
② 유치도뇨를 시행하여 뚜껑이 있는 멸균컵에 받는다.
③ 종이컵에 30~50cc가량 받는다.
④ 유치도뇨관을 삽입하고 있는 환자는 유치도뇨관과 소변주머니의 연결 부위를 분리하여 멸균컵에 소변을 받는다.
⑤ 균이 가장 농축되어 있는 아침 첫 소변을 볼 때 중간뇨를 채취한다.

086 기초신진대사율 검사에 대한 내용으로 옳은 것은?

① 정확한 검사를 위해 전날 밤 수면제를 투여한다.
② 금식은 필요하지 않다.
③ 검사 당일 아침에 가벼운 운동을 한다.
④ 갑상샘 질환을 가진 환자에게 주로 시행한다.
⑤ 검사 당일 아침에 소량의 유동식을 섭취한 후 측정한다.

087 충수염을 진단받고 수술을 기다리는 환자를 위한 간호로 옳은 것은?

① 따뜻한 보리차를 제공한다.
② 복부에 따뜻한 물주머니를 대준다.
③ 금식시키고 처방된 수액을 주입한다.
④ 수술을 위해 관장을 시행한다.
⑤ 맥버니점을 자주 눌러준다.

088 자비 소독에 대한 설명으로 옳은 것은?

① 아포까지 모두 사멸시킨다.
② 소독물품이 물에 반쯤 잠기게 한다.
③ 기포가 발생할 수 있도록 소독기 뚜껑을 약간 열고 소독한다.
④ 유리제품은 처음부터 넣고, 다른 제품은 물이 끓기 시작하면 넣어 소독한다.
⑤ 1시간 동안 끓는 물에 소독한 후 물이 완전히 식으면 물품을 꺼낸다.

089 뚜껑이 있는 용기를 무균적으로 다루는 방법으로 옳은 것은?

① 멸균된 용액을 따랐다가 사용하지 않을 경우 다시 병에 부어둔다.
② 뚜껑을 열어 잡고 있을 때는 내면이 위를 향하게 잡는다.
③ 뚜껑을 열자마자 바로 통에 따라서 사용한다.
④ 뚜껑을 바닥에 놓아야 할 경우 내면이 위를 향하게 놓는다.
⑤ 사용 10분 전에 미리 뚜껑을 열어둔다.

090 수두 환아를 위한 간호로 가장 옳은 것은?

① 다른 아이와 함께 놀게 한다.
② 비누와 때수건을 사용하여 미온수로 목욕시켜 소양감을 감소시켜준다.
③ 손톱을 짧게 자르고 손에 장갑보호대를 적용한다.
④ 꽉 끼는 옷을 입는다.
⑤ 응급상황을 대비해 기관절개세트를 병실에 준비해둔다.

091 수유부의 울유(유방울혈, 유방종창)를 완화하기 위한 방법으로 옳은 것은?

① 더운물찜질 후 찬물찜질을 한다.
② 유방통증이 심하면 마사지를 금한다.
③ 유방울혈이 심하면 모유수유를 중단한다.
④ 24~48시간 동안 수유를 금한다.
⑤ 아이에게 자주 젖을 물려 빨게 한다.

092 코위관(비위관)영양에 대한 설명으로 옳은 것은?

① 코위관 영양액을 너무 빠르게 주입하면 변비가 유발된다.
② 위속의 음식 잔여량 측정은 2시간마다 한 번씩 측정한다.
③ 영양액 주입 후 코위관 뚜껑을 열어둔다.
④ 영양백을 70cm 이상 올려야 중력에 의해 영양액이 잘 주입된다.
⑤ 영양액의 온도는 체온보다 약간 높은 것이 좋다.

093 유치도뇨관을 제거할 때 가장 중요한 것은?

① 회음부를 소독한다.
② 주사기를 이용하여 주입한 증류수를 뺀다.
③ 외과적 손씻기를 하고 수술용 장갑을 착용한 후 무균적으로 제거한다.
④ 소변주머니에 있는 조절기를 잠근다.
⑤ 소변주머니에 고여 있는 소변을 비운다.

094 공장에서 일하는 근로자가 오른쪽 손목을 오른쪽으로 돌리는 작업을 할 때마다 손목에 통증을 느꼈다. 이때 사용한 관절의 움직임은 무엇인가?

① 뒤침(회외) ② 엎침(회내)
③ 모음(내전) ④ 벌림(외전)
⑤ 굽힘(굴곡)

095 섭취량과 배설량(I&O)에 대한 설명으로 옳은 것은?

① 요실금으로 배뇨한 소변은 배설량에 포함시키지 않는다.
② 영아는 기저귀 무게로 배설량을 측정한다.
③ 모든 입원 환자는 I&O를 측정한다.
④ 하루 한 번 밤번 간호사가 측정한다.
⑤ 심한 발한은 측정하기 애매하므로 배설량에 포함시키지 않는다.

096 삼출물이 없는 표재성 상처나 정맥주사 부위에 적용할 수 있는 드레싱은?

① 폴리우레탄 폼 드레싱
② 거즈 드레싱
③ 칼슘 알지네이트 드레싱
④ 투명 드레싱
⑤ 수화젤(친수성 젤) 드레싱

097 **석고붕대 환자에 대한 간호로 옳은 것은?**

① 석고붕대를 한 환자가 무감각과 통증을 호소하면 정도를 확인한 후 간호사에게 보고한다.
② 석고붕대를 감은 부위에서 냄새가 나거나 열감이 있는 것은 정상이다.
③ 석고붕대가 건조되는 데는 일주일 정도 걸린다.
④ 석고붕대 감은 부위를 심장보다 낮추어 준다.
⑤ 뼈 돌출 부위 압박을 예방하기 위해 탄력붕대를 감아준다.

098 **병원약이 아닌 다른 약을 복용하고 있는 환자를 발견했을 때 간호조무사의 적절한 행동은?**

① 즉시 중단시키고 간호사에게 보고한다.
② 병원에서 제공하는 약과 동일한 약이 아니라면 복용하게 한다.
③ 한 번만 복용하게 하고 더 이상 복용하지 않도록 주의를 준다.
④ 병원에서 제공하는 약과 겹쳐지지 않는 시간에 복용하도록 한다.
⑤ 인간의 기본권을 침해하는 행위이므로 자유의사대로 행동하도록 한다.

099 **배회하며 집 밖으로 자꾸 나가려고 하는 치매 환자를 돕는 방법으로 옳은 것은?**

① 같이 나갔다가 자연스럽게 다시 들어온다.
② 작은 소일거리도 위험하므로 안정을 취하게 한다.
③ 집 안에 배회 코스를 만들면 배회를 부추기므로 만들지 않도록 한다.
④ TV나 라디오를 크게 틀어둔다.
⑤ 집안을 어둡게 해서 안정시킨다.

100 **귀에 약물을 점적하는 방법으로 옳은 것은?**

① 3세 미만 소아의 경우 귀를 후상방으로 당겨 외이도(바깥귀길)를 곧게 해준 후 점적한다.
② 냉장보관으로 차가워진 약을 점적하여 구역과 현기증(현훈)을 예방한다.
③ 점적기 끝을 외이도(바깥귀길)에 붙여 점적한다.
④ 환측 귀를 아래로 향하게 하여 투여한다.
⑤ 약물 점적 후 5~10분간 같은 자세를 유지한다.

실전 모의고사

QR코드를 스캔하여 모바일로 간편하게 무료 강의를 수강하세요.
원큐패스 유튜브에서 유료강의 일부를 무료로 수강하실 수 있습니다.

기초간호학 개요

실전모의고사 제3회
기초간호학 문제풀이 영상

001 선교사인 알렌이 우리나라에 와서 부상자를 치료해주는 과정 중에 병원 설립의 필요성을 느껴 1885년 설립된 최초의 서양식 의료기관은?

① 보구여관 ② 광혜원
③ 태화여자관 ④ 대한적십자사
⑤ 경성의학교

002 수근관(손목굴) 증후군에 대한 설명으로 옳은 것은?

① 티넬검사에서 음성으로 나타난다.
② 엄지손가락 운동기능 장애로 물건을 자주 떨어뜨린다.
③ 엄지, 집게손가락(검지, 둘째손가락), 가운데손가락(중지, 셋째손가락), 반지손가락(약지, 넷째손가락), 손바닥이 가렵다.
④ 양쪽 손바닥을 1분간 맞대고 있으면 저린 증상이 심해진다.
⑤ 수술 후 4~6주간 손가락을 움직여서는 안 된다.

003 업무 능력이 있는 사람이 주의해야 할 의무를 다하지 않음으로써 환자에게 손해를 입히는 경우를 무엇이라고 하는가?

① 불법행위 ② 주의의무태만
③ 과실치사 ④ 범죄행위
⑤ 실수행위

004 간호조무사가 직장을 그만둘 때 지켜야 할 태도로 옳은 것은?

① 미리 통보하고 언제든 그만둔다.
② 새로 일할 곳이 정해지면 그만둔다.
③ 후임자가 정해진 다음 인수인계를 하고 그만둔다.
④ 메모를 남기고 그만둔다.
⑤ 당일 아침에 병원에 전화해서 사직 의사를 밝힌다.

005 노화로 인한 근골격계의 변화로 옳은 것은?

① 민첩성이 증가한다.
② 뼈의 광물질 소실과 질량 감소로 골절이 흔하다.
③ 골격과 근육 무게가 증가한다.
④ 보폭이 커지고 걸음이 빨라진다.
⑤ 추간판이 두터워져 키가 작아진다.

006 혈관의 평활근(민무늬근육)에 작용하여 말초저항을 감소시킴으로써 동맥을 직접 확장시키는 항고혈압제로 사용되는 약물은?

① 페니라민 말레산염 ② 페니실린
③ 하이드랄라진 ④ 쿠마딘
⑤ 벤토린

007 노인 우울증에 대한 설명으로 옳은 것은?

① 우울증 노인은 알츠하이머 치매에 걸릴 가능성이 낮다.
② 정신력으로 극복하도록 한다.
③ 소득 수준이 높은 사람이 우울증 가능성이 더 높다.
④ 남성 노인에게 더 흔하다.
⑤ 치료보다는 예방이 우선이다.

008 **분만 1기 초기에 필요한 간호로 옳은 것은?**

① 회음 절개술
② 자궁바닥 마사지
③ 유동식 제공
④ 산후질분비물(오로) 관찰
⑤ 신생아 간호

009 **전치태반에 대한 설명으로 옳은 것은?**

① 주증상은 무통성 질 출혈이다.
② 전치태반은 반드시 제왕절개로 분만을 해야 한다.
③ 자주 내진을 실시하여 선진부 하강 정도를 살펴본다.
④ 걷기, 산책, 운동을 격려한다.
⑤ 임신 초기에 주로 발생하므로 절대안정을 취하도록 하여 유산을 방지한다.

010 **노인을 위한 환경 관리로 옳은 것은?**

① 안정을 위해 무채색으로 꾸민다.
② 숙면을 위해 야간에는 전체 소등한다.
③ 욕조와 샤워실 바닥에 미끄럼 방지용 깔판을 깐다.
④ 실내온도는 16~18℃ 정도가 적당하다.
⑤ 쿠션감이 좋고 푹신한 침대와 의자를 사용한다.

011 **피부조직에 관한 설명으로 옳은 것은?**

① 표피가 가장 두껍다.
② 피부밑조직(피하조직)의 각질층은 죽은 세포로 구성된다.
③ 진피에는 혈관, 신경, 땀샘, 모낭 등이 존재한다.
④ 표피는 피부밑조직 아래에 있다.
⑤ 피부밑조직은 유두층과 그물층으로 구성되어있다.

012 **교감신경이 흥분할 때 나타나는 신체 변화로 옳은 것은?**

① 배뇨 및 연동운동 촉진
② 동공 확장
③ 땀 분비 억제
④ 기관지 수축
⑤ 말초혈관 확장

013 **척추에 대한 설명으로 옳은 것은?**

① 성인의 경우 목뼈(경추) 5개, 등뼈(흉추) 12개, 허리뼈(요추) 7개, 엉치뼈(천추) 1개, 꼬리뼈(미추) 1개로 구성되어 있다.
② 척추뼈 사이 구멍을 통해 말초신경이 지나간다.
③ 척추뼈 사이의 추간판이 탈출한 경우를 압박골절이라고 한다.
④ 등뼈(흉추)와 엉치뼈(천추)는 앞으로 휘어진 만곡을 보인다.
⑤ 목뼈(경추)와 허리뼈(요추)는 뒤로 휘어진 만곡을 보인다.

014 **임신 초기에 태아가 급속하게 성장할 때 반드시 필요한 영양소이며, 부족 시 태아의 신경계에 악영향을 미치는 것으로 옳은 것은?**

① 비타민 A ② 엽산
③ 비타민 D ④ 칼슘
⑤ 철분

015 **파파니콜로검사(자궁경부질세포검사)에 대한 설명으로 옳은 것은?**

① 질염을 확인하기 위한 검사이다.
② 검사 후 수분섭취를 권장하여 변비 또는 대변매복을 예방한다.
③ 검사를 위해 소변을 참도록 한다.
④ 검사 전 적어도 12시간 동안은 질 세척을 금한다.
⑤ 검사 시 심즈 자세를 취할 수 있도록 돕는다.

016 **만성 신부전증 환자의 식이에 대한 내용으로 옳은 것은?**

① 하루 3리터 이상의 수분 섭취
② 저단백 식이
③ 고염 식이
④ 고포타슘 식이
⑤ 바나나와 오렌지 섭취 권장

017 **포상기태에 대한 설명으로 옳은 것은?**

① 융모생식샘자극호르몬(HCG) 수치가 정상 임신 시보다 낮다.
② 구역과 구토가 심하다.
③ 분만 시까지 모르는 경우가 대부분이고 40주 이후 분만 시 낭포가 함께 배출된다.
④ 포상기태 수술 후 바로 임신을 시도하는 것이 좋다.
⑤ 정상 임부에 비해 자궁바닥이 낮다.

018 **부목 적용에 대한 설명으로 가장 옳은 것은?**

① 환자를 안전한 곳으로 옮긴 후 부목을 대준다.
② 부목을 대주기 전에 부러진 뼈를 일렬로 맞춘다.
③ 얼음주머니를 적용하여 부종을 제거한 후 부목을 적용한다.
④ 다친 부위를 심장보다 높인 상태에서 부목을 적용한다.
⑤ 환자가 움직이기 전에 부목을 적용한다.

019 **산후기(산욕기) 변화와 간호에 대한 설명으로 옳은 것은?**

① 수유부는 비수유부에 비해 산후기가 길다.
② 후진통(산후통)은 초산부보다 다분만부가 더 심하다.
③ 자궁은 초산부보다 다분만부가 더 빨리 회복된다.
④ 초산부가 다분만부보다 산후질분비물(오로)이 더 많이 나온다.
⑤ 초산부와 다분만부 모두 산후 3주 동안 적색 산후질분비물(적색오로)이 배출된다.

020 **출생 후 3~4일부터 시작되어 체중이 5~10% 정도 감소한 신생아의 간호 방법으로 옳은 것은?**

① 감염이므로 격리한다.
② 생리적 체중 감소이므로 관찰한다.
③ 영양 부족이므로 코위관영양을 실시한다.
④ 선천성 대사 장애이므로 특수분유로 인공수유한다.
⑤ 탈수이므로 의사에게 즉시 보고한다.

021 **처방전에 사용되는 약어가 옳게 해석된 것은?**

① stat – 필요시마다
② npo – ~을 제외하고
③ ac – 취침 시
④ qid – 4시간마다
⑤ OS – 왼쪽 눈

022 **성인의 맥박 측정방법으로 옳은 것은?**

① 노뼈(요골)맥박은 엄지, 집게손가락(검지, 둘째손가락), 가운데손가락(중지, 셋째손가락)를 사용하여 측정한다.
② 목동맥(경동맥), 위팔동맥(상완동맥), 넓적다리동맥(대퇴동맥), 관상동맥(심장동맥)에 손가락 끝을 대어 측정할 수 있다.
③ 노뼈(요골)맥박은 보통 2분간 측정한다.
④ 노뼈(요골)맥박이 불규칙하면 심첨맥박을 측정하여 비교한다.
⑤ 측정 후 검은색 볼펜을 사용하여 기록한다.

023 **추간판탈출(증)로 인해 허리통증을 가진 환자가 며칠 전부터 대퇴와 종아리까지 뻗치는 통증을 호소한다. 이 환자가 호소하는 통증의 종류는?**

① 표재성 통증 ② 심인성 통증
③ 방사통 ④ 작열통
⑤ 삼차신경통

024 **무릎에 골관절염(퇴행관절염)이 있는 환자의 간호로 옳은 것은?**

① 심폐기능과 근력 강화를 위해 권장되는 운동은 수중운동이다.
② 앉았다 일어나는 운동을 수시로 한다.
③ 자세를 자주 변경하지 않는다.
④ 되도록 걷지 않고 침상안정하는 것이 바람직하다.
⑤ 무릎을 꿇거나 쭈그려 앉는다.

025 **쿠싱 증후군에 대한 설명으로 옳은 것은?**

① 저혈당이 나타난다.
② 부신피질 저하로 나타나는 증상이다.
③ 부신수질에서 분비되는 에피네프린의 과잉분비로 발생한다.
④ 증상은 보름달 같은 얼굴, 복부 비만, 가느다란 팔과 다리이다.
⑤ 저혈압이 나타난다.

026 **소화성 궤양으로 회복기에 있는 환자의 식이로 옳은 것은?**

① 저잔여 식이
② 하루 한 끼 다량 섭취
③ 자극적인 음식
④ 고지방 음식
⑤ 고섬유질 식이

027 **간성혼수에 대한 설명으로 옳은 것은?**

① 서서히 진행되며 예후가 좋은 편이다.
② 호흡할 때 단 냄새가 나고 혈액 중에 백혈구가 증가한다.
③ 의식상실, 경련과 사지 떨림, 착란증 등이 나타난다.
④ 대부분의 간염 환자에게 흔하게 발생한다.
⑤ 고단백 식사를 제공한다.

028 **파킨슨병에 대한 설명으로 옳은 것은?**

① 행동이 빨라진다.
② 도파민을 만들어내는 신경세포들이 파괴되는 질환이다.
③ 목적이 있는 자발적 움직임을 하면 떨림(진전)이 심해진다.
④ 글씨를 작게 쓰지 못한다.
⑤ 무표정, 근육경직이 나타나고 휴식 시 떨림이 완화된다.

029 지방에 대한 설명으로 옳은 것은?

① 빠른비움 증후군(덤핑 증후군) 환자에게 금기인 영양소이다.
② 소비되고 남은 에너지는 소변을 통해 즉시 배출된다.
③ 1g당 4kcal의 열량을 발생한다.
④ 체온을 유지시켜주고 장기를 보호한다.
⑤ 수용성 비타민의 장내 흡수를 돕는 역할을 한다.

030 지혈대 사용 방법으로 옳은 것은?

① 출혈 부위를 낮춘다.
② 20분마다 풀어주고 2~3분 후에 다시 묶는다.
③ 상처로부터 먼 곳에 지혈대를 맨다.
④ 정맥만 묶는다.
⑤ 출혈이 멈추지 않을 때 가장 먼저 사용하는 방법이다.

031 개에게 물렸을 때 사람과 개에 대한 처치로 옳은 것은?

① 개에게 물린 윗부분을 지혈대로 묶는다.
② 개의 털을 태워서 상처에 붙여둔다.
③ 개는 공수병 예방접종을 실시한다.
④ 상처는 70% 알코올이나 1% 염화벤잘코늄 용액으로 소독하고 생리식염수로 다시 씻어낸다.
⑤ 7일 후 개가 죽었다면 사람은 아무 처치를 하지 않아도 된다.

032 올바른 양치질을 통해 기대할 수 있는 것은?

① 잇몸낭(치주낭) 형성
② 침(타액) 분비량 감소
③ 치면열구전색
④ 치면세균막 제거
⑤ 치석 제거

033 치아와 관련된 설명으로 옳은 것은?

① 젖니(유치)는 생후 6개월부터 나오기 시작하여 20개월에 완성된다.
② 젖니는 총 20개, 간니는 총 32개이다.
③ 젖니 중 간니로 교환되는 시기가 가장 빠른 것은 상악중심앞니(상악중절치)이다.
④ 간니는 생후 15~16년경 사랑니를 포함한 모든 치아의 석회화가 종료된다.
⑤ 젖니와 간니가 섞여 있는 시기를 부정교합 시기라고 한다.

034 한방간호에 대한 내용으로 옳은 것은?

① 환자의 음식은 기호에 따라 선택한다.
② 병실은 항상 건조하고 따뜻하게 유지한다.
③ 모든 환자는 운동하는 것이 바람직하다.
④ 환자의 7가지 감정(희·노·우·사·비·공·경)을 잘 관리한다.
⑤ 개인의 체질에 상관없이 일률적인 간호를 제공한다.

035 각 장기의 질병에 따른 음식의 금기가 바르게 연결된 것은?

① 마음의 병은 고(쓴맛)를 금한다.
② 간의 병은 신(매운맛)을 금한다.
③ 폐의 병은 함(짠맛)을 금한다.
④ 신의 병은 산(신맛)을 금한다.
⑤ 비장의 병은 감(단맛)을 금한다.

보건간호학 개요

실전모의고사 제3회
보건간호학 문제풀이 영상

036 효과적인 보건교육을 위해 유의할 점으로 옳은 것은?

① 인원이 많아야 한다.
② 지역사회보건과는 별개이다.
③ 교육자의 흥미를 고려한다.
④ 주의를 분산시킨다.
⑤ 동기를 부여한다.

037 사회보장의 종류 중 최저생활을 보장받는 제도로 생계급여, 의료급여 등의 기능을 갖는 것을 무엇이라고 하는가?

① 국민건강보험 ② 사회서비스
③ 산재보험 ④ 사회보험
⑤ 공공부조

038 노인 치매에 대해 국가가 실시하고 있는 서비스에 대한 내용으로 옳은 것은?

① 보건소에서는 노인 치매에 관한 서비스를 제공하지 않는다.
② 노인장기요양보험이 적용된다.
③ 전국에 있는 모든 의원에서 치매 검사를 무료로 제공한다.
④ 약값은 무료이다.
⑤ 국가에서 노인 치매를 상담·계획·관리해주는 프로그램은 아직 없다.

039 국제노동기구(ILO)와 세계보건기구(WHO)에서 제시한 산업보건의 최종 목표로 옳은 것은?

① 생산성 향상 ② 임금 상승
③ 재활 치료 ④ 직업병 치료
⑤ 처우 개선

040 유해물질을 함유하고 있거나 재활용이 어렵고 폐기물 관리상 문제를 일으킬 수 있는 제품·재료·용기(예: 플라스틱, 1회용 기저귀 등)의 제조업자나 수입업자가 그 폐기물을 처리하기 위해 내야 하는 부담금을 무엇이라고 하는가?

① 환경개선부담금 ② 수질오염부담금
③ 공해배출부과금 ④ 폐기물부담금
⑤ 환경영향평가금

041 보건교육을 실시할 때 파급 효과가 가장 크고 태도 변화가 잘 나타날 수 있는 대상자는?

① 학령전기 ② 유치원생
③ 초등학생 ④ 성인
⑤ 노인

042 면접(면담) 시 면접자가 가져야 할 바람직한 태도로 옳은 것은?

① 질문에 대한 대답의 암시를 제공한다.
② 잘못된 생각이나 부정적인 감정은 자연스럽게 교정해준다.
③ 질문은 일체 삼가고 듣기만 한다.
④ 주의 깊게 청취한다.
⑤ 계획된 시간 안에 무조건 끝낸다.

043 교육 방법과 내용의 연결이 옳은 것은?

① 시뮬레이션 : 실제와 유사한 상황을 인위적으로 만들어 제공함으로써 실제로는 있을 수 있는 위험부담에 대한 걱정 없이 교육할 수 있는 방법
② 집단토의 : 치료적 측면, 예방치료, 재활분야에 중점을 두고 계속적인 환자간호를 위해 행해지는 방법
③ 사례연구 : 실제 현장으로 장소를 옮겨서 직접 관찰을 통해 목표한 학습을 유도하는 방법
④ 강의 : 10명의 청소년이 혼전임신에 대해 자유로운 토론을 통해 창의적이고 새로운 아이디어를 모색하기에 적당한 교육방법
⑤ 투시환등기(OHP) : 실제상황과 비슷한 효과를 얻을 수 있고 반복적으로 시행과 관찰을 할 수 있는 장점을 가진 교육방법

044 직업병의 특징으로 옳은 것은?

① 직업병은 시대가 변해도 동일하다.
② 예방이 불가능하다.
③ 수시건강진단으로 알아낼 수 있다.
④ 조기발견이 어렵고 폭로 시작과 첫 증상이 나타나기까지 시간적 차이가 있다.
⑤ 대부분 급성으로 나타난다.

045 기온에 대한 설명으로 옳은 것은?

① 하루 중 기온 차이를 연교차라고 한다.
② 산악지역은 일교차가 적고 해안지역은 일교차가 크다.
③ 일교차는 맑은 날, 내륙, 사막일수록 적어진다.
④ 최고 기온은 일출 전이다.
⑤ 기온은 지상 1.5m의 높이에 있는 백엽상에서 측정한다.

046 거의 모든 사람이 불쾌감을 느끼는 불쾌지수로 옳은 것은?

① 70 ② 75
③ 80 ④ 85
⑤ 90

047 급수 전 유리잔류 염소량의 기준으로 옳은 것은?

① 0.01ppm ② 0.2ppm
③ 0.1ppm ④ 0.05ppm
⑤ 2.0ppm

048 오염된 해산물이나 어패류를 섭취한 후 발생할 수 있는 식중독은?

① 보툴리누스중독
② 살모넬라균 식중독
③ 장염비브리오균 식중독
④ 사슬알균 식중독
⑤ 포도알균 식중독

049 다음은 노인장기요양보험의 재가급여 중 무엇에 해당하는가?

의사, 치과의사, 한의사의 지시에 따라 수급자의 가정 등을 방문하여 간호, 진료 보조, 요양에 관한 상담 또는 구강위생 등을 제공하는 급여

① 방문목욕 ② 단기보호
③ 방문요양 ④ 방문간호
⑤ 주·야간 보호

050 의료보장에 대한 설명으로 옳은 것은?

① 고소득자는 민간보험에 가입한다.
② 예기치 못한 의료비 부담으로부터 국민을 재정적으로 보호한다.
③ 모든 농어촌 거주자는 지역건강보험에 가입해야 한다.
④ 건강보험은 1, 2종으로 나뉜다.
⑤ 산업재해 시 건강보험공단에서 재해보상을 한다.

공중보건학 개론

실전모의고사 제3회
공중보건학 문제풀이 영상

051 간호조무사 국가고시를 앞둔 학생이 공부할 내용이 이해가 되지 않아 불안해하고 있다가 어느 순간부터 공부할 것이 없다는 핑계를 대며 시험을 잊으려고 하고 있다. 이 학생이 사용하고 있는 방어기제로 옳은 것은?

① 보상, 해리 ② 억제, 대치
③ 반동형성, 억제 ④ 합리화, 억제
⑤ 취소, 전치

052 모자보건사업의 중요성에 대한 설명으로 옳은 것은?

① 다음 세대의 인구자질에 영향을 미친다.
② 모자보건 대상이 전체 인구의 30%를 차지하기 때문이다.
③ 임산부와 영유아는 면역력이 강해 질병에 잘 걸리지 않는다.
④ 모자보건과 관련된 질병은 대부분 예방이 어렵다.
⑤ 질병에 의한 후유증은 거의 없다.

053 학교보건이 중요한 이유로 옳은 것은?

① 학생 인구가 전체 인구의 약 1/2을 차지한다.
② 건강습관 형성이 고착된 시기로 보건교육의 효과는 미미하다.
③ 보건교육으로 인해 학교교육의 효율성이 저하된다.
④ 정해진 장소에 밀집되어 있어 사업 실시가 용이하다.
⑤ 학생을 통한 가족이나 지역사회로의 간접적인 보건교육은 기대하기 어렵다.

054 가정방문을 통한 보건간호사업의 특징으로 옳은 것은?

① 같은 건강문제를 가진 사람들과의 정보교류가 가능하다.
② 거동이 힘든 대상자에게 적합하다.
③ 대상자 입장에서는 불필요한 시간낭비가 있을 수 있다.
④ 교육적인 분위기가 조성된다.
⑤ 가족 내 인적자원과 물품을 활용할 수 없다.

055 매일 저녁에 피임약을 복용하는 사람이 전날 저녁 피임약 복용을 잊은 것을 그날 아침에 알게 되었을 때 올바른 복용 방법은?

① 원래 복용하던 시간에 1알을 복용한다.
② 즉시 1알, 저녁에 1알을 복용한다.
③ 즉시 2알을 한꺼번에 복용한다.
④ 저녁까지 기다렸다가 한꺼번에 2알을 복용한다.
⑤ 피임 효과가 없으므로 처음부터 다시 복용한다.

056 **지역사회 보건간호사업을 성공하기 위해 가장 중요한 요소는 무엇인가?**

① 지역사회 진단에 의한 정확한 실태파악으로 건강문제를 확인한다.
② 지역주민이 원하는 사업을 실시한다.
③ 보건에 대한 지식이 충분해야 한다.
④ 보건 사업에 대한 특별한 관심이 요구된다.
⑤ 지역주민들과 긴밀한 관계를 유지해야 한다.

057 **가정방문 전에 반드시 준비해야 할 활동으로 옳은 것은?**

① 지역사회의 지도자를 파악한다.
② 계획·진행·성과를 보고한다.
③ 방문 대상에 대한 기록을 찾아 읽어본다.
④ 환자 및 가족에게 계속적인 간호를 제공하기 위해 기록을 남긴다.
⑤ 한 번의 방문으로 모든 내용을 지도하기 위해 지도내용을 연습한다.

058 **유행 결막염이 만연하여 병원 엘리베이터 내의 손잡이와 버튼을 자주 소독하였다. 어떤 감염경로를 차단한 것인가?**

① 숙주의 감수성, 침입구
② 탈출구, 숙주의 면역력
③ 저장소, 전파방법
④ 침입구, 저장소
⑤ 숙주의 감수성, 저장소

059 **모유수유를 통해 아이에게 형성되는 면역으로 옳은 것은?**

① 자연능동면역 ② 자연수동면역
③ 인공능동면역 ④ 인공수동면역
⑤ 자연후천면역

060 **가장 흔하며 위험한 병원체의 탈출경로로 옳은 것은?**

① 소화기 ② 비뇨기
③ 개방병소 ④ 호흡기
⑤ 피부

061 **수유중인 산모가 사용하기에 부적절한 임신 조절 방법은?**

① 경구피임약 ② 콘돔
③ 패서리 ④ 자궁 내 장치
⑤ 살정자제

062 **볼거리(유행귀밑샘염)에 대한 설명으로 옳은 것은?**

① DPT로 예방한다.
② 귀밑 부종과 통증, 발열, 삼킴곤란 등이 나타난다.
③ 시크 검사로 진단한다.
④ 합병증으로 기관지염, 폐렴 등이 나타난다.
⑤ 병원체는 볼거리균이다.

063 **인구의 저출산을 해결하기 위한 방안으로 옳은 것은?**

① 정관절제
② 육아휴직제도 활성화
③ 해외입양 권유
④ 인공유산
⑤ 임대주택 감소

064 **임질에 대한 설명으로 옳은 것은?**

① 바이러스에 의한 질병이다.
② 공기로 전파된다.
③ 반코마이신으로 치료한다.
④ 배뇨 시 통증, 화농성 분비물, 빈뇨 등의 증상이 나타난다.
⑤ 여자에게만 발생한다.

065 **결핵 예방법에 의한 결핵 예방접종을 받아야 할 의무대상자는?**

① 출생 즉시
② 출생 후 4주 이내의 신생아
③ 홍역 예방 접종 후 4주 이내
④ 생후 1년 이내
⑤ 초등학교 입학 후 1년 이내

066 **의료인에 속하지 않는 사람은?**

① 의사 ② 치과의사
③ 간호조무사 ④ 조산사
⑤ 간호사

067 **사체를 검안하여 변사한 것으로 의심될 때는 누구에게 신고해야 하는가?**

① 보건소장
② 보건복지부장관
③ 시·도지사
④ 시장·군수·구청장
⑤ 경찰서장

068 **의료기관에 소속되지 아니한 의사나 한의사가 감염병 환자를 진단하거나 그 사체를 검안하였을 때 누구에게 신고하여야 하는가?**

① 시·도지사
② 시장·군수·구청장
③ 보건복지부장관
④ 관할 보건소장
⑤ 경찰서장

069 **정신질환자의 권익보호에 대한 내용으로 옳은 것은?**

① 치료를 위해 무조건 통신과 면회의 자유를 제한한다.
② 치료가 목적이므로 직업훈련이나 작업요법을 반드시 시행한다.
③ 안전을 위해 동의와 상관없이 정신질환자에 대하여 녹음·녹화·촬영을 할 수 있다.
④ 정신질환자였다는 이유로 교육·고용·시설 이용의 기회를 제한해서는 안 된다.
⑤ 정신질환자 수용 시 정신질환자 보호시설 외의 장소를 이용해야 한다.

070 **혈액 관리법에서 사용하는 용어의 정의로 옳은 것은?**

① 혈액 : 인체에서 채혈한 적혈구, 백혈구, 혈소판
② 혈액 관리 업무 : 혈액을 채혈·검사·제조·보존·공급·품질관리하는 업무
③ 채혈 금지 대상자 : 자기의 혈액을 혈액원에 무상으로 제공하는 자
④ 부적격 혈액 : 건강기준에 미달하는 사람으로서 헌혈을 하기에 부적합한 사람
⑤ 특정 수혈 부작용 : 혈관미주신경반응, 피하출혈 등 채혈 후 헌혈자에게 나타날 수 있는 부작용

실기

071 내과적 손씻기를 할 때 가장 오염된 부분으로 간주하는 곳은?

① 손목　② 손등
③ 손바닥　④ 손톱 밑
⑤ 손가락 사이

072 누워있는 환자를 오른쪽으로 돌려 눕히는 방법으로 옳은 것은?

① 간호조무사는 환자의 오른쪽에 선다.
② 환자의 머리를 왼쪽으로 돌린다.
③ 오른손은 가슴 위에, 왼손은 침대 위에 직각 모양으로 놓는다.
④ 오른쪽 다리를 왼쪽 다리 위로 올린다.
⑤ 엉덩이 → 어깨 → 얼굴 순서대로 돌려 눕힌다.

073 5명의 환자가 동시에 응급실에 내원하였을 때 가장 우선적으로 처치해야 할 사람은?

① 팔과 다리에 화상을 입은 환자
② 발목 염좌 환자
③ 다리 골절로 출혈이 있는 환자
④ 내부 장기가 돌출되고 청색증이 있는 환자
⑤ 흉부손상으로 호흡곤란이 있는 환자

074 미숙아로 태어난 신생아가 보육기에서 8주간 치료 후 눈이 실명되었다는 진단을 받게 되었다. 보호자가 실명의 이유에 대해 질문하였을 때 예상할 수 있는 의사의 대답으로 옳은 것은?

① "영양이 부족해서입니다."
② "눈에 질산은을 과도하게 투여하였기 때문입니다."
③ "인큐베이터에 습도가 너무 높아서입니다."
④ "제대를 통해 혈액이 감염되었기 때문입니다."
⑤ "고농도의 산소에 장기간 노출되었기 때문입니다."

075 드레싱의 종류 중 괴사조직을 수화하여 자연분해를 촉진시키는 데 효과적인 드레싱으로 옳은 것은?

① 수성교질(친수성 콜로이드) 드레싱
② 거즈 드레싱
③ 수화젤(친수성 젤) 드레싱
④ 칼슘 알지네이트 드레싱
⑤ 투명 드레싱

076 열이 있는 환자를 위한 간호로 옳은 것은?

① 근육 운동 권장
② 산소 공급
③ 수분 섭취 권장
④ 따뜻한 병실 환경 유지
⑤ 머리는 따뜻하게, 손과 발은 차갑게 유지

077 반신마비(편마비) 환자가 입맛이 없다고 식사를 거부할 때 취할 수 있는 행동으로 옳은 것은?

① 구강간호를 시행한다.
② 배가 고플 때까지 굶도록 한다.
③ 개인의 자유이므로 간섭하지 않는다.
④ 배가 고파질 때까지 운동을 시킨다.
⑤ 식욕촉진제를 사준다.

078 생후 1분에 맥박 120회/분, 신생아의 손에 간호조무사의 손가락을 쥐어주었더니 강하게 잡고 있고, 팔과 다리가 굴곡되어 있다. 몸은 붉은색, 사지는 푸른색이며 강하게 우는 신생아의 아프가 점수는?

① 10점　② 9점
③ 8점　④ 7점
⑤ 6점

079 병실 환경 관리에 대한 설명으로 옳은 것은?

① 환기가 가장 중요한 요소이다.
② 병실의 온도는 16~18℃가 적합하다.
③ 병실의 습도는 60~80%가 적합하다.
④ 호흡기질환을 가진 환자에게는 병실 습도를 낮춰준다.
⑤ 조명을 최대한 밝게 유지한다.

080 감염병 환자가 입원했을 때 이 환자의 물품은 어떻게 관리해야 하는가?

① 환자가 보관하게 한다.
② 보호자에게 돌려준다.
③ 병원 세탁물 수거함에 함께 넣어 세탁한다.
④ 가압증기멸균법(고압증기멸균법)으로 소독한 후 봉투에 넣어 보관한다.
⑤ 소각한다.

081 떡을 먹다가 갑자기 목을 감싸고 안절부절 못하는 의식이 있는 환자에게 가장 우선적으로 취해야 할 응급처치로 옳은 것은?

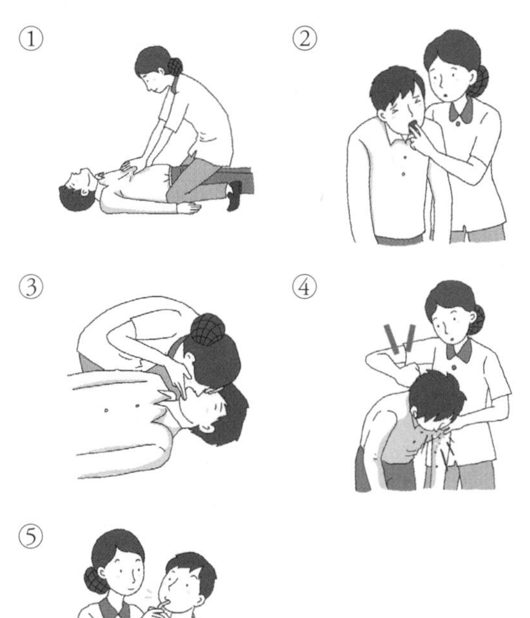

082 오른쪽 반신마비(편마비) 환자에게 상의를 입힐 때 가장 먼저 해야 할 순서로 옳은 것은?

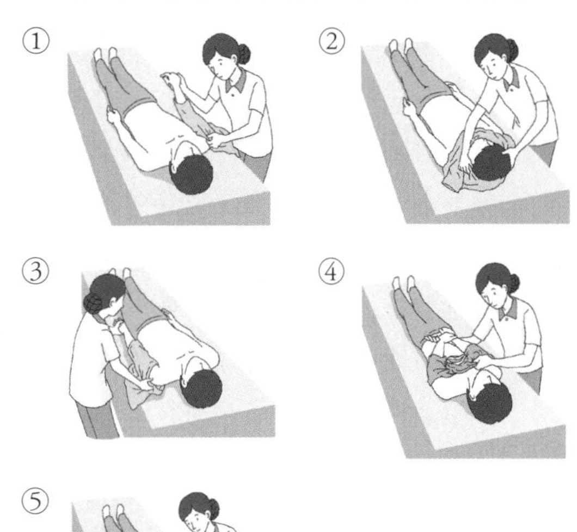

083 오른쪽 반신마비(편마비) 환자를 침대에서 휠체어로 이동시킬 때의 방법으로 옳은 것은?

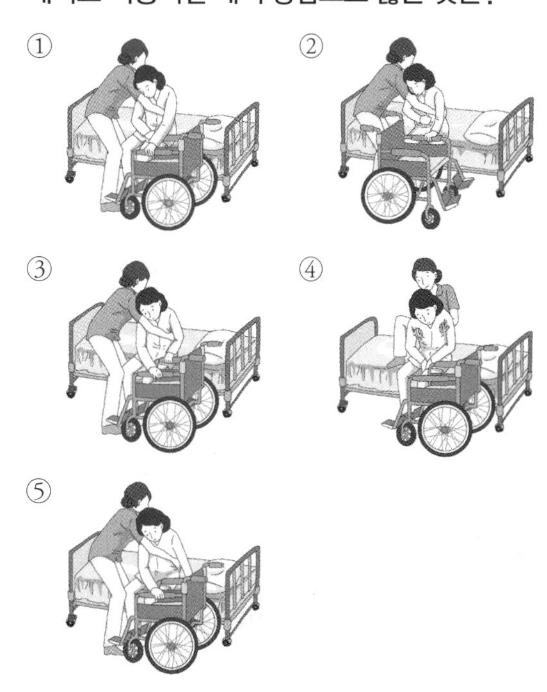

제3회

084 빈침상 만들기 순서로 옳은 것은?

① 밑홑이불 – 고무포 – 반홑이불 – 침상보 – 윗홑이불 – 담요
② 고무포 – 밑홑이불 – 담요 – 반홑이불 – 윗홑이불 – 침상보
③ 밑홑이불 – 고무포 – 반홑이불 – 윗홑이불 – 담요 – 침상보
④ 침상보 – 담요 – 윗홑이불 – 반홑이불 – 밑홑이불 – 고무포
⑤ 밑홑이불 – 고무포 – 담요 – 반홑이불 – 윗홑이불 – 침상보

085 기록의 지침 및 방법으로 옳은 것은?

① 환자의 상태를 주관적으로 기록한다.
② 반복되는 문제는 기록하지 않는다.
③ 과거시제와 미래시제만 사용하도록 한다.
④ 기록은 처치 전에 미리 기록하여 누락되는 것을 방지한다.
⑤ 밤번 근무자는 붉은색으로 간호기록지를 작성한다.

086 직장 체온 측정 시 주의사항으로 옳은 것은?

① 체온 측정 전에 소독약으로 항문을 소독한다.
② 체온계 삽입을 위한 자세는 무릎가슴 자세가 적합하다.
③ 직장이나 회음부 수술 환자에게 적합하다.
④ 심장질환자, 변비나 설사가 있는 대상자는 금기이다.
⑤ 항문으로 7cm 정도 삽입 후 항문에 힘을 주고 2~3분간 있도록 한다.

087 누우면 숨쉬기가 힘들어서 앉거나 반좌위 상태를 취해야 호흡곤란 증세가 완화되는 것을 무엇이라고 하는가?

① 파울러 호흡　② 좌식 호흡
③ 좌위호흡　④ 쿠스마울 호흡
⑤ 호흡 곤란

088 신체검진의 방법으로 옳은 것은?

① 일반적인 순서는 시진 → 청진 → 타진 → 촉진이다.
② 복부 검진을 위해 환자를 똑바로 눕히고 무릎을 구부리는 배횡와위 자세를 취해준다.
③ 통증이 심한 곳을 먼저 촉진하고 나중에 통증이 없는 곳을 촉진한다.
④ 복부 촉진 전에는 소변을 참게 한다.
⑤ 촉진은 손이나 손가락으로 신체표면을 두드려 보는 것을 말한다.

089 바륨 관장에 대한 설명으로 옳은 것은?

① 검사 후 설사가 있을 수 있음을 설명한다.
② 바륨을 마신 후 상부 위장관을 촬영한다.
③ 금식은 불필요하다.
④ 대변매복이 있을 수 있으므로 검사 후 수분 섭취를 권장한다.
⑤ 검사 전날과 당일 아침에는 관장을 금한다.

090 병원에서 가장 많이 사용하는 멸균법으로 수술 시 사용되는 기구나 주사기를 멸균할 때 적합한 방법은?

① 자비 멸균　② 가압증기멸균
③ EO가스 멸균　④ 초고온 멸균
⑤ 건열 멸균

091 수술실에서 소독 가운을 입은 사람끼리 지나가는 방법은?

① 서로 마주보고 손이 닿지 않게 지나간다.
② 서로 등을 향하게 하고 지나간다.
③ 소독된 상태이므로 닿아도 상관없다.
④ 한사람이 허리를 숙여서 서로 닿지 않게 한다.
⑤ 뒷짐을 지고 지나간다.

092 상황에 따른 체위가 바르게 연결된 것은?

① 관장 – 우측 심즈 자세
② 호흡곤란 완화 – 트렌델렌부르크 자세
③ 척추골절 환자 – 복와위
④ 산후 자궁위치 교정 – 무릎가슴 자세
⑤ 남자 인공도뇨 – 배횡와위

093 유치도뇨관을 삽입하고 있는 환자를 위한 간호로 옳은 것은?

① 유치도뇨관을 삽입하고 있는 환자가 소변이 안 나오는 것 같다고 하며 아랫배 불편감을 호소하면 가장 먼저 연결관이 눌려져 있지는 않은지 확인한다.
② 소변주머니는 항상 방광보다 높게 위치시켜 비뇨기계 감염을 예방한다.
③ 도뇨관과 소변주머니 연결 부위는 수시로 분리했다가 다시 연결하여 도뇨관이 분비물로 인해 폐쇄되는 것을 예방한다.
④ 방광 훈련을 위해 전립샘 수술 직후 도뇨관을 잠근다
⑤ 무조건 1주일에 한 번씩 도뇨관을 교환한다.

094 구강간호에 대한 설명으로 옳은 것은?

① 구강간호 후 입가의 물기를 닦고 입술에 바셀린을 발라준다.
② 알코올은 백태 제거에 효과적이다.
③ 무의식 환자에게 구강간호 중 흡인되는 것을 예방하기 위해 복와위를 취해준다.
④ 양치질을 할 때는 치아 안쪽을 먼저 닦고 바깥쪽을 닦는다.
⑤ 치실은 양치질 후에 사용한다.

095 휠체어를 이용한 이동 방법으로 옳은 것은?

① 엘리베이터 타고 내리기 : 앞으로 들어가서 뒤로 나온다.
② 오르막길을 올라갈 때 : 휠체어를 뒤로 기울인 채 직선 방향으로 이동한다.
③ 문턱을 오를 때 : 휠체어를 앞으로 기울여 뒷바퀴를 들어 올린 상태로 문턱을 오른다.
④ 울퉁불퉁한 길 : 지그재그로 이동한다.
⑤ 내리막길을 내려갈 때 : 휠체어를 뒤로 돌려 이동방향을 바라보며 뒷걸음으로 내려간다.

096 기도 흡인 간호로 옳은 것은?

① 카테터는 수돗물이나 생리식염수에 담가 윤활시킨다.
② 흡인과 흡인 사이에 기침과 심호흡을 참도록 한다.
③ 1회 흡인 시간은 5분 동안 가능하다.
④ 카테터와 용액은 하루에 한 번 반드시 교환한다.
⑤ 카테터 삽입 시에는 압력이 걸리지 않은 상태로 삽입해야 한다.

097 **수술 전 삭모에 대한 내용으로 옳은 것은?**

① 수술 부위 통증 감소를 위해 삭모한다.
② 삭모 후 로션을 발라 피부를 보호한다.
③ 면도기를 30~45° 각도로 피부에 대고 삭모한다.
④ 털이 난 반대방향으로 삭모한다.
⑤ 복부 수술 환자의 경우 빗장뼈(쇄골) 아래부터 두덩뼈(치골) 상부까지 삭모한다.

098 **시각장애 환자와 의사소통 하는 방법으로 옳은 것은?**

① 큰 소리로 말한다.
② 사물의 위치를 왼쪽, 오른쪽 또는 시계방향으로 설명한다.
③ 속삭이듯이 부드럽게 말한다.
④ 환자 옆쪽에서 접촉을 하며 말한다.
⑤ '이것', '저것' 등의 지시대명사를 사용하여 말한다.

099 **치매 환자의 구강 위생을 돕는 방법으로 옳은 것은?**

① 칫솔모가 단단한 것을 사용한다.
② 성인이므로 플루오린(불소) 농도가 높은 성인용 치약을 사용한다.
③ 의치가 잘 맞지 않으면 치과를 방문하여 교정을 의뢰한다.
④ 소금으로 닦아 입안염(구내염)을 예방한다.
⑤ 하루 한 번만 시행한다.

100 **안약 투여 방법에 대한 설명으로 옳은 것은?**

① 생리식염수를 적신 솜으로 눈의 바깥쪽에서 안쪽으로 닦는다.
② 상부결막낭 중앙에 떨어뜨린다.
③ 안약 성분이 전신으로 흡수되는 것을 막기 위해 눈의 내각을 1분 정도 눌러준다.
④ 눈에 점적기 끝이 닿게 해서 안약을 투여한다.
⑤ 환측 눈이 위로 가도록 눕는다.

실전 모의고사

기초간호학 개요

001 갑상샘항진증의 증상으로 옳은 것은?

① 체중이 증가한다.
② 맥박이 느려진다.
③ 식욕이 감소한다.
④ 추위를 많이 탄다.
⑤ 땀이 많다.

002 부갑상샘 절제 수술 후 반드시 확인해야 할 혈액 검사로 옳은 것은?

① 에스트로젠　② 칼슘
③ 철분　④ 포타슘
⑤ 비타민 D

003 신생아에게 이행변이 나타나는 시기로 옳은 것은?

① 생후 24시간　② 생후 1~2일
③ 생후 4~14일　④ 생후 3주
⑤ 생후 1년

004 고위험 신생아 간호로 옳은 것은?

① 생후 1주일 동안 금식한다.
② 신생아 접촉 전후에 손을 철저히 씻는다.
③ 체중은 보육기 밖에서 잰다.
④ 보육기 내의 온도와 습도는 4시간마다 한 번씩 점검한다.
⑤ 가습기 물은 생리식염수를 사용하여 하루 한 번 교환한다.

005 트레포네마 팔리둠균이 태반을 통해 모체로부터 신생아에게로 감염되는 질병을 무엇이라고 하는가?

① 임질
② 매독
③ 아구창
④ 칸디다질염(모닐리아질염)
⑤ 에이즈

006 약물을 계속 사용할 경우, 같은 치료 효과를 얻기 위해 사용량을 늘려야 효과를 얻을 수 있는 현상을 무엇이라고 하는가?

① 습관성　② 금단 증상
③ 축적 작용　④ 내성
⑤ 중독

007 뼈의 성장에 관련이 있는 것으로 옳은 것은?

① 칼슘, 칼시토닌, 인, 호르몬, 비타민
② 글루카곤, 인슐린, 담즙
③ 칼슘, 플루오린(불소), 섬유소
④ 비타민, 단백질, 탄수화물
⑤ 칼시토닌, 담즙, 췌장(이자)액

008 대변잠혈검사 시 주의사항으로 옳은 것은?

① 검체운반이 지연될 경우 냉동보관 한다.
② 대·소변을 함께 채취하여 검체통에 넣는다.
③ 대장균의 종류를 파악하기 위한 검사이다.
④ 생리혈과 치핵으로 인한 혈액은 검사에 영향을 주지 않는다.
⑤ 잠혈검사 3일 전부터 붉은 야채, 철분제제, 육류 섭취를 피한다.

009 들것을 이용하여 환자를 옮길 때 리더의 위치로 옳은 것은?

① 환자의 머리
② 환자의 몸통
③ 환자의 종아리
④ 환자의 발
⑤ 어느 위치든 상관없다.

010 A간호사는 모든 환자의 투약을, B간호사는 모든 환자의 침상 만드는 일을, C간호사는 기록을 담당하고 있다. 이러한 업무 분업에 기초를 둔 간호 방법은?

① 기능적 간호 방법 ② 팀 간호 방법
③ 전담적 간호 방법 ④ 사례 관리 방법
⑤ 독자적 간호 방법

011 약품의 보관 방법으로 옳은 것은?

① 기름 종류의 약물은 30℃ 이하의 실온에서 보관한다.
② 좌약은 냉장보관한다.
③ 일반적인 약은 통풍이 잘 되고 서늘한 곳에 직사광선을 피해 보관한다.
④ 인슐린, 헤파린, 예방접종약 등은 냉동보관한다.
⑤ 약품보관 냉장고의 온도 점검은 2시간마다 한 번씩 체크한다.

012 뇌의 기능 유지를 위해 필수적으로 섭취되어야 하는 영양소로 옳은 것은?

① 탄수화물 ② 단백질
③ 지방 ④ 칼슘
⑤ 철분

013 다음 중 임신부가 즉시 병원에 가서 진찰을 받아야 할 증상은?

① 질 출혈 ② 요통
③ 변비 ④ 빈뇨
⑤ 속쓰림

014 자궁관(난관)의 기능으로 옳은 것은?

① 호르몬 분비
② 태아의 발육 장소
③ 배란 작용
④ 수정란을 자궁으로 운반
⑤ 분만 시 산도

015 노화로 인한 소화기계의 변화로 옳은 것은?

① 맛봉오리의 증가로 짠맛을 더 잘 느끼게 된다.
② 신맛과 쓴맛의 감지도가 떨어진다.
③ 침(타액)분비 증가로 치아 상실이 흔하게 온다.
④ 연동운동이 저하되어 변비가 잘 발생한다.
⑤ 위산 분비 증가로 인해 소화가 촉진되어 쉽게 배고픔을 느낀다.

016 환자 상태에 이상이 발견되었을 경우 간호조무사가 가장 우선적으로 취해야 할 행동은?

① 즉시 보호자에게 알린다.
② 간호사에게 보고한다.
③ 응급약물을 사용하여 응급처치를 한다.
④ 기록한다.
⑤ 계속 관찰한다.

017 구불 결장 아래로 이어져 있으며, 이 부분에 변이 축적되어 팽대되면 항문근을 자극하여 변의를 일으키게 된다. 이 부분의 명칭으로 옳은 것은?

① 십이지장
② 공장
③ 회장
④ 맹장
⑤ 직장

018 공장에서 일하는 오른손잡이 근로자가 나사를 시계 반대방향(오른쪽에서 왼쪽)으로 조이는 행동을 할 때 마다 손목에 통증을 느끼고 있다. 손상되었을 것으로 예상되는 관절 범위는?

① 굽힘(굴곡)
② 폄(신전)
③ 과다 폄(과신전)
④ 엎침(회내)
⑤ 뒤침(회외)

019 다음에서 설명하는 영양소로 옳은 것은?

- 파괴된 조직을 수선해서 새로운 조직 형성
- 항체도 이것으로 구성되어 있어 질병과 감염에 저항하도록 도움
- 생체를 구성하는 주성분

① 탄수화물
② 지방
③ 단백질
④ 비타민
⑤ 무기질

020 1년 전 요양병원에 맡겨진 후 자식들과 전혀 연락이 되지 않고 있는 노인에게 의심할 수 있는 학대의 유형은?

① 언어적 학대
② 방임
③ 유기
④ 성적 학대
⑤ 신체적 학대

021 임신으로 인한 신체 변화로 옳은 것은?

① 자궁이 증대되어 길고 깊은 호흡을 하게 된다.
② 재생불량 빈혈이 초래된다.
③ 다뇨가 나타나고 질 분비물이 감소한다.
④ 인슐린 작용이 증가하여 저혈당이 발생된다.
⑤ 잇몸 출혈이 쉽게 나타난다.

022 임신 7주 임부가 속옷에 피가 묻어 있는 것을 확인하고 병원에 방문한 결과 절박유산을 진단받았다. 이 임부를 위한 간호로 옳은 것은?

① 정상이므로 평소처럼 일상생활을 유지한다.
② 즉시 입원하여 옥시토신을 주입받는다.
③ 절대안정을 취한다.
④ 소파술을 실시한다.
⑤ 하지를 올려준다.

023 진진통과 가진통의 차이점에 대한 설명으로 옳은 것은?

① 진진통은 주로 복부에 통증이 심하다.
② 가진통은 이슬이 보인다.
③ 진진통은 보행 시 통증이 완화된다.
④ 가진통은 자궁경부 소실이 있다.
⑤ 진진통은 진통 강도가 점점 강해지고 수축 간격이 점점 짧아진다.

024 성장과 발달의 특징에 대한 설명으로 옳은 것은?

① 눈으로 확인할 수 있고 치수로 잴 수 있는 신장 및 체중의 증가는 발달에 해당한다.
② 성장은 기능과 기술의 증가를 의미하며 발달에 비해 환경적 요소에 의한 영향을 더 크게 받는다.
③ 특수한 면에서 일반적인 면으로 발달한다.
④ 몸의 각 부분은 각기 다른 속도로 성장한다.
⑤ 몸의 말초에서 중심으로 발달한다.

025 가래가 많은 호흡기질환 환자의 가래 배출을 위한 간호보조활동으로 옳은 것은?

① 식사 직후 척추를 강하게 두드려준다.
② 수분 섭취를 자제한다.
③ 손으로 컵모양을 만들어 흉벽을 두드린다.
④ 복부를 시계방향으로 마사지 해준다.
⑤ 코 안쪽에 바셀린을 발라준다.

026 예방접종 전·후 주의사항으로 옳은 것은?

① 접종 전날 목욕하지 않도록 교육한다.
② 집에서 미리 열을 측정하여 열이 있으면 해열제를 복용시킨 후 병원으로 데리고 가서 예방접종을 한다.
③ 주로 오후에 접종한다.
④ 귀가 후 고열, 구토, 호흡곤란 등이 있으면 다음날 의사의 진료를 받는다.
⑤ 어린아이의 건강상태를 잘 아는 보호자가 아이를 데리고 가는 것이 바람직하다.

027 상처에 대한 설명이 바르게 연결된 것은?

① 좌상 – 날카로운 것에 베인 상태
② 열상 – 불규칙하게 찢어진 상태
③ 벤상처(절상) – 뾰족한 것에 찔린 상태
④ 박리(결출) – 표피층만 긁힌 상태
⑤ 자상 – 살이 찢겨져 떨어져 나간 상태

028 중독 환자의 처치 방법으로 옳은 것은?

① 독약을 마신 경우 독약이 들어있던 용기를 가져간다.
② 강산이나 강알칼리에 중독되었을 경우 속히 중화제를 사용한다.
③ 일산화탄소 중독 시 가장 먼저 찬물을 마시게 한다.
④ 쥐약 중독 시 출혈이 있을 수 있으므로 비타민 D를 투여한다.
⑤ 경구 중독 시 무조건 구토를 유발시킨다.

029 백혈병에 대한 설명으로 옳은 것은?

① 비타민 K를 투여하여 치료한다.
② 미성숙 백혈구가 비정상적으로 감소하는 혈액의 양성종양이다.
③ 혈장 내에 응고제가 부족했을 경우 발생한다.
④ 다른 사람에게 전파시키는 것을 막기 위해 격리시킨다.
⑤ 의료인이나 방문객은 환자와 접촉하기 전에 반드시 손을 씻어 감염을 예방한다.

030 황달에 대한 내용으로 옳은 것은?

① 피부에 담즙산염이 쌓여 통증이 주로 발생한다.
② 생리적 황달은 담관이 폐쇄되어 황달이 유발되고 회백색의 대변을 보는 질병이다.
③ 혈액 내 빌리루빈 수치가 감소하여 피부가 황색으로 변한다.
④ 비폐쇄성 황달은 담즙 생산이 증가되어 황달이 유발되는 질병이다.
⑤ 용혈 황달은 적혈구가 파괴되어 황달이 생긴다.

031 협심증에 대한 내용으로 옳은 것은?

① 휴식을 취해도 호전되지 않는다.
② 냉탕과 온탕을 번갈아 들어가는 목욕을 수시로 한다.
③ 심근(심장근육)의 영구적인 허혈 상태이다.
④ 나이트로글리세린을 5분 간격으로 3회 설하로 투여한다.
⑤ 카페인을 섭취하면 호전된다.

032 치아조직에 대한 설명으로 옳은 것은?

① 시멘트질(백악질) – 치아에서 가장 단단하고 충치(치아우식증)를 예방해야 하는 부위
② 사기질(법랑질) – 치아에서 가장 많이 차지하는 치아조직
③ 치수 – 이뿌리의 겉표면을 싸고 있으며 치아를 악골에 고정시키는 역할
④ 상아질 – 이머리와 이뿌리의 경계
⑤ 치주인대 – 치아가 부딪칠 때의 느낌을 신경에 전달하는 역할

033 치아 교합면의 좁고 깊은 열구와 소와를 인공적으로 막아 충치가 생기는 것을 예방하는 것을 무엇이라고 하는가?

① 음료수 플루오린화법
② 전문 플루오린 도포법
③ 올바른 양치질
④ 치면열구전색
⑤ 플루오린 용액 양치 사업

034 동양의학의 특징으로 옳은 것은?

① 인체는 여러 개의 독립된 기관의 조밀한 조직으로 이루어진 협력체이다.
② 인체를 상호 연관과 유기적인 기능을 가진 통일체로 본다.
③ 정신적인 면보다 육체적인 면에 치중한다.
④ 인간을 대우주에서 파생된 하나의 소자연으로 간주한다.
⑤ 인체에 나타나는 현상이 대자연의 운행과정에서 생겼다는 것을 부정한다.

035 한방간호에서 가장 중요하게 여기는 것은?

① 탕약의 복용 ② 휴식, 음식
③ 실내 온도, 습도 ④ 수면, 운동
⑤ 정신, 마음가짐

보건간호학 개요

036 보건교육을 실시할 때 고려해야 할 사항은?

① 복잡한 내용부터 간단한 내용으로 진행한다.
② 지역사회 보건사업과는 별개의 주제를 선정하여 교육한다.
③ 난이도가 높은 주제를 선택한다.
④ 대상자 수준에 맞는 용어를 사용한다.
⑤ 교육자의 흥미를 고려한다.

037 **보건교육과 건강증진의 관계에 대한 설명으로 옳은 것은?**

① 보건교육은 건강증진을 포함한다.
② 건강증진은 질병의 예방보다는 치료를 강조한다.
③ 건강증진과 보건교육은 서로 대등한 관계이다.
④ 보건교육은 행동변화에 영향을 미치지 않는다.
⑤ 보건교육은 건강증진의 일부이다.

038 **우리나라 보건행정조직에 대한 설명으로 옳은 것은?**

① 보건소는 보건복지부에서 인력과 예산을 지원받는다.
② 보건사업 업무를 최말단에서 담당하고 있는 기관은 질병관리청이다.
③ 보건소의 보건에 관한 기술지도 및 감독권은 행정안전부에서 관장한다.
④ 보건소의 조직체계는 이원화 되어 있어 활동이 원활하다.
⑤ 중앙보건조직과 지방보건조직으로 나뉜다.

039 **보건소 업무로 옳은 것은?**

① 혈액관리 업무
② 산업보건
③ 청소년 문제 상담
④ 감염병 예방 및 관리
⑤ 정신질환자 치료

040 **불쾌지수에 대한 설명으로 옳은 것은?**

① 실내와 실외에서 불쾌지수를 산출할 수 있다.
② 온도, 습도, 기류, 복사열을 고려한 결과이다.
③ 우리나라에서는 1~2월에 불쾌지수가 가장 높다.
④ 온도와 습도에 따라 불쾌감의 정도를 수치로 나타낸 것이다.
⑤ 불쾌지수 75일 경우 거의 모든 사람이 불쾌감을 호소한다.

제4회

041 **건설현장에서 사고를 당한 근로자에게 적용될 수 있는 보험은?**

① 사보험 ② 연금보험
③ 의료급여 ④ 산재보험
⑤ 고용보험

042 **당뇨병 환자에게 인슐린 자가 주사 시범을 보인 후, 또는 임산부들에게 신생아 목욕법에 대한 시범을 보인 후 교육 내용을 평가할 때 가장 옳은 방법은?**

① 필기시험 ② 설문지법
③ 면접법 ④ 관찰법
⑤ 구두질문

043 **근로자 건강진단에 대한 설명으로 옳은 것은?**

① 수시건강진단 : 근로자라면 누구나 정기적으로 받아야 하는 건강진단
② 특수건강진단 : 유해한 작업에 종사하는 근로자에게 실시하여 직업병 조기발견 및 예방을 위한 건강진단
③ 성인병건강진단 : 성인병 위험이 높은 근로자를 대상으로 실시하는 건강진단
④ 일반건강진단 : 배치예정업무에 대한 적합성 평가를 위해 실시하는 건강진단
⑤ 배치 전 건강진단 : 특수건강진단 대상 업무로 인한 증상을 보이는 경우 실시하는 건강진단

044 **공기 $1m^3$가 포화상태에서 함유할 수 있는 수증기량과 현재 그 중에 함유되어 있는 수증기량의 비를 표시한 것을 무엇이라고 하는가?**

① 상대습도 ② 쾌적습도
③ 표준습도 ④ 절대습도
⑤ 포화습도

045 **기온 역전 현상에 대한 설명으로 옳은 것은?**

① 산소 중독증이 잘 발생한다.
② 상층부로 올라갈수록 온도가 낮아진다.
③ 대기오염이 감소한다.
④ 바람이 없는 맑게 갠 날에는 잘 발생하지 않는다.
⑤ 겨울철에 눈이나 얼음으로 지면이 덮인 경우에 잘 발생한다.

046 **상수도의 인공 정화 정수법의 순서로 옳은 것은?**

① 침사 – 침전 – 염소 소독 – 여과 – 급수
② 침사 – 침전 – 여과 – 염소 소독 – 급수
③ 침전 – 침사 – 여과 – 염소 소독 – 급수
④ 침전 – 침사 – 염소 소독 – 여과 – 급수
⑤ 여과 – 침전 – 침사 – 염소 소독 – 급수

047 **쓰레기 처리 방법 중 가장 위생적이지만 경비가 많이 드는 것은?**

① 매립처리 ② 퇴비처리
③ 해양투기 ④ 가축사료화
⑤ 소각처리

048 **고형 폐기물의 대부분을 처리하는 방법으로 처리 비용이 저렴하고 공정이 간단하여 우리나라의 도시에서 가장 많이 사용하는 폐기물 처리 방법은?**

① 소각처리 ② 퇴비처리
③ 투기처리 ④ 방기처리
⑤ 매립처리

049 **보건소의 설립목적으로 가장 옳은 것은?**

① 의료취약계층에 대한 적절한 의료 제공
② 특수치료를 조기에 실시하여 의료비를 감소시키기 위해
③ 사회보장제도를 확대하여 국민건강을 향상시키기 위해
④ 중증질환 치료를 위해
⑤ 효율적인 지역보건사업을 통해 국민보건을 향상시키기 위해

050 생활이 어려운 국민에게 최저생활을 보장하고 자활을 조성하기 위한 제도로, 부양의무자가 없거나 부양능력이 없어 부양을 받을 수 없는 국민 중 소득인정액이 최저생계비 이하인 자에게 최저생활을 보조하는 제도를 무엇이라고 하는가?

① 국민건강보험
② 기초연금
③ 국민기초생활보장
④ 국민연금
⑤ 긴급복지지원

공중보건학 개론

051 치료적 의사소통을 방해하는 요소로 옳은 것은?

① 개방적 질문 ② 경청
③ 침묵 ④ 안심
⑤ 느낌의 명료화

052 5개월밖에 살지 못한다는 선고를 받은 말기 유방암 환자가 10년 뒤 계획을 세우고 있다. 이 환자가 사용하고 있는 방어기제는 무엇인가?

① 부정 ② 전치
③ 승화 ④ 보상
⑤ 퇴행

053 15~64세의 생산연령 인구가 유출되는 농촌지역의 인구 유형을 무엇이라고 하는가?

① 별형 ② 호로형
③ 종형 ④ 항아리형
⑤ 피라미드형

054 임신 8주 임부가 보건소 모자보건센터를 방문하여 등록하였다. 등록 후 가장 중요한 설명으로 옳은 것은?

① 신생아 간호 방법에 대해 설명한다.
② 라마즈 호흡법에 대해 교육한다.
③ 모자보건센터와 산부인과 병원의 차이점에 대해 알려준다.
④ 임신 3개월까지는 유산 가능성이 높으므로 주 2회 방문하도록 교육한다.
⑤ 계속적인 산전관리(분만전관리)의 중요성을 알려준다.

055 수시로 환청이 들리고 누군가 자신을 해치려고 한다며 이불을 덮어쓴 채 방안에서 나오지 않고 있는 환자에게 추측할 수 있는 정신질환은?

① 강박장애
② 공황장애
③ 조현병
④ 양극성장애
⑤ 외상 후 스트레스 장애

056 지역사회 보건간호 활동 중 가장 많은 비중을 차지하는 업무로, 대상자에게 가장 효과가 큰 것으로 옳은 것은?

① 병원 방문
② 보건소 내 클리닉 방문
③ 가정 방문
④ 예방접종
⑤ 보건소 내에서의 상담

057 구체적인 금연 날짜를 검토하고 있으며 금연 시작일을 한 달 이내로 생각하고 있는 범이론적 변화단계로 옳은 것은?

① 계획이전단계 ② 계획단계
③ 준비단계 ④ 행동단계
⑤ 유지단계

058 감염병 관련 용어로 옳은 것은?

① 환경 : 숙주를 침범하는 미생물로 숙주에게 손상을 주는 질병 발생 인자
② 병원성(병원력) : 병원체가 숙주에 침입하여 알맞은 기관에 자리잡고 증식하는 능력
③ 감염력 : 병원체가 감염된 숙주에게 현성질병을 일으키는 능력
④ 면역력 : 병원체가 숙주에 대해 심각한 임상 증상과 장애를 일으키는 능력
⑤ 풍토병 : 특정 지역에만 주로 발생하는 질병

059 병원체를 가지고 있으나 임상 증상이 전혀 없고 건강한 사람과 다름이 없으나 병원체를 배출하므로 감염병 관리상 문제가 되는 사람을 무엇이라고 하는가?

① 회복기 보균자
② 잠복기 보균자
③ 환자
④ 건강 보균자
⑤ 만성 보균자

060 혐오시설이 들어서는 것에 대하여 해당 지역 주민들이 강력하게 반대하는 현상과 관련이 있는 것은?

① 핌피현상
② 열섬현상
③ 엘니뇨현상
④ 님비현상
⑤ 부활현상

061 B형 간염에 대한 설명으로 옳은 것은?

① 오염된 물이나 음식물로 감염된다.
② 성교는 절대 금한다.
③ B형 간염을 예방할 수 있는 예방접종은 없다.
④ 만성간염, 간경화증, 간암을 초래하기도 한다.
⑤ 사용한 주삿바늘은 뚜껑을 꼭 닫아서 처리한다.

062 항문주위도말법을 이용하여 충란을 진단하는 질환으로 옳은 것은?

① 이질
② 회충
③ 요충
④ 편충
⑤ 간흡충

063 학교에서 장티푸스가 발생하였을 때 보건교사가 가장 우선 취해야 할 조치는?

① 보건소장에게 알린다.
② 학교장에게 알린다.
③ 즉시 휴교 조치한다.
④ 즉시 예방접종을 실시한다.
⑤ 모든 학생을 즉시 조퇴시킨다.

064 투베르쿨린 반응 검사에서 양성 판정을 받은 사람에게 시행되어야 할 다음 단계는?

① BCG접종
② PPD test
③ 가래 검사
④ 항결핵제 투여
⑤ 가슴 X선

065 병원에서 의료인의 지도하에 보건복지부령이 정하는 범위 내에서 의료행위를 할 수 있는 사람으로 옳은 것은?

① 간호대학에 재학 중인 학생
② 약학을 전공 중인 학생
③ 물리치료학을 전공한 학생
④ 병원에 근무하는 영양사
⑤ 심리학과를 졸업한 심리치료사

066 혈액원에서 채혈 전에 헌혈자에게 실시하는 검사로 옳은 것은?

① 산소포화도
② 체지방 검사
③ 운동 부하 검사
④ 혈압, 체온, 맥박 측정
⑤ 심전도

067 충치(치아우식증) 발생을 예방하기 위해 상수도 정수장에서 플루오린(불소)화합물 첨가시설을 이용하여 수돗물의 플루오린 농도를 적정수준으로 유지하고 조정하는 사업을 무엇이라고 하는가?

① 구강건강실태조사사업
② 구강건강의식조사사업
③ 구강보건사업
④ 수돗물불소농도조정사업(음료수 플루오린화법)
⑤ 구강보건용품사업

068 감염병 발생의 감시를 위하여 보건복지부 장관이 지정하는 표본감시의 대상이 되는 감염병으로 옳은 것은?

① 손발입병(수족구병)
② 콜레라
③ 중동호흡증후군(MERS)
④ A형 간염
⑤ 공수병

069 정신질환자의 보호의무자가 될 수 있는 사람은?

① 고령자
② 미성년자
③ 행방불명자
④ 파산선고를 받고 복권되지 아니한 자
⑤ 피성년후견인 및 피한정후견인

070 구강보건사업계획에 대한 설명으로 옳은 것은?

① 기본계획은 대통령이 수립한다.
② 수립된 기본계획을 10월 31일까지 시·도지사에게 통보한다.
③ 시·도지사는 기본계획에 따라 세부계획을 수립한 후 11월 30일까지 시장·군수·구청장에게 통보한다.
④ 시장·군수·구청장은 기본계획 및 세부계획에 따라 시행계획을 수립하여 12월 31일까지 시·도지사에게 통보한다.
⑤ 시·도지사는 세부계획과 시행계획을 전년도 12월 31일까지 보건복지부장관에게 통보한다.

실기

071 산소마스크를 통해 산소를 공급받는 환자의 피부간호로 옳은 것은?

① 2시간마다 한 번씩 코삽입관로 교환한다.
② 산소마스크를 벗겨 피부를 건조시킨다.
③ 파우더를 발라준다.
④ 반좌위를 취해준다.
⑤ 입술 주변과 코 안쪽까지 바셀린을 듬뿍 발라준다.

072 10년간 커피를 하루에 10잔 이상 마신 주부가 위궤양 진단을 받고 의사의 권유대로 커피를 끊은지 3일이 되었다. 주부가 병원에 재방문 하여 "온종일 커피 생각만 나요. 입맛도, 기운도 없고 아무것도 하기 싫어요. 이유 없이 짜증이 나고 속은 온종일 토할 것처럼 울렁거리고 머리까지 아파요." 라고 말했을 때 추측할 수 있는 환자의 상태는?

① 금단 증상
② 약물 부작용
③ 위궤양으로 인한 천공
④ 약물 내성
⑤ 심리적 의존

073 교통사고로 발가락 뼈가 골절되어 수술을 받고 병실로 돌아온 환자가 수술 부위 통증을 호소할 때 간호조무사의 답변으로 옳은 것은?

① "걱정하지 마세요. 금방 괜찮아질 거에요."
② "그렇군요, 많이 아프시군요."
③ "통증이 있다는 건 잘 낫고 있다는 뜻이에요."
④ "어느 정도로 아프세요?"
⑤ "통증이 있는 부위에 핫팩을 대어드릴까요? 아이스팩을 대어드릴까요?"

074 각종 검사 전 주의사항에 대한 내용으로 옳은 것은?

① CT 촬영 전에 달걀이나 닭고기를 좋아하는지 확인한다.
② 심전도 검사 전에 금식을 확인한다.
③ 복막천자(복수천자) 전에 소변을 보았는지 확인한다.
④ 폐기능 검사 전에 동의서를 받았는지 확인한다.
⑤ 위 내시경 검사 전에 관장을 실시했는지 확인한다.

075 천식 환자가 숨쉬기 힘들어하고 청색증이 있을 때의 간호로 옳은 것은?

① 복와위를 취해준다.
② 처방된 살부타몰(상품명 벤토린)을 투여한다.
③ 물을 마시게 한다.
④ 수액 주입량을 늘린다.
⑤ 얼음주머니를 적용한다.

076 수술이 예정된 환자에게 수술 후 환자가 지켜야 할 여러 가지 주의점을 수술 전에 미리 교육시키는 궁극적인 이유는?

① 수술 후 합병증을 예방하기 위해
② 수술에 대한 지식을 갖게 하려고
③ 의료진에게 신뢰감을 갖게 하려고
④ 수술로 인한 불안감을 제거하려고
⑤ 만족스러운 수술 결과를 위해

077 백내장이나 녹내장 수술 후 수술한 눈에 거즈 안대를 하는 이유로 옳은 것은?

① 통증을 줄이기 위해
② 빛이 들어가지 못하게 하기 위해
③ 공기를 차단하기 위해
④ 안구 운동을 최소화하기 위해
⑤ 안압 상승을 예방하기 위해

078 인슐린 투여 경로로 옳은 것은?

① 정맥 ② 근육
③ 피하 ④ 피내
⑤ 경구

079 위 내시경에 대한 설명으로 옳은 것은?

① 간단한 검사이므로 금식은 필요 없다.
② 검사 시 우측위를 취해준다.
③ 검사 시 전신마취를 시행한다.
④ 검사 후 입천장반사(구역반사)가 돌아올 때까지 금식한다.
⑤ 마취가 풀릴 때까지 반좌위를 취해준다.

080 요실금이 있는 노인 환자 간호로 옳은 것은?

① 즉시 유치도뇨를 한다.
② 수분 섭취를 제한한다.
③ 케겔운동을 교육한다.
④ 즉시 기저귀를 착용하도록 한다.
⑤ 수시로 단순도뇨를 시행한다.

081 보행기를 이용하는 오른쪽 반신마비(편마비) 환자의 이동을 돕는 방법으로 옳은 것은?

①
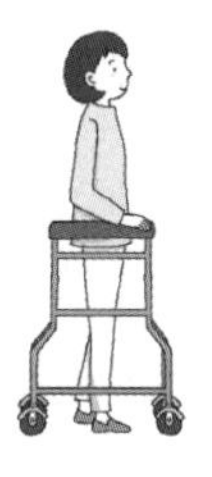

②
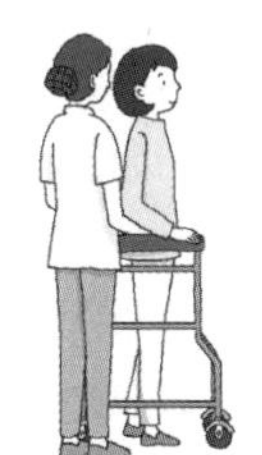

③
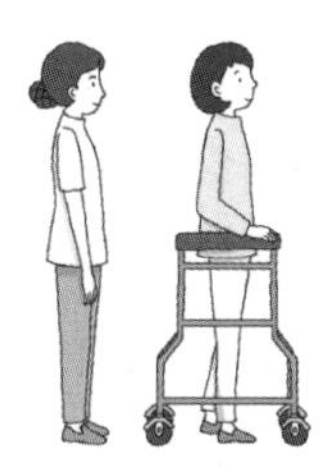

④

⑤
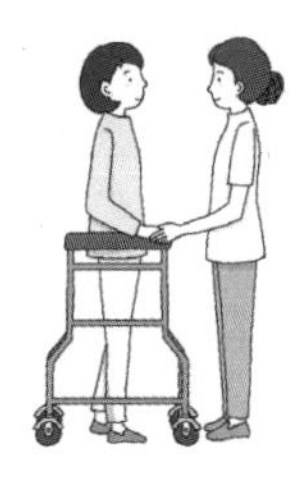

082 포장된 멸균 물품을 여는 순서로 옳은 것은?

①
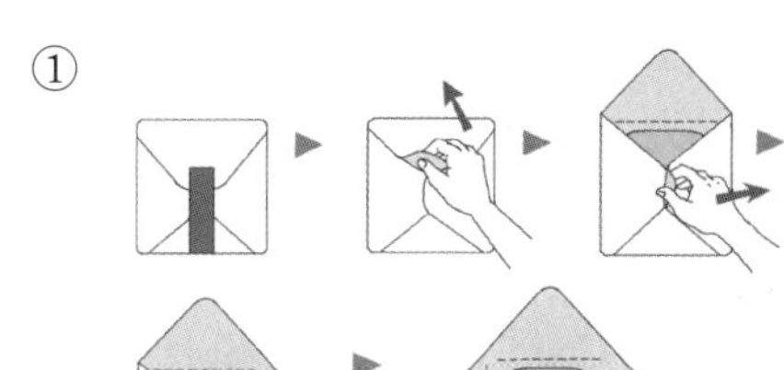
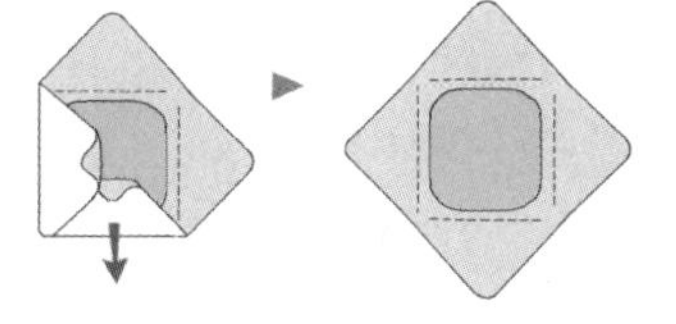

②
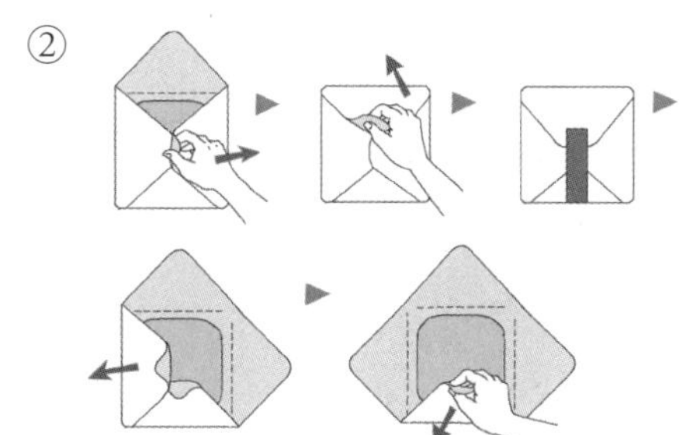

③
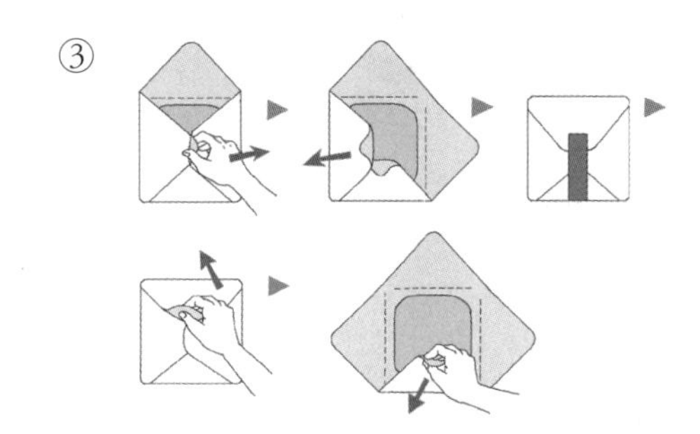

④
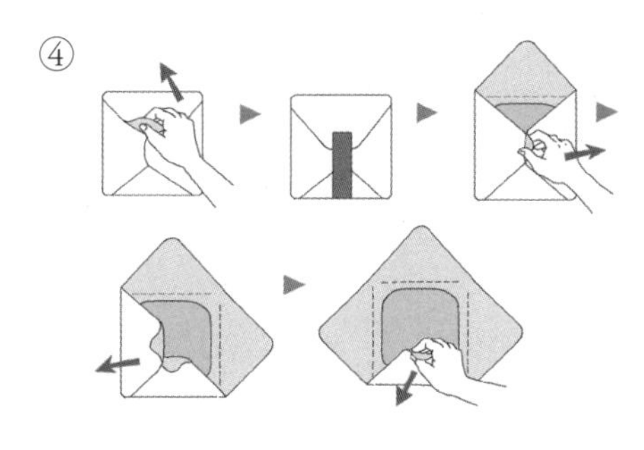

⑤
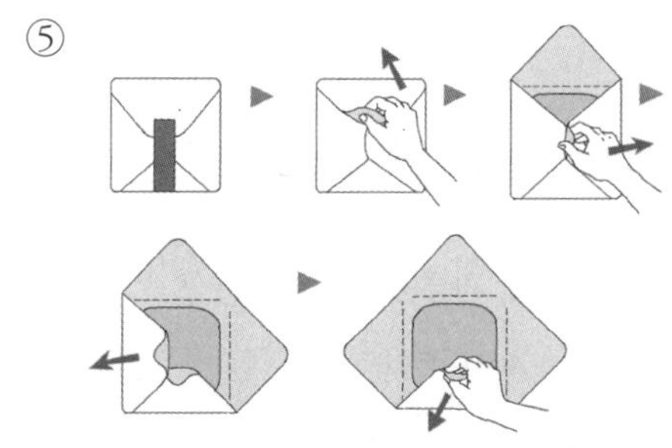

083 **신체손상을 예방하기 위한 간호조무사의 신체 정렬 자세로 옳은 것은?**

①

②

③

④

⑤

084 **갑자기 얼굴이 창백해지며 식은땀을 흘리고 빈맥, 어지러움의 증상이 있는 쇼크 환자에게 취해주어야 할 간호로 옳은 것은?**

① 머리를 높여준다.
② 찬 물수건을 이마에 대준다.
③ 옷을 벗기고 물수건으로 몸을 닦아준다.
④ 다리를 심장보다 높게 해준다.
⑤ 수분 공급을 제한한다.

085 **혈압 측정 방법에 관한 것으로 옳은 것은?**

① 위팔동맥(상완동맥) 촉지부위 2cm 아래에 측정띠(커프)를 감는다.
② 가장 처음 들리는 소리가 확장기압이고, 계속 들리다가 갑자기 약해지거나 소리가 사라지는 지점이 수축기압이다.
③ 펌프질로 측정띠를 팽창시키는데 위팔동맥에서 맥박이 촉지되지 않는 지점으로부터 20~30mmHg를 더 올린다.
④ 심장과 혈압계의 높이를 같게 맞춘다.
⑤ 수은주는 초당 20mmHg의 속도로 내린다.

086 **동맥혈 기체분석(ABGA)에 관한 설명으로 옳은 것은?**

① 채혈 즉시 공기가 들어가지 않도록 고무마개를 하고 아이스박스에 담아 검사실로 속히 운반한다.
② 검사가 지연되면 즉시 냉동실에 보관한다.
③ 적혈구, 백혈구, 혈소판을 검사하기 위한 혈액 검사이다.
④ pH 4.35~5.45가 정상이다.
⑤ 탄산수소염(중탄산염)(HCO_3^-)은 50mEq/L 이상이 정상이다.

087 **허리천자(요추천자)에 대한 설명으로 옳은 것은?**

① 척수 손상을 막기 위해 허리뼈(요추) 3~4번 사이에 바늘을 삽입한다.
② 허리천자 시 앙와위를 취해준다.
③ 뇌척수액의 자연적인 생성을 위해 천자 후 수분 섭취를 제한한다.
④ 허리천자 후 뇌압이 갑자기 떨어져서 오는 두통을 예방하기 위해 새우등 자세를 취해준다.
⑤ 허리천자 후 두통이 있더라도 진통제 복용을 삼간다.

088 **내과적 무균술에 대한 내용으로 옳은 것은?**

① 일정 지역에 있는 미생물의 수를 줄이는 것과 현재 있는 곳에서 다른 곳으로 미생물이 전파되는 것을 막는 것이다.
② 멸균의 개념과 비슷하다.
③ 격리법은 감염에 민감한 사람을 위해 주위 환경을 무균적으로 유지하는 것을 말한다.
④ 주사약을 준비할 때, 정맥주사를 시행할 때, 흉곽배액관을 교환할 때 내과적 무균술이 필요하다.
⑤ 오염된 드레싱을 제거할 때는 반드시 멸균 장갑을 착용한다.

089 **표준예방지침(표준주의)에 대한 설명으로 옳은 것은?**

① 주삿바늘 사용 후 뚜껑을 반드시 씌운다.
② 감염성 질환이 의심되는 경우 다인실을 배정한다.
③ 사용한 주삿바늘은 반드시 단단한 주사침통(손상성 폐기물 용기)에 수집한다.
④ 병원에서 일하는 일부 의료인에게 해당되는 내용이다.
⑤ 손에 혈액이 묻었을 경우 손소독제를 사용한다.

090 **대변기 사용에 대한 내용으로 옳은 것은?**

① 차가운 변기를 제공하여 쾌적감을 준다.
② 둔부를 들 수 없는 경우 환자를 측위로 뉘었다가 변기를 대주고 다시 앙와위를 취해준다.
③ 변기의 납작한 부분이 허벅지를 향하게 대준다.
④ 침대 머리를 올리지 않는다.
⑤ 용변이 끝날 때까지 곁에서 지켜본다.

091 **미온수 목욕에 대한 설명으로 옳은 것은?**

① 5분 이내로 끝내는 것이 바람직하다.
② 오한이 발생하더라도 계속하는 것이 좋다.
③ 물의 온도는 40~43℃ 정도가 적당하다.
④ 등 → 다리 → 팔 → 얼굴 순서로 닦는다.
⑤ 모세혈관의 수축으로 복통 및 설사를 유발할 수 있으므로 복부는 닦지 않는다.

092 **지팡이를 사용하는 반신마비(편마비) 환자의 보행을 돕는 방법으로 옳은 것은?**

① 환자의 건강한 쪽에서 보조한다.
② 계단을 오를 때는 지팡이–아픈 다리–건강한 다리 순으로 걷는다.
③ 평지를 걸을 때는 지팡이–건강한 다리– 아픈 다리 순으로 걷는다.
④ 계단을 내려갈 때는 지팡이–아픈 다리–건강한 다리 순으로 걷는다.
⑤ 지팡이 끝 부분을 30cm 앞쪽에 두도록 한다.

093 **배설량에 해당하는 것은?**

① 수혈, 마신 음료, 정맥주사
② 소변, 위장관 흡인액, 정상 대변
③ 출혈, 발한, 영아의 기저귀 개수
④ 심한 발한, 호흡 시 배출되는 수분, 구토
⑤ 젖은 드레싱, 상처 배액, 설사

094 **친수성 분자가 분비물을 흡수하고 젤을 형성하여 상처를 촉촉하게 유지시켜주며, 소수성 중합체(폴리머) 성분이 감염 위험을 감소시켜주는 드레싱은?**

① 수화젤(친수성 젤) 드레싱
② 수성교질(친수성 콜로이드) 드레싱
③ 칼슘 알지네이트 드레싱
④ 거즈 드레싱
⑤ 투명 드레싱

095 노인성 질염 여성을 위한 간호로 옳은 것은?

① 성교를 절대 금하도록 한다.
② 꽉 끼는 팬티를 착용한다.
③ 항생제를 꾸준히 복용한다.
④ 처방받은 에스트로젠 질 크림이나 질 정제를 사용한다.
⑤ 매일 질 세척을 한다.

096 조기이상의 효과와 조기이상이 가능한 환자가 바르게 연결된 것은?

① 경련 예방 – 쇼크 환자
② 무기폐(폐확장부전) 예방 – 심장 수술 환자
③ 혈전정맥염 예방 – 뇌 수술 환자
④ 회복 촉진 – 수술 봉합부위가 불안정한 환자
⑤ 폐렴 예방 – 위 수술 환자

097 약물 투여 방법에 따른 목적이 바르게 연결된 것은?

① 정맥주사 : 인슐린을 투여하기에 적합한 방법
② 피내주사(진피내주사) : 약을 희석해서 일정한 속도로 주입하기 위한 방법
③ 피하주사(피부밑주사) : 질병의 진단이나 약물의 과민 반응을 알아보기 위한 방법
④ 근육주사(근육내주사) : 자극성 있는 약물을 주사하는 방법
⑤ 경구투여 : 약의 빠른 효과를 얻기 위한 방법

098 갑상샘 절제 수술을 받은 환자에게 말을 시켜보는 이유로 옳은 것은?

① 기도 폐쇄 여부를 알아보기 위해
② 의식을 확인하기 위해
③ 후두신경 손상 여부를 확인하기 위해
④ 갑상샘 절제 여부를 확인하기 위해
⑤ 수술결과를 확인하기 위해

099 구순열(입술갈림증)로 봉합 수술을 받은 환아의 간호로 옳은 것은?

① 격리시킨다.
② 아기를 울리지 않는다.
③ 수술 후 바로 젖병으로 우유를 제공한다.
④ 먹이 찾기 반사 유지를 위해 노리개 젖꼭지를 제공한다.
⑤ 빨대를 이용하여 음료를 마시도록 한다.

100 치매 환자가 갑자기 속옷을 벗고 성기를 노출했을 때 간호조무사의 대처 방법으로 옳은 것은?

① 가족에게 알리겠다고 단호하게 말한다.
② 다시는 그러지 않도록 여러 사람 앞에서 망신을 준다.
③ 목욕을 시킨다.
④ 여러 사람 앞에 나서지 못하게 방에 혼자 있게 한다.
⑤ 당황하지 말고 침착하게 옷을 다시 입힌다.

실전 모의고사

기초간호학 개요

001 인슐린 사용에 대한 설명으로 옳은 것은?

① 빠른 효과를 위해 정맥으로 투여한다.
② 주사 후 5분 이상 강하게 문질러준다.
③ 인슐린 주사 부위는 복부, 위팔(상완), 둔부, 아래팔의 내측이 적합하다.
④ 냉장고에 보관되어 있던 인슐린은 섞지 않고 그대로 사용한다.
⑤ 지방조직의 위축을 방지하기 위해 주사 부위를 바꿔가며 투여한다.

002 산후열을 일으키는 가장 흔한 균으로 옳은 것은?

① 포도알균 ② 사슬알균
③ 임균 ④ 매독균
⑤ 대장균

003 위약(Placebo)에 대한 설명으로 옳은 것은?

① 질병 치료를 위해 투여하는 약물이다.
② 심리적 효과를 이용하여 증상을 완화시키기 위해 투여하는 약물이다.
③ 실제 제공하는 약물의 효과를 설명해야 한다.
④ 의사의 처방이 없어도 된다.
⑤ 환자에게 위약임을 설명해야 한다.

004 A환자의 드레싱을 보조하고 있는 간호조무사에게 B환자가 침대 시트를 갈아달라고 할 때 간호조무사가 취해야 할 행동은?

① 즉시 드레싱을 멈추고 시트를 교환해준다.
② 보호자에게 하도록 한다.
③ 동료 간호조무사에게 부탁한다.
④ 상황을 설명하고 나중에 해주겠다고 한 후 약속을 지킨다.
⑤ 지금은 해줄 때가 아니니 기다리라고 한다.

005 수혈 시 주의점으로 옳은 것은?

① 수혈 부작용은 흔히 24시간 이후에 나타나므로 수혈 다음날 부작용을 주의 깊게 관찰한다.
② 헌혈자(공혈자)와 수혈자의 혈액형 검사(ABO식, Rh인자)를 반드시 확인한다.
③ 수혈 중 알레르기 반응이 나타나면 주입속도를 줄이고 관찰한다.
④ 혈액은 차가운 상태 그대로 주입한다.
⑤ 적혈구 용혈을 방지하기 위해 20G 이상의 바늘을 사용한다.

006 비타민과 결핍증이 옳게 연결된 것은?

① 비타민 A – 야맹
② 싸이아민(비타민 B_1) – 구각염(입꼬리염)
③ 리보플라빈(비타민 B_2) – 각기병
④ 피리독신(비타민 B_6) – 구루병, 골연화증
⑤ 아스코브산(비타민 C) – 펠라그라

007 국가예방접종 중 폴리오(회색질척수염), DTaP, 뇌수막염, 폐렴알균 접종시기로 옳은 것은?

① 0, 1, 6개월
② 2, 4, 6개월
③ 15~18개월
④ 12개월 이후
⑤ 36개월 이후

008 간호조무사가 A환자에게 주어야 할 혈압약을 B환자에게 잘못 투약하였을 때 가장 우선 취해야 할 행동은?

① 즉시 혈압을 측정한다.
② 환자에게 사실대로 말한다.
③ 즉시 토하게 한다.
④ 즉시 간호사에게 보고한다.
⑤ 혈압이 떨어지는 증상이 나타나지 않는지 살핀다.

009 부족 시 빈혈, 잇몸 출혈(괴혈병), 상처 치유 지연 등의 증상을 일으키는 비타민은?

① 비타민 A ② 비타민 C
③ 비타민 D ④ 비타민 E
⑤ 비타민 K

010 독약을 먹고 자살을 시도한 사람을 병원으로 데려갈 때 가지고 가야 할 것 중 가장 중요한 것은?

① 독약 용기 ② 신분증
③ 소지품 ④ 사용한 해독제
⑤ 건강보험증

011 아스피린을 투여하기 전에 문진이나 검사 기록을 통해 반드시 확인해야 할 사항은?

① 위궤양 ② 구역
③ 구토 ④ 발열
⑤ 어지러움

012 노화로 인한 청각 변화에 대한 설명으로 옳은 것은?

① 노년난청(노인성난청)은 낮은 음을 감지하는 데 장애가 있다.
② 환자 옆에 서서 귀를 바라보며 대화한다.
③ 이야기할 때는 천천히, 또박또박, 높은 음으로 대화한다.
④ 미주신경의 퇴행으로 발생한다.
⑤ 전화 목소리는 크고 분명하게 한다.

013 임신 시 배란을 억제시키고 평활근(민무늬근육)을 이완시켜 임신을 지속시켜주는 호르몬은?

① 융모생식샘자극호르몬
② 에스트로젠
③ 황체호르몬(프로제스테론)
④ 멜라토닌자극호르몬
⑤ 사람태반젖샘자극호르몬

014 간호조무사의 기본적인 직업 태도로 옳은 것은?

① 상냥하고 품위 있는 태도를 보인다.
② 진단이나 치료에 관한 문의는 배운 한도 내에서 성의껏 답변한다.
③ 환자나 보호자의 요구는 무조건 들어준다.
④ 환자의 자립심을 위해 엄격한 태도를 보인다.
⑤ 노인 환자들에게는 친근감을 위해 할머니, 할아버지로 부른다.

015 **관절염이 있는 노인에게 근력과 심폐기능 강화를 위해 권장할 수 있는 운동은?**

① 팔굽혀펴기 ② 조깅
③ 수영 ④ 등산
⑤ 스트레칭

016 **가장 먼저 응급처치를 시행해야 할 환자로 옳은 것은?**

① 심한 피부 화상으로 혈압이 낮아진 환자
② 호흡이 중지되고 복부 출혈이 심한 환자
③ 호흡이 중지되고 무릎에 찰과상이 심한 환자
④ 약물 과다 복용으로 쇼크에 빠진 환자
⑤ 골절과 감염이 심한 환자

017 **노인의료복지시설 중 치매나 중풍 등 노인성 질환 등으로 심신에 상당한 장애가 발생하여 도움이 필요한 노인을 입소시켜 급식·요양과 그밖에 일상생활에 필요한 편의를 제공하는 시설을 무엇이라고 하는가?**

① 노인전문병원 ② 노인요양시설
③ 노인재활시설 ④ 노인복지관
⑤ 노인요양공동생활가정

018 **모유수유의 장점으로 옳은 것은?**

① 산모의 산후기(산욕기)가 길어진다.
② 초유는 태아의 태변 배설을 억제한다.
③ 경제적이며 항상 일정한 온도를 유지할 수 있다.
④ 산모의 배란을 촉진시킨다.
⑤ 우유에 비해 단백질이 풍부하다.

019 **임신 초기 임부에게 정상적으로 나타날 수 있는 증상은?**

① 정맥류 ② 빈뇨
③ 설사 ④ 소변 감소(핍뇨)
⑤ 자궁 수축

020 **노인 환자가 입원한 병실의 환경 조성에 대한 설명으로 옳은 것은?**

① 숙면을 위해 야간에 전체 소등한다.
② 푹신한 매트리스를 사용한다.
③ 소음을 30db 이하로 줄이고 조용한 환경을 유지한다.
④ 16~18℃ 정도의 서늘한 환경을 제공한다.
⑤ 심리적 안정을 위해 무채색 벽지를 사용한다.

021 **임신 32주 임부가 똑바로 누워서 잠을 자려고 하면 숨이 차고 어지럽다고 호소할 때 간호조무사가 해줄 수 있는 설명으로 옳은 것은?**

① 아기가 움직이지 않아서 그런 것이므로 복부를 부드럽게 자극한다.
② 고혈압 증상이므로 혈압을 측정한다.
③ 빈혈이므로 철분제를 복용하도록 한다.
④ 자궁이 복부정맥을 압박해서 생긴 증상이므로 좌측위를 취하도록 한다.
⑤ 긴장으로 인한 증상이므로 이완하도록 한다.

022 **대뇌의 운동중추를 도와서 평형유지와 골격근(뼈대근육) 운동조절을 담당하는 기관으로, 손상받게 되면 술에 취한 듯 비틀거리며 걷게 되는 뇌의 부위로 옳은 것은?**

① 연수 ② 시상하부
③ 소뇌 ④ 시상
⑤ 대뇌

023 **심장에 산소와 영양분을 공급하는 혈관으로 심장 벽 자체를 순환하는 동맥은?**

① 관상동맥(심장동맥) ② 대동맥
③ 오금동맥(슬와동맥) ④ 폐동맥
⑤ 발등동맥(족배동맥)

024 **승모판(이첨판)의 위치로 옳은 것은?**

① 좌심방과 좌심실 사이
② 우심방과 우심실 사이
③ 좌심실과 대동맥 사이
④ 우심실과 폐동맥 사이
⑤ 좌심방과 우심방 사이

025 **태반조기박리에 대한 설명으로 옳은 것은?**

① 태아가 만출되기 전에 태반이 부분적 혹은 완전히 떨어지는 것을 말한다.
② 임신 초반기 출혈성 합병증에 속한다.
③ 주요 원인은 철분 부족으로 인한 빈혈이다.
④ 임부는 임신 7개월 이후 무통성 질 출혈을 경험한다.
⑤ 태아에게 허치슨치아, 안장코, 스느플즈, 가성마비 증상이 나타난다.

026 **끓는 물에 화상을 입었을 경우 응급처치로 옳은 것은?**

① 화상 부위의 의복은 잡아당겨서 벗긴다.
② 흐르는 수돗물에 화상 부위를 식힌다.
③ 물집이 생기면 속히 터트린다.
④ 화상 즉시 화상연고나 바셀린 등을 발라 피부를 보호한다.
⑤ 알코올을 부어준다.

027 **신생아 생리적 황달에 대한 설명으로 옳은 것은?**

① 신장기능의 미숙으로 인해 발생한다.
② 광선요법이나 대체수혈(교환수혈)로 교정한다.
③ 생후 2~3일경 나타났다가 7일 이후에는 거의 사라진다.
④ 20% 정도의 신생아에게만 발생한다.
⑤ 핵황달이라고도 한다.

028 **보육기(인큐베이터) 사용 시 주의사항에 대한 내용으로 옳은 것은?**

① 보육기 내의 온도는 30~32℃, 습도는 55~65%가 적합하다.
② 체중 측정 시 신생아를 보육기에서 꺼내어 재빨리 측정한다.
③ 보육기는 4시간마다 점검한다.
④ 보육기는 하루 한 번 과산화수소수를 사용하여 청소한다.
⑤ 정서적 안정감을 위해 자주 보육기를 열어 신생아의 피부를 부드럽게 자극해준다.

029 **귀에 곤충이나 살아있는 벌레가 들어갔을 때 처치로 옳은 것은?**

① 즉시 무릎가슴 자세를 취한다.
② 긴 기구를 집어넣어서 꺼낸다.
③ 코를 세게 풀어본다.
④ 빛을 비추어 유도하거나 오일을 넣는다.
⑤ 반대편 귀를 가볍게 친다.

030 유방 절제 수술 후 재활운동으로 옳은 것은?

① 달리기
② 머리 빗기
③ 골반 돌리기
④ 무거운 물건 들기
⑤ 허벅지에 힘주었다가 빼기

031 객혈에 대한 설명으로 옳은 것은?

① 객혈 시 절대안정을 취한다.
② 암적색이며 거품이 섞여 있다.
③ 출혈 부위에 온찜질을 하면 효과적이다.
④ 흔히 음식물이 섞여 나온다.
⑤ 토혈에 비해 양이 많으며 산성이다.

032 다음 그림에서 인터내셔널 시스템의 치식으로 옳은 것은?

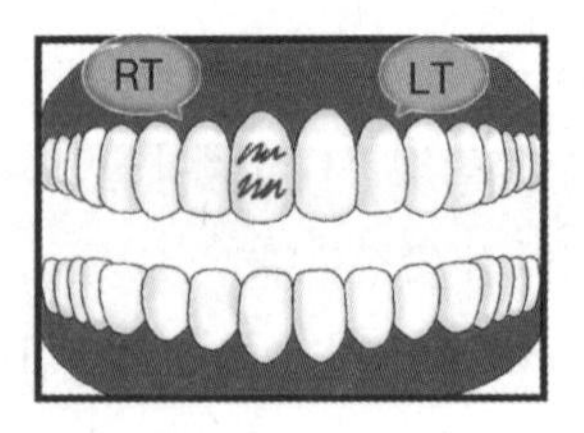

① #10
② #11
③ #21
④ #51
⑤ #61

033 치과 진료 시 간호조무사의 의자 높이와 진료 보조 위치로 옳은 것은?

① 진료의사의 의자보다 조금 높게, 환자 머리를 기준으로 2~5시 방향
② 진료의사의 의자보다 조금 높게, 환자 머리를 기준으로 7~12시 방향
③ 진료의사의 의자와 같게, 환자 머리를 기준으로 12~6시 방향
④ 진료의사의 의자보다 조금 낮게, 환자 머리를 기준으로 4~7시 방향
⑤ 진료의사의 의자보다 조금 낮게, 환자 머리를 기준으로 2~4시 방향

034 침요법의 적응증으로 옳은 것은?

① 출혈 부위 지혈
② 급성 심장질환
③ 뇌졸중
④ 활동성 폐결핵
⑤ 고막 천공 부위

035 오장과 육부는 서로 밀접하게 관련되어 있는데 표리관계가 옳게 연결된 것은?

① 간 – 소장
② 심장 – 대장
③ 비장 – 담낭
④ 폐 – 위
⑤ 신장 – 방광

보건간호학 개요

036 당뇨 환자에게 혈당 조절을 위해 당뇨약 복용 방법과 운동의 중요성을 교육하였다. 보건교육의 목적 중 어디에 해당하는가?

① 질병 예방
② 특수치료
③ 건강문제 관리
④ 재활
⑤ 질병의 조기발견

037 노인장기요양급여 대상자는?

① 관절염으로 일상생활이 힘든 60세 여성
② 한 쪽 손을 사용할 수 없는 50세 말기암 여성
③ 뇌졸중으로 일상생활이 힘든 55세 남성
④ 혼자서 일상생활이 가능한 65세 파킨슨병 남성
⑤ 스스로 활동이 가능한 결핵감염자

038 절박유산을 진단받고 집에서 안정을 취하던 임신 7주 임부가 약간의 복부 통증과 함께 다량의 질 출혈을 호소하며 보건진료소를 방문하였다. 보건진료 전담공무원의 임무로 가장 옳은 것은?

① 환자를 산부인과 병원으로 이송한다.
② 분만을 위한 준비를 한다.
③ 내진을 실시하고 지혈제를 사용한다.
④ 증상이 심해지면 병원을 방문하도록 교육한다.
⑤ 질 출혈을 감소시키기 위해 상체를 올려준다.

039 산업장 근로자에게 건강진단을 실시하는 목적은?

① 급여를 책정하기 위해
② 직업병 유무를 색출하기 위해
③ 소외계층을 위한 복지서비스 제공을 위해
④ 개인의 경제수준을 파악하기 위해
⑤ 최고 수준의 의료서비스를 제공하기 위해

040 식품의 물리적 보존법으로 옳은 것은?

① 당장법 ② 염장법
③ 방부제 사용 ④ 훈연법
⑤ 냉동법

041 녹조 현상을 예방하기 위한 방법으로 옳은 것은?

① 갯벌을 없앤다.
② 물가에 뿌리내린 식물을 제거한다.
③ 식물성 플랑크톤을 다량 번식시킨다.
④ 영양염류를 바다나 호수에 투입한다.
⑤ 생활하수를 정화시켜 하천으로 내보낸다.

042 금연한지 5일째인 사람에게 실시해야 하는 교육 내용으로 옳은 것은?

① 흡연의 해악
② 포스터를 보여주며 흡연의 위험성 강조
③ 금단 증상 대처법
④ 금연에 성공한 사람들의 예
⑤ 흡연 유혹에 대한 대처방법

043 에이즈 환자에게 보건교육을 실시할 때 가장 좋은 방법은 무엇인가?

① 분단토의 ② 역할극
③ 강의 ④ 브레인스토밍
⑤ 상담

044 진동에 의한 레이노병을 예방하기 위한 대책으로 가장 옳은 것은?

① 작업 시 비닐장갑을 사용한다.
② 개인위생을 철저히 한다.
③ 손가락을 자주 움직이지 않는다.
④ 손을 보온하고 두꺼운 장갑을 착용한다.
⑤ 작업 도중 차가운 물에 자주 손을 담근다.

045 군집중독에 대한 설명으로 옳은 것은?

① 두통, 권태감, 구역, 구토, 설사, 소변량 증가 등의 증상을 일으킨다.
② 군집중독을 예방하기 위해 환기가 가장 중요하다.
③ 공기 중에 이산화탄소가 감소되어 발생한다.
④ 기온 역전 현상으로 인해 발생한다.
⑤ 극장, 운동장 등에서 주로 발생한다.

046 음용수의 구비조건으로 옳은 것은?

① 대장균은 1cc 중 100마리 이하
② 세균은 100cc 중 100마리 이하
③ pH는 4.5~5.8
④ 무색 투명하며 염소 이외의 맛이 없을 것
⑤ 혼탁도(탁도)가 높은 것

047 복어 중독에 대한 설명으로 옳은 것은?

① 중독 증상은 12시간 이후에 나타난다.
② 테스토스테론에 의해 발생한다.
③ 복어의 내장, 아가미, 피부에 독소가 가장 많이 함유되어 있다.
④ 운동장애, 마비증상, 호흡곤란이 나타난다.
⑤ 100℃에서 1시간 이상 가열하면 독성이 상실된다.

048 발생률의 분자로 옳은 것은?

① 환자와 접촉한 사람의 수
② 위험에 폭로된 사람의 수
③ 새로 특정 건강문제가 발생한 사람의 수
④ 현재 특정 건강문제를 가진 사람의 수
⑤ 임신·출산·산욕으로 인한 모성 사망자 수

049 1차 보건의료에 대한 설명으로 옳은 것은?

① 전문의가 진료하는 병원급의 의료를 말한다.
② 모든 사람들이 최고 수준의 의료를 제공받을 수 있도록 하는 것을 말한다.
③ 1차 보건의료를 행하는 기관으로는 병원, 종합병원, 한방병원이 있다.
④ 의료 인력의 전문화, 의료자원의 불균형적 분포, 종합병원 중심의 의료, 치료 중심의 의료로 인해 대두되게 되었다.
⑤ 정부가 중심이 되어 진행되는 것이 바람직하다.

050 우리나라 의료보험에서 국민에게 제공하는 혜택으로 옳은 것은?

① 의료기관 이용 시 교통비
② 비급여 약물 사용에 대한 약제비
③ 요양병원에서 간병인을 고용하면 받을 수 있는 간병비
④ 아플 때 병원에서 치료받을 수 있는 요양급여
⑤ 장기요양요원의 근무에 따른 급여

공중보건학 개론

051 A씨는 6개월 전 차가 인도로 돌진해 사망자가 발생했다는 뉴스를 본 후 다니던 직장을 그만두고 집밖으로 나가는 것을 극도로 자제하고 있으며, 인도 보행 시 본인에게 차량이 돌진하여 죽을 수 있다는 불안감에 급히 택시를 타고 귀가하는 일이 잦아졌다. 예상할 수 있는 진단으로 옳은 것은?

① 리플리 증후군
② 범불안 장애
③ 조현병
④ 양극성 장애
⑤ 강박 장애

052 지역사회 간호사업의 기본 단위인 가족에 대한 설명으로 옳은 것은?

① 가족은 공동체로서 고유의 생활방식을 가지고 있다.
② 모든 가족은 형성–축소–확대–해체의 과정을 거친다.
③ 가족은 이차적인 집단이다.
④ 가족은 사회환경에 영향을 받지 않는다.
⑤ 함께 거주하고 있지 않으면 가족으로 인정하지 않는다.

053 정신 재활 프로그램에 해당되는 것으로 옳은 것은?

① 재활병원 ② 요양병원
③ 방문간호서비스 ④ 낮병원
⑤ 요양원

054 선천 대사 이상 검사 항목에 속하는 것은?

① 갑상샘항진증
② 간기능 검사
③ 소변 검사
④ 페닐케톤뇨증
⑤ 가래 검사

055 장티푸스의 주된 전파경로로 옳은 것은?

① 장티푸스 환자나 보균자의 대소변으로 인해 오염된 물과 음식물
② 개, 고양이
③ 병원 의료 기구
④ 기침이나 재채기를 통한 비말 전파
⑤ 혈액

056 출생률과 사망률이 낮은 선진국 형태로 0~14세 인구가 65세 이상 인구의 2배가 되는 가장 이상적인 정지형 인구 유형을 무엇이라고 하는가?

① 피라미드형 ② 종형
③ 농촌형 ④ 도시형
⑤ 항아리형

057 모자보건지표인 모성사망률(임산부사망률)에 대한 설명으로 옳은 것은?

① 임신 28주 이후부터 분만 후 1주일 이내에 사망한 모성의 수
② 임신 20주 이후에 사망한 모성의 수
③ 50세 이상 여성의 사망자 수
④ 임신, 분만, 산욕의 합병증으로 인해 사망한 모성의 수
⑤ 특정질병으로 사망한 모성의 수

058 기초 체온법 측정으로 피임 방법을 선택한 여성의 체온이 어느 날 갑자기 상승된 것은 무엇을 의미하는가?

① 배란이 끝났음을 의미한다.
② 월경이 곧 시작될 것을 의미한다.
③ 배란이 시작될 예정임을 의미한다.
④ 임신 가능성 없이 성관계를 할 수 있는 시기임을 의미한다.
⑤ 배란이 실패했음을 의미한다.

059 본능적 욕구나 참기 힘든 충동적 에너지를 사회적으로 용납되는 형태로 바꾸는 방어기제로 옳은 것은?

① 승화 ② 투사
③ 동일시 ④ 합리화
⑤ 전치

060 면역에 대한 설명으로 옳은 것은?

① 인공수동면역 – 모체로부터 받은 면역
② 자연능동면역 – 예방접종 후 형성된 면역
③ 자연능동면역 – 질병에 걸린 후 획득한 면역
④ 인공능동면역 – 면역글로불린 주사
⑤ 자연능동면역 – 공수병에 걸린 개에게 물린 후 주사를 맞았을 때

061 풍진에 대한 설명으로 옳은 것은?

① 원인균은 풍진균이다.
② 임부가 감염되면 태아에게 선천성 심장 기형, 작은머리증(소두증) 등의 증상을 일으킨다.
③ 풍진 예방접종 후 1년간 임신을 금한다.
④ 발진은 하지에서 시작하여 얼굴쪽으로 올라간다.
⑤ 인플루엔자 백신으로 예방이 가능하다.

062 오염된 흙 위를 맨발로 걸어 다니는 사람에게 감염될 수 있는 기생충증으로 충체의 흡혈로 인한 빈혈, 소화장애 등이 발생될 수 있는 질병은?

① 폐흡충증
② 간흡충증
③ 요충증
④ 구충증
⑤ 무구조충증

063 폐결핵 진단 시 가슴 X선 간접촬영을 하는 목적으로 옳은 것은?

① 결핵 치료
② 폐암 발견
③ 약물치료 경과 확인
④ 집단 결핵 검진
⑤ 결핵으로 인한 합병증 조기발견

064 생활습관병에 해당하는 것으로 옳은 것은?

① 급성 신부전증, 매독, 심장병
② 뇌졸중, 홍역, 고혈압
③ 암, 뇌졸중, 심장병
④ 당뇨병, 장티푸스, 폐결핵
⑤ 인플루엔자, 동맥경화증, 비만

065 결핵 예방법상 임상적, 방사선학적, 조직학적 소견상 결핵에 해당되지만 결핵균 검사에서 양성으로 확인되지 아니한 자를 무엇이라고 하는가?

① 결핵 환자
② 잠복 결핵 감염자
③ 결핵 의사 환자
④ 전염성 결핵 환자
⑤ 결핵균 감염자

066 의료인의 결격사유로 옳은 것은?

① 정신질환자 중 정신건강의학과 전문의가 의료인으로서 적합하다고 인정하는 사람
② 피한정후견인을 선고받고 복권된 자
③ 마약, 대마, 향정신성 의약품 중독자
④ 금고 이상의 형을 선고받고 그 형의 집행이 종료된 자
⑤ 금고 이상의 형을 선고받고 그 형의 집행을 받지 아니하기로 확정된 자

067 신체보호대에 대한 설명으로 옳은 것은?

① 의사의 처방 없이도 사용할 수 있다.
② 어떠한 상황에서도 쉽게 풀 수 없는 방법으로 사용한다.
③ 의식이 없는 등 환자의 동의를 얻을 수 없는 경우, 동의서를 생략할 수 있다.
④ 신체보호대를 대신할 다른 방법이 없는 경우에 한해 신체보호대를 사용한다.
⑤ 신체보호대 사용을 줄이기 위한 의료인 및 병원종사자 교육은 2년마다 한 번씩 실시한다.

068 **감염병과 관련된 용어의 정의로 옳은 것은?**

① 감염병 환자 : 감염병 병원체가 인체에 침입한 것으로 의심이 되나 감염병 환자로 확인되기 전단계의 사람
② 감염병 의사 환자 : 병원체가 인체에 침입하여 증상을 나타내는 사람
③ 역학조사 : 감염병 발생과 관련된 자료 및 매개체에 대한 자료를 체계적이고 지속적으로 수집, 분석 및 해석하고 그 결과를 제때에 필요한 사람에게 배포하여 감염병 예방 및 관리에 사용하도록 하는 일체의 과정
④ 감시 : 감염병 환자 발생 시 그 원인을 규명하기 위한 활동
⑤ 고위험 병원체 : 생물테러의 목적으로 이용되거나 사고 등에 의하여 외부에 유출될 경우 국민 건강에 심각한 위험을 초래할 수 있는 감염병 병원체로서 보건복지부령이 정하는 것

069 **결핵 예방법과 관련된 용어의 정의로 옳은 것은?**

① 결핵 : 결핵균으로 인하여 발생하는 질환
② 결핵 환자 : 각종 검사 소견상 결핵에 해당하지만 결핵균 검사에서 양성으로 확인되지 아니한 자
③ 결핵 의사 환자 : 가래 검사에서 양성으로 확인되어 타인에게 전염시킬 수 있는 자
④ 전염성 결핵 환자 : 결핵에 감염되어 결핵 감염 검사에서 양성으로 확인되었으나 결핵균 검사에서 음성으로 확인된 자
⑤ 잠복 결핵 감염자 : 결핵균의 침입으로 인해 임상적 특징이 나타나는 자로서 결핵균 검사에서 양성으로 확인된 자

070 **채혈 금지 대상자에 속하는 자는?**

① 체중 60kg의 성인 남자
② 체온 37.0℃의 성인 여자
③ 맥박이 분당 120회인 성인 여자
④ 혈압이 140/90mmHg인 성인 남자
⑤ 2년 전 수혈한 적이 있는 성인 여자

실기

071 **물약을 따르는 방법으로 옳은 것은?**

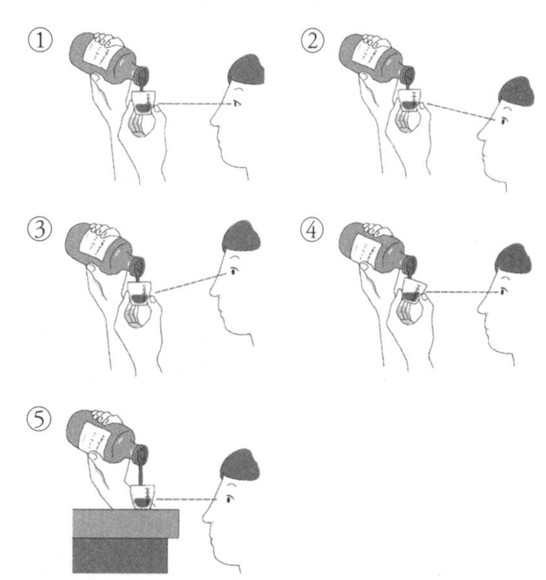

072 **심폐소생술 도중 자동심장충격기가 도착했을 때 적용 방법으로 옳은 것은?**

① 도착 즉시 "모두 물러나세요" 라고 외친다.
② 왼쪽 빗장뼈(쇄골) 아래와 오른쪽 가슴 아래에 패드를 붙인다.
③ 패드를 붙인 후 전원을 켠다.
④ 심장 리듬을 분석할 때는 심폐소생술을 중지한다.
⑤ "세동제거(제세동)가 필요합니다"라는 음성 지시 후 바로 버튼을 누른다.

073 **일반병실에서 치료받던 환자의 가래 검사 결과 '활동성 폐결핵'으로 밝혀졌다. 즉시 취해야 할 조치는?**

① 금식한다.
② 중환자실로 옮긴다.
③ 가슴 X선 촬영을 한다.
④ 격리실로 옮긴다.
⑤ BCG예방접종을 실시한다.

074 **위궤양으로 치료를 받고 있는 환자가 갑작스런 심한 복통과 복부강직을 호소하며 쓰러졌다. 환자의 얼굴이 창백하고, 혈압 80/60mmHg, 체온 36.5℃, 맥박 126회/분, 호흡 26회/분으로 확인되었을 때 추측할 수 있는 합병증은?**

① 위암 ② 위경련
③ 위천공 ④ 위염
⑤ 빠른 비움 증후군(덤핑 증후군)

075 **왼쪽 반신마비(편마비) 환자의 상의를 벗기거나 입히는 방법으로 옳은 것은?**

① 환자가 원하는 대로 해준다.
② 간호조무사가 편한 순서대로 한다.
③ 머리 → 오른쪽 팔 → 왼쪽 팔 순서로 입히거나 벗긴다.
④ 왼쪽 팔 → 머리 → 오른쪽 팔 순서로 입힌다.
⑤ 오른쪽 팔 → 왼쪽 팔 → 머리 순서대로 벗긴다.

076 **욕창 고위험 환자에게 변압공기침요를 적용하고 2시간마다 체위를 변경해주는 이유로 옳은 것은?**

① 혈액순환 촉진
② 흡인으로 인한 질식 예방
③ 통증 완화
④ 고혈압 예방
⑤ 피부 탄력 유지

077 **병실에서 손씻는 방법으로 옳은 것은?**

① 팔꿈치 위까지 씻는다.
② 2~5분간 손소독제를 이용하여 씻는다.
③ 손을 씻을 때는 손이 팔꿈치보다 위로 가게 한다.
④ 30초 이상 비누를 사용하여 흐르는 물에 씻는다.
⑤ 손을 씻은 후 손을 팔꿈치보다 위로 올리고 있는다.

078 **일반병실에서 격리실로 이동시켜야 할 환자로 옳은 것은?**

① 뇌출혈 환자
② 당뇨병 환자
③ 면역억제제 투여 환자
④ VRE 환자
⑤ 백혈병 아동

079 **천식 아동을 위한 간호로 옳은 것은?**

① 외출 시 마스크 착용을 자제한다.

② 공기정화를 위해 꽃이나 화초를 많이 키운다.

③ 집안을 자주 비질하여 먼지(분진)를 없앤다.

④ 심한 일교차에 노출되지 않도록 한다.

⑤ 알레르기 원인물질에 자주 노출시켜 면역이 생길 수 있도록 한다.

080 **3세 입원 환아가 X선을 찍기 위해 촬영실에 들어가는 것을 거부하며 울고 있다. 이유로 가장 옳은 것은?**

① 부모로부터의 격리

② 검사의 두려움

③ 과거의 경험으로 인한 두려움

④ 어두운 곳에 대한 공포

⑤ 친구들과의 격리

081 **탈수로 인한 쇼크로 혈압이 낮고 얼굴이 창백한 환자에게 취해줄 수 있는 자세로 옳은 것은?**

① 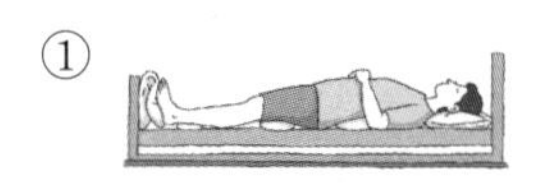

② 

③ 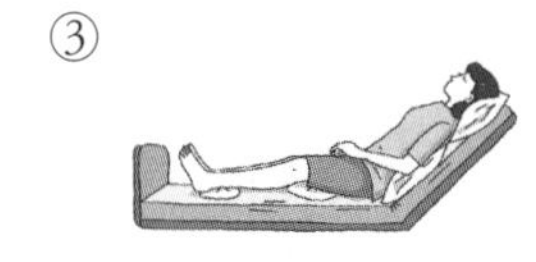

④ 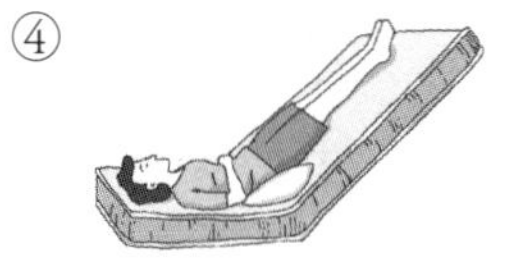

⑤ 

082 **휠체어를 이용하여 엘리베이터를 타고 내리는 방법으로 옳은 것은?**

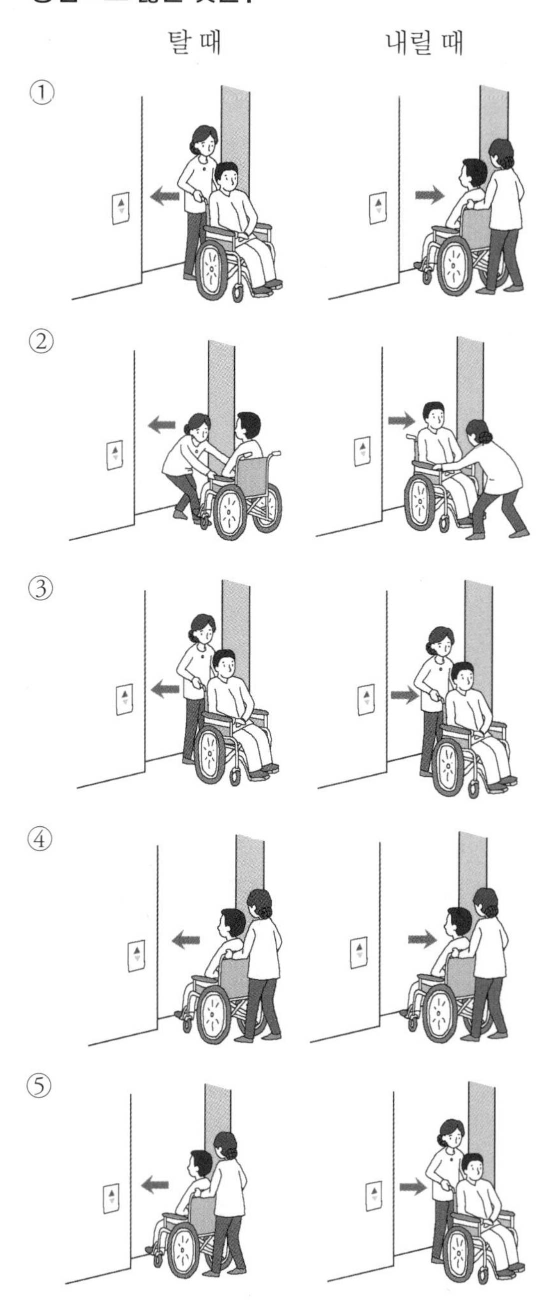

083 자동심장충격기 사용 시 패드를 부착하는 위치는?

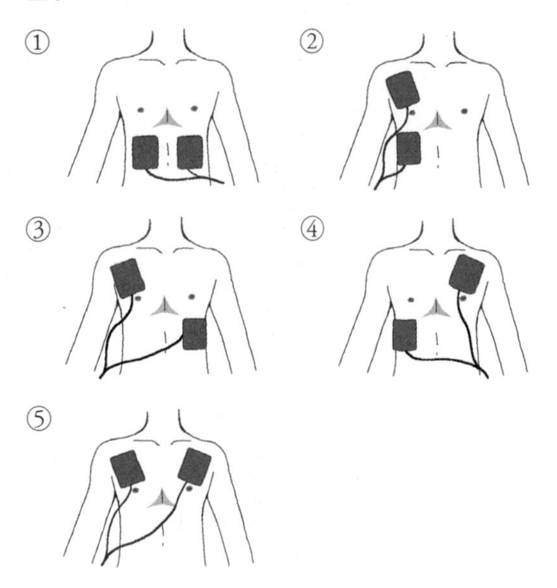

084 고름이 있는 상처에 효과적인 소독약으로 그람 양성·음성균, 진균 등에 효과가 있어 수술 전 피부 소독에 흔히 사용되는 소독제는?

① 과산화수소수
② 포르말린
③ 포비돈 아이오딘
④ 생리식염수
⑤ 알코올

085 비수유부의 울유(유방울혈, 유방종창)를 완화하기 위한 간호로 옳은 것은?

① 주기적으로 젖을 짜낸다.
② 온찜질을 한다.
③ 유방마사지를 한다.
④ 유방을 압박붕대로 감아준다.
⑤ 아이에게 젖을 자주 물린다.

086 외과적 손씻기 방법으로 옳은 것은?

① 팔꿈치가 손보다 위로 가도록 한다.
② 14분간 씻고 종이타월로 잘 닦는다.
③ 소독력이 있는 항균비누나 알코올이 함유된 손소독제를 이용하여 2~5분간 소독한다.
④ 물이 팔에서 손 끝으로 흐르도록 한다.
⑤ 흐르는 물에 비누를 사용하여 30초 이상 씻는다.

087 누워서 식사를 하는 반신마비(편마비) 환자를 돕는 방법으로 옳은 것은?

① 식사 전·후 수분 섭취를 삼간다.
② 건강한 쪽을 아래로 하여 옆으로 눕고 상체를 약간 올려 준다.
③ 신맛이 강한 음식으로 식욕을 촉진한다.
④ 건강한 쪽에서 보조한다.
⑤ 국물을 마실 때는 가느다란 빨대를 제공한다.

088 인공항문 세척에 관한 설명으로 옳은 것은?

① 세척용액을 한번에 250~500cc 정도 장루 안으로 주입했다가 배출시키는 것을 반복한다.
② 외과적 무균술을 시행한다.
③ 매번 병원을 방문하여 의료진의 도움을 받도록 한다.
④ 46~52℃ 정도의 세척용액을 사용한다.
⑤ 세척통은 50cm 이상 높이 올린다.

089 장기간 부동 환자에게 나타날 수 있는 신체 변화로 옳은 것은?

① 혈중 칼슘 농도 증가
② 연동운동 증가
③ 기초대사율 증가
④ 방광 내 잔뇨량 감소
⑤ 기립 저혈압 가능성 감소

090 **치매 환자가 석양 증후군을 보일 때의 간호로 옳은 것은?**

① 낮잠을 충분히 자게 한다.
② 조명을 어둡게 하여 일찍 자게 한다.
③ 따뜻한 커피를 마시게 한다.
④ 밖으로 데려가 산책을 한다.
⑤ 손과 발에 신체보호대를 적용한다.

091 **더운물주머니 사용 방법으로 옳은 것은?**

① 38℃ 정도의 물을 준비한다.
② 물주머니에 물을 가득 채운다.
③ 편평한 바닥에 물주머니를 눕혀 물을 제거한다.
④ 거꾸로 뒤집어 보아 물이 새는지 확인한다.
⑤ 2시간 동안 적용한다.

092 **욕창 환자 간호 내용으로 옳은 것은?**

① 딱딱한 판자 침상을 적용한다.
② 습기를 제거하기 위해 알코올로 소독해준다.
③ 고혈압 환자에게 흔히 발생한다.
④ 고단백, 고탄수화물, 고비타민 식이를 제공한다.
⑤ 솜이나 스펀지를 압박 부위에 대준다.

093 **스테인리스로 만들어진 의료용 트레이(Tray)에 혈액이 묻어 있는 것을 발견하였다. 올바른 세척 방법은?**

① 뜨거운 물로 즉시 씻는다.
② 먼저 찬물로 헹군 다음 따뜻한 비눗물로 씻는다.
③ 휴지로 닦은 후 따뜻한 물로 헹군다.
④ 공기 중에 노출시켜 혈액을 말린 후 벗겨낸다.
⑤ 알코올을 사용하여 닦는다.

094 **위 절제 수술에 대한 설명으로 옳은 것은?**

① 위 절제 수술 후 코위관은 즉시 제거한다.
② 수술 부위에 자극이 되므로 기침과 심호흡을 금한다.
③ 수술 후 일주일 동안은 위액에 다량의 혈액이 섞여 나올 수 있다.
④ 식사 전 어지러움, 발한, 구역, 구토 등의 증상이 발생할 수 있다.
⑤ 코발라민(비타민 B_{12})의 흡수가 되지 않아 악성 빈혈이 생길 수 있으므로 코발라민을 근육주사 한다.

095 **다리 골절로 견인장치를 하고 있는 환자를 위한 간호로 옳은 것은?**

① 장치가 풀리면 위험하므로 움직이지 못하게 신체보호대를 적용한다.
② 체위변경 시에는 추를 내려 가볍게 한다.
③ 견인줄과 도르래가 잘 연결되어 있어야 한다.
④ 추는 항상 바닥에 닿아 있어야 한다.
⑤ 하체를 50° 가량 올려 상대적 견인을 유지한다.

096 **수술 후 혈압 130/90mmHg, 맥박 72회/분으로 측정되었던 환자가 병실로 올라온 후 혈압 80/50mmHg, 맥박 126회/분으로 측정되었고 피부가 창백해졌을 때 의심할 수 있는 것은?**

① 당뇨　② 방광염
③ 정상　④ 내출혈
⑤ 수액 과다

097 노인간호에 대한 설명으로 옳은 것은?

① 낮잠을 1시간 이상 잘 수 있도록 한다.
② 오전 11시~오후 3시 사이에 일광욕을 한다.
③ 매일 통목욕을 하도록 한다.
④ 건조한 피부에는 순한 오일을 사용한다.
⑤ 잠자기 전에 땀이 많이 나는 고강도 운동을 하도록 한다.

098 유방 자가 검진의 유의사항으로 옳은 것은?

① 검진 전 소변을 보도록 한다.
② 매월 생리가 끝나고 2~7일 이후 유방이 제일 부드러울 때 시행한다.
③ 생리 시작 5일 전에 시행한다.
④ 겨드랑 림프절은 만지지 않도록 주의한다.
⑤ 폐경 여성은 하지 않아도 된다.

099 24시간 소변 검사 방법으로 옳은 것은?

① 의사의 처방시간을 검사 시작시간으로 한다.
② 차광용기나 소변수집용 용기를 사용하여 모은다.
③ 첫 소변부터 모은다.
④ 마지막 소변은 버린다.
⑤ 검사 중임을 깜박하고 변기에 소변을 여러 번 보았다고 해도 횟수만 정확히 기록하면 검사결과에 영향을 미치지 않는다.

100 정맥주사에 대한 설명으로 옳은 것은?

① 가장 안전하고 경제적이다.
② 반복해서 약물을 정맥으로 주입하려고 할 때 헤파린락을 사용할 수 있다.
③ 약물 효과가 오랫동안 지속된다.
④ 응급환자에게는 부적절한 주사 방법이다.
⑤ 궁둥뼈(좌골)신경, 혈관, 힘줄, 뼈의 손상을 일으킬 수 있다.

제6회 실전 모의고사

기초간호학 개요

001 **선천성 갑상샘저하증과 고페닐알라닌혈증 시 공통으로 나타내는 후유증은 무엇인가?**

① 성조숙 ② 말단비대증
③ 지능 발달 지연 ④ 소아당뇨
⑤ 비만

002 **통증에 대한 내용으로 옳은 것은?**

① 성격은 통증에 영향을 미치지 않는다.
② 일반적으로 농촌지역의 여성이 대도시 여성보다 급통증을 더 크게 느낀다.
③ 불안과 공포는 통증을 감소시킨다.
④ 내성에 따라 통증을 느끼는 강도가 다르다.
⑤ 진통제를 복용하면 통증이 심해진다.

003 **출생 후 신생아의 건강상태를 평가하는 아프가 점수 항목으로 옳게 묶인 것은?**

① 혈압, 피부색, 체온
② 태변여부, 심박동수, 호흡
③ 반사반응, 피부색, 체온
④ 근육긴장도, 호흡, 혈압
⑤ 피부색, 반사반응, 심박동수

004 **경구약 복용 방법에 대한 설명으로 옳은 것은?**

① 함당정제는 씹어서 물과 함께 삼킨다.
② 강심제는 맥박을 측정하여 분당 60회 이하일 경우 투여하지 않는다.
③ 장용피복정은 쪼개거나 부수어 복용한다.
④ 모르핀은 호흡을 측정하여 분당 12회 이상인 경우 투여하지 않는다.
⑤ 완하제(변비약)는 식사 도중에 복용한다.

005 **나이팅게일 기장에 대한 설명으로 옳은 것은?**

① 보건복지부에서 수여한다.
② 우리나라에는 아직 수상자가 없다.
③ 매 5년마다 수여한다.
④ 평화 시나 전쟁 시에 간호에 특별히 기여한 간호사에게 수여한다.
⑤ 나이팅게일 출생 10주년인 1920년부터 수여하기 시작하였다.

006 **간호조무사가 환자나 보호자에게 이야기 해줄 수 있는 내용은?**

① 질병 치료과정
② 병원의 규칙과 회진시간
③ 진단명
④ 예후
⑤ 수술 방법과 위험성

007 **온습포(더운물 찜질)의 적용방법으로 옳은 것은?**

① 2~3분마다 갈아주면서 15분가량 적용한다.
② 발적 시 5분 후 다시 대어준다.
③ 수건 또는 거즈에 30~33℃의 물을 적셔서 준비한다.
④ 체온을 낮추기 위해 적용한다.
⑤ 바셀린은 피부에 화상을 일으킬 수 있으므로 절대 금한다.

008 **노화로 인한 피부 변화로 옳은 것은?**

① 피부의 땀샘과 기름샘(피지선) 분비 기능이 저하되어 건조해진다.
② 손톱과 발톱이 얇아져서 부서지기 쉽다.
③ 피부 탄력성이 증가한다.
④ 표피층은 거칠고 두터워진다.
⑤ 피하지방이 많아져서 주름이 생긴다.

009 조직 내에 림프액이나 삼출물 등의 액체 성분이 과잉 존재하는 상태인 부종이 심한 환자에게 반드시 제한해야 하는 것은?

① 포타슘, 단백질 ② 지방, 포타슘
③ 수분, 소듐 ④ 탄수화물, 비타민
⑤ 소듐, 칼슘

010 낙상 가능성이 가장 높은 노인 환자는?

① 낙상 경험이 있는 환자
② 피부염이 있는 환자
③ 주기적으로 스트레칭을 하는 환자
④ 결핵 환자
⑤ 퇴원을 앞둔 환자

011 맹장 아래로 늘어진 가늘고 긴 돌기에 생긴 염증을 무엇이라고 하는가?

① 위염 ② 구불결장염
③ 췌장(이자)염 ④ 대장염
⑤ 충수염

012 분만 예정일 계산 시 반드시 알아야 할 사항은?

① 마지막 월경 시작일
② 마지막 월경 중간일
③ 마지막 월경 종료일
④ 마지막 월경 기간(일수)
⑤ 처음 산전 진찰을 받은 날

013 분만후 출혈에 대한 내용이나 간호 방법으로 옳은 것은?

① 분만후 출혈이란 분만 후 24시간 이내에 200cc 이상의 출혈을 말한다.
② 산모의 자궁바닥을 마사지 한다.
③ 산모에게 조기이상을 격려한다.
④ 복부에 따뜻한 물주머니를 적용한다.
⑤ 반좌위를 취해준다.

014 태아가 둔위로 위치한 것이 확인되었을 때 두정위로 교정하기에 적합한 시기와 취해줄 수 있는 자세로 옳은 것은?

① 임신 2개월 이내 – 트렌델렌부르크 자세
② 임신 7~8개월 – 무릎가슴 자세
③ 임신 5개월 – 파울러 자세
④ 임신 10개월 – 골반내진 자세
⑤ 태아 위치 확인 후부터 – 배횡와위

015 자간전증(전자간증)에서 자간증으로 진행될 수 있는 증상으로 옳은 것은?

① 변비, 다뇨, 위경련
② 두통, 태동 중지, 현기증(어지럼)
③ 시야 흐려짐, 소변 감소(핍뇨), 가려움증
④ 명치부위(심와부) 통증, 혈뇨, 소변량 증가
⑤ 심한 두통, 시야 흐려짐, 소변 감소(핍뇨)

016 높은 곳에서 떨어져서 팔목 뼈의 일부가 피부 바깥으로 돌출되어 있는 환자의 응급처치로 옳은 것은?

① 부목 사용을 금한다.
② 돌출된 뼈를 원래대로 넣어준다.
③ 부러진 뼈를 직접 압박하여 지혈한다.
④ 멸균거즈로 상처를 덮어준다.
⑤ 골절 부위에 얼음팩을 올려준다.

017 **산후질분비물(오로)에 대한 설명으로 옳은 것은?**

① 분만 후 3일까지 갈색산후질분비물(갈색오로)이 나온다.
② 산후질분비물(오로)에서 심한 악취가 나는 것이 정상이다.
③ 적색산후질분비물(적색오로)은 산후기(산욕기)간 내내 분비된다.
④ 생리혈과 비슷한 냄새가 나는 알칼리성 분비물이다.
⑤ 분만 후 요도로 분비되는 분비물을 산후질분비물(오로)라고 한다.

018 **약리 작용에 대한 설명으로 옳은 것은?**

① 상승 작용 : 두 가지 이상의 약물 병용의 효과가 각 약물 작용의 합보다 큰 것
② 대항 작용(길항 작용) : 두 가지 이상의 약물 병용의 효과가 각 약물 작용의 합과 같은 것
③ 상가 작용 : 두 가지 종류의 약물을 동시에 투여했을 때 효과가 감소하는 것
④ 중독 : 약물을 계속 사용할 경우 같은 치료 효과를 얻기 위해 사용량을 늘려야 하는 것
⑤ 내성 : 약물 투여 직후에 천명(쌕쌕거림), 빈맥, 호흡곤란 등의 증상이 나타나는 것

019 **임신의 확정적 징후로 옳은 것은?**

① 입덧 ② 무월경
③ 체중 증가 ④ 태아심음 청취
⑤ 복부 중앙의 흑선

020 **초유에 대한 설명으로 옳은 것은?**

① 성숙유에 비해 면역체, 단백질, 비타민 A, 무기질이 풍부하다.
② 초유를 먹이면 설사를 할 수도 있으므로 먹이지 않는다.
③ 성숙유에 비해 지방과 열량이 많다.
④ 분만 후 7~10일간 분비된다.
⑤ 맑은 백색의 유즙이다.

021 **소장에 해당하는 것끼리 묶인 것은?**

① 십이지장, 공장, 맹장
② 상행결장[오름(잘록)창자], 횡행결장[가로(잘록)창자], 하행결장[내림(잘록)창자]
③ 십이지장, 회장, 결장
④ 구불결장, 직장, 항문
⑤ 십이지장, 공장, 회장

022 **내분비샘과 분비되는 호르몬이 바르게 연결된 것은?**

① 뇌하수체 후엽 – 옥시토신
② 뇌하수체 전엽 – 항이뇨호르몬
③ 부신수질(부신속질) – 알도스테론
④ 부신피질(부신겉질) – 에피네프린
⑤ 갑상샘 – 성장호르몬

023 **주로 35주 이하의 미숙아에게 나타나는 특발호흡곤란증후군은 미숙아의 신체 중 어느 부위에서 나타나는가?**

① 눈 ② 폐
③ 심장 ④ 신장
⑤ 대장

024 **백혈병 환아 간호 시 가장 중요하게 생각해야 할 것으로 옳은 것은?**

① 영양 공급
② 감염 예방
③ 운동
④ 항암제 부작용 최소화
⑤ 피부간호

025 **국가암검진에 대한 내용으로 옳은 것은?**

① 유방암 : 만 40세 이상 여성에게 1년마다 검진
② 자궁경부암 : 만 20세 이상 여성에게 6개월마다 검진
③ 간암 : 만 40세 이상 남·여 중 간암 고위험군에게 2년마다
④ 위암 : 만 40세 이상 남·여에게 2년마다
⑤ 대장암 : 만 50세 이상 남·여에게 2년마다

026 **무기질과 기능의 연결이 옳은 것은?**

① 소듐(나트륨) – 갑상샘 기능 조절
② 아이오딘 – 산소 운반
③ 철분 – 타이록신 형성
④ 포타슘 – 근육의 수축과 이완
⑤ 플루오린(불소) – 뼈의 구성 성분

027 **음식을 먹다가 작은 목소리로 "나 목에 뭐가 걸린 것 같아"라고 말하며 불안한 듯 자신의 목을 감싸고 있는 사람에게 실시할 수 있는 응급처치로 가장 옳은 것은?**

① 기침을 하도록 하고 두 어깨뼈(견갑골) 사이를 강하게 쳐준다.
② 머리를 옆으로 돌려 기도를 개방한다.
③ 인공호흡을 실시한다.
④ 바닥에 눕혀 하임리히를 시도한다.
⑤ 물을 마시도록 한다.

028 **빠른비움 증후군(덤핑 증후군)을 예방하기 위한 간호로 옳은 것은?**

① 옆으로 누운 상태로 식사한다.
② 식사 후 30분 정도 앉아 있는다.
③ 저지방, 고섬유질 식이를 섭취한다.
④ 코위관영양으로 식사를 제공한다.
⑤ 식사 중 물을 수시로 마시고 식후 소화제를 복용한다.

029 **비뇨기계 질환의 특이적 증상에 대한 설명으로 옳은 것은?**

① 빈뇨 : 시간당 30cc 이하, 1일 400~500cc 이하로 소변을 보는 것
② 폐뇨 : 하루 소변량이 100cc 이하인 경우
③ 요실금 : 본인의 의지와 관계없이 자신도 모르게 소변이 유출되어 속옷을 적시게 되는 현상
④ 무뇨 : 방광에는 소변이 축적되어 있지만 배설이 안 되는 현상
⑤ 빈뇨 : 1일 소변량이 2,500cc 이상인 것

030 **눈에 화학물질이 들어갔을 경우 응급처치로 옳은 것은?**

① 강한 수압의 물로 눈을 씻어낸다.
② 중화제를 점안한다.
③ 즉시 안대를 적용한다.
④ 환측 눈을 아래로 향하게 한 후 생리식염수로 세척한다.
⑤ 즉시 눈을 감고 눈동자를 굴린다.

031 **일반인이 심폐소생술을 실시하는 순서로 옳은 것은?**

① 흉부압박 → 자동심장충격기
② 기도개방 → 인공호흡 → 흉부압박 → 자동심장충격기
③ 흉부압박 → 기도개방 → 인공호흡 → 자동심장충격기
④ 흉부압박 → 인공호흡 → 기도개방 → 자동심장충격기
⑤ 자동심장충격기 → 기도개방 → 인공호흡 → 흉부압박

032 **방습법에 대한 설명으로 옳은 것은?**

① 간이 방습법은 솜이나 거즈를 혀 위, 치열과 협벽 사이에 넣는 것이다.
② 치아 치료 시 계속되는 침(타액)을 방지하고 배제시키는 방법이다.
③ 고무댐 방습법은 호흡이 곤란한 환자에게 사용하기 적합하다.
④ 고무댐 방습법은 고무포의 색깔로 인해 눈에 피로가 있을 수 있다.
⑤ 치료 시 시야를 방해하여 진료시간이 길어진다는 단점이 있다.

033 **치과 치료 시 사용되는 이거울(치경), 교정기구, 유리제품에 가장 많이 이용되는 소독 방법은?**

① 가압증기멸균법
② 건열 멸균법
③ 화학약품 소독
④ 자비 소독
⑤ 여과 멸균법

034 **어혈에 대한 설명으로 옳은 것은?**

① 전신의 혈액순환이 순조로울 때 어혈이 발생한다.
② 한열이 지나치게 왕성해도 어혈이 생긴다.
③ 외상 어혈은 붉은 혈종이 나타난다.
④ 어혈이 생긴 부위와 상관없이 증상은 동일하다.
⑤ 어혈은 기혈의 운행을 촉진시킨다.

035 **침을 맞고 있는 환자가 갑자기 가슴이 답답하고 어지럽다고 호소할 경우 가장 우선적으로 해야 할 간호로 옳은 것은?**

① 침을 뺀다.
② 똑바로 눕힌다.
③ 한의사에게 보고한다.
④ 따뜻한 물을 제공한다.
⑤ 인중을 눌러준다.

보건간호학 개요

036 **청소년 흡연자들을 대상으로 금연교육을 실시한 후 반드시 평가해야 할 내용은?**

① 목표달성 여부
② 총 흡연기간
③ 학습준비도 여부
④ 금연의지
⑤ 교육내용 습득 정도

037 지불자 측과 진료자 측이 1년간의 진료보수 총액을 사전에 계약하는 방식의 진료비 지불보상제도는?

① 행위별수가제
② 봉급제
③ 인두제
④ 총액예산제
⑤ 포괄수가제

038 뇌졸중으로 일상생활이 어려워진 남편을 위해 부인이 장기요양인정을 신청하고자 한다. 장기요양인정신청서를 어디에 제출해야 하는가?

① 국민건강보험공단
② 관할 보건소
③ 보건복지부
④ 건강보험심사평가원
⑤ 근로복지공단

039 직업병으로 인정된 진폐증에 대한 설명으로 옳은 것은?

① 대부분 폭로 직후 호흡기와 관련된 증상이 나타난다.
② 임상적, 병리적 소견은 일반 질병과 명확히 구분된다.
③ 조기에 발견된다.
④ 인체에 미치는 영향이 확인되지 않은 신물질이 많다.
⑤ 직업병 판정이 간단하다.

040 식품 변질과정 중 부패와 관련이 있는 영양소로 옳은 것은?

① 탄수화물 ② 단백질
③ 지방 ④ 비타민
⑤ 무기질

041 보건소가 실시하는 보건교육의 대상자는 누구인가?

① 영유아 ② 임산부
③ 노인 ④ 학생
⑤ 지역사회 주민 전체

042 주기적으로 보건교육을 실시하는 데 80세 노인의 결석률이 잦을 때 가장 적절한 조치는?

① 교육 시간이 길어서 그런 것이므로 짧게 끝낸다.
② 대상자와 함께 벌칙을 생각해본다.
③ 상담을 통해 문제점을 알아보고 해결하도록 한다.
④ 결석을 하면 교육의 효과가 떨어진다는 것을 구체적으로 설명한다.
⑤ 결석하지 않도록 단호하게 지적한다.

043 브레인스토밍의 장점으로 옳은 것은?

① 창의적인 아이디어를 도출할 수 있다.
② 대상자(피교육자)들의 비판능력을 기를 수 있다.
③ 토의 초점의 흔들림 없이 문제를 해결할 수 있다.
④ 민주적인 회의능력을 기를 수 있다.
⑤ 짧은 시간에 많은 내용을 전달할 수 있다.

044 **잇몸이나 치아 주위에 암자색의 착색, 빈혈, 중추 및 말초신경계 장애, 조혈기능 장애, 소화기 장애, 신장기능 장애, 생식기 장애 등을 일으키며 쉽게 배출되지 않고 뼈와 뇌까지 침투하는 중금속 중독증과 직업이 옳게 연결된 것은?**

① 구리 중독 – 판금작업자, 항공기 승무원
② 수은 중독 – 인쇄공, 용접공
③ 카드뮴 중독 – 잠수부, 광부
④ 아연 중독 – 농약제조업자, 타이피스트
⑤ 납 중독 – 페인트공, 축전지제조공

045 **음식과 식중독이 바르게 연결된 것은?**

① 굴 – 미틸로톡신
② 감자 – 베네루핀
③ 청매 – 머스카린
④ 복어 – 솔라닌
⑤ 맥각 – 어고톡신

046 **열중증에 대한 설명으로 옳은 것은?**

① 열사병 : 직사광선으로 인해 수분과 전해질 소실 → 시원한 장소로 이동하고 머리는 약간 낮추어준다.
② 일사병 : 체온조절중추 기능 장애 → 주스나 설탕물을 먹인다.
③ 열탈진(열피로) : 고온으로 인한 근육 경련 → 소금물을 마시도록 한다.
④ 열경련 : 고온다습의 영향으로 뇌의 시상하부 손상 → 경련부위를 압박한다.
⑤ 열탈진(열피로) : 순환기계 이상으로 혈관 확장, 쇼크 → 포도당, 식염수, 강심제를 준다.

047 **공기의 자정 작용으로 옳은 것은?**

① 눈이나 비가 온 뒤의 희석 작용
② 바람에 의한 세정 작용
③ 산소, 오존, 과산화수소에 의한 살균 작용
④ 자외선에 의한 산화 작용
⑤ 식물의 동화 작용에 의한 산소와 이산화탄소의 교환 작용

048 **오염물질이 하천에 한꺼번에 다량 유입되어 물속에 영양염류(질산염, 암모늄염, 인산염 등)가 증식하여 물의 가치를 상실하게 되는 것을 무엇이라고 하는가?**

① 부활 현상
② 밀스–라인케 현상
③ 과잉영양화(부영양화) 현상
④ 적조 현상
⑤ 엘니뇨 현상

049 **보건소에 대한 내용으로 옳은 것은?**

① 보건소는 중앙보건조직에 속한다.
② 보건소장은 보건복지부장관이 임명한다.
③ 1980년 '농어촌 등 보건의료를 위한 특별조치법'에 의해 1981년 처음으로 설치되었다.
④ 우리나라 보건사업 업무를 최일선에서 담당하는 보건행정기관이다.
⑤ 오지, 벽지에 설치한다.

050 **국민건강보험제도에 대한 설명으로 옳은 것은?**

① 형평성을 위해 모든 국민에게 같은 금액의 보험료를 부과한다.
② 본인의 의사에 따라 가입여부를 결정한다.
③ 장기보험이다.
④ 소득재분배의 기능을 수행한다.
⑤ 보험료 납입금액에 따라 의료혜택이 달라진다.

공중보건학 개론

051 **보건간호조무사의 가정방문 방법으로 옳은 것은?**

① 보건간호사의 지시와 감독에 따른다.
② 의사의 지시에 따른다.
③ 독자적으로 수행한다.
④ 가족의 요구에 따른다.
⑤ 관할 보건소장의 지시에 따른다.

052 **인구 고령화의 문제점으로 옳은 것은?**

① 경제성장 둔화
② 노년부양비 감소
③ 노인복지비 감소
④ 청장년층의 경제적 부담 감소
⑤ 노동인구 증가로 생산성 향상

053 **보균자에 대한 설명으로 가장 옳은 것은?**

① 증세가 가벼운 환자
② 질병에 걸려있는 것이 명백하게 드러나는 사람
③ 병원체를 몸 안에 지니고 있지 않지만 질병의 증상이 나타나는 사람
④ 짧은 시간에 여러 사람에게 병을 전파시키는 사람
⑤ 병원체를 몸 안에 지니고 있지만 오랫동안 병의 징후를 나타내지 않는 사람

054 **영유아보건실(클리닉)에서 간호조무사의 역할로 옳은 것은?**

① 가족계획 관리
② 영유아에게 플루오린 도포
③ 영유아 이상상태 발견 시 간호사에게 보고
④ 영유아 예방접종
⑤ 영유아 혈액 검사

055 **학교에서 학생들을 관찰하여 일차적인 보건교육을 담당하는 자는 누구인가?**

① 학교장 ② 담임교사
③ 보건교사 ④ 체육교사
⑤ 학생회장

056 **모성사망률(임산부사망률)을 감소시키기 위해 가장 중요한 것은?**

① 철저한 산전관리(분만전관리)
② 균형 잡힌 식사
③ 적당한 운동
④ 분만 시 간호
⑤ 산후 관리

057 3차 예방에 대한 내용으로 옳은 것은?

① 건강검진
② 올바른 양치질
③ 예방접종
④ 수술 후 물리치료
⑤ 건강에 대한 교육

058 날짜 피임법으로 피임 방법을 선택한 여성의 지난 6개월간 최단 월경주기가 27일이고 최장 월경주기가 31일인 경우 피임을 위해 성교를 피해야 할 기간으로 옳은 것은?

① 월경 제1일~7일
② 월경 제11일~18일
③ 월경 제9일~20일
④ 월경 제27일~31일
⑤ 월경 제10일~21일

059 지역사회 보건사업의 기본 단위로 옳은 것은?

① 정부 ② 기관
③ 사회 ④ 국가
⑤ 가족

060 결핵 예방을 위한 백신으로 옳은 것은?

① BCG ② IPV
③ PCV ④ DPT
⑤ MMR

061 장기요양보험 표준서비스의 세부내용으로 옳은 것은?

① 신체활동지원서비스 – 세면 돕기
② 가사 및 일상생활지원서비스 – 말벗
③ 정서지원서비스 – 외출 시 동행
④ 방문목욕서비스 – 청소, 세탁
⑤ 응급서비스 – 은행업무 돕기

062 지역사회에 감염병 환자가 발생하였을 경우 가장 먼저 취해야 할 행동은?

① 접촉자 격리
② 접촉자 치료
③ 접촉자 예방접종
④ 접촉자 면접조사
⑤ 환자발생지역 소독

063 각 질환의 진단 검사 방법이 바르게 연결된 것은?

① 디프테리아 – 매독혈청검사(VDRL 검사)
② 성홍열 – 딕 검사
③ 매독 – 레몬 검사
④ 장티푸스 – 시크 검사
⑤ 볼거리(유행귀밑샘염) – 위달 검사

064 돼지고기를 덜 익혀 섭취했을 경우 발생될 수 있는 감염병은?

① 회충증
② 갈고리조충증(유구조충증)
③ 민조충증(무구조충증)
④ 간흡충증
⑤ 편충증

065 의료인이 정당한 사유 없이 진료를 중단하거나 의료기관 개설자가 집단으로 휴업하거나 폐업하여 환자 진료에 막대한 지장을 초래하거나 초래할 우려가 있다고 인정할 만한 상당한 이유가 있을 때 그 의료인이나 의료기관 개설자에게 내려지는 명령 또는 처벌로 옳은 것은?

① 의료기관 폐쇄 명령
② 개설허가 취소 명령
③ 업무개시 명령
④ 면허자격 정지
⑤ 면허 취소

066 진단서·검안서·증명서를 교부할 수 있는 의료인은?

① 의사, 치과의사, 한의사
② 의사, 조산사, 한의사
③ 의사, 치과의사, 조산사
④ 의사, 간호사, 조산사
⑤ 의사, 치과의사, 약사

067 의료기관의 급식관리 내용으로 옳은 것은?

① 환자 식사는 특별식과 치료식으로 구분한다.
② 환자 음식은 뚜껑이 있는 식기를 사용한다.
③ 급식관련 종사자에게 성교육과 안전교육을 실시한다.
④ 수인성 감염병 환자의 잔식은 세척 후 소독한다.
⑤ 영양지도는 영양사가 임의로 실시해도 된다.

068 감염병 확진자 1명이 주변의 몇 명을 감염시키는지를 나타내는 지표를 무엇이라고 하는가?

① 감염재생산지수
② 발생률
③ 유병률
④ 독력
⑤ 집단면역

069 결핵의 전염성 소실 여부는 (　　)에 따라 의사가 판정한다. 괄호 안에 알맞은 말은?

① 가슴 X선
② 가래 검사 결과
③ 기침 여부
④ 약물복용기간
⑤ 투베르쿨린 반응 검사 결과

070 헌혈에 관해 특히 공로가 있는 자에게 훈장을 수여하거나 표창을 할 수 있는 자는?

① 대한혈액협회 총재
② 혈액원장
③ 보건복지부장관
④ 관할 보건소장
⑤ 대통령

실기

071 분만 1기의 임부가 자궁 수축 때마다 심한 통증을 호소하며 불안해하고 있다. 임부의 불안을 감소시켜 주기 위해 해줄 수 있는 말로 옳은 것은?

① "진통이 오면 호흡을 참으세요."
② "진통이 오면 배에 힘을 주세요."
③ "통증과 통증 사이에 잠시 쉬고 긴장을 푸세요."
④ "통증이 심하면 엎드려 누우세요."
⑤ "산모님의 심장소리를 들려드릴게요. 걱정하지 마세요."

072 고막 수술을 한 환자에게 교육해야 할 내용으로 옳은 것은?

① "심한 두통과 이명은 정상적인 반응이에요."
② "콧물이 나오면 한 쪽 코를 막고 한번에 세게 푸세요."
③ "빠른 회복을 위해 기침과 심호흡을 수시로 하세요."
④ "귀에 물이 들어가지 않도록 조심하세요."
⑤ "수술 부위를 아래로 향하게 하고 주무세요."

073 혈소판감소증으로 치료 중인 환자에게 투여해서는 안 되는 약물은?

① 항응고제　② 이뇨제
③ 항생제　④ 항히스타민제
⑤ 기관지확장제

074 전신마취 수술 후 심호흡을 권장하는 이유로 옳은 것은?

① 장운동을 촉진시키기 위해
② 상처 회복을 촉진하기 위해
③ 혈전정맥염을 예방하기 위해
④ 통증을 완화시켜 주기 위해
⑤ 가스 교환으로 폐 확장을 돕기 위해

075 복부 수술 환자의 삭모 부위로 옳은 것은?

① 상부는 목부터, 하부는 배꼽까지
② 상부는 배꼽부터, 하부는 허벅지 중간까지
③ 상부는 유두선부터, 하부는 무릎까지
④ 상부는 빗장뼈(쇄골)부터, 하부는 발목까지
⑤ 상부는 유두선부터, 하부는 서혜부 중간까지

076 둔부 근육주사 시 손상되기 쉬우므로 주사 시 항상 주의해야 하는 부위로 가장 옳은 것은?

① 혈관　② 지방층
③ 피내층　④ 근육층
⑤ 궁둥신경(좌골신경)

077 가압증기멸균기를 이용한 기구의 멸균 방법으로 옳은 것은?

① 한 겹의 소독방포에 하나의 물건만 포장한다.
② 소독포의 내면에 소독테이프(Indicator)를 붙인다.
③ 나사가 있는 기구는 다시 한 번 조인 후 포장한다.
④ 뚜껑이 있는 물품은 열고 소독한다.
⑤ 무거운 물품은 위에, 가벼운 물품은 아래에 넣는다.

078 한방에서 뜸을 뜰 때의 주의사항으로 옳은 것은?

① 큰 수포가 생긴 경우 주사기로 액체를 뽑아낸 후 드레싱을 하고 붕대를 감는다.
② 화력을 간접적으로 이용한 내치법이다.
③ 고열환자에게 효과적이다.
④ 임부는 하복부에 뜸을 뜬다.
⑤ 얼굴이나 염증부위, 감각이 저하된 부위에 뜸을 뜨면 치료효과가 좋다.

079 치매 환자가 계속해서 식사를 요구할 때 간호조무사가 취할 수 있는 말이나 행동은?

① 언쟁을 피하기 위해 대답을 안 한다.
② "10분 전에 드셨잖아요."
③ "알았어요. 더 드세요."
④ "또 드신다고요? 그러면 배 아파서 내일 밥 못 드실텐데 그래도 드실래요?"
⑤ "지금 준비하고 있으니 잠시만 기다리세요."

080 백내장 수술 후 주의사항으로 옳은 것은?

① 환측을 아래로 하여 눕도록 한다.

② 통목욕과 발살바법을 권장한다.

③ 수술한 눈꺼풀 위에 거즈 안대를 적용하여 안구운동을 최소화 한다.

④ 심호흡, 기침, 코풀기 등을 하도록 한다.

⑤ 머리 숙여 머리감기, 무거운 짐 들기, 머리를 갑자기 숙이는 행위 등은 수술 다음날부터 가능함을 설명한다.

081 굵기가 급격히 변하는 신체부위에 사용하는 붕대법은?

①
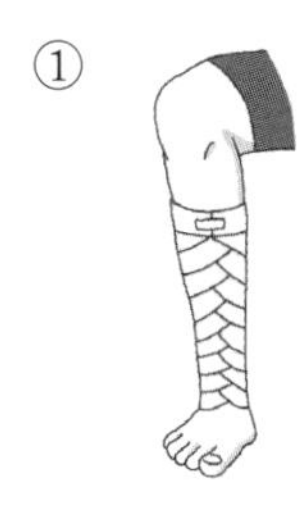

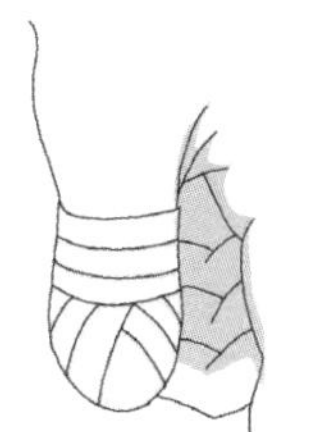

③
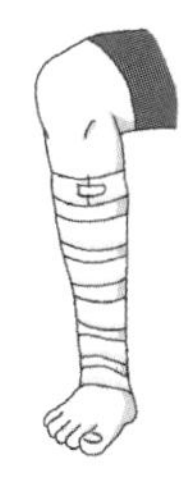

④
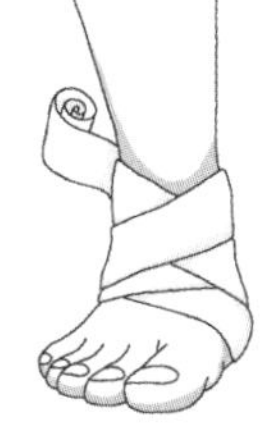

⑤
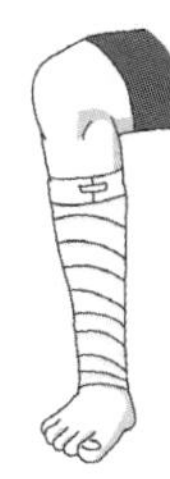

082 그림과 같은 휠체어 이동법은 어떤 상황에서 사용하는가?

① 평지를 이동할 때

② 오르막길을 올라갈 때

③ 울퉁불퉁한 길을 갈 때

④ 엘리베이터를 타고 내릴 때

⑤ 내리막길을 내려갈 때

083 성인 환자의 귀에 약물을 투여할 때 귓바퀴를 당기는 방향으로 옳은 것은?

①
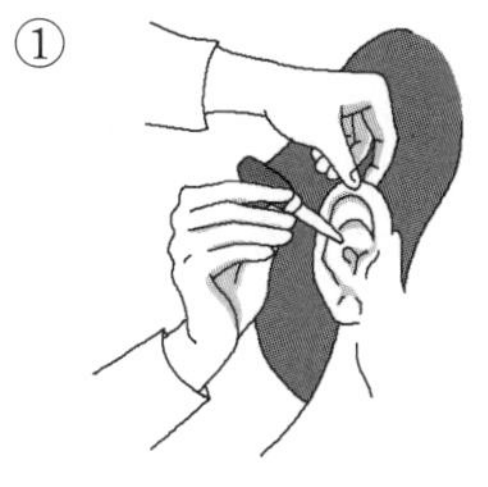

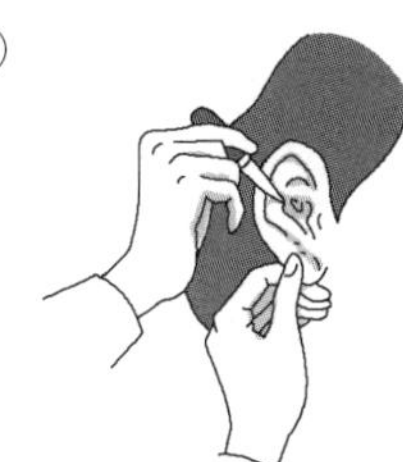

③

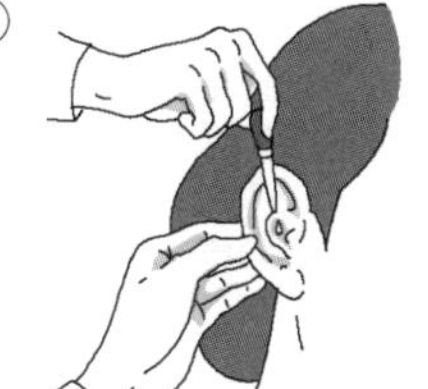

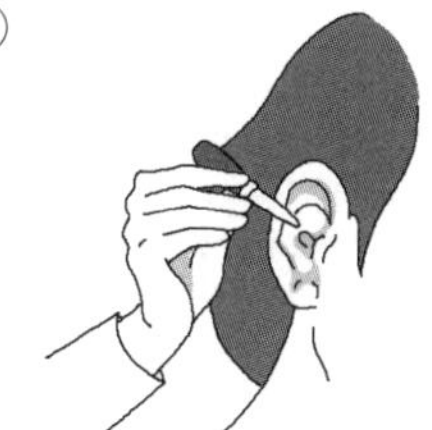

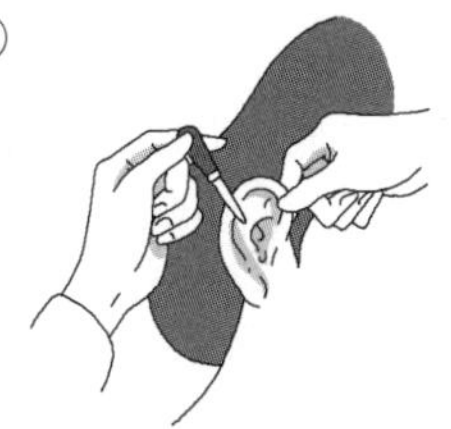

084 **교통사고로 척추를 다친 환자가 입원하였다. 이 환자를 위한 침상은 어떻게 준비하여야 하는가?**

① 발받침대(발지지대)를 사용한 새 침상
② 고무포를 두 개 사용한 수술 후 환자 침상
③ 요람(크래들)을 사용한 개방침상
④ 판자를 사용한 골절 환자 침상
⑤ 손 두루마리와 모래주머니가 준비된 빈 침상

085 **호흡에 관한 설명으로 옳은 것은?**

① 스트레스는 호흡수를 감소시킨다.
② 맥박과 호흡의 비율은 약 4:1이다.
③ 날숨(호기)에 의해 산소를 받아들이고, 들숨(흡기)에 의해 이산화탄소를 배출시킨다.
④ 마약 진통제를 사용하면 호흡이 증가한다.
⑤ 폐포 공기와 폐 모세혈관 사이의 산소 교환을 내호흡이라고 한다.

086 **혈액 검사에 대한 설명으로 옳은 것은?**

① 전체혈구계산(CBC) 검사는 적혈구, 백혈구, 혈장 검사이다.
② 모든 혈액 검사는 검사 8시간 전부터 금식한다.
③ 산소를 흡입하는 상태에서 채혈한다.
④ CBC 검사를 위해서는 항응고제가 들어있는 EDTA 검사병에 채혈한다.
⑤ 가는 바늘로 채혈하여 통증을 줄이도록 한다.

087 **기관지경 검사를 받고 난 직후 환자에게 제공해야 할 간호로 가장 우선적인 것은?**

① 식사를 제공한다.
② 호흡곤란이 나타나는지 관찰하고 입천장반사(구역반사)가 돌아올 때까지 금식을 유지한다.
③ 수분 섭취를 권장한다.
④ 두통을 예방하기 위해 침상에서 절대안정을 취할 수 있도록 한다.
⑤ 앙와위를 취해주고 머리를 상승시키지 않는다.

088 **가슴막천자(흉강천자)에 대한 설명으로 옳은 것은?**

① 천자 시 자세는 두 팔을 어깨 높이로 올리고 머리와 몸통을 앞으로 숙여 탁자에 기댄다.
② 바늘이 삽입될 때 기침을 할 수 있도록 미리 교육한다.
③ 검사 후 두통을 예방하기 위해 앙와위를 취해준다.
④ 검사 전후 복부 둘레를 측정한다.
⑤ 검사 전 최소 8시간 금식한다.

089 **수인성 감염병 환자의 식기(A)와 배설물(B)을 소독·처리하는 방법으로 옳은 것은?**

① (A) : 뜨거운 물 (B) : 해양투기
② (A) : 소독약 (B) : 가압증기멸균
③ (A) : 물과 세제 (B) : 자비 소독
④ (A) : 소각 (B) : 매립
⑤ (A) : 끓인 후 씻는다 (B) : 소각

090 **용혈 황달로 광선요법을 받고 있는 환아에게 제공해야 할 간호로 옳은 것은?**

① 눈을 보호하기 위해 안대를 해준다.
② 피부를 보호하기 위해 옷을 입히고 시행한다.
③ 치료가 끝날 때까지 수분 공급을 제한한다.
④ 치료를 위해 코위관영양을 시행한다.
⑤ 빌리루빈 수치가 정상이 될 때까지 절대 환아를 인큐베이터 밖으로 꺼내지 않는다.

091 **멸균 물품 보관과 관리 방법으로 옳은 것은?**

① 소독날짜가 최근의 것일수록 앞쪽에 배치한다.
② 멸균포를 개방하지 않았다면 물품이 젖어있더라도 멸균으로 간주한다.
③ 멸균 물품을 30분 전에 미리 풀어놓는다.
④ 소독포 안의 거즈를 손으로 집을 때는 멸균장갑을 착용하거나 멸균된 겸자를 이용해 꺼낸다.
⑤ 전달집게(이동겸자)는 48시간마다 교환해준다.

092 **L-tube 삽입 방법에 대한 내용으로 옳은 것은?**

① 앙와위를 취해준다.
② 삽입 시 코로 숨을 쉬게 한다.
③ 코위관을 삽입하기 전 관 끝에 지용성 윤활제를 바른다.
④ 삽입될 코위관(비위관)의 길이는 코에서 귀까지, 귀에서 칼돌기(검상돌기)까지의 길이를 합한 길이이다.
⑤ 코위관이 코인두를 통과한 후 턱을 올리고 침을 삼키도록 한다.

093 **고열 환자에게 알코올 스펀지 목욕을 적용할 때 주의사항으로 옳은 것은?**

① 머리에는 더운물 주머니, 발치에는 얼음물 주머니를 대준다.
② 의사의 처방 없이도 가능하다.
③ 목욕이 끝난 30분 후에 체온측정을 한다.
④ 75% 알코올이 효과적이다.
⑤ 목욕이 완전히 끝날 때까지 수분 섭취를 제한한다.

094 **석고붕대를 한 환자에게 필요한 운동으로 근육의 위축을 예방하기 위한 운동은?**

① 등장성운동
② 등척성운동
③ 능동운동
④ 수동운동
⑤ 보조적 능동운동

095 **얼음주머니 사용 방법으로 옳은 것은?**

① 얼음주머니에 얼음을 가득 채운 후 찬물을 한 컵 붓는다.
② 주머니에 공기를 가득 채운 후 클램프로 잠근다.
③ 얼음주머니 적용부위에 나타나는 피부 창백, 무감각 등은 정상적인 반응이다.
④ 모가 나지 않은 호두알 크기 정도의 얼음을 사용한다.
⑤ 얼음을 그대로 피부에 대주어야 냉기가 잘 전달된다.

096 **산소를 투여할 때 병에 증류수를 넣어주는 이유로 옳은 것은?**

① 산소 농도를 일정하게 투여하기 위해
② 기관점막 건조를 예방하기 위해
③ 증류수와 결합하여 산소가 생성되므로
④ 낮은 온도의 산소를 따뜻하게 제공하기 위해
⑤ 불순물을 걸러내기 위해

097 **내고정에 대한 설명으로 옳은 것은?**

① 수술용 금속판이나 핀을 이용하여 고정하는 것이다.
② 모든 골절 처치의 가장 기본이며 우선 시 되어야 하는 처치이다.
③ 단순골절 시 흔히 시행한다.
④ 내고정 후 석고붕대를 적용해야 한다.
⑤ 석고붕대나 견인에 비해 치료기간이 길어진다.

098 **근육주사에 대한 설명으로 옳은 것은?**

① 바늘은 가능한 천천히 찌르고 천천히 뽑는다.
② 약물을 빠르게 주입해야 통증을 줄일 수 있다.
③ 약물을 뽑은 주사기의 주삿바늘은 새것으로 교환한다.
④ 주사 부위는 세게 때려 통증을 덜 느낄 수 있게 해준다.
⑤ 주사 후 절대 문지르지 않는다.

099 **임종 후 사후관리로 옳은 것은?**

① 사후경축은 사망 12시간 후부터 오기 시작한다.
② 몸 전체에 하얀 시트를 덮어준다.
③ 사후처치는 유가족을 돕고 죽은 사람을 존중하는 행위이다.
④ 간호조무사는 환자 몸에 있는 관이나 장치, 드레싱 등을 속히 제거한다.
⑤ 의식과 호흡이 없어지면 사후처치를 시작한다.

100 **당뇨 환자 발 관리에 대한 설명으로 옳은 것은?**

① 발을 매일 씻고 발가락 사이를 잘 건조시킨다.
② 혈액순환을 위해 발에 난로를 쬐어준다.
③ 티눈이나 각질은 즉시 잘라준다.
④ 여름에는 통풍이 잘 되는 샌들을 신는다.
⑤ 되도록 손가락 끝보다 발가락 끝에서 혈당검사를 시행한다.

실전 모의고사

기초간호학 개요

001 성인 당뇨병이라고도 불리는 2형 당뇨병에 대한 설명으로 옳은 것은?

① 대부분 인슐린으로 치료한다.
② 비만이나 스트레스가 원인이 되기도 한다.
③ 인슐린이 과잉 분비된다.
④ 유전과는 관련이 없다.
⑤ 소아당뇨라고도 한다.

002 마약, 아편제제 등은 별도의 약장에 (　　)를 사용해 보관하고, 마약장 열쇠는 (　　)가 보관하고 책임진다. 괄호 안에 들어갈 말로 옳은 것은?

① 열쇠, 의사
② 밀폐용기, 간호사
③ 차광용기, 약사
④ 두 개의 마약장, 간호조무사
⑤ 이중 잠금장치, 책임을 맡은 간호사

003 간호조무사의 복장에 대한 설명으로 옳은 것은?

① 겉으로 보이는 것과는 상관없이 활동만 편하면 된다.
② 반드시 흰색을 입어야 한다.
③ 항상 청결하게 유지한다.
④ 오염물질이 드러나지 않도록 복잡한 디자인의 유니폼이 적합하다.
⑤ 환자들이 선호하는 유니폼을 입는다.

004 큰 수술 후 상처 치유를 촉진시키기 위해 필요한 물질로 옳은 것은?

① 탄수화물, 비타민 A
② 비타민 C, 지방
③ 철분, 탄수화물
④ 비타민 C, 단백질
⑤ 지방, 비타민 K

005 임신중독증 환자의 식이로 옳은 것은?

① 고염 식이
② 고지방 식이
③ 저단백 식이
④ 부종이 심하면 수분 제한
⑤ 저비타민 식이

006 전인간호의 개념으로 옳은 것은?

① 육체, 정신, 감정 일체를 간호하는 것
② 질병 치료에 초점을 맞추는 것
③ 질병 예방에 초점을 맞추는 것
④ 고통을 경감시켜주는 것
⑤ 건강문제를 해결하기 위해 전적으로 도와주는 것

007 암 환자에게 통증을 감소시켜주기 위해 모르핀을 투여하는 것처럼 질병 자체에는 효과가 없지만 증상을 감소시킬 목적으로 투여하는 약물을 무엇이라고 하는가?

① 지지제　② 완화제
③ 대용제　④ 치료제
⑤ 화학요법제

008 **길거리를 걷다가 쓰러진 사람을 발견한 경우 "여보세요? 괜찮으세요?"라며 의식을 확인한 후 취해야 할 행동으로 옳은 것은?**

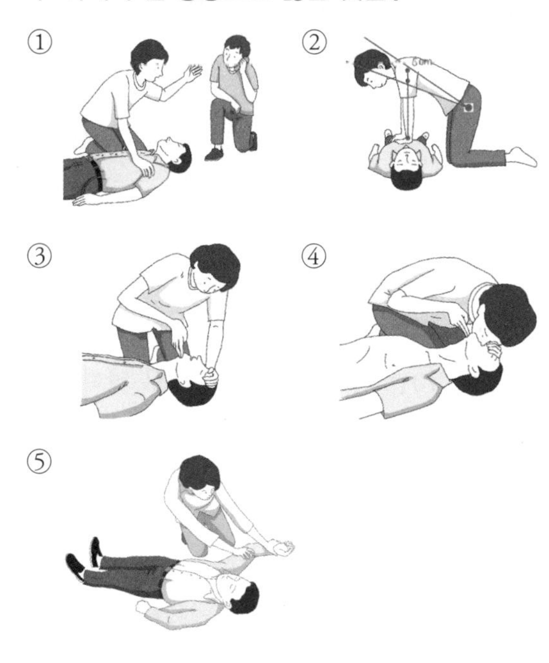

009 **임신기간 중에 임부가 칼슘을 복용해야 하는 이유로 옳은 것은?**

① 유즙 분비를 촉진하기 위해
② 자궁 수축을 방지하기 위해
③ 입덧을 완화하기 위해
④ 태아의 골격형성과 모체의 치아건강을 위해
⑤ 임부의 척추전만증을 예방하기 위해

010 **직업윤리를 준수해야 하는 이유로 옳은 것은?**

① 높은 수준의 지식을 습득할 수 있으므로
② 임금 협상 시 이롭기 때문에
③ 지키지 않으면 반드시 법적 처벌을 받게 되므로
④ 문제 해결 시 지혜롭고 양심적인 판단을 하는 데 도움이 되므로
⑤ 기술 습득으로 환자에게 보다 나은 간호를 제공할 수 있으므로

011 **의료진이 부재중인데 응급환자가 병원에 왔을 경우 간호조무사의 태도는?**

① 간호조무사는 응급처치를 할 수 없음을 명심한다.
② 응급약물을 투여한다.
③ 다른 병원으로 데리고 간다.
④ 응급처치를 하면서 속히 간호사와 의사를 부른다.
⑤ 환자와 보호자를 안심시키며 의사와 간호사를 기다린다.

012 **노인질환의 특징으로 옳은 것은?**

① 두 가지 이상의 질병을 함께 가지고 있는 경우는 많지 않다.
② 대부분 급성 전염성 질환이다.
③ 노화 현상과 질병의 구분이 뚜렷하지 않다.
④ 유병률보다 발생률이 높다.
⑤ 질병의 경과와 증상이 전형적이다.

013 **노인의 수면양상 변화에 대한 설명으로 옳은 것은?**

① 렘(REM)(꿈꾸는 단계)은 길어진다.
② 비렘(NREM)(꿈꾸지 않는 단계)은 일정하게 유지된다.
③ 낮수면이 감소한다.
④ 숙면이 어렵다.
⑤ 새벽잠이 많아진다.

014 **뱀에게 물렸을 때 응급처치로 옳은 것은?**

① 온습포를 한다.
② 지혈대를 묶어 동·정맥순환을 모두 차단한다.
③ 병소(병터, 환부)를 심장보다 낮게 하고 몸을 움직이지 않는다.
④ 물을 마시도록 하여 혈액순환을 촉진시킨다.
⑤ 피부를 칼로 베어 뱀독이 섞인 피를 빨아낸다.

015 **역류성 식도염 환자의 간호로 옳은 것은?**

① 취침 전 부드러운 음식을 충분히 섭취한다.
② 수면 시 침상머리를 낮춘다.
③ 자극적인 음식을 섭취한다.
④ 식후 몸을 앞으로 구부리거나 무거운 물건을 들지 않는다.
⑤ 허리가 조이는 옷을 입는다.

016 **간경화로 치료를 받고 있는 환자가 간성혼수로 진행되는 것을 예방하기 위해 권장되는 식이는?**

① 저단백 식이 ② 고소듐 식이
③ 저섬유질 식이 ④ 고칼슘 식이
⑤ 저퓨린 식이

017 **치매 환자가 심한 욕설을 하며 파괴적 행동을 보일 때 대처 요령으로 옳은 것은?**

① 조용한 곳에서 쉬게 한다.
② 운동을 시킨다.
③ 사람이 많은 곳으로 데리고 나간다.
④ 대화를 유도한다.
⑤ 즉시 신체보호대를 적용한다.

018 **노인장기요양보험제도에서 방문간호조무사가 되기 위한 조건으로 옳은 것은?**

① 1년 이상의 간호보조업무 경력이 있고 보건복지부장관이 정하는 교육을 이수한 자
② 2년 이상의 간호보조업무 경력이 있고 보건복지부장관이 정하는 교육을 이수한 자
③ 3년 이상의 간호보조업무 경력이 있고 보건복지부장관이 정하는 교육을 이수한 자
④ 5년 이상의 간호보조업무 경력이 있고 보건복지부장관이 정하는 교육을 이수한 자
⑤ 10년 이상의 간호보조업무 경력이 있고 보건복지부장관이 정하는 교육을 이수한 자

019 **열경련의 응급처치는?**

① 9% 생리식염수를 먹인다.
② 금식시킨다.
③ 따뜻한 물을 제공한다.
④ 짠 음식(염분)과 수분을 공급한다.
⑤ 근육 경련부위는 만지지 말고 상승시킨다.

020 **임부의 정맥류에 대한 설명으로 옳은 것은?**

① 엽산이 부족해서 생기는 증상이다.
② 압박스타킹이나 붕대는 순환을 방해하므로 금한다.
③ 휴식 시나 취침 시 다리를 올려준다.
④ 절대 안정한다.
⑤ 수시로 다리 꼬는 자세를 취하고 발에 꼭 맞는 신발을 신게 한다.

021 **무력자궁경부으로 인한 유산이나 조산을 방지하기 위해 취할 수 있는 가장 적절한 방법은?**

① 활력징후를 자주 측정한다.
② 임신초기부터 병원에 입원한다.
③ 맥도날드법, 쉬로드카법으로 자궁경부를 묶는 시술을 한다.
④ 하루 세 시간 이상 근력운동을 한다.
⑤ 수시로 케겔운동을 한다.

022 **인두와 중이를 연결하는 관으로 고실(중이)의 압력을 조절하는 역할을 하는 부위는?**

① 달팽이관
② 귀관(이관)
③ 반고리관
④ 안뜰(전정)
⑤ 외이도(바깥귀길)

023 **무색 투명한 뇌척수액이 위치하는 뇌의 부위로 옳은 것은?**

① 거미막밑공간(지주막하강)
② 시상
③ 시상하부
④ 연수
⑤ 뇌하수체

024 **안면신경(얼굴신경)에 대한 설명으로 옳은 것은?**

① 혀의 앞쪽 1/3을 지배하고 안구운동을 담당한다.
② 혀의 앞쪽 2/3을 지배하고 미각을 담당한다.
③ 9번 뇌신경이다.
④ 혀의 운동 및 안면의 일반감각을 담당하는 5번 뇌신경이다.
⑤ 안구의 운동을 담당하는 신경으로 도르래(활차)신경이라고도 한다.

025 **코피(비출혈) 시 응급처치로 옳은 것은?**

① 콧등을 엄지와 집게손가락(검지)로 단단히 잡고 1분 정도 누른다.
② 앉아서 머리를 앞으로 숙인다.
③ 코로 숨을 쉬도록 한다.
④ 뒷목과 콧등에 더운물찜질을 해준다.
⑤ 인두로 흘러내린 혈액은 삼킨다.

026 **영아의 성장발달에 대한 설명으로 옳은 것은?**

① 생후 1년이 되면 출생 시 신장의 1.5배가 증가한다.
② 생후 4~5개월부터 다른 사람의 반응에 모방적 표현을 한다.
③ 생후 3개월경에는 밤에 12시간 정도 잠을 자고 낮에 3~4시간 정도 낮잠을 잔다.
④ 6개월에는 숟가락을 정확히 잡고 가지고 놀 수 있다.
⑤ 배변훈련은 영아기 때 시작한다.

027 **선천 대사 이상 검사에 대한 설명으로 옳은 것은?**

① 8시간 이상 금식 후 채혈한다.
② 수유 후 1시간 이내에 검사한다.
③ 정상 신생아의 경우 생후 3~7일 사이에 검사한다.
④ 미숙아에게만 실시하는 검사이다.
⑤ 페닐케톤뇨증, 갈락토스혈증, 갑상샘항진증, 장폐색증 등이 있다.

028 1~3세의 정상유아에게 나타날 수 있는 행동 특성으로 옳은 것은?

① 분노발작이 완전하게 없어진다.
② 늘 새로운 물건만 고집한다.
③ 거절증, 의식적인 행동, 양가감정 등이 나타난다.
④ 친구와 함께 있는 것을 좋아한다.
⑤ 위험성을 인식하기 시작하므로 사고 발생률이 낮다.

029 갑작스런 통증이 있을 때의 신체증상으로 옳은 것은?

① 맥박 상승, 호흡수 증가
② 동공 축소, 발한
③ 창백, 집중력 상승
④ 발한, 맥박 하강
⑤ 호흡수 감소, 두려움

030 경련 환자 간호로 옳은 것은?

① 부상을 입지 않도록 신체보호대로 움직임을 제한한다.
② 전신을 마사지하여 이완을 돕는다.
③ 기도 폐쇄를 막기 위해 혀 아래에 설압자를 물려준다.
④ 얼음물로 목욕을 시킨다.
⑤ 병실을 어둡게 해주고 위험한 물건을 치운다.

031 요붕증 치료 시 가장 주의 깊게 관찰해야 하는 것은?

① 피부 탄력성
② 전해질 불균형 및 탈수 증상
③ 체중 감소
④ 갈증 및 두통
⑤ 시력장애

032 젖니(유치)에서 간니(영구치)로 교환되기 시작하는 나이로 옳은 것은?

① 6개월 ② 12개월
③ 만 3세 ④ 만 6세
⑤ 만 12세

033 이른 시기(만 6세경)에 맹출되어 젖니(유치)와 혼동할 수 있고 충치 예방을 위한 노력을 소홀히 하게 되는 치아는?

① 중심앞니(중절치)
② 측절치
③ 송곳니(견치)
④ 하악 제1큰어금니
⑤ 사랑니

034 한방의 진단법 중 형태나 색깔, 모양 등을 관찰하는 방법을 무엇이라고 하는가?

① 망진(望診) ② 문진(聞診)
③ 문진(問診) ④ 절진(切診)
⑤ 맥진(脈診)

035 한방간호에 대한 기록 중 가장 오래된 문헌은?

① 소문의 장기법시론
② 허준의 동의보감
③ 황제내경
④ 음양응상대론
⑤ 오운행대론

보건간호학 개요

036 일방적 교육방법으로 옳은 것은?

① 집단토의　② 면접
③ 시범교육　④ 강의
⑤ 교수 강습회

037 지방에 있는 작은 면소재지에 살고 있는 70세 할아버지가 지팡이를 짚고 보건지소를 방문하였다. 도착 직후 할아버지께서 아래와 같이 이야기 하였다면 1차 보건의료 접근요소 중 어느 요인이 가장 부족한 것인가?

> "한 달에 한 번씩 관절염 때문에 오긴 하는데 거리가 너무 멀어서 힘들어요. 지팡이를 짚고 겨우 정류장으로 가서 버스를 타면 꼬박 한 시간이 걸려요. 내려서도 10분을 또 걸어 골목 안으로 걸어 들어와야 진료를 볼 수 있으니 힘들어서 안 오고 싶어요."

① 지불 부담 능력
② 지역주민의 참여
③ 지리적 접근성
④ 수용 가능성
⑤ 기본적인 건강요구에 대한 접근

038 우리나라 국민의료비가 증가되는 원인으로 옳은 것은?

① 의료서비스 평준화
② 국민의 소득수준 향상
③ 노인 인구 감소
④ 급성질환 증가
⑤ 병원 규모의 소형화

039 시끄러운 소음이 계속적으로 발생하는 작업장에서 산업 간호조무사가 할 수 있는 간호중재로 옳은 것은?

① 근무시간을 단축시킨다.
② 방음벽을 설치한다.
③ 원격조정시설을 도입한다.
④ 소리가 덜 나는 기계를 구입한다.
⑤ 작업 시 귀마개 등의 차음기구 착용을 교육한다.

040 무색, 무취, 약산성의 가스로 실내 오염의 지표로 널리 이용되는 공기 중의 가스를 무엇이라고 하는가?

① 산소　② 이산화탄소
③ 일산화탄소　④ 오존
⑤ 아황산가스

041 대기 오염이 가장 잘 발생할 수 있는 기상조건으로 옳은 것은?

① 바람이 많이 불 때
② 더운 여름철
③ 날씨가 흐릴 때
④ 기온 역전 현상이 있을 때
⑤ 일교차가 클 때

042 비만인 8세 초등학생에게 영양교육을 실시할 때 교육 효과를 높이기 위해서는 누구와 함께 실시하는 것이 바람직한가?

① 친구　② 담임선생님
③ 형제자매　④ 학부모
⑤ 이웃주민

043 보건교육 도중 대상자(학습자)들의 이해와 참여정도의 파악, 대상자들의 수업능력·태도·학습방법 등을 확인함으로써 교육과정이나 수업방법을 개선하고 교재가 적절한지 확인하기 위한 평가를 무엇이라고 하는가?

① 진단평가 ② 형성평가
③ 총괄평가 ④ 상대평가
⑤ 절대평가

044 공장에서 위험한 작업현장에 방호벽을 쌓고 원격조정으로 기계를 조정하였다. 작업환경 관리 원칙 중 무엇에 속하는가?

① 대체(대치) ② 격리
③ 환기 ④ 보호구 착용
⑤ 교육

045 불감기류에 대한 설명으로 옳은 것은?

① 피부를 통해 감지할 수 있는 기류이다.
② 0.1m/sec 이하의 기류이다.
③ 실내나 의복에 끊임없이 존재한다.
④ 생식샘의 발육과 방열 작용을 억제시킨다.
⑤ 냉한에 대한 저항력을 낮추어준다.

046 밀스-라인케 현상에 대한 설명으로 옳은 것은?

① 미국에서 처음 실시된 지하수 처리 방법이다.
② 독일에서 실시된 하수도 처리 과정이다.
③ 상수도를 관리하여 수인성 감염병 환자의 발생을 감소시킨 현상이다.
④ 분뇨 처리 방법이다.
⑤ 부유물이나 불순물을 가라앉히는 약품 처리 방법이다.

047 일회용 주사기, 수액세트, 혈액이 묻어있는 거즈 등의 의료폐기물을 처리하는 용기는?

① 손상성폐기물
② 일반의료폐기물
③ 격리의료 폐기물
④ 혈액오염폐기물
⑤ 조직물류폐기물

048 사회·경제적 문제점 개선 및 모자보건사업을 강화함으로써 감소시킬 수 있는 것으로 한 국가의 보건상태를 나타내는 가장 중요한 지표는 무엇인가?

① 조출생률 ② 예방접종률
③ 모아비율 ④ 영아사망률
⑤ 주산기 사망률(출산전후기 사망률)

049 우리나라 보건소에 대한 설명으로 옳은 것은?

① 중앙보건행정조직이다.
② 「의료법」에 따라 설치한다.
③ 건강 친화적인 지역사회 여건 조성의 업무를 수행한다.
④ 매년 지역보건의료계획을 수립한다.
⑤ 읍·면·동 단위의 보건소 설치로 지역 주민의 접근이 용이하다.

050 일상생활 수준에서 탈락, 낙오되었거나 또는 그럴 가능성이 있는 불특정 개인이나 가족을 대상으로 하여, 정상적인 상태로 회복하고 보존하도록 도와주는 것이 목적인 사회서비스의 종류로 옳은 것은?

① 장애인복지서비스
② 교육복지서비스
③ 고용복지서비스
④ 주택복지서비스
⑤ 생계급여서비스

공중보건학 개론

051 우리나라 정신건강간호사업의 내용으로 옳은 것은?

① 정신건강복지센터 폐쇄
② 마약류 중독자 처벌시설
③ 자살예방센터 운영
④ 장애인 정신보건간호사업
⑤ 정신질환자의 요양병원 입원 권장

052 지역사회간호과정에서 계획단계와 관련된 내용으로 옳은 것은?

① 지역주민의 건강문제 확인
② 지역주민의 요구 사정
③ 이용 가능한 지역 소재 기관 파악
④ 관찰 가능한 목표 설정
⑤ 지역사회 자원을 활용한 실행

053 만성질환의 특징으로 옳은 것은?

① 재활을 위한 훈련은 필요하지 않다.
② 생활습관과는 관련이 없다.
③ 호전과 악화를 반복하지만 점차 회복된다.
④ 대부분 원인이 명확하지 않다.
⑤ 나이가 들수록 유병률이 감소한다.

054 모자보건법에 근거한 건강진단 시 생후 3개월 된 아이의 다음 검진시기로 옳은 것은?

① 1주일 후
② 1개월 후
③ 6개월 후
④ 1년 후
⑤ 만 5세 때

055 병원체가 바이러스인 감염병으로 옳은 것은?

① 일본뇌염
② 콜레라
③ 결핵
④ 쓰쓰가무시병
⑤ 발진티푸스

056 다음 중 비말을 통해 전파되는 질환으로 옳은 것은?

① 세균 이질, MRSA
② 장티푸스, 홍역
③ 인플루엔자, 디프테리아
④ 일본뇌염, 발진열
⑤ 풍진, 콜레라

057 첫 아이를 분만한 산모가 4년 후에 둘째아이를 갖기 원할 때 권할 수 있는 피임법은?

① 경구피임약
② 난관결찰(자궁관묶음)
③ 월경주기법
④ 자궁 내 장치
⑤ 콘돔

058 지역사회 간호의 목표로 가장 옳은 것은?

① 지역사회 주민이 질병 없이 건강하게 사는 것이다.
② 지역사회 주민이 건강에 관한 올바른 지식을 습득하는 것이다.
③ 지역사회 주민이 신체적, 정신적으로 안녕 상태를 유지하는 것이다.
④ 지역사회 주민에게 건강의 필요성을 인식시켜주고 스스로 건강문제를 해결할 수 있는 힘을 길러주는 것이다.
⑤ 지역사회가 가지고 있는 문제를 해결해주는 것이다.

059 **하루 동안 가정방문해야 할 대상자의 순서가 옳게 나열된 것은?**

① 신생아 – 당뇨 임부 – 폐결핵 성인 – 폐렴 아동
② 신생아 – 매독 임부 – 폐렴 아동 – 당뇨 노인
③ 미숙아 – 당뇨 임부 – 폐렴 아동 – 폐결핵 성인
④ 폐결핵 노인 – 미숙아 – 당뇨 임부 – 폐렴 아동
⑤ 당뇨 노인 – 폐결핵 노인 – 신생아 – 미숙아

060 **다음에 해당하는 치료적 의사소통 방법으로 옳은 것은?**

말하기 힘든 내용을 이야기 할 때 환자 스스로 생각을 정리하고 결정하여 말할 수 있도록 충분한 시간을 주면서 기다린다.

① 침묵 ② 반영
③ 조언 ④ 안심
⑤ 개방적 질문

061 **수술 후부터 바로 피임을 기대할 수 있으며 성생활에 영향을 주지 않으면서 영구적인 피임이 가능한 여성의 피임 방법으로 옳은 것은?**

① 정관 절제
② 난관결찰(자궁관묶음)
③ 자궁 내 장치
④ 경구 피임약
⑤ 콘돔

062 **인수공통감염증끼리 묶인 것은?**

① 공수병, 파상풍, 장티푸스, 결핵
② 탄저, 이질, 폴리오, 결핵
③ 일본뇌염, 장티푸스, 폴리오, 공수병
④ 일본뇌염, 결핵, 탄저, 공수병
⑤ 파상풍, 결핵, 탄저, 폴리오

063 **홍역에 대한 설명으로 옳은 것은?**

① 입벌림장애(아관긴급), 활모양강직(후궁반장), 연축미소(조소)의 3대 증상이 나타난다.
② 회복기에 코플릭반점이 나타난다.
③ 발진 후 7일간 격리하고 해열 1~2일 이후 등교가 가능하다.
④ DPT로 예방접종을 실시한다.
⑤ 격리는 필요하지 않다.

064 **우리나라에서도 흔한 감염으로 여성의 질, 남성의 전립샘, 요도, 방광에 기생하며 주로 성행위로 전염되는 기생충 질환은?**

① 질편모충증 ② 임질
③ 에이즈 ④ 매독
⑤ 연성궤양(무른궤양)

065 **감염병 예방 및 관리에 관한 법률에 따라 필수예방접종을 실시해야 할 감염병으로 옳은 것은?**

① 후천면역결핍증후군(AIDS)
② 세균 이질
③ 뎅기열
④ 요충증
⑤ 풍진

066 **의료법의 목적으로 옳은 것은?**

① 의료인 관리를 위해
② 국민의료에 필요한 사항을 규정함으로써 국민의 건강을 보호하고 증진하기 위해
③ 의료인의 업무를 규명하기 위해
④ 감염병의 발생과 유행을 방지하여 국민건강을 증진시키기 위해
⑤ 수혈자와 헌혈자를 보호하고 혈액관리를 적절하게 하여 국민보건을 향상시키기 위해

067 **간호기록부의 기재사항으로 옳은 것은?**

① 분만 장소 및 분만 연월일시분
② 진단명
③ 진료 일시
④ 체온, 맥박, 호흡, 혈압에 관한 사항
⑤ 치료내용에 관한 사항

068 **법정 감염병에 대한 설명으로 옳은 것은?**

① 세계보건기구 감시대상 감염병 : 환자나 임산부 등이 의료행위를 적용받는 과정에서 발생한 감염병
② 1급 : 감염병 유행여부를 조사하기 위하여 표본조사 활동이 필요한 감염병
③ 2급 : 전파가능성을 고려하여 발생 또는 유행 시 24시간 이내에 신고해야 하고, 격리가 필요한 감염병
④ 3급 : 치명률이 높거나 집단발생의 우려가 커서 음압격리와 같은 높은 수준의 격리가 필요한 감염병
⑤ 4급 : 기생충에 감염되어 발생하는 감염병으로 정기적인 감시가 필요한 감염병

069 **자의로 입원한 정신질환자가 며칠 후 퇴원을 원할 때 정신의료기관장의 조치는?**

① 시장·군수·구청장의 확인 후 퇴원조치를 취한다.
② 정해진 기간을 채워야 퇴원이 가능하다.
③ 보호자의 동의에 따라 결정한다.
④ 치료를 위해 절대 퇴원시켜줄 수 없음을 설명한다.
⑤ 즉시 퇴원조치를 취한다.

070 **학교에서 플루오린(불소) 용액 양치를 매일 할 때와 주 1회 할 때의 농도는?**

① 매일 : 0.5%, 주 1회 : 0.2%
② 매일 : 0.05%, 주 1회 : 0.2%
③ 매일 : 0.5%, 주 1회 : 0.02%
④ 매일 : 0.6%, 주 1회 : 1.0%
⑤ 매일 : 0.05%, 주 1회 : 0.02%

실기

071 **임신 38주 임부가 정기검진을 위해 산부인과에 방문하였다가 철분 결핍성 빈혈을 진단받았다. 예상 가능한 혈색소(헤모글로빈) 수치로 옳은 것은?**

① 8g/dL ② 10.5g/dL
③ 11g/dL ④ 12g/dL
⑤ 14g/dL

072 **페니실린 투여 5분 후에 갑작스럽게 호흡 곤란, 혈압 저하, 창백함 등의 증상이 나타났다. 무엇을 예상할 수 있는가?**

① 두근거림 ② 치료적 작용
③ 메니에르병 ④ 급성중증과민증
⑤ 저혈당

073 뇌졸중이 의심되는 대상자에게 "양 손을 들어 올려 보세요. 웃어보세요" 라고 하는 것은 무엇을 확인하기 위한 것인가?

① 평형감각
② 청각장애 유무
③ 어지럼증
④ 삼킴곤란(연하곤란)
⑤ 팔과 얼굴의 마비상태

074 환자가 누워있는 상태에서 홑이불을 교환하는 침상의 종류는?

① 빈 침상
② 개방 침상
③ 사용 중 침상
④ 판자 침상
⑤ 요람(크래들) 침상

075 왼쪽 다리가 약한 환자가 보행기를 사용하여 걷는 순서로 옳은 것은?

① 보행기 - 오른쪽 다리 - 왼쪽 다리
② 보행기와 왼쪽 다리 - 오른쪽 다리
③ 오른쪽 다리 - 보행기- 왼쪽 다리
④ 왼쪽 다리- 오른쪽 다리 - 보행기
⑤ 왼쪽 다리 - 보행기와 오른쪽 다리

076 생리중인 환자에게 일반 소변 검사가 처방되었다. 간호 방법으로 옳은 것은?

① 무조건 인공도뇨를 시행한다.
② 중간뇨를 받도록 한 후 소변 검체통에 생리 중임을 표시한다.
③ 생리 중 소변 검사는 절대 불가능하다.
④ 첫 소변은 버리고 마지막 소변은 모은다.
⑤ 물을 많이 마신 후 소변 검사를 시행한다.

077 고막 체온계에 대한 내용으로 옳은 것은?

① 자외선을 이용한 체온 측정 기구이다.
② 심부체온을 정확하게 측정할 수 있는 방법이다.
③ 귀에 질환이 있어도 측정이 가능하다.
④ 측정시간이 길어 효율적이지 않다.
⑤ 성인의 경우 귀를 후하방으로 당긴 후 측정한다.

078 아동이 인형에게 "너 그렇게 밥 안 먹으면 엄마가 속상해 하잖아. 이거 다 먹으면 언니가 미끄럼틀 태워줄게." 라고 한다. 어느 시기에 해당하는 인지발달 단계인가?

① 신생아기
② 영아기
③ 유아기
④ 학령전기
⑤ 학령기

079 침상보조기구와 용도가 바르게 연결된 것은?

① 발받침대(발지지대) : 신체선열 유지, 발처짐 예방
② 손 두루마리 : 낙상 예방
③ 침상난간 : 손가락의 굴곡 유지
④ 요람(크래들) : 발처짐 예방, 감염 예방
⑤ 판자 : 욕창 예방

080 체온에 관한 설명으로 옳은 것은?

① 스트레스는 체온을 상승시킨다.
② 운동 시 체온이 하강된다.
③ 갑상샘기능 저하 시 체온이 상승한다.
④ 월경 시 체온이 상승한다.
⑤ 수면 시 체온이 상승한다.

081 오른쪽 다리가 불편한 환자가 목발을 이용하여 3점 보행으로 첫발을 내딛을 때의 그림으로 옳은 것은?(●는 목발 끝부분이 닿는 위치)

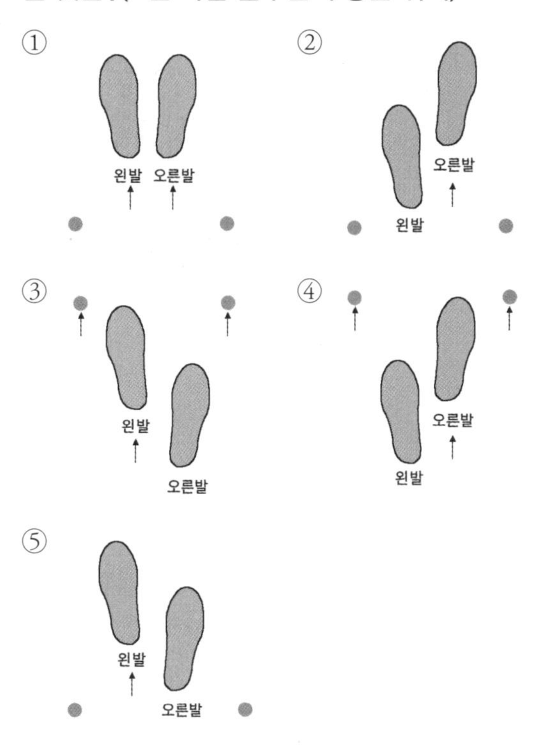

082 간호조무사에게 팔꿈치 외측상과염이 발생하였다. 스트레칭 방법으로 옳은 것은?

083 아래 그림의 유니트 체어에서 진료 중인 의사를 보조할 때 간호조무사의 위치는?

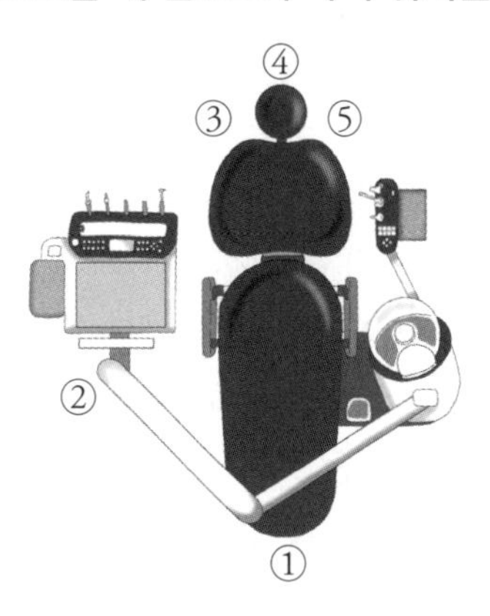

084 요실금이 있는 와상 노인 환자의 등간호를 하던 중 엉치뼈(천골)부위에 발적이 생긴 것을 발견하였을 때 옳은 간호 방법은?

① 기저귀를 채운다.
② 발적부위를 마사지 한다.
③ 피부보호를 위해 유치도뇨를 삽입한다.
④ 케겔운동을 교육한다.
⑤ 일정한 시간에 맞추어 변기를 대준다.

085 심첨맥박에 관한 설명으로 옳은 것은?

① 심장질환이 있는 경우 측정을 금한다.
② 맥박이 규칙적인 경우 30초 측정 후 곱하기 2를 한다.
③ 서서 측정한다.
④ 우측 빗장뼈(쇄골) 중심선의 4~5번째 늑간에서 측정한다.
⑤ 맥박의 강도와 규칙성, 맥박수 등을 평가한다.

086 **기립 저혈압을 완화시킬 수 있는 방법으로 옳은 것은?**

① 초콜렛이나 사탕 등을 주어 혈당을 올린 후 일어난다.

② 일어나기 전에 침상가에 앉아 다리운동을 한 후 천천히 움직인다.

③ 일어날 때 눈을 감고 움직인다.

④ 짠 음식을 먹은 후 최대한 빠른 동작으로 움직이도록 한다.

⑤ 기침과 심호흡을 한 후 움직인다.

087 **유치도뇨를 하고 있는 환자의 소변 배양 검사 방법은?**

① 도뇨관과 소변주머니 연결부위를 분리하여 소변을 받는다.

② 도뇨관을 소독솜으로 닦고 멸균된 주삿바늘을 도관에 삽입하여 채취한다.

③ 유치도뇨관을 제거하고 단순도뇨를 시행한다.

④ 소변주머니에 고여 있는 소변을 컵에 받는다.

⑤ 불가능하다.

088 **감염과 관련된 용어 설명으로 옳은 것은?**

① 감염 : 오염되지 않은 상태로 모든 미생물이 없는 상태

② 멸균 : 세균의 아포를 제외한 모든 미생물을 죽이는 것

③ 소독 : 미생물의 침입에 대한 인체의 저항력

④ 방부 : 세균의 증식이나 발육을 저지시키는 것

⑤ 무균 : 아포를 포함한 모든 미생물을 제거하는 것

089 **수술 전 손소독을 마치고 양손을 올리고 있어야 하는 이유는?**

① 소독이 끝났음을 알리기 위해

② 소독 가운을 입으려고

③ 손의 부종을 감소시키기 위해

④ 손이 오염되는 것을 막기 위해

⑤ 떨어지는 물로 인해 가운이 오염되는 것을 막기 위해

090 **MRSA(메치실린 내성 황색포도알균)에 대한 설명으로 옳은 것은?**

① 반코마이신에 내성이 생긴 그람음성균이다.

② 치료약이 없다.

③ 환자의 혈압계, 혈당기계, 청진기 등은 다른 환자들과 함께 사용해도 된다.

④ 의료인의 비말을 통한 전파가 가장 많다.

⑤ 장기입원 환자, 면역 저하 환자, 투석 환자, 화상 환자 등에게 잘 발생한다.

091 **관장에 대한 설명으로 옳은 것은?**

① 관장 용액 주입 중 환자가 심한 복통을 호소하면 관장 용액 주입을 즉시 중단한다.

② 관장액은 보통 1,000cc를 1시간 동안 주입한다.

③ 우측 심즈 자세를 취해주고 성인의 경우 배꼽을 향해 관장촉을 7.5~10cm 정도 삽입한다.

④ 관장촉에 남아있는 모든 용액이 주입될 때까지 기다린다.

⑤ 관장 후 변의가 느껴지면 즉시 배변하도록 한다.

092 등마사지에 대한 설명으로 옳은 것은?

① 골반고위를 취해준다.
② 경찰법, 경타법, 유날법, 지압법 중 한가지 방법으로 마사지한다.
③ 등마사지를 하다가 엉치뼈(천골)부위에 발적을 발견했을 경우 조직손상을 방지하기 위해 마찰을 금하고 측위를 취해준다.
④ 70~75%의 알코올을 사용한다.
⑤ 1시간 이상 하는 것이 좋다.

093 보행 중에 환자의 얼굴이 창백해지고 어지럽다고 호소할 때 간호조무사가 해야 할 일은?

① 환자를 그대로 서 있게 한 후 의사에게 보고하러 간다.
② 부축해서 간호사실로 함께 이동한다.
③ 바닥에 그대로 앉도록 도와준다.
④ 천천히 이동하여 침실로 돌아온다.
⑤ 그대로 멈추어 서서 잠시 쉬도록 한다.

094 증기흡입에 대한 설명으로 옳은 것은?

① 기도 내 점액을 묽게 하여 배출을 용이하게 하기 위해 시행한다.
② 수증기를 간접적으로 적용하기 위해 환자의 다리 방향으로 수증기가 나오게 조절한다.
③ 가습기는 주 1회 청소한다.
④ 가습기 물은 항상 따뜻한 물을 사용한다.
⑤ 가습기에 물을 가득 담아 사용한다.

095 정상적으로 성장 중인 아동의 대변 훈련시기로 적합한 것은?

① 6~8주　② 6~12개월
③ 12~18개월　④ 18~24개월
⑤ 24~36개월

096 붕대법에 대한 설명으로 옳은 것은?

① 말초에서 중심을 향해 감는다.
② 손가락, 발가락 끝까지 감는다.
③ 상처 위에서 매듭을 짓는다.
④ 관절을 완전히 신전된 상태에서 감는다.
⑤ 출산 후 젖 분비를 감소시키려는 경우 T자형 바인더를 적용한다.

097 분만 1기 산모를 위한 간호로 옳은 것은?

① 초산부의 경우 자궁경부가 6~8cm 개대되면 분만실로 옮긴다.
② 다분만부의 경우 자궁경부가 완전히 개대되면 분만실로 옮긴다.
③ 자궁바닥을 마사지 한다.
④ 진통 시 힘을 주게 한다.
⑤ 수축과 수축 사이에 휴식을 취한다.

098 수술 후 환자에게 압박스타킹을 적용하는 방법으로 옳은 것은?

① 부종이 있는 환자에게는 사용하지 않는다.
② 수면 시에는 벗어서 혈액순환을 촉진한다.
③ 정맥순환에 장애가 있는 환자는 금기이다.
④ 압박스타킹을 신기기 쉽도록 말아서 준비한 후 다리를 올린 상태에서 신는다.
⑤ 발목부터 신기고 중간중간 주름을 잡아가며 끝까지 올린다.

099 피하주사(피부밑주사)에 대한 설명으로 옳은 것은?

① 최대 5cc까지 주입이 가능하다.

② 헤파린, 인슐린은 주사 후 많이 문지른다.

③ 환자의 피하층 두께를 고려해 15~30° 각도로 삽입한다.

④ 주사 후 내관을 뒤로 당겨보았을 때 혈액이 나와야 한다.

⑤ 소화효소로 인해 약의 작용을 파괴할 염려가 있을 때 복부, 대퇴전면, 위팔의 외측에 주사한다.

100 조기양막파열(조기양막파수)된 임산부를 병원으로 이송 시 가장 올바른 방법은?

① 부축해서 빠른 걸음으로 걷는다.

② 천천히 걷도록 한다.

③ 휠체어로 이동한다.

④ 운반차에 눕혀서 이동한다.

⑤ 임산부를 업어서 이동한다.

실전 모의고사

기초간호학 개요

001 **남성에게만 발생하는 증상으로 배뇨 후 잔뇨감, 소변 볼 때 힘을 주어야 나오는 증상, 배뇨 시작의 지연, 야뇨, 소변줄기가 약해짐, 배뇨장애(배뇨곤란) 등이 유발되는 질환은?**

① 전립샘 비대 ② 요실금
③ 방광염 ④ 요로결석
⑤ 신우신염

002 **에릭슨의 심리사회적 발달단계 중 청소년기의 주요 발달 과업과 갈등은?**

① 자아정체감 대 역할 혼돈
② 근면성 대 열등감
③ 생산성 대 침체성
④ 친밀감 대 고립감
⑤ 주도성 대 죄책감

003 **구개열(입천장갈림증)로 수술을 한 어린아이가 수술 부위 만지는 것을 예방하기에 가장 적합한 보호대는?**

① 홑이불 보호대 ② 재킷 보호대
③ 팔꿈치 보호대 ④ 장갑 보호대
⑤ 손목 보호대

004 **우리나라 최초의 간호사 교육기관의 이름은?**

① 대한의원 ② 광혜원
③ 보구여관 ④ 간호부 양성소
⑤ 세브란스 양성소

005 **뇌에 혈액을 공급하는 혈관이 막히거나 터져서 시야가 몽롱해지고 어눌한 말투, 반신마비(편마비)증상, 삼킴곤란(연하곤란) 등을 일으키는 질병은?**

① 뇌졸중 ② 고혈압
③ 동맥경화증 ④ 뇌수막염
⑤ 파킨슨병

006 **말기 암 환자가 "병원에서 이렇게 신경써주는데도 잘 낫질 않는 것 같아요" 라고 할 때 간호조무사의 대답으로 옳은 것은?**

① "말기 암이잖아요. 낫기 힘든 질병이에요"
② "제가 보기에는 처음보다 훨씬 나아진 것 같은데요?"
③ "많이 힘드시죠?"
④ "저희가 얼마나 애쓰는지 아시잖아요. 그런 말씀 하지 마세요."
⑤ "아무 걱정 마세요. 곧 나아서 퇴원할 수 있을 거에요"

007 **간호조무사가 부득이한 사정으로 근무시간을 변경하고자 할 때 바람직한 방법은?**

① 간호조무사는 어떠한 상황에서도 근무시간을 변경할 수 없다.
② 적어도 한 달 전에 사유서를 써서 직속상관에게 제출한다.
③ 가능한 일찍 직속상관에게 사유를 설명한다.
④ 동료 간호조무사와 근무를 바꾼다.
⑤ 대신 일할 수 있는 사람을 스스로 구한다.

008 노화로 인한 심혈관계의 변화로 옳은 것은?

① 혈압 감소
② 1회 심박출량 감소
③ 말초 혈관 저항 감소
④ 혈압, 맥박, 호흡 모두 감소
⑤ 혈압, 맥박, 호흡 모두 증가

009 삼킴곤란(연하곤란)이 있는 노인이 섭취하기 적당한 음식은?

① 맑은 유동식
② 건조한 음식
③ 끈적임이 많은 음식
④ 연두부 정도의 점도가 있는 음식
⑤ 단단한 음식

010 자연분만 도중 산모가 대변을 보았을 경우 즉시 처리해주어야 하는데 그 이유로 옳은 것은?

① 태아 순환을 증가시키기 위해
② 자궁이완을 위해
③ 분만 통증을 완화하기 위해
④ 산도오염을 방지하기 위해
⑤ 난산을 예방하기 위해

011 임신 14주된 임부에게 갑작스럽고 날카로운 복부 통증과 적은 양의 흑갈색 질 출혈이 있으며 배꼽 주위가 푸른색으로 변했을 때 예측할 수 있는 출혈성 합병증은?

① 유산 ② 자궁외임신
③ 무력자궁경부 ④ 전치태반
⑤ 태반조기박리

012 직장과 구불결장에 주로 발생하며 혈변, 변비와 설사의 교대, 허약감, 체중 감소 등의 증상이 나타나는 질환은 무엇인가?

① 충수염 ② 맹장염
③ 간경화 ④ 대장암
⑤ 복막염

013 혈액응고에 도움을 주는 혈액인자로만 구성된 것으로 옳은 것은?

① 적혈구, 백혈구, 혈소판
② 비타민 K, 알부민, 섬유소원(피브리노젠)
③ 칼슘, 마그네슘, 혈소판
④ 칼슘, 비타민 K, 혈소판, 섬유소원(피브리노젠)
⑤ 섬유소원(피브리노젠), 비타민 C, 철분

014 경구 투여 또는 정체관장을 통해 암모니아를 배출시켜 간성혼수를 예방하기 위해 사용하는 약물은?

① 둘코락스
② 피마자유
③ 유산균
④ 로페린
⑤ 락툴로오즈(듀파락시럽)

015 약물을 빛으로부터 차단하기 위한 목적의 갈색 또는 청색의 약물 보관 용기는?

① 밀봉 용기 ② 기밀 용기
③ 밀폐 용기 ④ 차광 용기
⑤ 폐쇄 용기

016 **편도선 수술 후 통증 완화, 부종 억제를 위해 제공할 수 있는 음식은?**

① 뜨거운 물　② 찬 유동식
③ 일반식(보통식사)　④ 저염식
⑤ 경식

017 **쓰러져 있는 환자의 의식상태를 사정할 때 가장 먼저 해야 할 행동으로 옳은 것은?**

① 왼쪽 측위로 돌려 눕힌다.
② 언어적 자극을 주어 반응을 확인한다.
③ 어깨를 강하게 흔들거나 피부를 살짝 꼬집어 반응을 살핀다.
④ 빛반사(홍채수축반사, pupillay reflex)가 있는지 확인한다.
⑤ 환자의 상체를 일으켜본다.

018 **조혈 작용을 하므로 결핍 시 악성빈혈이 발생할 수 있는 비타민은 무엇인가?**

① 싸이아민(비타민 B_1)
② 리보플라빈(비타민 B_2)
③ 피리독신(비타민 B_6)
④ 코발라민(비타민 B_{12})
⑤ 나이아신(비타민 B_3)

019 **심한 복부 상처로 장기가 바깥으로 나온 경우 응급처치로 옳은 것은?**

① 생리식염수를 부어가며 안으로 집어넣는다.
② 복부에 따뜻한 물주머니를 대준다.
③ 구강으로 수분을 공급한다.
④ 배횡와위를 취해주고 생리식염수를 적신 거즈를 복부에 덮어준다.
⑤ 장기에 항생제를 뿌려준다.

020 **양수의 기능으로 옳은 것은?**

① 모체의 체온을 일정하게 유지한다.
② 수정란이 착상되는 장소이다.
③ 정자와 난자가 수정되는 장소이다.
④ 분만 시 산도를 깨끗이 한다.
⑤ 호르몬을 생성한다.

021 **고장난 보청기, 금이 간 안경을 착용하고 계절에 맞지 않는 옷을 입고 있는 노인에게 의심할 수 있는 학대의 유형은?**

① 방임　② 유기
③ 재정적 학대　④ 자기방임
⑤ 정서적 학대

022 **위에서 분비되는 소화효소는?**

① 녹말분해효소(amylase)
② 지방분해효소(lipase)
③ 단백질분해효소(trypsin)
④ 펩신
⑤ 말타아제

023 **지질을 유화시켜 소화를 돕는 알칼리성 혼합물인 담즙이 저장되는 기관은?**

① 간　② 췌장(이자)
③ 담낭　④ 담관
⑤ 비장

024 혈액에 대한 내용으로 옳은 것은?

① 혈액은 혈구 55%와 혈장 45%로 구성되어 있다.
② 적혈구는 포식작용을 하고 핵을 가지고 있다.
③ 백혈구는 가스 교환과 산과 염기의 조화를 이룬다.
④ 혈소판은 혈청에서 섬유소원(피브리노겐)을 뺀 성분을 말한다.
⑤ 혈장단백질에는 알부민, 글로불린, 섬유소원(피브리노겐)이 있다.

025 당뇨병 임부에게서 태어난 아기에게 나타날 수 있는 위험으로 옳은 것은?

① 저체중아
② 고혈당증
③ 고칼슘혈증
④ 인슐린 중독증
⑤ 선천성 기형

026 분만 2기 태아머리(아두)나 제대의 압박으로 인한 태아의 위험 증상으로 옳은 것은?

① 자궁 수축 지속시간이 90초 이내이다.
② 양수가 백색 또는 약간 노르스름한 색깔이다.
③ 태아 심음이 분당 140회이다.
④ 자궁수축의 회복기가 30~60초 이상 지연된다.
⑤ 태아 심박동이 정상범위 내에서 다양하게 변한다.

027 동상 환자의 응급처치 및 간호로 옳은 것은?

① 동상 부위를 상승시킨다.
② 동상 부위를 부드럽게 마사지 한다.
③ 궤양이 생겼을 경우 MMR 예방접종을 한다.
④ 하지 손상 시 혈액순환을 위해 걷게 한다.
⑤ 뜨거운 난로 옆에서 동상 부위를 녹인다.

028 의료인이 영아에게 심폐소생술을 시행할 때, 흉부압박 : 인공호흡의 비율로 옳은 것은?

① 1인 구조 시 30 : 1
② 1인 구조 시 15 : 2
③ 2인 구조 시 30 : 2
④ 2인 구조 시 15 : 1
⑤ 2인 구조 시 15 : 2

029 교통사고로 인해 대퇴부에 개방성 골절이 발생하여 다량의 출혈이 있는 환자에게 발생할 수 있는 쇼크는?

① 급성중증과민반응쇼크
② 저혈성 쇼크
③ 심장성 쇼크
④ 신경성 쇼크
⑤ 패혈 쇼크(독성 쇼크)

030 고름가슴증(농흉) 환자의 통증을 완화시키고 감염되지 않은 부위로 감염이 퍼지는 것을 막기 위해 취해주어야 할 자세는?

① 파울러 자세(반좌위)
② 감염된 쪽으로 눕는다
③ 감염이 없는 쪽으로 눕는다
④ 골반고위
⑤ 심즈 자세

031 빈혈의 원인이 바르게 연결된 것은?

① 용혈 빈혈 : 비정상적으로 적혈구 파괴
② 철분결핍성 빈혈 : 골수(뼈속질)의 조혈기능 저하
③ 악성빈혈 : 비타민 C와 철분 부족
④ 재생불량 빈혈 : 출혈
⑤ 급·만성 출혈 : 엽산 부족

032 치과에서 근무하는 간호조무사의 기본 업무로 옳은 것은?

① 진료 시 기구 교환
② 구강 치료
③ 치석 제거(스케일링)
④ 간단한 마취
⑤ 치아 표준 X-선 촬영

033 충치(치아우식증)를 증가시키는 요인으로 옳은 것은?

① 침(타액) 당질 감소
② 침 점성 증가
③ 저작운동 증가
④ 침 분비 증가
⑤ 플루오린(불소) 농도 증가

034 한약을 처음 복용할 때 나타나는 거부반응으로 일시적으로 증상이 악화되거나 원치 않는 효과가 나타나는 것을 무엇이라고 하는가?

① 현기증(현훈) ② 명현
③ 훈침 ④ 어혈
⑤ 혈종

035 감정에 영향을 받는 장기의 연결로 옳은 것은?

① 희(기쁨) – 간
② 노(성냄) – 비장
③ 우(근심) – 폐
④ 사(생각) – 신장
⑤ 공(공포) – 심장

보건간호학 개요

036 인슐린 주사 교육을 할 때 사용할 수 있는 가장 효율적인 매체는?

① 비디오 ② 슬라이드
③ 모형 ④ 사진
⑤ 투시환등기

037 가족 구성원 중 주 소득자가 심각한 질병에 걸리거나 사망했을 경우 또는 가정폭력이나 화재 등으로 생계유지가 어렵게 되어 긴급 지원요청을 했을 경우 혜택 받을 수 있는 우리나라 보건제도로 옳은 것은?

① 의료급여제도
② 재해구호제도
③ 국민기초생활보장제도
④ 연금보험제도
⑤ 긴급복지지원제도

038 아래의 표에서 설명하는 건강진단의 종류는?

• 사업주는 상근 근로자의 건강관리를 위해 주기적으로 건강진단을 실시해야 한다. • 사무직 근로자의 경우 2년에 1회 이상, 기타 근로자는 1년에 1회 이상 실시한다.

① 특수 건강진단 ② 수시 건강진단
③ 임시 건강진단 ④ 배치전 건강진단
⑤ 일반 건강진단

039 보건진료소 운영위원회 구성, 마을 건강원 모집 및 운영은 1차 보건의료 접근의 필수요소 중 무엇에 해당하는가?

① 접근성 ② 수용가능성
③ 주민참여 ④ 지불부담능력
⑤ 형평성

040 대기오염 측정 방법 중 링겔만 농도표는 무엇의 측정에 사용하는 것인가?

① 먼지(분진)량 측정 ② 기류 측정
③ 매연량 측정 ④ 소음 측정
⑤ 오존량 측정

041 생활오수로 인해 오염된 하천물의 특징으로 옳은 것은?

① DO가 낮다.
② DO와 BOD가 모두 높아진다.
③ DO와 BOD가 모두 낮아진다.
④ DO는 높아지고 BOD는 낮아진다.
⑤ 염분이 낮다.

042 폐암 사진을 보여주고 흡연의 위험성과 금연의 긍정적인 면을 인식할 수 있게 하는 금연교육의 단계로 옳은 것은?

① 도입단계 ② 전개단계
③ 계획단계 ④ 평가단계
⑤ 종결단계

043 토의가 잘 진행될 수 있도록 이끌어주는 사회자와 10~20명의 사람들로 구성되어 어떤 주제에 대해 목표를 설정하고 자유롭게 상호의견을 교환하므로 민주적 회의능력을 기를 수 있는 토의 방법을 무엇이라고 하는가?

① 패널토의 ② 심포지엄
③ 세미나 ④ 집단토의
⑤ 면접(면담)

044 도시공기의 오염으로 인해 도심의 온도가 변두리보다 약 5℃ 정도 상승하는 현상을 무엇이라고 하는가?

① 군집중독 ② 열섬 현상
③ 도심 변두리 현상 ④ 기온 역전 현상
⑤ 연무(smog) 현상

045 수인성 감염병의 특징으로 옳은 것은?

① 환자는 소규모로 발생된다.
② 치명률이 높고 이차 감염이 흔하다.
③ 이환률이 낮다.
④ 계절에 상관없이 일어난다.
⑤ 성별, 연령별, 직업별 차이가 크다.

046 음용수 오염과 수질 오염, 분변 오염의 지표이며 이것의 검출로 다른 병원성 세균의 존재를 추측할 수 있으므로 수질 검사 시 반드시 확인해야 하는 것은?

① 일반세균 ② 대장균
③ 포도알균 ④ 냄새
⑤ 혼탁도(탁도)

047 우유의 영양 손실을 방지하기 위한 소독 방법으로 가장 적합한 것은?

① 초고온살균법 ② 저온살균법
③ 고온살균법 ④ 자비살균법
⑤ 자외선살균법

048 **의료인의 보수교육, 면허신고 및 지도·감독에 관한 사항, 보건의료인 국가시험의 관리에 관한 사항을 담당하는 보건복지부 내의 부서는?**

① 간호정책과
② 의료기관정책과
③ 보건의료정책과
④ 의료인력정책과
⑤ 생명윤리정책과

049 **사회보험에 대한 설명으로 옳은 것은?**

① 건강보험, 산재보험, 국민연금, 고용보험, 노인장기요양보험이 있다.
② 대상은 국가가 임의로 선택한 일부 국민이다.
③ 자력으로 생계를 유지할 수 없는 사람들을 위한 것이다.
④ 보험료를 국가가 전액 부담한다.
⑤ 소득 및 고용을 보장한다.

050 **행위별수가제에 대한 설명으로 옳은 것은?**

① 환자에게 제공된 서비스의 내용은 모두 진료비 청구의 근거가 된다.
② 등록된 환자 수에 따라 일정액을 보상한다.
③ 국민의료비가 낮아질 수 있다.
④ 진단명에 따라 수가가 책정된다.
⑤ 의료의 질이 떨어질 수 있다.

공중보건학 개론

051 **폐흡충증의 제2 중간숙주로 옳은 것은?**

① 쥐벼룩
② 민물고기
③ 쇠우렁이
④ 돼지고기
⑤ 게와 가재

052 **학교보건의 궁극적인 목적은 무엇인가?**

① 학생들의 신체적, 정신적, 사회적 건강유지
② 학생들의 건강을 보호·유지·증진하여 학습능률 향상
③ 정신질환을 예방하기 위해
④ 불구를 조기에 발견하기 위해
⑤ 학습환경을 조성하기 위해

053 **우리나라 「모자보건법」상 모자보건의 궁극적인 목적으로 옳은 것은?**

① 보건정책의 효과적인 운영
② 국민보건 향상
③ 모성의 건강과 경제력 증진
④ 영유아 양육을 위한 유치원 설립 확대
⑤ 건강한 자녀를 출산하기 위한 병원의 전문화

054 **콜레라에 대한 설명으로 옳은 것은?**

① 바이러스성 질환이다.
② 인수공통감염증이다.
③ 매년 예방접종으로 예방한다.
④ 쌀뜨물 같은 심한 설사로 탈수가 나타날 수 있다.
⑤ 위달검사(Widal test)로 진단한다.

055 **여성과 남성의 영구적인 피임 방법으로 옳은 것은?**

① 자궁내장치, 정관절제
② 난관결찰, 정관절제
③ 난관결찰, 경구피임약
④ 월경주기법, 다이아프램(페서리)
⑤ 날짜피임법, 기초체온법

056 **지역사회 간호사업에서 간호조무사의 역할로 옳은 것은?**

① 가족의 상태를 진단하고 계획한다.
② 독자적으로 업무를 수행한다.
③ 간호사의 지시·감독 하에 업무를 수행한다.
④ 역학조사를 실시한다.
⑤ 건강문제를 사정하고 치료한다.

057 **국가암 검진사업에서 권장하는 40세 이상 대상자에게 실시하는 위암검진으로 옳은 것은?**

① 혈액검사 ② 초음파검사
③ 위내시경검사 ④ 대변검사
⑤ 자가검진

058 **지역사회 보건요원이 자신이 담당한 지역의 통계적 특성, 사회적 환경, 지리 등을 잘 알아야 하는 이유는 무엇인가?**

① 지역사회의 인구밀도를 파악하기 위해
② 지역사회가 가진 문제점을 파악하기 위해
③ 지역주민을 쉽게 설득하기 위해
④ 복합적인 문제를 가진 환자를 발견하기 위해
⑤ 주민들의 경제상태를 확인하기 위해

059 **외상 후 스트레스 장애(PTSD) 환자를 위한 간호로 옳은 것은?**

① 스스로 이겨내야 함을 강조한다.
② 평생 잊혀지지 않을 수 있다는 것을 미리 알려준다.
③ 주관적인 지각을 인정하고 수용한다.
④ 환자의 신체적, 심리적 증상을 이해하도록 노력한다.
⑤ 환자의 비논리적 사고를 교정하지 않고 인정해준다.

060 **감염회로가 바르게 나열된 것은?**

① 전파방법 → 탈출구 → 저장소 → 병원성 미생물 → 침입구 → 감수성 있는 숙주
② 감수성 있는 숙주 → 탈출구 → 전파경로 → 저장소 → 침입구 → 병원성 미생물
③ 병원성 미생물 → 저장소 → 탈출구 → 전파경로 → 침입구 → 감수성 있는 숙주
④ 병원성 미생물 → 탈출구 → 저장소 → 침입구 → 전파경로 → 감수성 있는 숙주
⑤ 탈출구 → 병원성 미생물 → 감수성 있는 숙주 → 전파경로 → 저장소 → 침입구

061 **현대 의료에서 질병 치료보다는 질병 예방활동이나 건강증진에 중점을 두고 있는 이유로 옳은 것은?**

① 국민 의료비를 상승시키기 위해
② 전염성 질환이 증가되어서
③ 만성 퇴행 질환이 증가되어서
④ 의료인에 대한 불신이 증가되어서
⑤ 의료시설의 부족으로

062 **A형 간염에 대한 설명으로 옳은 것은?**

① 식기를 구별할 필요는 없다.
② 식기는 씻은 후 끓인다.
③ 오염된 물과 음식물로 전파된다.
④ 혈청 간염이다.
⑤ A형 간염 예방접종은 없다.

063 **투베르쿨린 반응 검사 72시간 후 경결의 크기가 10mm로 측정되었다면 무엇을 의미하는가?**

① 결핵균에 노출된 적이 있다.
② 항결핵제를 복용중이다.
③ 현재 전염성 결핵에 감염되어 있다.
④ 결핵이 완치되었다.
⑤ 의양성으로 재검이 필요하다.

064 **필수진료과목이 9개 이상이고 300병상 초과 병원으로 옳은 것은?**

① 의원 ② 요양병원
③ 종합병원 ④ 상급종합병원
⑤ 전문병원

065 **구강보건사업 계획 수립 및 시행에 관한 내용으로 옳은 것은?**

① 기본계획에는 학교, 사업장, 노인, 장애인, 임산부, 영유아 등의 구강보건사업이 포함된다.
② 보건복지부장관은 3년마다 기본계획을 세워야 한다.
③ 시·도지사는 기본계획, 세부계획, 시행계획을 세워야 한다.
④ 시장·군수·구청장은 국민의 구강건강상태조사 및 구강건강의식조사 등의 구강건강실태를 3년마다 조사해야 한다.
⑤ 구강보건에 관한 조사·연구·교육사업은 기본계획에 포함되지 않는다.

066 **정신요양시설에 대한 설명으로 옳은 것은?**

① 정신의료기관과 정신재활시설을 의미한다.
② 정신질환자의 사회적응을 위한 각종 훈련과 생활지도를 하는 시설을 의미한다.
③ 망상, 환각, 사고나 기분 장애 등으로 인해 독립적으로 일상생활을 영위하는 데 중대한 제약이 있는 사람을 의미한다.
④ 정신건강과 관련된 교육·상담, 정신질환의 예방·치료, 정신질환자의 재활, 정신건강에 영향을 미치는 사회복지·교육·주거·근로 환경 개선 등을 통하여 국민의 정신건강을 증진시키는 사업을 말한다.
⑤ 정신질환자를 입소시켜 요양서비스를 제공하는 시설을 말한다.

067 **의료인의 면허취소에 해당되는 것은?**

① 정신질환자, 마약·대마·향정신성 의약품 중독자
② 의료인의 품위를 심하게 손상시키는 행위를 했을 때
③ 의료기관 개설자가 될 수 없는 자에게 고용되어 의료행위를 한 때
④ 진단서·검안서·증명서를 거짓으로 작성해 내주었을 때
⑤ 태아의 성감별 행위 금지를 위반한 경우

068 **고위험 병원체의 반입은 누구에게 허가를 받아야 하는가?**

① 보건복지부장관
② 보건소장
③ 시·도지사
④ 시장·군수·구청장
⑤ 질병관리청장

069 신고된 결핵 환자에게 간호사 등을 배치하거나 방문하게 하여 환자관리 및 보건교육 등 의료에 관한 적절한 지도를 하게 하여야 할 의무가 있는 사람은?

① 시·도지사
② 시장·군수·구청장
③ 보건소장
④ 대한결핵협회장
⑤ 경찰서장

070 특정 수혈 부작용으로 사망한 경우 신고 시기는?

① 즉시
② 3일 이내
③ 7일 이내
④ 15일 이내
⑤ 30일 이내

실기

071 다음은 출산 후 4일이 지난 산모의 건강상태이다. 예상할 수 있는 질환으로 옳은 것은?

> • 체온 38.7℃
> • 악취 나는 산후질분비물(오로) 배출
> • 심한 후진통(산후통)과 피로 호소

① 자궁암
② 회음 절개부위 염증
③ 골반염
④ 정상
⑤ 자궁내막염

072 사상체질 중 손과 발에 열이 많고 피부는 땀이 적게 나며 하체가 약한 체질을 가진 사람의 신체적 특성으로 옳은 것은?

① 호흡기계, 순환기계가 약하다.
② 히스테리, 불면증이 있다.
③ 척추나 허리가 약해 오래 앉아있지 못한다.
④ 비뇨생식기 및 내분비계 기능이 약하다.
⑤ 바깥 활동보다는 집에 있는 것을 좋아하고 내성적인 성격을 지닌다.

073 임신 5주째인 임부의 혈액 검사 결과 〈매독혈청검사(VDRL 검사) : 양성〉이 나왔다. 임부의 질문에 대한 간호조무사의 대답으로 옳은 것은?

> • 임부 : "입덧이 좀 괜찮아지면 치료받고 싶은데 왜 굳이 지금부터 치료를 해야 하는 거에요?"
> • 간호조무사 : "______________________"

① "에이즈 치료가 되면 입덧이 나아지기 때문이에요."
② "임질균에 사용하는 항생제는 임신 초기에만 작용하기 때문이에요."
③ "원하는 대로 하셔도 돼요."
④ "태아가 90일 이내에 풍진에 감염되면 선천성 기형을 초래하기 때문이에요."
⑤ "매독은 조기에 치료해야 태아에게 감염되는 것을 방지할 수 있어요."

074 노인 환자가 "기침하거나 크게 웃으면 나도 모르게 소변이 새어 나와서 불안해요" 라고 말할 때 간호조무사가 권할 수 있는 내용으로 옳은 것은?

① 수분 섭취를 제한하도록 한다.
② 유치도뇨관 삽입을 권한다.
③ 즉시 기저귀를 사용하도록 한다.
④ 요의가 없더라도 규칙적으로 소변을 보도록 격려한다.
⑤ 소변을 참을 수 있는 만큼 참았다가 배뇨하는 습관을 들이도록 한다.

075 욕창 발생 기전에 대한 설명으로 옳은 것은?

① 피부 압박으로 동맥이 폐쇄되어 발생한다.
② 짧은 시간 높은 압박이 장시간 낮은 압박보다 욕창 위험이 더 크다.
③ 좁은 부위 압력보다 넓은 부위 압력으로 인한 욕창 위험이 더 크다.
④ 영양부족과 탈수는 욕창 발생을 촉진하게 된다.
⑤ 조직의 국소빈혈에 의한 과산소증의 결과로 발생한다.

076 감염병 환자가 입원해 있는 격리실에서 격리 가운을 착용하는 방법으로 옳은 것은?

① 등쪽에 있는 가운을 가능한 많이 겹쳐지게 하여 허리끈을 맨다.
② 격리실 안에 걸어둘 경우 오염된 면이 안으로 가도록 하여 걸어둔다.
③ 손을 씻고 난 후 가운을 벗는다.
④ 가운을 입기 전에 소독장갑을 착용한다.
⑤ 가운을 입을 때는 안쪽 면에 손이 닿지 않도록 한다.

077 만성폐쇄폐질환(COPD) 환자 간호로 옳은 것은?

① 무기폐(폐확장부전), 폐암 등이 이에 속한다.
② 저농도의 산소를 투여한다.
③ 수분을 철저히 제한한다.
④ 입으로 숨을 들이마시고 코로 천천히 내쉬는 연습을 한다.
⑤ 호흡곤란 시 복와위를 취해준다.

078 숙면을 위한 간호로 옳은 것은?

① 1시간 이상 낮잠을 자도록 한다.
② 취침 전 등마사지를 해준다.
③ 배가 고파 잠이 오지 않더라도 음식물은 제공하지 않는다.
④ 침실을 밝게 하고 자극을 최소화 한다.
⑤ 취침 전에 따뜻한 커피를 제공한다.

079 침상을 만들 때 침상 머리 쪽의 홑이불을 넉넉히 침요 밑으로 넣어 주어야 하는 이유(A)와 침구에 주름이 생기지 않도록 팽팽히 당겨야 하는 이유(B)로 옳은 것은?

① (A) 미관상 보기 좋게 하기 위해
(B) 숙면을 위해
② (A) 침구가 오염되는 것을 막기 위해
(B) 침구를 오래 사용하기 위해
③ (A) 침상을 쉽고 빠르게 완성하기 위해
(B) 발처짐을 예방하기 위해
④ (A) 환자가 침상 머리 쪽에서 많이 활동하므로 (B) 다리의 바깥돌림(외회전)을 방지하기 위해
⑤ (A) 밑침구를 단단하게 하기 위해
(B) 압력을 방지하여 욕창을 예방하기 위해

080 신생아 분만 직후 가장 먼저 해야 할 간호로 옳은 것은?

① 산소를 공급한다.
② 이물(이물질)을 제거하고 기도를 유지한다.
③ 목욕을 시킨다.
④ 기형을 확인한다.
⑤ 담요로 보온한다.

081 생리통 완화와 자궁 내 태아위치 교정 시, 산후 자궁후굴을 예방하기 위해 취해줄 수 있는 자세로 옳은 것은?

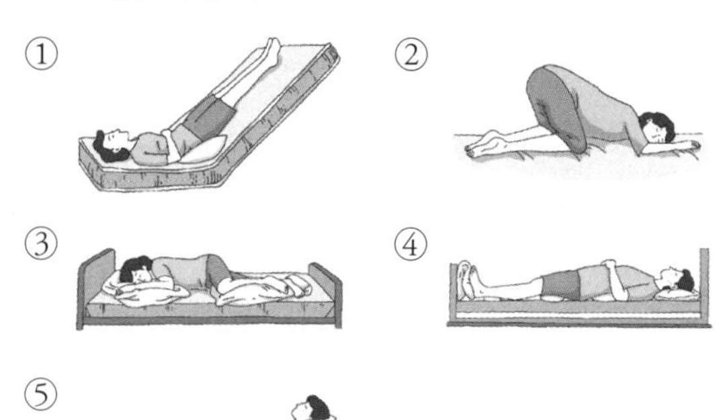

082 지팡이를 사용하지 않는 오른쪽 반신마비(편마비) 환자를 부축해서 이동하는 방법으로 옳은 것은?

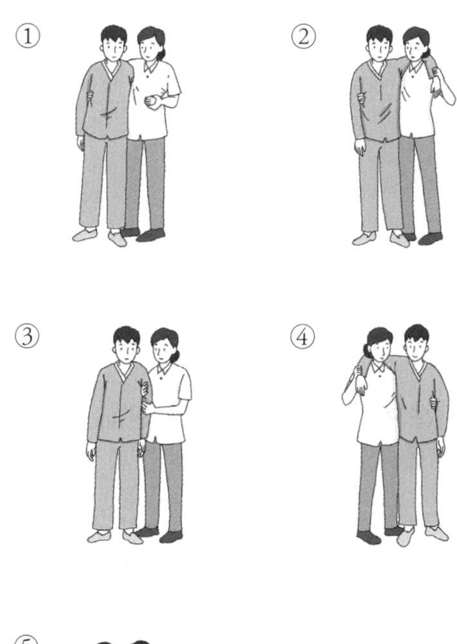

083 환자의 손발톱 깎기 모양으로 옳은 것은?

084 호흡 측정에 관한 내용으로 옳은 것은?

① 환자의 콧구멍이 벌어지는 것을 보며 측정한다.
② 맥박 측정 후 손을 떼고 환자의 가슴을 바라보며 호흡을 측정한다.
③ 날숨(호기)과 들숨(흡기)을 합해 1회로 계산한다.
④ 환자에게 호흡 측정에 대해 미리 설명해주어 불안을 줄여준다.
⑤ 15초 측정 후 곱하기 4를 하는 것이 원칙이다.

085 가래 채취는 언제 하는 것이 좋으며, 그 이유로 옳은 것은?

① 이른 아침, 균이 가장 많이 존재하므로
② 아침 식사 후, 가래의 양이 가장 많은 시간이므로
③ 잠자기 전, 하루 동안 모은 균을 채취할 수 있으므로
④ 양치 후, 깨끗한 가래를 채취하기 위해
⑤ 물을 마신 후, 가래가 묽어져 뱉기가 쉬우므로

086 **30세 여자 환자가 등, 오른쪽 다리, 생식기에 화상을 입고 응급실로 내원하였다. 몇 % 화상에 해당하는가?**

① 19% ② 26%
③ 37% ④ 45%
⑤ 55%

087 **파상풍 환아의 간호에 대한 설명으로 옳은 것은?**

① 2시간마다 체위 변경을 하며 말을 걸어준다.
② 경련 시 팔, 다리를 압박하여 신체 손상을 막아준다.
③ 경련 시 억지로라도 설압자를 입에 끼운다.
④ 병실을 밝게 한다.
⑤ 호흡근 마비증상을 주의 깊게 관찰한다.

088 **주로 환자의 면역이 감소되었을 때 발생하는 것으로 자신의 장이나 구강 등에 존재하는 세균에 의해 발생되는 감염은?**

① 유행병 감염 ② 산발성 감염
③ 외인성 감염 ④ 내인성 감염
⑤ 의원성 감염

089 **건열 멸균법에 대한 설명으로 옳은 것은?**

① 120℃에서 30분간 멸균한다.
② 파우더, 오일, 연고 등의 멸균에 적합하다.
③ 병원에서 가장 많이 사용되는 멸균법이다.
④ 응급으로 사용할 물품에 적합하다.
⑤ 약품을 사용하므로 충분한 통기가 필요하다.

090 **신생아 모유수유 방법으로 옳은 것은?**

① 젖꼭지만 물게 한다.
② 수유 후에 젖은 기저귀를 갈아준다.
③ 신생아를 똑바로 눕힌 상태로 수유한다.
④ 유방을 바꾸어가며 먹이지 않는다.
⑤ 수유 후에 반드시 트림시킨다.

091 **감염에 민감한 사람을 위해 주위 환경을 무균적으로 유지해야 하는 사람은?**

① MRSA 환자
② VRE 환자
③ 신장 이식 수술 환자
④ 결핵 환자
⑤ 홍역 아동

092 **VRE(반코마이신 내성 장알균)에 대한 설명으로 옳은 것은?**

① 반코마이신, 테이코플라닌으로 치료한다.
② 반복해서 사용해야 할 기구들은 병실 밖 일정한 자리에 둔다.
③ 주로 비말로 전파되므로 음압병실에 격리한다.
④ 1인실 사용이 불가능한 경우 동일한 균에 노출된 환자들과 같은 병실을 사용하게 한다.
⑤ VRE균은 환경에 대한 적응력이 약해 주 서식 장소를 벗어나면 금방 죽는다.

093 치매 환자가 매번 옷을 입을 때마다 "이거 내 옷이 아니잖아! 내 옷을 줘야 입지" 라고 말하며 옷 입기를 거부할 때 간호조무사의 적절한 행동은?

① 옷에 환자의 이름을 써둔다.
② 환자에게 같이 찾아보자고 한다.
③ 이 옷을 입고 새 옷을 사러 가자고 말한다.
④ 본인 옷이 맞다는 것을 일관되게 주장한다.
⑤ 옷이 이거밖에 없으니 일단 입으라고 한다.

094 코위관(비위관) 영양액 주입 중 구토와 청색증이 발생했을 때 간호조무사가 해야 할 일은?

① 영양액 주입속도를 늦춘다.
② 즉시 관를 제거한다.
③ 활력징후를 측정한다.
④ 영양액 주입을 중단한다.
⑤ 코위관(비위관)으로 물을 공급한다.

095 이동 시 일반적인 지침으로 옳은 것은?

① 물건을 들어 올릴 때는 무릎은 펴고 허리를 구부린다.
② 무거운 물건을 들어 올릴 때는 힘의 반대방향으로 마주한다.
③ 양 다리를 벌리고 무게 중심을 낮춘다.
④ 무거운 물건을 옮길 때는 허리근육을 이용한다.
⑤ 이동할 방향을 마주보지 않도록 한다.

096 온요법의 금기로 옳은 것은?

① 운동 후 생긴 다리 근육통
② 생리통
③ 분만 7일이 지난 회음절개술 부위
④ 원인을 알 수 없는 복통 환자
⑤ 치핵 환자

097 피부 궤양, 심한 욕창, 3도 화상 환자에게 효과적인 드레싱은?

① 건조 대 건조　② 건조 대 반건조
③ 습기 대 건조　④ 습기 대 습기
⑤ 반건조 대 습기

098 수술 전 간호에 대한 내용으로 옳은 것은?

① 수술 중 구토물이 기도로 흡인되는 것을 예방하기 위해 전날 저녁 10시부터 금식한다.
② 마취로 인한 조임근 이완으로 수술 중 배변을 방지하기 위해 수술 당일날 아침에 완하제(변비약)를 복용한다.
③ 전날 수면제를 복용하면 마취유도가 잘 안 되므로 제공하지 않는다.
④ 심호흡, 조기이상 등의 환자교육은 수술 후 시행한다.
⑤ 수술 부위 감염예방을 위해 수술 부위보다 넓게, 털이 난 반대방향으로 면도한다.

099 **청각장애 환자와 의사소통 하는 방법으로 옳은 것은?**

① 높은 톤으로 말한다.
② 소음이 있는 곳에서 대화하는 연습을 한다.
③ 환자 귀에 대고 큰소리로 말한다.
④ 몸짓이나 얼굴표정 등의 사용을 자제한다.
⑤ 환자의 정면에서 천천히 또박또박 말한다.

100 **항생제 반응검사에 대한 설명으로 옳은 것은?**

① 항생제에 대한 반응을 눈으로 쉽게 확인할 수 있다.
② 환자의 아래팔(전완) 내측에 주사 원액을 1cc 주입한다.
③ 1분 후에 주사 부위를 확인한다.
④ 주사 부위 팽진의 직경이 3mm 이상이면 양성으로 판독한다.
⑤ 주사를 찌른 후 내관을 당겨보고, 주입이 끝난 후 바늘을 빼고 주사 부위를 문지른다.

실전 모의고사

기초간호학 개요

001 노인의 낙상 예방 방법으로 옳은 것은?

① 의자는 등받이와 팔받침이 있는 것을 사용한다.
② 침대에만 누워 있게 한다.
③ 높은 조도의 조명을 사용한다.
④ 앉거나 일어날 때 빠른 동작으로 움직이도록 한다.
⑤ 반드시 신체보호대를 적용한다.

002 임부가 요통이 심하다고 호소할 때 알려줄 수 있는 완화법으로 옳은 것은?

① 가끔 굽이 높은 신발을 신어 종아리 근육을 단련시킨다.
② 등받이가 짧은 의자에 앉는다.
③ 푹신한 매트리스를 사용한다.
④ 장시간 서 있어야 할 경우 한 쪽 다리씩 번갈아가며 발판 위에 올려둔다.
⑤ 휴식 시 등을 구부리는 자세를 취한다.

003 출혈성 뇌졸중 환자 간호에 대한 설명으로 옳은 것은?

① 트렌델렌부르크 자세를 취해준다.
② 체위 변경 시 앙와위 → 측위 → 복와위 → 앙와위 순서대로 변경한다.
③ 1~3일 정도 금식시킨다.
④ 규칙적으로 운동하도록 한다.
⑤ 대변을 볼 때는 짧은 시간 동안 강하게 복압을 주도록 한다.

004 신체에서 배설이 늦게 되는 약물을 사용할 때 주의해야 할 사항으로 옳은 것은?

① 내성 ② 대항작용(길항 작용)
③ 알레르기 반응 ④ 축적 작용
⑤ 금단 증상

005 출생 24시간 이내에 신생아가 배설하는 것으로 끈적끈적하고 냄새가 없는 암녹색의 변을 무엇이라고 하는가?

① 혈변 ② 태변
③ 이행변 ④ 숙변
⑤ 대변매복

006 간호조무사의 대인관계에 대한 설명으로 옳은 것은?

① 환자와 보호자의 모든 요구를 들어준다.
② 동료와 의견충돌이 생기면 1:1 대화를 삼가고 상사에게 보고한다.
③ 소아 환자 곁에는 보호자를 두어 안도감을 줄 수 있도록 한다.
④ 노인 환자에게 할머니, 할아버지로 호칭하여 친근감을 유지한다.
⑤ 간호지시에 잘 따를 수 있도록 약간의 거리감을 두고 환자를 대한다.

007 환자가 자신의 진단명과 치료에 대해 질문할 때 간호조무사의 태도는?

① 몰래 알려준다.
② 해당 기록지를 환자에게 직접 보여준다.
③ 의무기록을 복사해서 보는 방법을 알려준다.
④ 아는 범위 내에서 자세히 이야기 해준다.
⑤ 담당 간호사에게 보고한다.

008 고환에서 분비되고 남성의 2차 성징을 나타내는 호르몬으로 옳은 것은?

① 테트로도톡신
② 황체호르몬(프로제스테론)
③ 타이록신
④ 알도스테론
⑤ 테스토스테론

009 호스피스 환자 간호에 대한 내용으로 옳은 것은?

① 병이 완치될 수 있음을 알려주고 격려해준다.
② 급성 감염병에 걸린 환자를 사랑으로 돌보는 행위이다.
③ 환자와 가족을 심리적으로 지지해준다.
④ 방문객에게 면회사절임을 알려준다.
⑤ 죽음을 앞둔 환자의 생명을 연장하기 위해 노력한다.

010 음식으로부터의 섭취 부족 또는 자외선 부족 등 비타민 D가 결핍되어 발생하는 질병은?

① 야맹 ② 괴혈병
③ 구루병 ④ 각기병
⑤ 구각염

011 환자가 퇴원을 하면서 자신을 정성껏 돌봐준 것에 감사하다며 돈을 주려고 한다. 이때 간호조무사의 태도로 옳은 것은?

① 당연한 일을 돈으로 보상하지 말라고 말한다.
② 감사를 표하고 받는다.
③ 정색을 하고 거절한다.
④ 간호사실에 가져다주면 함께 잘 쓰겠다고 말한다.
⑤ 병원 규칙을 설명하며 정중히 거절한다.

012 소변의 생성과 배설 과정이 순서대로 배열된 것은?

① 방광－신장－요도－요관
② 신장－요관－방광－요도
③ 신장－방광－요관－요도
④ 요관－방광－신장－요도
⑤ 방광－요관－신장－요도

013 절단기에 손가락이 잘려서 출혈이 심한 환자의 응급처치로 가장 우선적인 것은?

① 출혈 부위를 직접 압박하고 다친 부위를 높여준다.
② 드레싱을 한다.
③ 심장으로부터 먼 곳에 지혈대를 묶는다.
④ 물을 많이 마시도록 한다.
⑤ 수혈을 한다.

014 항생제, 항고혈압제 등의 약을 일정한 시간에, 일정한 간격으로 복용하는 이유는?

① 부작용을 줄이기 위해
② 혈중 농도를 일정하게 유지하기 위해
③ 소화기계 자극을 줄이기 위해
④ 치료기간을 단축하기 위해
⑤ 쓴맛을 감추기 위해

015 산후 감염을 나타내는 지표로, 발견 즉시 간호사에게 보고해야 할 증상은?

① 회음부 통증
② 출산 5일째 38℃ 이상의 고열 지속
③ 출산 3일째 후진통(산후통)
④ 출산 2일째 적색산후질분비물(적색오로)
⑤ 피로

016 기초대사량에 대한 설명으로 옳은 것은?

① 수면 시에는 기초대사량이 증가한다.
② 생리 중에 최고가 된다.
③ 갑상샘 호르몬이 많이 분비될수록 기초대사량이 감소한다.
④ 열이 있으면 기초대사량이 증가한다.
⑤ 겨울에 비해 여름에 기초대사량이 높다.

017 태아의 제대(탯줄)에 대한 설명으로 옳은 것은?

① 길이 약 50cm이며 와튼젤리로 둘러싸여 있어 혈관 압박을 방지한다.
② 2개의 정맥과 1개의 동맥이 있다.
③ 모체측 태반과 태아의 심장에 연결되어 있다.
④ 제대동맥을 이용해 대체수혈(교환수혈)을 한다.
⑤ 태아를 순환하고 나온 혈액은 제대정맥을 통해 태반으로 들어간다.

018 임신 34주 된 임부가 가슴이 타는 것처럼 쓰리다고 호소할 때 적당한 교육은?

① 식사를 조금씩 자주 섭취한다.
② 무조건 누워 있는다.
③ 고지방 식이를 섭취한다.
④ 허리가 조이는 옷을 입는다.
⑤ 차가운 물이나 음료수를 마신다.

019 인공수유 방법으로 옳은 것은?

① 온도 확인을 위해 손목 안쪽에 우유를 한 방울 떨어뜨려본다.
② 수유 시 신생아의 머리를 낮춘다.
③ 젖꼭지 부분에 우유를 절반만 채운다.
④ 젖꼭지 구멍은 크게 뚫는다.
⑤ 남은 우유는 냉장보관하였다가 다시 데워서 수유한다.

020 임부의 빈혈에 대한 설명으로 옳은 것은?

① 재생불량 빈혈이 가장 흔하다.
② 임신 말기 혈색소(헤모글로빈) 11g/dl 미만, 적혈구용적률(헤마토크리트) 37% 미만일 경우 빈혈로 진단한다.
③ 주기적으로 수혈을 받는다.
④ 철분이나 엽산이 풍부한 음식을 골고루 섭취한다.
⑤ 임부의 혈액량 감소로 인해 발생한다.

021 분만 3기에 대한 설명으로 옳은 것은?

① 태반 잔여물이 자궁 내에 남아있는지 알아보기 위해 태반의 결손여부를 확인한다.
② 태반이 박리될 때 산모는 통증을 느끼지 못한다.
③ 태아 만출 직후 태반이 배출된다.
④ 태반 박리 징후가 보이면 산모에게 복압을 주지 않도록 하고 제대를 잡아당겨 태반만출을 돕는다.
⑤ 태반 만출 직후 좌욕을 한다.

022 균열유두 시 간호로 옳은 것은?

① 바셀린이 섞인 비타민 A, D 연고를 발라준다.
② 균열유두 후 24~48시간 이내에 반드시 아이에게 젖을 물리도록 한다.
③ 유두를 알코올로 소독한다.
④ 젖을 짜내지 않는다.
⑤ 상처가 완전히 나을 때까지 수유를 금한다.

023 절단된 신체 부위의 보관 방법으로 옳은 것은?

① 절단 부위를 드라이아이스에 넣는다.
② 절단 부위를 비닐주머니에 넣어 속히 병원으로 간다.
③ 거즈로 감싼 절단 부위를 비닐주머니에 싸서 얼음을 채운 용기에 넣는다.
④ 절단 부위에 알코올을 적신 거즈를 올려둔다
⑤ 절단 부위를 직접 얼음에 넣는다.

024 이유식에 대한 설명으로 옳은 것은?

① 새로운 음식을 추가할 때는 4~7일 정도 간격을 둔다.
② 충분한 영양공급을 위해 여러 음식을 섞어 준다.
③ 생후 3개월부터 이유식을 시작한다.
④ 이유식 전에 우유를 먼저 준다.
⑤ 알레르기 예방을 위해 계란, 우유, 치즈 등을 가장 먼저 시작한다.

025 영아의 운동발달에 대한 설명으로 옳은 것은?

① 1개월 : 엄지손가락과 집게손가락을 이용하여 숟가락, 책 등을 집을 수 있다.
② 3개월 : 무릎으로 기기 시작한다.
③ 4개월 : 가구를 붙잡고 걷기 시작한다.
④ 6개월 : 도움 없이 혼자 앉을 수 있다.
⑤ 12개월 : 목을 가누기 시작한다.

026 왼쪽 폐 절제 수술 후 왼쪽 팔의 재활운동을 시작하는 시기로 옳은 것은?

① 되도록 빠른 시일 내에
② 2주일 후
③ 수술 부위 봉합사를 제거한 후
④ 수술 부위가 완전히 치유되고 난 후
⑤ 1개월 후

027 폐렴의 증상 및 치료에 대한 설명으로 옳은 것은?

① 폐렴균이 원인인 경우 항생제를 사용하여 치료한다.
② 저열량, 저단백식이를 제공한다.
③ 가슴막천자(흉강천자)를 통해 약물을 주입하여 치료한다.
④ 느리고 깊은 호흡이 나타난다.
⑤ 재발을 방지하기 위해 6주 동안은 외출, 심호흡, 기침을 삼간다.

028 철분제제에 대한 설명으로 옳은 것은?

① 정상적인 백혈구 생성을 위해 빈혈 환자에게 제공한다.
② 공복에 복용하면 흡수율이 좋아 소화가 잘 된다.
③ 철분 흡수를 돕기 위해 비타민 C와 함께 제공한다.
④ 대변 색이 붉어질 수 있다고 미리 설명한다.
⑤ 액체로 된 철분제제는 입안에 머금고 있다가 삼킨다.

029 대장암 수술 후 영구적 장루를 갖고 있는 환자에게 제공할 수 있는 간호로 옳은 것은?

① 마늘, 양파, 생선, 콩, 달걀 등의 음식을 충분히 섭취한다.
② 장루 색깔이 검은색, 보라색, 적갈색으로 변하면 의사에게 즉시 보고한다.
③ 수분과 섬유질을 철저히 제한한다.
④ 빨대로 음료를 섭취하거나 껌을 자주 씹도록 한다.
⑤ 장루주머니 교환은 혼자서 할 수 없으므로 환자 가족에게 장루 교환 방법을 설명한다.

030 척추 골절이 의심되는 환자의 응급처치로 옳은 것은?

① 보온해준다.
② 업어서라도 병원으로 최대한 빨리 이송한다.
③ 목을 움직여 보게 하여 손상정도를 확인한다.
④ 머리는 움직이지 않도록 하고 턱을 들어 올려 기도를 개방한 후 목을 고정하고 전신부목으로 척추를 고정한 채 병원으로 이송한다.
⑤ 호흡곤란 시 상체를 높여준다.

031 **의료인에 의한 성인의 심폐소생술 방법으로 옳은 것은?**

① 시술자의 팔꿈치를 펴고 체중을 실어서 압박한다.
② 3~4cm 깊이로 압박한다.
③ 흉부압박 2회, 인공호흡 30회를 5회 반복한다.
④ 척추를 다치지 않도록 푹신한 매트리스 위에서 시행한다.
⑤ 압박 부위는 복장뼈(흉골)의 가운데 부분이다.

032 **치아 우식증을 예방하기 위한 방법으로 옳은 것은?**

① 고탄수화물 식사를 한다.
② 학교에서 치면열구전색을 시행한다.
③ 고단백질 식이, 섬유질이 풍부한 제철 과일과 채소를 섭취한다.
④ 윗니는 아래에서 위로, 아랫니는 위에서 아래로 잇몸을 향해 닦는다.
⑤ 3년마다 정기적인 구강검진을 실시한다.

033 **치과에서 근무하는 간호조무사의 진공흡인장치 사용에 대한 설명으로 옳은 것은?**

① 진공흡인장치 사용은 진료를 방해하므로 진료 중에는 절대 사용하지 않는다.
② 진공흡인장치의 팁을 치아 가까이에 대어주고 의사가 사용하는 기구나 이거울(치경)을 가리지 않도록 한다.
③ 진공흡인장치를 조정하지 않는 나머지 손으로는 진료의사가 사용한 기구를 소독한다.
④ 치과의사가 오른손으로 기구를 사용하면 간호조무사는 왼손으로 진공흡인장치를 작동시킨다.
⑤ 치아의 설측을 삭제할 때는 진공흡인장치의 팁을 설측으로 위치시킨다.

034 **부항요법 시 주의점으로 옳은 것은?**

① 치료 후 피로가 심하면 10일 정도 휴식이 필요하다.
② 만성병 치료과정 중 명현이 심하면 압력을 낮추고 횟수를 증가시킨다.
③ 정맥류, 출혈 증상이 심한 사람에게는 금기이다.
④ 육식과 고칼로리 음식을 섭취하여 체력을 보강한다.
⑤ 부항은 1시간 이상 적용하고, 큰 수포가 생기더라도 절대 건드리거나 터트리지 않아야 한다.

035 **추나요법에 대한 설명으로 옳은 것은?**

① 관절 주위 조직을 수축시키는 효과가 있다.
② 관절의 염증성질환이나 골절 시 효과적이다.
③ 강한 자극으로 시작해서 약한 자극으로 마무리 한다.
④ 음양을 조화시키며 경락을 소통시키고 기와 혈을 활성화시키는 자연요법이다.
⑤ 방사선을 이용한 치료방법이다.

보건간호학 개요

036 **하루 종일 책상의자에 앉아서 컴퓨터로 작업을 하는 출판사 편집부 근로자에게는 VDT 증후군이 발생할 가능성이 높다. 이를 예방하기 위한 방법으로 가장 효과적인 것은?**

① VDT 증후군에 관한 보고서를 작성하게 한다.
② 작업하고 있는 컴퓨터 주위에 스트레칭에 관한 홍보 스티커를 붙여둔다.
③ VDT 증후군 예방을 위한 교육(강의)을 실시한다.
④ 전단지를 이용한다.
⑤ 게시판에 유인물을 붙여놓고 읽게 한다.

037 **사회보장제도인 의료보장의 목표에 관한 설명으로 옳은 것은?**

① 모든 국민들이 똑같은 양의 의료서비스를 받게 하는 것이다.
② 저소득층 국민의 의료기관 이용률을 증가시키는 것이다.
③ 의료가 필요한 모든 국민에게 적절한 서비스를 받게 하는 것이다.
④ 국민의료비를 상승시키기 위함이다.
⑤ 모든 국민에게 최고급 의료서비스를 제공하는 것이다.

038 **국민의 건강과 보건, 복지, 사회보장 등 삶의 질을 향상시키기 위한 정책 및 사무를 관장하며 방역, 위생 등을 실시하는 중앙보건기구는?**

① 행정안전부 ② 질병관리청
③ 보건복지부 ④ 기획재정부
⑤ 식품의약품안전처

039 **15년간 대형 드릴과 천공기(착암기)를 사용하는 직업에 종사하는 근로자에게 발생할 수 있는 질환은?**

① 눈피로(안정피로) ② 레이노병
③ 안진(눈떨림) ④ 감압병
⑤ 경견완 증후군(목위팔증후군)

040 **주방 쓰레기나 인화성 쓰레기를 분쇄한 후 분뇨를 혼합하여 생물을 이용한 전환을 유도하여 생활폐기물을 처리하는 방법을 무엇이라고 하는가?**

① 퇴비처리 ② 매립처리
③ 가축사료법 ④ 소각처리
⑤ 해양투기법

041 **보건교육의 마지막 단계에서 해야 할 행동으로 옳은 것은?**

① 대상자(피교육자)가 궁금해하는 부분이 무엇인지 알아본다.
② 대상자들끼리 토의할 시간을 제공한다.
③ 대상자의 이해정도를 평가한다.
④ 흥미를 유도한다.
⑤ 교육목표를 분명히 알려준다.

042 **6~8명으로 구성된 몇 개의 소분단으로 나누어 토의한 후 다시 전체 회의에서 종합하는 방법으로, 문제를 다각도로 분석하여 해결 방법을 모색할 수 있는 교육 방법은?**

① 심포지엄 ② 패널토의
③ 강연회 ④ 그룹토의
⑤ 버즈세션

043 **대중매체를 이용한 보건교육의 장점으로 옳은 것은?**

① 개인의 사정을 고려할 수 있다.
② 짧은 시간에 많은 사람에게 정보를 전달할 수 있다.
③ 비용이 저렴하다.
④ 모든 사람에게 가장 효율적인 방법이다.
⑤ 실물이나 실제상황의 직접관찰이 가능하다.

044 **겨울철 옥외작업으로 인해 발생할 수 있는 동상을 예방하기 위한 방법으로 옳은 것은?**

① 몸을 자주 움직이지 않는다.
② 신발은 꽉 끼는 것을 신는다.
③ 통기성이 높은 의복을 입는다.
④ 여분의 양말을 준비하여 자주 갈아 신는다.
⑤ 함기성이 낮은 의복을 입는다.

045 금속물 부식, 석조건물이나 문화재 파괴, 농작물이나 산림에 피해를 주며 호수나 하천 등의 생태계를 파괴시키는 산성비의 주된 원인 물질은?

① 일산화탄소 ② 이산화탄소
③ 아황산가스 ④ 질소화합물
⑤ 오존

046 도시 하수 처리법의 순서로 옳은 것은?

① 침사–침전–스크린–생물학적 처리
② 생물학적 처리–스크린–침전–침사
③ 스크린–침사–생물학적 처리–침전
④ 침사–스크린–생물학적 처리–침전
⑤ 스크린–침사–침전–생물학적 처리

047 모기가 매개하는 감염병으로 옳은 것은?

① 콜레라
② 장티푸스
③ 신증후출혈열(유행출혈열)
④ 말라리아
⑤ 이질

048 유병률에 대한 설명으로 옳은 것은?

① 유병률의 분모는 건강한 전체인구 수이다.
② 특정 건강문제가 새로 발생한 사람의 수를 비율로 나타낸 것이다.
③ 과거에 발병한 사람은 포함되지 않는다.
④ 발생률이 큰 질병일수록, 이환기간이 긴 질병일수록 유병률이 낮다.
⑤ 유병률이 낮은 질병은 발생률이 낮고, 치사율이 높은 질환이거나 빨리 치유되는 질병이라고 생각할 수 있다.

049 1차 보건의료에 대한 설명으로 옳은 것은?

① 지역사회 주민들의 특수건강문제를 관리한다.
② 국가의 적극적인 개입이 필요하다.
③ 의사, 간호사만의 접근으로 일관성 있는 서비스를 제공한다.
④ 건강은 인간의 기본권이라는 개념을 기초로 하고 있다.
⑤ 예방보다는 치료에 치중한다.

050 서비스의 양에 상관없이 제왕절개 분만, 백내장 수술, 맹장 수술 등 진단명에 따라 또는 입원 일수별로 진료비가 정해지는 제도를 무엇이라고 하는가?

① 행위별수가제 ② 총액예산제
③ 포괄수가제 ④ 봉급제
⑤ 인두제

공중보건학 개론

051 우리나라 노인장기요양보험제도에 관한 설명으로 옳은 것은?

① 특별현금급여로는 종합병원 이용 시 간병비 등이 있다.
② 장기요양등급판정을 받아야 급여를 받을 수 있다.
③ 방문요양은 시설급여에 해당된다.
④ 등급은 치료받는 의료기관에서 신청한다.
⑤ 재원은 장기요양보험료만으로 구성된다.

052 지역사회 가정방문 시 건강한 사람을 먼저 방문하는 이유는 무엇인가?

① 시간을 절약하려고
② 전염성 질환의 전파를 예방하려고
③ 포괄적인 간호를 제공하려고
④ 면역을 증진시키려고
⑤ 건강에 대한 요구가 더 많기 때문에

053 영유아 클리닉 설치 시 고려사항으로 옳은 것은?

① 시끄러운 장소를 선택한다.
② 클리닉으로부터 먼 곳에 놀이터를 설치한다.
③ 장난감과 교육 자료는 진료에 방해가 되므로 치워둔다.
④ 화장실은 가까운 곳에 위치시킨다.
⑤ 수인성 감염병 예방을 위해 음용수 시설은 구비하지 않는다.

054 기생충 질환의 특징에 대한 설명으로 옳은 것은?

① 유구조충증(갈고리조충증) : 예방을 위해 소고기를 익혀 먹는다.
② 무구조충증(민조충증) : 예방을 위해 돼지고기를 충분히 익혀 먹는다.
③ 구충증(십이지장충) : 충란이 음식물 또는 불결한 손을 통해 경구적으로 침입하며 야간에 항문 주위에서 산란을 하므로 항문 주위 소양감이 심하다.
④ 말라리아 : 민물고기 생식으로 인해 발생한다.
⑤ 회충증 : 충란이 야채, 파리, 손에 의해 경구감염되며, 소장에 기생한다.

055 성교육이나 금연교육을 실시할 수 있는 학교 보건 인력으로 옳은 것은?

① 학교장
② 담임교사
③ 체육교사
④ 학부모회장
⑤ 보건교사

056 요충증 환자의 간호로 옳은 것은?

① 사용한 침구는 버려야 한다.
② 손톱을 짧게 자른다.
③ 민물고기를 생식하지 않는다.
④ 돼지고기를 잘 익혀서 먹는다.
⑤ 식수를 끓여서 마시고 마스크를 착용한다.

057 WHO에서 제시하는 건강의 정의로 가장 옳은 것은?

① 신체적, 정신적, 사회적 안녕의 완전한 상태
② 정신적으로 문제가 없는 상태
③ 개인이 가족과 사회에 기여할 수 있는 상태
④ 질병이 없거나 허약하지 않은 상태
⑤ 아픈 곳 없이 신체적으로 최상의 컨디션을 유지하는 상태

058 응급피임약(사후피임약)에 대한 설명으로 옳은 것은?

① 성교하기 전에 질 속에 넣는 피임약이다.
② 얇고 탄력성이 있는 제품으로 만들어진 여성용 피임기구이다.
③ 에스트로젠과 프로제스테론을 함유한 약으로 여성의 배란 및 생리를 조절하여 피임하는 방법이다.
④ 성교 후 72시간 이내에 복용하여 수정란의 자궁 내 착상을 방해하는 피임방법이다.
⑤ 의사의 처방 없이 약국에서 약품의 구입이 가능하다.

059 지역사회 간호사업 수행 중 주민이 불만을 호소할 때 지역사회 간호조무사의 태도로 옳은 것은?

① 듣는 척하면서 자신의 일을 계속한다.
② 조용히 타이른다.
③ 업무시간이 끝나고 개인적으로 만나 해결한다.
④ 인내심을 가지고 끝까지 경청한다.
⑤ 보건요원의 입장에 대해 설명한다.

060 국가적 차원에서 지속관리율과 환자 스스로의 자기관리율이 모두 높은 질환으로 옳은 것은?

① 급성 신부전증
② 충수염
③ 신종 인플루엔자
④ 심근 경색증
⑤ 고혈압

061 폐결핵의 가장 흔한 전염 경로로 옳은 것은?

① 수혈이나 주사기
② 매개 곤충을 통한 감염
③ 기침이나 재채기를 통한 비말감염
④ 상처 접촉을 통한 접촉감염
⑤ 결핵균에 오염된 음식 섭취

062 무증상감염자라고도 하며 증세가 가볍거나 미미해서 인지되지 않는 환자를 무엇이라고 하는가?

① 증상 감염자 ② 무증상 감염자
③ 잠복기 보균자 ④ 회복기 보균자
⑤ 건강 보균자

063 인공수동면역과 인공능동면역에 대한 설명으로 옳은 것은?

① 면역글로불린과 항독소 주사는 인공능동면역에 해당된다.
② 인공수동면역은 접종 즉시 효력이 생긴다.
③ 인공수동면역은 인공능동면역에 비해 지속시간이 길다.
④ 인공수동면역의 목적은 질병예방이다.
⑤ 인공능동면역의 목적은 질병치료이다.

064 병실에서 환자를 간호하는 간호조무사가 N95 마스크를 착용해야 하고, 음압병실에서 간호하는 것을 원칙으로 하는 질병으로 옳은 것은?

① 풍진, 폐결핵
② 폐결핵, 중동호흡증후군
③ 디프테리아, 발진티푸스
④ 콜레라, 볼거리(유행귀밑샘염)
⑤ 장티푸스, 인플루엔자

065 혈액관리법에서 정한 혈액관리 업무로 옳은 것은?

① 채혈, 검사, 판매, 공급, 품질관리
② 품질관리, 검사, 영업, 제조, 보존
③ 보존, 공급, 연구, 채혈, 실험
④ 채혈, 검사, 제조, 보존, 공급, 품질관리
⑤ 판매, 공급, 품질관리, 혈액에 관한 연구, 수혈

066 의료인은 의료, 조산, 간호 등의 업무를 하면서 알게 된 ( )의 비밀을 누설하지 못한다. 이를 어기면 ( ) 이하의 징역, ( ) 이하의 벌금에 처한다. 빈칸을 순서대로 채운 것은?

① 환자, 3년, 3천만 원
② 다른 사람, 3년, 3천만 원
③ 다른 사람, 3년, 1천만 원
④ 환자와 보호자, 1년, 1천만 원
⑤ 환자와 보호자, 3년, 1천만 원

067 시·도지사, 시장·군수·구청장, 한국수자원공사 사장이 유지하고자 하는 수돗물 플루오린(불소) 농도는 ( )ppm으로 하되 그 허용범위는 최소( )ppm, 최대( )ppm으로 한다. 괄호 안에 들어갈 숫자를 순서대로 나열한 것은?

① 0.8, 0.6, 1.0
② 8, 6, 10
③ 0.8, 0.05, 0.2
④ 0.6, 0.05, 0.2
⑤ 0.2, 0.05, 2.0

068 혈액의 보존 및 관리 방법으로 옳은 것은?

① 보존 온도를 유지, 기록할 수 있는 장치를 갖추어야 한다.
② 전혈은 섭씨 20~24℃에서 관리한다.
③ 혈소판은 섭씨 1~10℃에서 관리한다.
④ 혈장은 섭씨 6℃ 이상에서 관리한다.
⑤ 혈액제제 운송 및 수령확인서는 2년간 보관한다.

069 의료인의 자격정지에 해당되는 것은?

① 비도덕적 진료행위
② 관련 서류를 위조·변조하거나 속임수 등 부정한 방법으로 진료비를 공단에 거짓 청구한 때
③ 환자를 특정 약국으로 유치하기 위해 약국 개설자와 담합하는 행위
④ 부당하게 많은 진료비를 환자에게 요구하는 경우
⑤ 다른 의료기관을 이용하려는 자를 자신의 의료기관으로 유인하는 행위

070 정신질환자의 정의로 옳은 것은?

① 신체장애로 인해 절대적인 도움이 필요한 사람
② 치료할 수 없는 질병을 가진 사람
③ 망상, 환각, 사고장애, 기분장애 등으로 인하여 독립적으로 일상생활을 영위하는 데 제약이 있는 사람
④ 다른 사람에게 질병을 옮길 수 있어 격리가 필요한 사람
⑤ 지남력이 상실된 치매 환자와 같은 사람

실기

071 코위관(비위관)을 삽입하는 도중 환자가 헛구역질을 하며 괴로워 할 때 간호조무사가 취할 수 있는 행동으로 옳은 것은?

① 코로 숨을 깊게 들이마시도록 한다.
② 주입을 멈추고 잠깐 쉬게 한다.
③ 고개를 뒤로 과다 폄(과신전)한다.
④ 잠시 호흡을 참도록 한 후 강하게 밀어 넣는다.
⑤ 즉시 제거한다.

072 간호조무사가 환자에게 페니라민 말레산염(항히스타민제)을 제공하면서 "이 약을 복용하면 현기증(어지럼), 두근거림, 졸림이 있을 수 있어요" 라고 말했다. 간호조무사가 환자에게 설명한 약물의 효과는?

① 치료적 작용 ② 부작용
③ 독작용 ④ 상가작용
⑤ 대항작용(길항작용)

073 침상 준비 시 방수포(고무포)가 필요하지 않은 환자는?

① 요실금 노인
② 장염으로 설사가 심한 아동
③ 볼거리(유행귀밑샘염) 아동
④ 전신마취 수술을 한 성인
⑤ 자연분만을 한 산모

074 병원 환경 관리에 대한 설명으로 옳은 것은?

① 소음을 방지하기 위해 운반차에 고무바퀴를 달아준다.
② 비질을 한 후 진공청소기로 다시 한 번 청소한다.
③ 환자에게 바람이 직접 닿을 수 있도록 창문과 문을 모두 열어 맞바람이 불도록 한다.
④ 낮 동안에는 햇빛이 직접 들어오도록 커튼을 걷어둔다.
⑤ 물걸레로 닦고 물기는 그대로 마르게 둔다.

075 문제중심기록에 해당하는 SOAP형식을 적용하여 기록할 때 주관적 자료(S)에 해당하는 것으로 옳은 것은?

① 피부에 빨간 반점이 보임
② 몸을 웅크리고 손을 떨고 있음
③ 혈압 110/70mmHg
④ "심장이 콕콕 찌르는 것처럼 아파요."
⑤ 진정제 투여 20분 만에 잠듦

076 전신마취 수술 후 5시간이 지났지만 소변을 보지 못하는 환자의 배뇨를 증진하기 위한 간호로 옳은 것은?

① 즉시 인공도뇨를 실시한다.
② 시원한 변기를 제공한다.
③ 따뜻한 물을 회음부에 부어준다.
④ 하복부에 얼음주머니를 적용한다.
⑤ 배뇨하는 동안 곁에서 지켜보아 환자의 정신적 이완을 돕는다.

077 격리병실 관리에 대한 설명으로 옳은 것은?

① 코로나 19에 감염된 환자 병실은 양압 병실이어야 한다.
② 전염성이 강한 감염병 환자라 하더라도 병원 내 이동에 제한을 두어서는 안된다.
③ 감염병 환자 사망 후 병실과 침구 등은 소독제로 소독한다.
④ 격리병실은 감염전파 예방을 위해 퇴원 시에만 청소한다.
⑤ 감염병 환자가 사용하던 매트리스는 폐기처리한다.

078 **병원 물품 관리 방법으로 옳은 것은?**

① 피가 묻어있는 기구는 뜨거운 물에 먼저 헹구고 찬물로 씻는다.
② 더운물주머니는 공기를 넣어 보관한다.
③ 변기나 소변기는 월 1회 물로 닦는다.
④ 알코올은 응고된 혈액을 제거하는 데 효과적이다.
⑤ 고무관은 겉면을 깨끗이 씻어 건열 멸균한다.

079 **변비가 있는 노인 환자를 위한 간호로 옳은 것은?**

① 부드러운 음식만 제공한다.
② 섬유질이 적은 음식을 제공한다.
③ 복부를 시계 반대방향으로 부드럽게 마사지한다.
④ 수분 섭취를 권장한다.
⑤ 식사량을 줄여본다.

080 **치매 환자가 "내 밥에 독약 넣은 거 다 알아. 안 먹어!" 라고 말할 때 간호조무사의 적절한 대답은?**

① "드시지 마세요."
② "그럼 배고플 때 말씀하세요."
③ "제가 먼저 먹어 볼게요."
④ "왜 그렇게 생각하세요?"
⑤ "무슨 독약을 넣었을 것 같아요?"

081 **뜨거운 물로 인해 전신 화상을 입은 환자에게 아래와 같은 장비를 사용하는 이유는 무엇인가?**

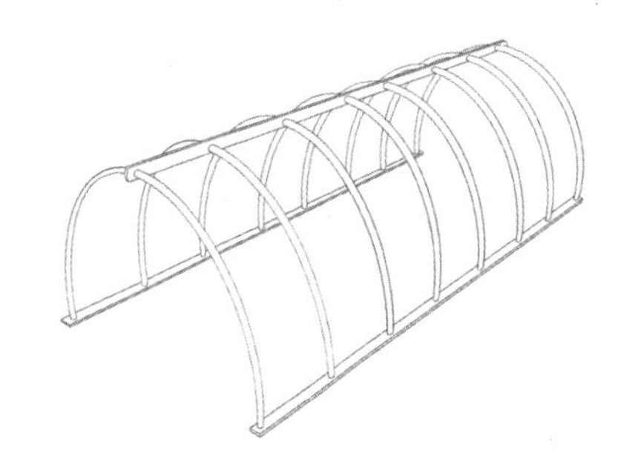

① 윗 침구가 피부에 닿는 것을 방지하기 위해
② 발처짐(족저굴곡, 족하수, foot drop)을 예방하기 위해
③ 대퇴의 바깥돌림(외회전)을 방지하기 위해
④ 누워있는 상태에서 몸을 일으킬 때 도움을 받기 위해
⑤ 욕창을 예방하기 위해

082 **허리천자(요추천자) 시 체위로 옳은 것은?**

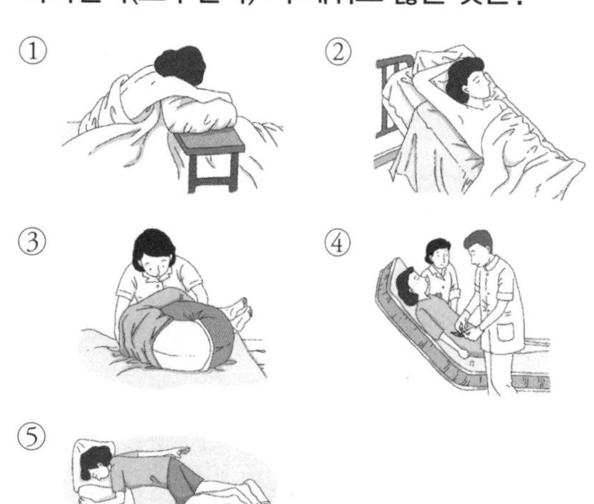

083 심폐소생술 시 가슴압박을 위한 손의 위치로 옳은 것은?

① 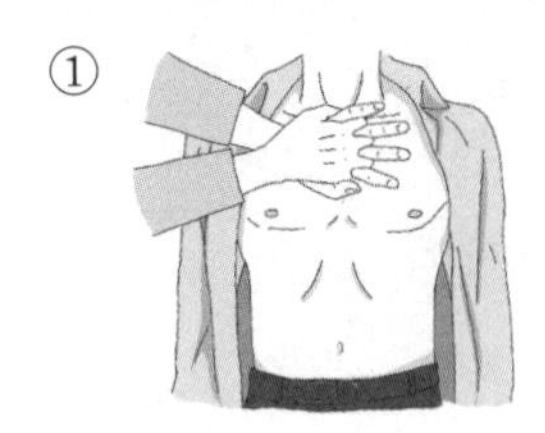

② 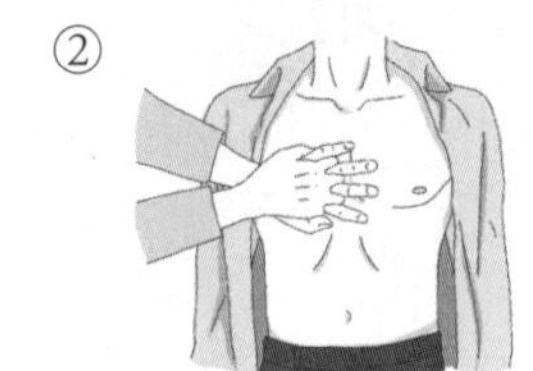

③ 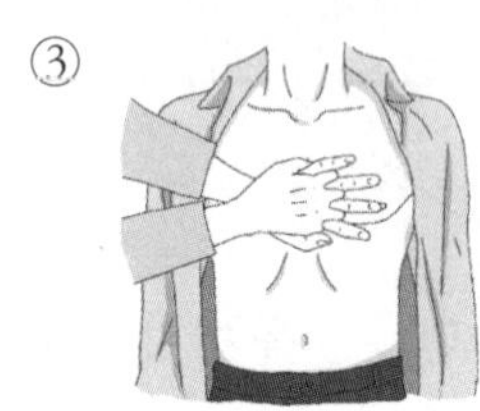

④ 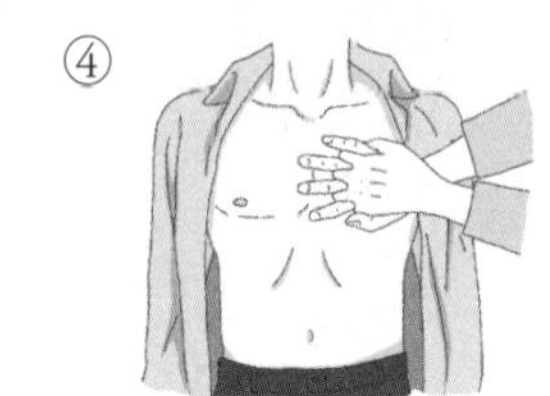

⑤ 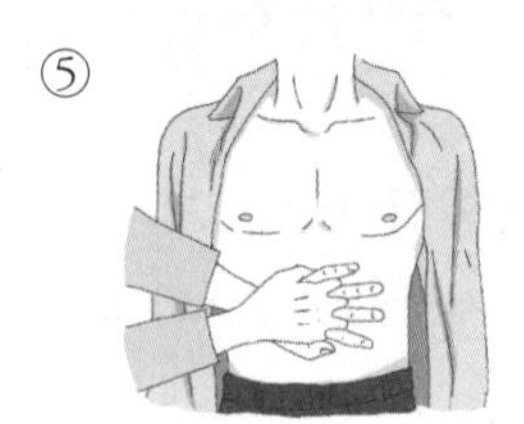

084 갑자기 체온이 높게 측정되었을 때 간호조무사가 가장 우선 할 일은?

① 미온수로 닦아준다.
② 즉시 의사나 간호사에게 보고한다.
③ 수분 섭취를 증가시키고 얼음주머니를 대준다.
④ 옷을 벗기고 방을 서늘하게 해준다.
⑤ 다른 체온계로 다시 측정해본다.

085 맥박산소계측기(Pulse oximeter)로 산소포화도 검사를 할 때 측정 결과가 부정확할 수 있는 경우는?

① 혈색소(헤모글로빈)가 감소된 빈혈 환자
② 고혈압 환자
③ 비만 환자
④ 저체중 환자
⑤ 기계를 심장 높이에 두지 않은 경우

086 일반 소변 검사를 위한 검사물 채취 방법으로 옳은 것은?

① 소독약을 사용하여 요도를 소독한 후 소변을 받는다.
② 단순도뇨를 실시하여 받는다.
③ 검사물 채취 후 운반이 지연될 경우 실온보관하도록 한다.
④ 균이 농축되어 있는 아침에 뚜껑이 있는 멸균컵에 받는다.
⑤ 중간소변을 30~50cc가량 받는다.

087 치매 환자의 목욕을 돕는 방법으로 옳은 것은?

① 혼자 있기를 원하면 호출기 사용법을 알려주고 혼자 있도록 한다.
② 목욕물에 거부감을 보이면 대야에 물을 담아 장난치도록 해서 거부감을 없앤다.
③ 몸이 불편한 경우 통목욕보다는 샤워를 권장한다.
④ 낙상 예방을 위해 환자를 욕조에 앉힌 후 물을 채운다.
⑤ 목욕물의 온도는 환자가 결정한다.

088 복막천자(복수천자)에 대한 설명으로 옳은 것은?

① 상체를 앞으로 숙이게 한다.
② 천자 전 금식한다.
③ 검사를 위해 소변을 참는다.
④ 체액을 너무 빨리 빼게 되면 혈압 상승, 맥박 저하 등의 증상이 나타난다.
⑤ 무균적으로 시행하고 천자 전후에 복부둘레를 측정하여 비교한다.

089 EO가스 멸균에 대한 내용으로 옳은 것은?

① 낮은 온도(보통 38~55℃)에서 멸균한다.
② 멸균 후 바로 사용할 수 있다.
③ 비용이 저렴하고 안전하다.
④ 소독물품은 14일간 보존이 가능하다.
⑤ 플라스틱이나 고무제품 같은 열에 약한 물품의 소독에는 적합하지 않다.

090 의식이 있는 성인 환자에게 관장을 실시할 때 취해야 할 자세에 대한 설명으로 옳은 것은?

① "천장을 보고 똑바로 누워주세요."
② "왼쪽으로 돌아누운 후 위쪽에 있는 다리를 복부 쪽으로 구부려주세요."
③ "복부를 침대에 대고 엎드려 주세요."
④ "가슴과 무릎을 바닥에 대고 엉덩이를 들어 올려주세요."
⑤ "상체를 45도 정도 올려주세요."

091 혈액 투석을 위한 동정맥루를 가진 환자의 간호로 옳은 것은?

① 동정맥루 시술 후 바로 투석이 가능하다.
② 동정맥루가 있는 팔은 평소에도 움직이지 않도록 한다.
③ 투석 시 저혈압 증상을 주의 깊게 관찰한다.
④ 동정맥루에 진동감이 강하면 병원을 방문하여 의사의 진료를 받는다.
⑤ 동정맥루가 있는 팔에서 혈압 측정, 정맥주사나 채혈을 시행한다.

092 위장관 수술 환자가 "수술도 끝났는데 코에 있는 관(L-tube)은 언제 제거하나요?" 라고 물었을 때 적절한 대답은?

① "가스가 나오고 장운동이 회복되면요."
② "첫 소변이 나온 후에요."
③ "퇴원하는 날에요."
④ "첫 식사 후에 별 이상이 없으면요."
⑤ "수술 상처가 모두 아물면요."

093 왼쪽 반신마비(편마비) 환자를 돕는 방법으로 옳은 것은?

① 반신마비(편마비) 환자가 스스로 이동 시 보조자는 환자의 오른쪽에 선다.
② 침대에서 휠체어로 이동하려고 할 때 휠체어는 환자의 오른쪽에 둔다.
③ 오른손으로 지팡이를 사용하는 경우 오른쪽에서 부축한다.
④ 상의는 왼쪽을 먼저 벗긴다.
⑤ 보행벨트를 이용하는 경우 환자의 뒤에서 오른쪽 벨트를 지지한다.

094 신체보호대 적용 시 주의사항으로 옳은 것은?

① 침상 난간에 묶는다.
② 뼈가 돌출된 부위에는 적절한 패드를 대준다.
③ 보호대는 쉽게 풀 수 없도록 단단히 묶는다.
④ 보호자 면회 시에는 풀어준다.
⑤ 의사의 필요시 처방을 받아 상황에 맞게 사용한다.

095 기관절개술 환자에게 필요한 간호로 옳은 것은?

① 기관절개관 입구에 마른 거즈를 덮어준다.
② 기관절개관이 더러워졌을 경우 내관을 알코올에 담갔다가 닦는다.
③ 기관절개관 주위 피부 소독은 주 1회 시행한다.
④ 기관절개관이 빠진 경우 의사가 올 때까지 멸균겸자로 기관절개 부위를 벌리고 있는다.
⑤ 목소리가 명확하므로 별도의 필기도구는 필요하지 않다.

096 수술 당일 아침 간호로 옳은 것은?

① 머리핀, 의치, 장신구, 매니큐어를 사용하여 깔끔하게 정돈한다.
② 수술에 대해 불안해하면 수술을 연기한다.
③ 의치 제거 후 주머니에 넣어서 수술실로 가져간다.
④ 처방에 따라 수술 전에 유치도뇨를 삽입하거나 수술실에 가기 직전에 소변을 보도록 한다.
⑤ 깨끗한 속옷으로 갈아입고 새 환의를 입도록 한다.

097 수술 24시간 이내에 드레싱이 흠뻑 젖었을 때 새로 소독을 하지 않고 거즈를 덧붙이기만 하는데 그 이유는?

① 통증을 줄이기 위해
② 감염 예방을 위해
③ 분비물 배출을 억제하기 위해
④ 새로 소독을 하면 금방 또 젖기 때문에
⑤ 조금 더 강한 압력으로 압박하기 위해

098 신생아 간호로 옳은 것은?

① 제대는 30~50% 알코올로 닦아준다.
② 태지는 거즈에 오일을 묻혀 모두 제거한다.
③ 신생아실의 온도는 22~26℃, 습도는 55~65%가 적합하다.
④ 산모가 분만 전에 비타민 K 주사를 맞지 않았을 경우 분만 후 산모에게 비타민 K를 근육주사 한다.
⑤ 임균눈염증을 예방하기 위해 바셀린을 눈가에 발라준다.

099 통목욕에 대한 설명으로 옳은 것은?

① 욕실 온도는 18~20℃, 물의 온도는 46~52℃가 적당한다.
② 목욕 중에는 환기를 위해 창문을 열어두고, 물속에 30분 이상 있도록 하여 근육과 혈관을 이완시킨다.
③ 통목욕을 하다가 쓰러졌을 경우 가장 먼저 통속의 물을 뺀다.
④ 반신마비(편마비) 환자가 욕조에 들어가고 나올 때는 마비된 쪽부터 움직인다.
⑤ 프라이버시를 위해 욕실문은 안에서 잠그도록 한다.

100 암 진단을 받은 환자가 "말도 안 돼. 오진일거야"라고 하며 여러 병원을 찾아다니며 같은 검사를 반복하고 있다. 이 환자의 죽음의 단계는?

① 부정 ② 분노
③ 협상 ④ 우울
⑤ 수용

실전 모의고사

기초간호학 개요

001 **소독되지 않은 가위로 제대를 절단했을 때 신생아에게 발생할 수 있는 질환은?**

① 매독 ② 풍진
③ 황달 ④ 간염
⑤ 파상풍

002 **혈당을 증가시키는 호르몬으로 묶인 것은?**

① 인슐린, 글루카곤, 코티솔, 성장호르몬
② 글루카곤, 코티솔, 성장호르몬, 에피네프린
③ 부신피질호르몬, 글루카곤, 성장호르몬, 인슐린
④ 안드로겐, 에피네프린, 코티솔, 항이뇨호르몬
⑤ 에스트로젠, 인슐린, 글루카곤, 난포자극호르몬

003 **나이팅게일의 간호이념으로 옳은 것은?**

① 간호는 질병을 간호하는 것이다.
② 간호는 사명이 아닌 직업이다.
③ 간호사는 의사의 업무까지 모두 할 줄 알아야 한다.
④ 모든 간호행위는 간호사의 마음으로 행하여야 한다.
⑤ 환자의 정신, 육체, 감정 모두에 관심을 가져야 한다.

004 **삼킴곤란(연하곤란)으로 음식을 삼키기 힘든 환자에게 제공하기에 적합한 음식의 형태는?**

① 건조하고 단단한 음식
② 카스테라나 연두부처럼 부드러운 음식
③ 끈적임이 많은 음식
④ 삼키기 쉬운 유동식
⑤ 신맛이 강한 음식

005 **항결핵제 중 말초신경염의 부작용이 있어 Vit B_6(피리독신)과 함께 복용해야 하는 약물은?**

① 리팜피신
② 스트렙토마이신(SM)
③ 카나마이신(KM)
④ 아이소나이아지드
⑤ 피라진아마이드

006 **의사나 간호사로부터 비윤리적인 지시를 받았을 때 간호조무사의 태도로 옳은 것은?**

① 상황에 따라 행동한다.
② 친밀한 관계를 유지하기 위해 시키는 대로 행한다.
③ 법적으로 문제가 없는지 확인 후 행한다.
④ 비윤리적 지시에 대해 거절할 권리가 있다.
⑤ 직속상관과 상의 후 결정한다.

007 **심폐소생술 시 가슴 압박 방법으로 옳은 것은?**

① 복장뼈(흉골)의 위쪽 절반 부위에 두 손을 깍지 끼고 올려놓는다.
② 팔꿈치를 45° 각도로 굽혀 체중을 싣는다.
③ 성인의 경우 5cm 깊이로 압박한다.
④ 2명의 의료인이 영아에게 심폐소생술을 시행할 때 흉부압박 : 인공호흡의 비율은 30 : 2이다.
⑤ 가슴 압박은 분당 150회 이상이 적절하다.

008 **간호조무사의 업무로 옳은 것은?**

① 상처 드레싱
② 환자에게 검사 결과 설명
③ 검사물 수거 및 운반
④ 치과에서 스켈링 및 젖니(유치) 발치
⑤ 독자적인 업무 수행과 환자 진료

009 낮은 수준의 소독으로 재사용할 수 있는 물품은?

① 수술기구
② 전달집게
③ 청진기
④ 호흡치료기구 및 마취기구
⑤ 위·대장 내시경류

010 노화로 인한 호흡기계의 변화로 옳은 것은?

① 호흡기 감염 감소
② 기침반사 증가
③ 폐활량 감소
④ 잔류공기량과 기능적 잔기량(남은 공기량) 감소
⑤ 폐조직의 탄력성 증가

011 폐경기 여성에게 골다공증이 발생하는 주된 원인은?

① 에스트로젠 부족 ② 운동 부족
③ 체중 증가 ④ 비타민 부족
⑤ 칼슘 부족

012 임신중독증(자간전증, 전자간증) 발생 시 나타나는 증상이 순서대로 나열된 것은?

① 경련 → 고혈압 → 단백뇨
② 고혈압 → 부종 → 단백뇨
③ 부종 → 고혈압 → 단백뇨
④ 단백뇨 → 고혈압 → 부종
⑤ 두통 → 부종 → 경련

013 치매 환자의 식사를 돕는 방법으로 옳은 것은?

① 소금과 후추를 식탁에 올려두어 스스로 간을 맞출 수 있도록 한다.
② 유리그릇에 음식을 제공한다.
③ 사레가 자주 걸리면 조금 더 걸쭉한 음식을 제공한다.
④ 작고 딱딱한 사탕이나 땅콩을 제공한다.
⑤ 환자가 원할 때마다 음식을 제공한다.

014 산소와 결합하여 살균 효과를 나타내는 약물로 드레싱을 할 때 가장 먼저 사용하는 소독약은?

① 과산화수소수 ② 베타딘
③ 붕산수 ④ 겐티아나바이올렛
⑤ 알코올

015 노인학대가 의심되는 노인을 발견했을 때 대처 방법은?

① 보건소에 신고한다.
② 노인 보호 전문기관에 신고한다.
③ 모른 체한다.
④ 상담소에 연계한다.
⑤ 노인의 의사를 먼저 확인한다.

016 임신성 고혈압으로 부종이 심한 임부를 위한 식이는?

① 고수분, 고지방 식이
② 저단백, 저지방 식이
③ 저비타민, 저염 식이
④ 수분 제한, 고비타민 식이
⑤ 저지방, 고염 식이

017 췌장(이자) 랑게르한스섬의 β세포에서 분비되는 인슐린의 기능으로 옳은 것은?

① 혈당을 감소시킨다.
② 녹말분해효소(amylase), 지방분해효소(lipase), 단백질분해효소(trypsin) 분비를 촉진시킨다.
③ 혈압을 감소시킨다.
④ 소변량을 증가시킨다.
⑤ 지방 소화를 돕는다.

018 간염 환자의 식이로 옳은 것은?

① 고탄수화물, 고단백, 고비타민, 저지방
② 저탄수화물, 고단백, 고비타민, 저지방
③ 고탄수화물, 고단백, 저비타민, 저지방
④ 저탄수화물, 고단백, 저비타민, 고지방
⑤ 고탄수화물, 저단백, 고비타민, 고지방

019 3세 유아의 특성으로 옳은 것은?

① 항상 새로운 물건만을 고집한다.
② 영아보다 성장률이 증가하기 때문에 열량, 단백질, 수분의 섭취량을 늘려야 한다.
③ 거절증, 분리불안 등의 증상이 나타난다.
④ 야뇨증은 비뇨기계 감염 증상이므로 발생 시 속히 병원으로 데려간다.
⑤ 에릭슨의 심리사회적 발달 이론에 따르면 신뢰감 또는 불신감이 형성되는 시기이다.

020 성인의 활력징후 중 이상소견으로 간호사에게 즉시 보고해야 하는 것은?

① 호흡 : 분당 14회
② 입안체온(구강체온) : 37.1℃
③ 맥박 : 분당 120회
④ 혈압 : 100/70mmHg
⑤ 맥박산소포화도 : 97%

021 음식을 먹다가 호흡곤란 증세를 보이며 의식을 잃고 쓰러진 환자의 응급처치로 옳은 것은?

① 환자의 입에 손가락을 천천히 넣어 이물(이물질)이 있는지 확인한다.
② 즉시 심폐소생술을 실시한다.
③ 입을 벌려 물을 천천히 부어준다.
④ 환자 뒤에 서서 주먹을 쥐고 복부를 후상방으로 힘차게 밀어올린다.
⑤ 환자에게 복와위를 취해준 후 등을 두드려 준다.

022 분만 후 1시간이 경과한 산모의 얼굴이 창백하고 자궁이 물렁거리며 과다한 질 출혈을 보일 때 가장 우선적인 간호는?

① 활력징후를 측정한다.
② 하지를 올리고 보고한다.
③ 수액을 빠르게 주입한다.
④ 자궁수축제를 준비한다.
⑤ 자궁바닥을 마사지한다.

023 자살을 위해 수면제를 다량 복용한 환자를 발견하였다. 의식이 있을 경우 응급처치로 옳은 것은?

① 커피를 마시게 한다.
② 병원으로 속히 데려가 위 세척을 한다.
③ 구토를 유도한다.
④ 이뇨제를 투여하여 배뇨하게 한다.
⑤ 신선한 공기를 마시게 한다.

024 생후 6개월 아이에게 이미 접종되었을 예방접종끼리 묶인 것은?

① 인플루엔자, 폴리오(회색질척수염), A형 간염
② 폴리오, B형 간염, BCG
③ MMR, 일본뇌염, 폐렴알균
④ DPT, A형 간염, 수두
⑤ 장티푸스, 백일해, 풍진

025 호흡기 질환으로 기침이 심한 환아가 입원하고 있는 병실의 환경 관리로 옳은 것은?

① 방안의 온도를 낮게 해준다.
② 방안의 습도를 높여준다.
③ 가습기 사용을 절대 금한다.
④ 수시로 먼지를 털고 바닥을 비질한다.
⑤ 창문과 병실 문을 모두 열어 맞바람을 쐬게 해준다.

026 교통사고로 왼쪽 무릎 아래를 절단한 환자가 "왼쪽 엄지발가락이 저리고 아파요" 라고 호소한다. 이 환자가 호소하는 통증의 종류는?

① 거짓 통증 ② 시상통
③ 암성 통증 ④ 심부성 통증
⑤ 환상통

027 성장호르몬에 대한 설명으로 옳은 것은?

① 뇌하수체 후엽에서 분비되는 호르몬이다.
② 성장기 어린이에게 과다하게 분비되는 경우 말단비대증이 나타난다.
③ 성장호르몬이 부족하면 거인증이 될 수 있다.
④ 성장이 끝난 성인에게 성장호르몬이 과잉분비되면 왜소증(난쟁이)이 될 수 있다.
⑤ 성장호르몬은 밤 10시에서 새벽 2시 사이에 가장 많이 나온다.

028 갑상샘항진증에 대한 설명으로 옳은 것은?

① 타이록신의 분비가 저하되어 발생한다.
② 부종, 거칠고 건조한 피부, 서맥, 변비, 위산분비 감소, 식욕 감소, 배란장애 또는 월경과다, 추위에 민감한 증상이 나타난다.
③ 체중이 증가한다.
④ 태생기 혹은 출생 후 영아에게는 크레틴병이 나타난다.
⑤ 바제도갑상샘종(바제도병, 그레이브스병)이라고 한다.

029 자동심장충격기 사용 방법으로 옳은 것은?

① 왼쪽 빗장뼈(쇄골) 아래와 오른쪽 겨드랑 아래에 패드를 부착한다.
② 심장리듬을 분석할 때 모두 물러나라고 외치고 심폐소생술을 멈춘다.
③ 세동제거가 필요하다는 음성지시 후 바로 버튼을 눌러 세동제거를 시행한다.
④ 세동제거 후 심폐소생술을 다시 시행해서는 안 된다.
⑤ 5분마다 한 번씩 자동심장충격기가 심장리듬을 분석한다.

030 장염으로 심한 설사를 하는 환자를 위한 식이요법으로 옳은 것은?

① 차가운 음식을 제공한다.
② 싱싱한 과일과 야채 위주의 식단을 제공한다.
③ 식사를 제한하고 끓인 보리차를 조금씩 자주 마시도록 한다.
④ 신맛이 강한 음식을 제공한다.
⑤ 섬유질이 많은 식사를 제공한다.

031 고혈압에 대한 내용으로 옳은 것은?

① 포타슘이 많은 바나나, 토마토, 감자 등의 섭취를 제한한다.
② 약을 복용하는 중에 혈압이 정상이 되면 복용을 중지한다.
③ 절대안정, 체중 조절, 스트레스 관리에 신경 쓴다.
④ 저지방, 고콜레스테롤 식이를 제공한다.
⑤ 뒷목이 뻐근하고 코피가 나는 것은 고혈압 증상일 수 있으므로 혈압을 측정해본다.

032 상악의 치아가 심하게 돌출된 부정교합을 무엇이라고 하는가?

① 1급 부정교합 ② 2급 부정교합
③ 3급 부정교합 ④ 4급 부정교합
⑤ 5급 부정교합

033 치과 기구나 장비에 대한 설명으로 옳은 것은?

① 손잡이기구는 치아를 삭제할 때 사용하는 기구로 고속용과 저속용으로 구분되고 저속용에서는 물이 함께 분사된다.
② 익스플로러는 구강 내의 이물(이물질)을 제거하거나 치료에 필요한 재료를 넣을 때 사용한다.
③ 라이트(무영등)는 환자의 눈에 직접 비추지 않도록 해야 하고 60~90cm가량 떨어져 위치시킨다.
④ 필요한 기구는 브래킷에 우측에서 좌측으로 배열시킨다.
⑤ 진료 중간에 환자가 구강을 헹구었을 경우 세면대로 가서 뱉도록 한다.

034 침요법의 주의사항으로 옳은 것은?

① 침을 맞는 방의 온도는 약간 서늘한 것이 좋다.
② 무조건 환자가 원하는 자세로 침을 맞도록 한다.
③ 침을 맞다가 어지러운 증상은 명현현상임을 설명하고 안심시킨다.
④ 발침 후 출혈이 있는 부위는 5분 이상 강하게 문질러 준다.
⑤ 발침 후 신체에 남은 침이 없는지 확인한다.

035 수치료법(냉온요법)에 대한 설명으로 옳은 것은?

① 비누를 자주 사용한다.
② 냉탕부터 입욕해서 냉탕으로 끝낸다.
③ 고령자, 순환기 질환자, 병약자의 경우 냉탕과 온탕의 온도 차이를 20℃ 내외로 한다.
④ 자극과 진정, 해독, 순환촉진, 지혈작용을 한다.
⑤ 비만, 만성소화기 질환, 류마티스 질환 환자에게는 금기이다.

보건간호학 개요

036 급성 감염병이 유행할 때 가장 효과적인 교육방법이나 매체로 옳은 것은?

① 가정방문 ② 대중매체
③ 강의 ④ 시범
⑤ 심포지엄

037 보건소 간호조무사의 업무로 옳은 것은?

① 가족의 문제를 진단한다.
② 치료적 상담을 실시한다.
③ 환자의 검사물을 채취한다.
④ 보건계몽을 보조한다.
⑤ 보건통계를 집계하고 보고서를 작성한다.

038 의료급여에 대한 설명으로 옳은 것은?

① 의료급여수급권자는 몇 가지 경우를 제외하고는 단계별 진료절차(1차→2차→3차 의료급여기관)에 따라야 한다.
② 의료급여는 사회보험이다.
③ 의료급여 1종에는 북한 새터민이, 2종에는 이재민이나 의사상자가 해당된다.
④ 의료급여 1종은 국민의료비를 지불할 수 있는 사람이 해당된다.
⑤ 의료급여 2종은 근로능력이 없는 자들이 해당된다.

039 직업병과 발생원인이 옳게 연결된 것은?

① 고산병 – 진동
② 눈피로(안정피로) – 낮은 조도
③ 진폐증 – 소음
④ 경견완 증후군(목위팔증후군) – 분진
⑤ 잠함병 – 중금속

040 대기 중의 이산화탄소 증가가 원인이며 지구온난화, 해수면 상승, 엘니뇨 현상 등을 일으키는 것을 무엇이라고 하는가?

① 기온 역전 현상 ② 산성비
③ 온실 효과 ④ 열섬 현상
⑤ 황사

041 2시간 전에 유통기한이 지난 빵과 케이크를 먹은 후 구토, 설사, 복통 증상을 호소하고 있다. 의심되는 식중독으로 옳은 것은?

① 장염비브리오균 식중독
② 노로바이러스 식중독
③ 포도알균 식중독
④ 살모넬라 식중독
⑤ 보툴리누스 중독

042 보건교육 계획안 작성 시 옳은 것은?

① 도입 10~15%, 전개 70~80%, 종결 10~15%로 배정하는 것이 바람직하다.
② 필요한 경비는 선착순으로 배정한다.
③ 국가의 보건사업과는 무관하게 계획되어야 한다.
④ 평가계획은 평가시점에 수립한다.
⑤ 평가 후에는 재계획을 수립할 수 없다.

043 동일한 주제에 대해 2~5명의 전문가가 자신의 의견을 발표한 후 사회자의 진행에 따라 청중과 공개토론하는 형식으로 발표자, 사회자, 청중 모두가 전문가로 구성된 보건교육 방법은?

① 세미나 ② 패널토의
③ 분단토의 ④ 워크숍
⑤ 심포지엄

044 작업환경 관리 원칙 중 대체(대치)에 해당하는 것으로 옳은 것은?

① 환기를 통해 신선한 공기를 공급한다.
② 원격조정장치를 설치한다.
③ 개인보호구를 착용한다.
④ 페인트 작업을 분사식에서 전기 흡착식으로 변경한다.
⑤ 유해 작업장에 차단벽을 설치한다.

045 제약회사에서 오랫동안 근무한 사람에게 입안염(구내염), 단백뇨, 신경증상, 사지마비, 정신이상, 언어장애, 우울증, 불면증 등이 나타났다. 예상되는 중금속 중독의 종류로 옳은 것은?

① 납 ② 수은
③ 카드뮴 ④ 비소
⑤ 석면

046 공기가 여러 가지 원인에 의해 오염되었다 해도 그 조성이 크게 달라지지 않는 이유는 무엇인가?

① 살균 작용 ② 자정 작용
③ 정화 작용 ④ 교환 작용
⑤ 포식작용

047 사업의 시행으로 인해 환경에 미치는 해로운 영향을 미리 예측하고 분석하여 환경에 미치는 영향을 줄일 수 있는 방안을 강구하는 절차를 무엇이라고 하는가?

① 환경개선평가 ② 환경정화평가
③ 환경보호평가 ④ 환경영향평가
⑤ 환경과정평가

048 영아사망률이 한 국가의 보건수준을 나타내는 이유로 옳은 것은?

① 영아사망률은 12개월 미만의 일정 연령군이므로 통계적 유의성이 높다.
② 영아사망률은 보건수준에 영향을 받지 않는다.
③ 영아사망률 변동범위가 조사망률 변동범위보다 적다.
④ 영아사망률이 증가한다는 것은 국가의 보건수준이 향상되었음을 의미한다.
⑤ 영아사망률은 환경위생에 민감하지 않다.

049 1980년 '농어촌 등 보건의료를 위한 특별조치법'에 의해 설치된 지방보건의료기관은?

① 혈액원 ② 병원
③ 보건소 ④ 보건지소
⑤ 보건진료소

050 심신의 기능 상태 장애로 일상생활에서 일정 부분 다른 사람의 도움이 필요한 자로, 장기요양인정점수가 56점인 대상자의 장기요양등급으로 옳은 것은?

① 장기요양 1등급
② 장기요양 2등급
③ 장기요양 3등급
④ 장기요양 4등급
⑤ 장기요양 5등급

공중보건학 개론

051 가장 이상적인 가정방문 시간은?

① 가정방문 대상자만 집에 있는 시간
② 가족이 모두 모여 있는 시간
③ 늦은 저녁
④ 미리 약속된 시간
⑤ 보건간호조무사가 한가한 시간

052 지역사회의 가족에게 제공되어야 하는 간호서비스에 대한 요구는 누구에 의해 결정되는가?

① 정부의 시책에 따른다.
② 개인이나 가족의 필요에 기초를 둔다.
③ 전문가 자문에 의한다.
④ 지역 유지들의 요구에 의한다.
⑤ 보건간호조무사의 판단에 의한다.

053 2차 예방 중 하나인 집단검진을 실시하는 이유는?

① 조기발견 및 조기치료
② 질병 예방
③ 재활
④ 신체기능 회복
⑤ 사회복귀를 위한 준비

054 **모성클리닉을 처음 방문한 초산모에게 반드시 실시해야 할 검사로 옳은 것은?**

① 질 검사, 소변 검사, 혈압 측정, 키와 체중
② X선 검사, 혈압 검사, 매독 검사, 위 내시경
③ 체중, 소변 검사, 혈액 검사, 혈압 측정
④ 키, 복부 초음파, 복부둘레, 양수 검사
⑤ 소변 검사, 대변 검사, 가래 검사, 자궁경부암 검사

055 **1차 예방에 대한 내용으로 옳은 것은?**

① 건강검진
② 재활
③ 독감 예방접종
④ 물리치료
⑤ 정신질환자의 사회복귀촉진 훈련

056 **한 지역에 국한되지 않고 동시에 세계적으로 전파되는 감염병 발생양상을 무엇이라고 하는가?**

① 주기적　② 토착적
③ 범유행적　④ 산발적
⑤ 유행적

057 **부양비에 대한 설명으로 옳은 것은?**

① 비경제활동 연령인구에 대한 노인인구의 비를 말한다.
② 노령화 지수가 높다는 것은 노인인구가 증가하여 노년부양비가 증가됨을 의미한다.
③ 부양비 계산 시 분모에는 총 인구 수가 들어간다.
④ 총 부양비의 분자는 65세 이상 인구 수이다.
⑤ 노년부양비의 분모는 0~14세 인구 수이다.

058 **초등학생을 대상으로 투베르쿨린 반응 검사 실시 결과 음성으로 확인되었을 때 해야 할 조치는?**

① 결핵약 제공　② X선 촬영
③ BCG접종　④ 가래 검사
⑤ 폐 CT 촬영

059 **보건소 내 건강관리실(클리닉)의 장점으로 옳은 것은?**

① 거동이 불편한 사람도 쉽게 이용할 수 있다.
② 가족의 환경을 간접적으로 평가할 수 있다.
③ 가족 내 인적자원과 물품을 활용하여 교육할 수 있다.
④ 같은 문제를 가진 대상자들끼리 정보를 교환할 수 있다.
⑤ 가족의 상황과 실정에 맞는 서비스를 제공할 수 있다.

060 **가정방문에 대한 내용으로 옳은 것은?**

① 거동이 불편한 사람들은 이용할 수가 없다.
② 가족의 경제적 상태를 정확히 파악할 수 있다.
③ 같은 질환을 가진 사람들과 경험을 나눌 수 있다.
④ 시간이 많이 소요되고 많은 인력이 필요하다.
⑤ 교육적인 분위기를 조성하기가 쉽다.

061 **인구동태에 대한 통계자료로 옳은 것은?**

① 인구 크기　② 인구 밀도
③ 사망률　④ 성별 인구
⑤ 연령별 인구

062 활동성 결핵 환자에게 기침할 때 입(A)을 가리고 기침하도록 교육하였고, 이 환자의 검체를 채취할 때 마스크(B)를 착용하였다. 감염회로 중 어느 단계를 차단하는 것인가?

① A : 탈출구 B : 침입구
② A : 숙주의 감수성 B : 병원체
③ A : 저장소 B : 병원체
④ A : 침입구 B : 숙주의 감수성
⑤ A : 전파방법 B : 병원소

063 매독에 대한 설명으로 옳은 것은?

① 시크 검사로 진단한다.
② 원인균은 폴리오 바이러스이다.
③ 16~20주 사이에 태반을 통해서 태아에게 감염을 일으킨다.
④ 분만 직후 신생아 눈에 질산은 용액을 점적하여 예방한다.
⑤ 완치가 불가능하다.

064 간흡충증과 폐흡충증의 제2 중간숙주로 옳은 것은?

① 우렁이 – 붕어 ② 민물고기 – 게와 가재
③ 다슬기 – 달팽이 ④ 게와 가재 – 오징어
⑤ 소고기 – 돼지고기

065 간호조무사는 (A)의 자격인정을 받아야 하고, 구체적인 업무범위와 한계에 대하여 필요한 사항은 (B)으로 정한다. (A)와 (B)에 해당하는 용어로 옳은 것은?

① A : 보건복지부장관 B : 대통령령
② A : 보건복지부장관 B : 보건복지부령
③ A : 시·도지사 B : 대통령령
④ A : 시·도지사 B : 보건복지부령
⑤ A : 질병관리청장 B : 보건복지부령

066 요양병원에 입원이 가능한 사람으로 옳은 것은?

① 치매 환자 ② 알코올 중독자
③ 마약 중독자 ④ 장티푸스 환자
⑤ A형 간염 환자

067 의료인의 품위 손상 행위에 해당되는 것은?

① 정신질환자
② 의료인의 품위를 심하게 손상시키는 행위를 한 때
③ 태아 성감별 행위 금지 규정을 위반한 경우
④ 학문적으로 인정되지 아니하는 진료행위
⑤ 의료기사가 아닌 자에게 의료기사의 업무를 하게 한 때

068 정신건강증진시설로 묶인 것은?

① 정신질환자 수용시설, 정신의료기관
② 정신질환자 감금시설, 정신질환자 사회복귀시설
③ 정신의료기관, 정신요양시설, 정신재활시설
④ 정신재활시설, 물리치료실
⑤ 정신의료기관, 정신질환자 격리시설

069 구강질환의 예방, 구강건강의 증진 및 유지 등의 목적으로 제조된 용품인 구강관리용품을 정하는 사람은?

① 시·도지사
② 시장·군수·구청장
③ 한국치과협회
④ 한국수자원공사사장
⑤ 보건복지부장관

070 헌혈증서에 관한 설명으로 옳은 것은?

① 헌혈증서를 제출하면 저렴한 금액으로 수혈을 받을 수 있다.
② 무상으로 수혈 받을 수 있는 혈액은 헌혈 1회당 3단위까지 가능하다.
③ 헌혈자의 요구가 있을 경우 헌혈증을 제공한다.
④ 헌혈증서에 의한 무상수혈을 요구받은 의료기관은 정당한 사유 없이 이를 거부하지 못한다.
⑤ 헌혈증서는 양도 또는 기부하지 못한다.

실기

071 비뇨기과 병동에 입원중인 환자가 "1시간 전에 소변 150cc 봤어요. 잔뇨검사 해주세요."라고 이야기 하였을 때 간호조무사의 대답으로 옳은 것은?

① "소변보기 직전에 알려주셔야 검사가 가능해요."
② "소변을 참다가 더 이상 못 참을 때 알려주세요."
③ "소변 보고 30분 후에 해야 하는 검사인데 한 시간이 지났네요."
④ "소변 본 직후에 해야 하는 검사에요. 소변 보자마자 바로 알려주세요."
⑤ "지금 바로 아랫배에 힘을 주어서 나오는 소변량을 측정하면 돼요."

072 분만 전 관장을 실시하기에 적당한 시기로 옳은 것은?

① 분만 1기 초기　② 분만 1기 말기
③ 분만 2기 초기　④ 분만 2기 말기
⑤ 분만 3기 초기

073 유도분만을 위해 자궁수축제를 투여한 후 태아의 맥박이 60회로 감소하였을 때 산모에게 취해 주어야 할 자세로 옳은 것은?

① 배횡와위　② 골반내진 자세
③ 앙와위　④ 반좌위
⑤ 좌측위

074 녹내장 수술 환자가 퇴원할 때의 교육 내용으로 옳은 것은?

① "머리를 자주 숙이는 연습을 하세요."
② "퇴원 후에도 안약을 잘 넣으셔야 해요."
③ "실내 조명을 최대한 밝게 하세요."
④ "갑작스런 심한 통증은 정상이에요."
⑤ "해를 쳐다보았을 때 무지개 잔상이 보이면 잘 낫고 있다는 뜻이에요."

075 전신마취 수술 전 기본적인 검사 항목으로 옳은 것은?

① 위 내시경　② 폐 CT 촬영
③ 심장 초음파　④ CBC 검사
⑤ 허리천자(요추천자)

076 **전신마취 환자를 간호할 때 가장 중요한 것은?**

① 마취제 투여　② 수액 공급
③ 기도 유지　④ 체위 변경
⑤ 감염 예방

077 **요실금이 있는 환자에게 회음부 간호를 실시할 때 옳은 것은?**

① 차가운 물로 닦아주어 개운한 느낌이 들게 한다.
② 요도에서 항문 방향으로 닦는다.
③ 심즈 자세를 취하게 한 후 닦는다.
④ 대음순을 모은 상태에서 닦는다.
⑤ 알코올과 과산화수소수를 사용하여 닦는다.

078 **관장의 종류와 목적이 옳게 설명된 것은?**

① 암모니아 배출을 위한 락툴로오즈 정체관장
② 약물과 영양분을 투여하기 위한 바륨관장
③ 배변을 위한 수렴관장
④ 장내의 가스를 제거하기 위한 손가락 관장
⑤ 저포타슘혈증 시 케이엑살레이트 관장

079 **회음절개 부위 치유를 위한 좌욕 방법으로 옳은 것은?**

① 30~32℃ 정도의 물을 사용한다.
② 30분 이상 적용해야 효과가 있다.
③ 하루 2회 이내로 제한한다.
④ 대야를 바닥에 내려놓고 쭈그리고 앉는다.
⑤ 배변 후나 수유 후에 하는 것이 좋다.

080 **환자 운반법에 대한 설명으로 옳은 것은?**

① 언덕을 내려갈 때는 환자의 머리를 앞으로 하여 운반한다.
② 평지를 갈 때는 환자의 머리를 앞으로 한다.
③ 리더는 환자의 다리 쪽에 선다.
④ 구급차에 들어갈 때는 환자의 머리가 먼저 들어간다.
⑤ 경사진 곳을 올라갈 때는 환자의 다리 쪽을 앞으로 한다.

081 **오른쪽이 마비된 환자를 침대에서 휠체어로 옮길 때 휠체어의 위치로 옳은 것은?**

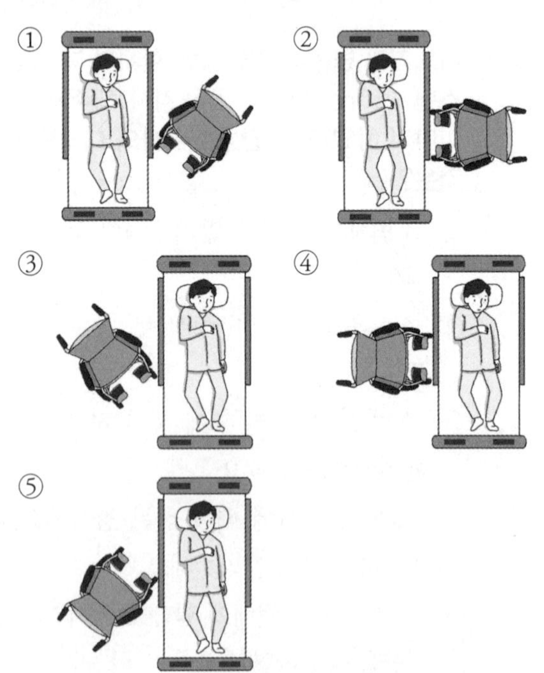

082 오른쪽 반신마비(편마비) 환자를 침상 밖으로 일으켜 세울 때 앞에서 보조하는 경우로 옳은 것은?

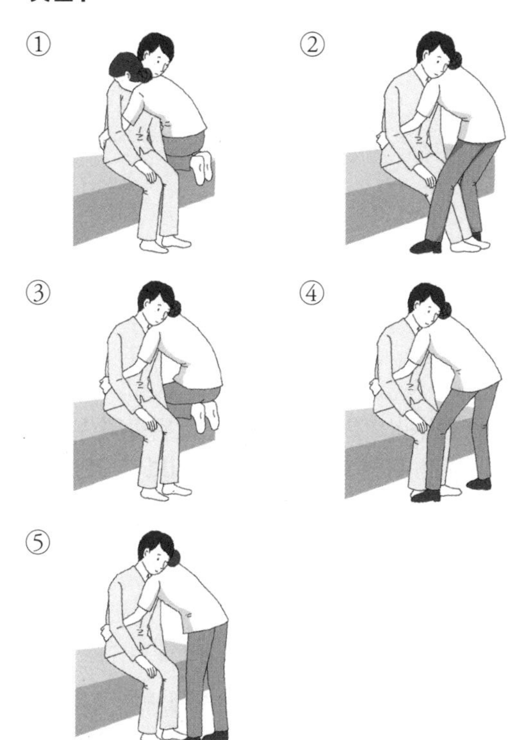

083 협조가 불가능한 환자가 침대 아래 쪽으로 내려갔을 때 침대 머리 쪽으로 이동하기 위한 방법으로 옳은 것은?

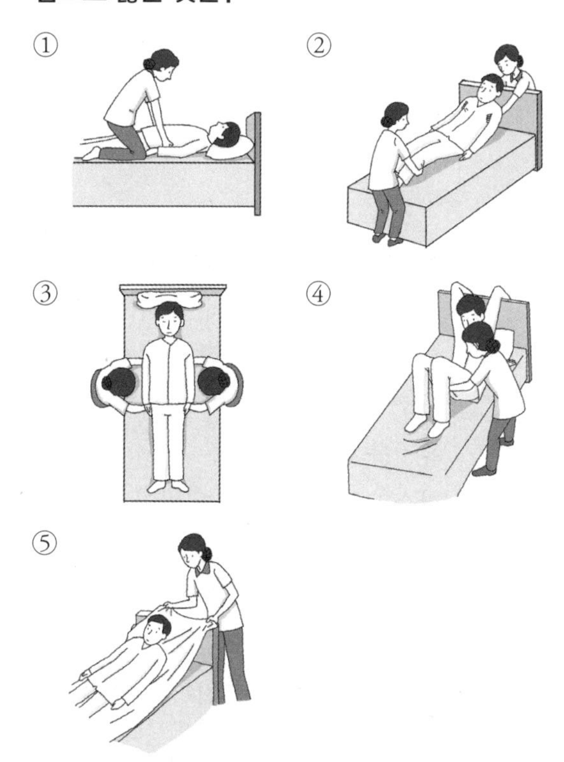

084 "누군가가 내 금반지를 훔쳐갔어" 라고 의심하며 화를 내는 치매 환자를 위한 대화 방법은?

① "할머니! 또 이러시네. 그만 하세요."
② "왜 그렇게 생각하세요?"
③ "누가 가져간 것 같아요?"
④ "같이 찾아볼까요?"
⑤ "나중에 찾아줄게요."

085 낙상 예방을 위한 내용으로 옳은 것은?

① 침대에서 운반차로 옮길 때 운반차를 약간 더 높게 한다.
② 침대 바퀴를 잘 고정하고 침대 높이를 낮춘다.
③ 환자의 물품은 손이 닿지 않는 곳에 정리해 둔다.
④ 침상난간에 걸려 넘어지지 않도록 항상 내려둔다.
⑤ 수면 시 반드시 신체보호대를 적용한다.

086 목발 사용에 대한 설명으로 옳은 것은?

① 이동하기 쉽도록 슬리퍼를 신는다.
② 목발 보행 전 어깨와 위팔(상완) 근육을 강화하기 위해 앉은 자세에서 팔굽혀펴기를 시행한다.
③ 목발을 짚었을 때 환자 팔꿈치가 45° 정도 구부러지도록 한다.
④ 목발과 겨드랑 사이에 틈을 없애 목발에 기댈 수 있도록 한다.
⑤ 체중은 겨드랑에 싣는다.

087 얼굴이 창백하고 우유를 토하는 신생아를 발견하였을 때 간호조무사가 즉시 취해야 할 행동으로 옳은 것은?

① 아기를 안고 간호사에게 달려간다.
② 산소를 공급하며 간호사를 부른다.
③ 흡인을 하며 산소를 공급한다.
④ 아기를 우측위나 복와위로 눕히고 등을 두드리며 간호사를 부른다.
⑤ 아기의 입에 손가락을 넣어 구토를 유발시킨다.

088 검사물 채취 및 관리 방법으로 옳은 것은?

① 상처 배양 검사 시 손으로 잡았던 부분의 면봉까지 함께 검사관에 넣는다.
② 사고로 인해 검사물이 손실되었을 경우에는 다시 받지 않아도 된다.
③ 아메바 검사를 위한 대변은 받는 즉시 검사실로 보낸다.
④ 뇌척수액은 받는 즉시 냉장보관한다.
⑤ CBC 채혈 후 응고를 방지하기 위해 거품이 날 때까지 세게 흔든다.

089 날이 있는 예리한 기구를 응급으로 사용해야 할 경우 적당한 소독법은?

① 과산화수소로 소독한다.
② 자비 소독한다.
③ 가압증기멸균기로 멸균한다.
④ 70% 알코올로 소독한다.
⑤ 불꽃 소독한다.

090 외과적 무균술을 실시해야 하는 경우는?

① 유치도뇨관 삽입 시
② 코위관 삽입 시
③ 장루주머니 교환 시
④ 역격리 환자 간호 시
⑤ 경구약을 준비할 때

091 코위관(비위관) 영양 전 코위관의 위치를 확인하기 위해 내용물을 흡인해보니 200cc가 나왔다. 간호조무사가 취해야 할 행동은?

① 흡인액을 그대로 다시 넣고 간호사에게 보고한다.
② 100cc만 넣고 간호사에게 보고한다.
③ 흡인액 200cc를 간호사에게 가져가 보여준다.
④ 소화가 덜 된 것으로 보고 200cc를 버리고 한 끼를 건너뛴다.
⑤ 소화제와 함께 200cc를 다시 넣어 준다.

092 산소요법에 대한 설명으로 옳은 것은?

① 비강 카테터는 코에서 귀, 귀에서 칼돌기(검상돌기)의 길이를 합한 만큼 넣는다.
② 산소마스크에 습기가 차더라도 산소 농도 유지를 위해 그대로 둔다.
③ 산소마스크보다 코삽입관이 고농도의 산소 주입에 용이하다.
④ 코삽입관은 말하고 먹을 수 있어 환자가 편안하게 느낀다.
⑤ 비강 카테터는 24시간마다 한 번씩 교환해야 한다.

093 엉치뼈(천골) 부위에 발적이 있는 무의식 환자를 위한 간호로 옳은 것은?

① 도넛모양의 방석을 엉치뼈에 대준다.
② 측위를 취해주고 2시간마다 체위 변경을 실시한다.
③ 상체를 30° 정도 올려준다.
④ 엉치뼈 부위를 마사지 해준다.
⑤ 냉찜질을 해준다.

094 수술 후 간호로 옳은 것은?

① 수술 중에 사용한 물품이 인체 내부에 남아 있는지 확인하기 위해 수술 후 기구나 거즈의 개수를 세어본다.
② 환자의 의식상태를 사정하기 위해 제일 먼저 촉각자극을 준다.
③ 반좌위를 취해주고 의식이 회복되면 앙와위로 바꿔준다.
④ 전신마취 수술 직후 배뇨장애(배뇨곤란)를 호소하면 즉시 구강으로 수분 섭취를 증가시킨다.
⑤ 수술 후 연동운동이 돌아왔는지 확인하기 위해 대변을 볼 때까지 기다린다.

095 경구 투약에 대한 설명으로 옳은 것은?

① 약물의 효과가 빠르게 나타난다.
② 쓴 약을 복용하기 전에 얼음조각을 입에 물고 있는다.
③ 환자의 요구가 있으면 알약을 가루로 만들어 투약한다.
④ 위장관에 자극을 주지 않으며 약의 흡수량을 정확하게 측정할 수 있다.
⑤ 약제를 희석할 경우 찬물을 사용한다.

096 임신 32주 임부의 체중이 한 달 동안 6kg이 늘었을 때 간호조무사가 해줄 수 있는 말은?

① "아기가 우선이니 체중에 신경 쓰지 마세요."
② "아기 체중이 늘어난 것이니 걱정하지 않아도 됩니다."
③ "지금부터 육류 섭취를 하지 마세요."
④ "하루 30분 이상 걸으세요."
⑤ "임신 말기에 이 정도의 체중 증가는 정상이에요."

097 수혈을 받고 있는 환자가 갑자기 오한, 발열, 호흡곤란, 두통, 요통 등을 호소할 때 가장 먼저 해야 할 행동으로 옳은 것은?

① 수혈 주입속도를 늦춘다.
② 의사에게 보고한다.
③ 활력징후를 측정한다.
④ 트렌델렌부르크 자세를 취해준다.
⑤ 수혈을 즉시 중지한다.

098 수축기압이 낮게 측정되는 요인으로 옳은 것은?

① 식사, 흡연, 운동 직후
② 측정띠(커프)의 공기를 빨리 뺀 경우
③ 측정띠를 느슨하게 감은 경우
④ 팔의 높이가 심장보다 낮은 경우
⑤ 좁은 측정띠를 사용했을 때

099 **뇌종양으로 수술을 받은 환자의 뇌압 상승을 예방하기 위한 적절한 간호는?**

① 조기이상을 격려하고 동공의 색깔과 의식수준을 자주 관찰한다.

② 상체를 15~30도 정도 상승시켜준다.

③ 마니톨은 뇌압을 상승시키는 대표적인 약물이므로 사용을 금한다.

④ 기침, 심호흡, 재채기 등을 격려한다.

⑤ 수시로 자극을 주어 뇌가 활성화 될 수 있도록 돕는다.

100 **신생아 제대간호 방법으로 옳은 것은?**

① 항생제 연고를 바른다.

② 드레싱을 한 후 거즈를 덮어둔다.

③ 75% 알코올로 매일 닦아준다.

④ 매일 통목욕으로 제대를 불린 후 가볍게 마사지한다.

⑤ 투명 드레싱을 한 후 제대를 관찰한다.

시 험 직 종
간호조무사

제 (1) 교 시
●

문 제 유 형	
홀수형 ○	짝수형 ○

성 명

응 시 번 호							
⓪	⓪	⓪	⓪	⓪	⓪	⓪	⓪
①	①	①	①	①	①	①	①
②	②	②	②	②	②	②	②
③	③	③	③	③	③	③	③
④	④	④	④	④	④	④	④
⑤	⑤	⑤	⑤	⑤	⑤	⑤	⑤
⑥	⑥	⑥	⑥	⑥	⑥	⑥	⑥
⑦	⑦	⑦	⑦	⑦	⑦	⑦	⑦
⑧	⑧	⑧	⑧	⑧	⑧	⑧	⑧
⑨	⑨	⑨	⑨	⑨	⑨	⑨	⑨

감 독 관 성 명
*정자기제

※ 답안카드 작성(표기)은 반드시 "컴퓨터용 흑색 수성 사인펜"만을 사용하며, 연필 등을 사용하지 않습니다.
※ 답란 수정은 OMR답안지를 교체하여 작성하거나, "수정테이프"만을 사용하여 답란을 수정합니다.
※ 답안카드는 반드시 시험시간 내에 작성을 완료합니다[시험 종료 후 작성 시 해당 교시 "0점" 처리].

간호조무사 자격시험 답안카드

번호	답란	번호	답란	번호	답란	번호	답란	번호	답란
1	① ② ③ ④ ⑤	21	① ② ③ ④ ⑤	41	① ② ③ ④ ⑤	61	① ② ③ ④ ⑤	81	① ② ③ ④ ⑤
2	① ② ③ ④ ⑤	22	① ② ③ ④ ⑤	42	① ② ③ ④ ⑤	62	① ② ③ ④ ⑤	82	① ② ③ ④ ⑤
3	① ② ③ ④ ⑤	23	① ② ③ ④ ⑤	43	① ② ③ ④ ⑤	63	① ② ③ ④ ⑤	83	① ② ③ ④ ⑤
4	① ② ③ ④ ⑤	24	① ② ③ ④ ⑤	44	① ② ③ ④ ⑤	64	① ② ③ ④ ⑤	84	① ② ③ ④ ⑤
5	① ② ③ ④ ⑤	**25**	① ② ③ ④ ⑤	**45**	① ② ③ ④ ⑤	**65**	① ② ③ ④ ⑤	**85**	① ② ③ ④ ⑤
6	① ② ③ ④ ⑤	26	① ② ③ ④ ⑤	46	① ② ③ ④ ⑤	66	① ② ③ ④ ⑤	86	① ② ③ ④ ⑤
7	① ② ③ ④ ⑤	27	① ② ③ ④ ⑤	47	① ② ③ ④ ⑤	67	① ② ③ ④ ⑤	87	① ② ③ ④ ⑤
8	① ② ③ ④ ⑤	28	① ② ③ ④ ⑤	48	① ② ③ ④ ⑤	68	① ② ③ ④ ⑤	88	① ② ③ ④ ⑤
9	① ② ③ ④ ⑤	29	① ② ③ ④ ⑤	49	① ② ③ ④ ⑤	69	① ② ③ ④ ⑤	89	① ② ③ ④ ⑤
10	① ② ③ ④ ⑤	**30**	① ② ③ ④ ⑤	**50**	① ② ③ ④ ⑤	**70**	① ② ③ ④ ⑤	**90**	① ② ③ ④ ⑤
11	① ② ③ ④ ⑤	31	① ② ③ ④ ⑤	51	① ② ③ ④ ⑤	71	① ② ③ ④ ⑤	91	① ② ③ ④ ⑤
12	① ② ③ ④ ⑤	32	① ② ③ ④ ⑤	52	① ② ③ ④ ⑤	72	① ② ③ ④ ⑤	92	① ② ③ ④ ⑤
13	① ② ③ ④ ⑤	33	① ② ③ ④ ⑤	53	① ② ③ ④ ⑤	73	① ② ③ ④ ⑤	93	① ② ③ ④ ⑤
14	① ② ③ ④ ⑤	34	① ② ③ ④ ⑤	54	① ② ③ ④ ⑤	74	① ② ③ ④ ⑤	94	① ② ③ ④ ⑤
15	① ② ③ ④ ⑤	**35**	① ② ③ ④ ⑤	**55**	① ② ③ ④ ⑤	**75**	① ② ③ ④ ⑤	**95**	① ② ③ ④ ⑤
16	① ② ③ ④ ⑤	36	① ② ③ ④ ⑤	56	① ② ③ ④ ⑤	76	① ② ③ ④ ⑤	96	① ② ③ ④ ⑤
17	① ② ③ ④ ⑤	37	① ② ③ ④ ⑤	57	① ② ③ ④ ⑤	77	① ② ③ ④ ⑤	97	① ② ③ ④ ⑤
18	① ② ③ ④ ⑤	38	① ② ③ ④ ⑤	58	① ② ③ ④ ⑤	78	① ② ③ ④ ⑤	98	① ② ③ ④ ⑤
19	① ② ③ ④ ⑤	39	① ② ③ ④ ⑤	59	① ② ③ ④ ⑤	79	① ② ③ ④ ⑤	99	① ② ③ ④ ⑤
20	① ② ③ ④ ⑤	**40**	① ② ③ ④ ⑤	**60**	① ② ③ ④ ⑤	**80**	① ② ③ ④ ⑤	**100**	① ② ③ ④ ⑤

시험직종
간호조무사

제 (1) 교시
●

문제유형	
홀수형 ○	짝수형 ○

성명

응시번호							
⓪	⓪	⓪	⓪	⓪	⓪	⓪	⓪
①	①	①	①	①	①	①	①
②	②	②	②	②	②	②	②
③	③	③	③	③	③	③	③
④	④	④	④	④	④	④	④
⑤	⑤	⑤	⑤	⑤	⑤	⑤	⑤
⑥	⑥	⑥	⑥	⑥	⑥	⑥	⑥
⑦	⑦	⑦	⑦	⑦	⑦	⑦	⑦
⑧	⑧	⑧	⑧	⑧	⑧	⑧	⑧
⑨	⑨	⑨	⑨	⑨	⑨	⑨	⑨

감독관성명
*정자기제

※ 답안카드 작성(표기)은 반드시 "컴퓨터용 흑색 수성 사인펜"만을 사용하며, 연필 등을 사용하지 않습니다.
※ 답란 수정은 OMR답안지를 교체하여 작성하거나, "수정테이프"만을 사용하여 답란을 수정합니다.
※ 답안카드는 반드시 시험시간 내에 작성을 완료합니다[시험 종료 후 작성 시 해당 교시 "0점" 처리].

간호조무사 자격시험 답안카드

번호	답란	번호	답란	번호	답란	번호	답란	번호	답란
1	① ② ③ ④ ⑤	21	① ② ③ ④ ⑤	41	① ② ③ ④ ⑤	61	① ② ③ ④ ⑤	81	① ② ③ ④ ⑤
2	① ② ③ ④ ⑤	22	① ② ③ ④ ⑤	42	① ② ③ ④ ⑤	62	① ② ③ ④ ⑤	82	① ② ③ ④ ⑤
3	① ② ③ ④ ⑤	23	① ② ③ ④ ⑤	43	① ② ③ ④ ⑤	63	① ② ③ ④ ⑤	83	① ② ③ ④ ⑤
4	① ② ③ ④ ⑤	24	① ② ③ ④ ⑤	44	① ② ③ ④ ⑤	64	① ② ③ ④ ⑤	84	① ② ③ ④ ⑤
5	① ② ③ ④ ⑤	25	① ② ③ ④ ⑤	45	① ② ③ ④ ⑤	65	① ② ③ ④ ⑤	85	① ② ③ ④ ⑤
6	① ② ③ ④ ⑤	26	① ② ③ ④ ⑤	46	① ② ③ ④ ⑤	66	① ② ③ ④ ⑤	86	① ② ③ ④ ⑤
7	① ② ③ ④ ⑤	27	① ② ③ ④ ⑤	47	① ② ③ ④ ⑤	67	① ② ③ ④ ⑤	87	① ② ③ ④ ⑤
8	① ② ③ ④ ⑤	28	① ② ③ ④ ⑤	48	① ② ③ ④ ⑤	68	① ② ③ ④ ⑤	88	① ② ③ ④ ⑤
9	① ② ③ ④ ⑤	29	① ② ③ ④ ⑤	49	① ② ③ ④ ⑤	69	① ② ③ ④ ⑤	89	① ② ③ ④ ⑤
10	① ② ③ ④ ⑤	30	① ② ③ ④ ⑤	50	① ② ③ ④ ⑤	70	① ② ③ ④ ⑤	90	① ② ③ ④ ⑤
11	① ② ③ ④ ⑤	31	① ② ③ ④ ⑤	51	① ② ③ ④ ⑤	71	① ② ③ ④ ⑤	91	① ② ③ ④ ⑤
12	① ② ③ ④ ⑤	32	① ② ③ ④ ⑤	52	① ② ③ ④ ⑤	72	① ② ③ ④ ⑤	92	① ② ③ ④ ⑤
13	① ② ③ ④ ⑤	33	① ② ③ ④ ⑤	53	① ② ③ ④ ⑤	73	① ② ③ ④ ⑤	93	① ② ③ ④ ⑤
14	① ② ③ ④ ⑤	34	① ② ③ ④ ⑤	54	① ② ③ ④ ⑤	74	① ② ③ ④ ⑤	94	① ② ③ ④ ⑤
15	① ② ③ ④ ⑤	35	① ② ③ ④ ⑤	55	① ② ③ ④ ⑤	75	① ② ③ ④ ⑤	95	① ② ③ ④ ⑤
16	① ② ③ ④ ⑤	36	① ② ③ ④ ⑤	56	① ② ③ ④ ⑤	76	① ② ③ ④ ⑤	96	① ② ③ ④ ⑤
17	① ② ③ ④ ⑤	37	① ② ③ ④ ⑤	57	① ② ③ ④ ⑤	77	① ② ③ ④ ⑤	97	① ② ③ ④ ⑤
18	① ② ③ ④ ⑤	38	① ② ③ ④ ⑤	58	① ② ③ ④ ⑤	78	① ② ③ ④ ⑤	98	① ② ③ ④ ⑤
19	① ② ③ ④ ⑤	39	① ② ③ ④ ⑤	59	① ② ③ ④ ⑤	79	① ② ③ ④ ⑤	99	① ② ③ ④ ⑤
20	① ② ③ ④ ⑤	40	① ② ③ ④ ⑤	60	① ② ③ ④ ⑤	80	① ② ③ ④ ⑤	100	① ② ③ ④ ⑤

시 험 직 종
간호조무사

제 (1) 교 시
●

문 제 유 형	
홀수형 ○	짝수형 ○

성 명

응 시 번 호							
⓪	⓪	⓪	⓪	⓪	⓪	⓪	⓪
①	①	①	①	①	①	①	①
②	②	②	②	②	②	②	②
③	③	③	③	③	③	③	③
④	④	④	④	④	④	④	④
⑤	⑤	⑤	⑤	⑤	⑤	⑤	⑤
⑥	⑥	⑥	⑥	⑥	⑥	⑥	⑥
⑦	⑦	⑦	⑦	⑦	⑦	⑦	⑦
⑧	⑧	⑧	⑧	⑧	⑧	⑧	⑧
⑨	⑨	⑨	⑨	⑨	⑨	⑨	⑨

감 독 관 성 명
※정자기재

※ 답안카드 작성(표기)은 반드시 "컴퓨터용 흑색 수성 사인펜"만을 사용하며, 연필 등을 사용하지 않습니다.
※ 답란 수정은 OMR답안지를 교체하여 작성하거나, "수정테이프"만을 사용하여 답란을 수정합니다.
※ 답안카드는 반드시 시험시간 내에 작성을 완료합니다[시험 종료 후 작성 시 해당 교시 "0점" 처리].

간호조무사 자격시험 답안카드

번호	답란	번호	답란	번호	답란	번호	답란	번호	답란
1	① ② ③ ④ ⑤	21	① ② ③ ④ ⑤	41	① ② ③ ④ ⑤	61	① ② ③ ④ ⑤	81	① ② ③ ④ ⑤
2	① ② ③ ④ ⑤	22	① ② ③ ④ ⑤	42	① ② ③ ④ ⑤	62	① ② ③ ④ ⑤	82	① ② ③ ④ ⑤
3	① ② ③ ④ ⑤	23	① ② ③ ④ ⑤	43	① ② ③ ④ ⑤	63	① ② ③ ④ ⑤	83	① ② ③ ④ ⑤
4	① ② ③ ④ ⑤	24	① ② ③ ④ ⑤	44	① ② ③ ④ ⑤	64	① ② ③ ④ ⑤	84	① ② ③ ④ ⑤
5	① ② ③ ④ ⑤	**25**	① ② ③ ④ ⑤	**45**	① ② ③ ④ ⑤	**65**	① ② ③ ④ ⑤	**85**	① ② ③ ④ ⑤
6	① ② ③ ④ ⑤	26	① ② ③ ④ ⑤	46	① ② ③ ④ ⑤	66	① ② ③ ④ ⑤	86	① ② ③ ④ ⑤
7	① ② ③ ④ ⑤	27	① ② ③ ④ ⑤	47	① ② ③ ④ ⑤	67	① ② ③ ④ ⑤	87	① ② ③ ④ ⑤
8	① ② ③ ④ ⑤	28	① ② ③ ④ ⑤	48	① ② ③ ④ ⑤	68	① ② ③ ④ ⑤	88	① ② ③ ④ ⑤
9	① ② ③ ④ ⑤	29	① ② ③ ④ ⑤	49	① ② ③ ④ ⑤	69	① ② ③ ④ ⑤	89	① ② ③ ④ ⑤
10	① ② ③ ④ ⑤	**30**	① ② ③ ④ ⑤	**50**	① ② ③ ④ ⑤	**70**	① ② ③ ④ ⑤	**90**	① ② ③ ④ ⑤
11	① ② ③ ④ ⑤	31	① ② ③ ④ ⑤	51	① ② ③ ④ ⑤	71	① ② ③ ④ ⑤	91	① ② ③ ④ ⑤
12	① ② ③ ④ ⑤	32	① ② ③ ④ ⑤	52	① ② ③ ④ ⑤	72	① ② ③ ④ ⑤	92	① ② ③ ④ ⑤
13	① ② ③ ④ ⑤	33	① ② ③ ④ ⑤	53	① ② ③ ④ ⑤	73	① ② ③ ④ ⑤	93	① ② ③ ④ ⑤
14	① ② ③ ④ ⑤	34	① ② ③ ④ ⑤	54	① ② ③ ④ ⑤	74	① ② ③ ④ ⑤	94	① ② ③ ④ ⑤
15	① ② ③ ④ ⑤	**35**	① ② ③ ④ ⑤	**55**	① ② ③ ④ ⑤	**75**	① ② ③ ④ ⑤	**95**	① ② ③ ④ ⑤
16	① ② ③ ④ ⑤	36	① ② ③ ④ ⑤	56	① ② ③ ④ ⑤	76	① ② ③ ④ ⑤	96	① ② ③ ④ ⑤
17	① ② ③ ④ ⑤	37	① ② ③ ④ ⑤	57	① ② ③ ④ ⑤	77	① ② ③ ④ ⑤	97	① ② ③ ④ ⑤
18	① ② ③ ④ ⑤	38	① ② ③ ④ ⑤	58	① ② ③ ④ ⑤	78	① ② ③ ④ ⑤	98	① ② ③ ④ ⑤
19	① ② ③ ④ ⑤	39	① ② ③ ④ ⑤	59	① ② ③ ④ ⑤	79	① ② ③ ④ ⑤	99	① ② ③ ④ ⑤
20	① ② ③ ④ ⑤	**40**	① ② ③ ④ ⑤	**60**	① ② ③ ④ ⑤	**80**	① ② ③ ④ ⑤	**100**	① ② ③ ④ ⑤

시 험 직 종
간호조무사

제 (1) 교 시
●

문 제 유 형	
홀수형 ◯	짝수형 ◯

성 명

응 시 번 호							
⓪	⓪	⓪	⓪	⓪	⓪	⓪	⓪
①	①	①	①	①	①	①	①
②	②	②	②	②	②	②	②
③	③	③	③	③	③	③	③
④	④	④	④	④	④	④	④
⑤	⑤	⑤	⑤	⑤	⑤	⑤	⑤
⑥	⑥	⑥	⑥	⑥	⑥	⑥	⑥
⑦	⑦	⑦	⑦	⑦	⑦	⑦	⑦
⑧	⑧	⑧	⑧	⑧	⑧	⑧	⑧
⑨	⑨	⑨	⑨	⑨	⑨	⑨	⑨

감 독 관 성 명
*정자기재

※ 답안카드 작성(표기)은 반드시 "컴퓨터용 흑색 수성 사인펜"만을 사용하며, 연필 등을 사용하지 않습니다.
※ 답란 수정은 OMR답안지를 교체하여 작성하거나, "수정테이프"만을 사용하여 답란을 수정합니다.
※ 답안카드는 반드시 시험시간 내에 작성을 완료합니다[시험 종료 후 작성 시 해당 교시 "0점" 처리].

간호조무사 자격시험 답안카드

1	① ② ③ ④ ⑤	21	① ② ③ ④ ⑤	41	① ② ③ ④ ⑤	61	① ② ③ ④ ⑤	81	① ② ③ ④ ⑤
2	① ② ③ ④ ⑤	22	① ② ③ ④ ⑤	42	① ② ③ ④ ⑤	62	① ② ③ ④ ⑤	82	① ② ③ ④ ⑤
3	① ② ③ ④ ⑤	23	① ② ③ ④ ⑤	43	① ② ③ ④ ⑤	63	① ② ③ ④ ⑤	83	① ② ③ ④ ⑤
4	① ② ③ ④ ⑤	24	① ② ③ ④ ⑤	44	① ② ③ ④ ⑤	64	① ② ③ ④ ⑤	84	① ② ③ ④ ⑤
5	① ② ③ ④ ⑤	**25**	① ② ③ ④ ⑤	**45**	① ② ③ ④ ⑤	**65**	① ② ③ ④ ⑤	**85**	① ② ③ ④ ⑤
6	① ② ③ ④ ⑤	26	① ② ③ ④ ⑤	46	① ② ③ ④ ⑤	66	① ② ③ ④ ⑤	86	① ② ③ ④ ⑤
7	① ② ③ ④ ⑤	27	① ② ③ ④ ⑤	47	① ② ③ ④ ⑤	67	① ② ③ ④ ⑤	87	① ② ③ ④ ⑤
8	① ② ③ ④ ⑤	28	① ② ③ ④ ⑤	48	① ② ③ ④ ⑤	68	① ② ③ ④ ⑤	88	① ② ③ ④ ⑤
9	① ② ③ ④ ⑤	29	① ② ③ ④ ⑤	49	① ② ③ ④ ⑤	69	① ② ③ ④ ⑤	89	① ② ③ ④ ⑤
10	① ② ③ ④ ⑤	**30**	① ② ③ ④ ⑤	**50**	① ② ③ ④ ⑤	**70**	① ② ③ ④ ⑤	**90**	① ② ③ ④ ⑤
11	① ② ③ ④ ⑤	31	① ② ③ ④ ⑤	51	① ② ③ ④ ⑤	71	① ② ③ ④ ⑤	91	① ② ③ ④ ⑤
12	① ② ③ ④ ⑤	32	① ② ③ ④ ⑤	52	① ② ③ ④ ⑤	72	① ② ③ ④ ⑤	92	① ② ③ ④ ⑤
13	① ② ③ ④ ⑤	33	① ② ③ ④ ⑤	53	① ② ③ ④ ⑤	73	① ② ③ ④ ⑤	93	① ② ③ ④ ⑤
14	① ② ③ ④ ⑤	34	① ② ③ ④ ⑤	54	① ② ③ ④ ⑤	74	① ② ③ ④ ⑤	94	① ② ③ ④ ⑤
15	① ② ③ ④ ⑤	**35**	① ② ③ ④ ⑤	**55**	① ② ③ ④ ⑤	**75**	① ② ③ ④ ⑤	**95**	① ② ③ ④ ⑤
16	① ② ③ ④ ⑤	36	① ② ③ ④ ⑤	56	① ② ③ ④ ⑤	76	① ② ③ ④ ⑤	96	① ② ③ ④ ⑤
17	① ② ③ ④ ⑤	37	① ② ③ ④ ⑤	57	① ② ③ ④ ⑤	77	① ② ③ ④ ⑤	97	① ② ③ ④ ⑤
18	① ② ③ ④ ⑤	38	① ② ③ ④ ⑤	58	① ② ③ ④ ⑤	78	① ② ③ ④ ⑤	98	① ② ③ ④ ⑤
19	① ② ③ ④ ⑤	39	① ② ③ ④ ⑤	59	① ② ③ ④ ⑤	79	① ② ③ ④ ⑤	99	① ② ③ ④ ⑤
20	① ② ③ ④ ⑤	**40**	① ② ③ ④ ⑤	**60**	① ② ③ ④ ⑤	**80**	① ② ③ ④ ⑤	**100**	① ② ③ ④ ⑤

시험직종
간호조무사

제 (1) 교시
●

문제유형	
홀수형 ○	짝수형 ○

성명

응시번호							
⓪	⓪	⓪	⓪	⓪	⓪	⓪	⓪
①	①	①	①	①	①	①	①
②	②	②	②	②	②	②	②
③	③	③	③	③	③	③	③
④	④	④	④	④	④	④	④
⑤	⑤	⑤	⑤	⑤	⑤	⑤	⑤
⑥	⑥	⑥	⑥	⑥	⑥	⑥	⑥
⑦	⑦	⑦	⑦	⑦	⑦	⑦	⑦
⑧	⑧	⑧	⑧	⑧	⑧	⑧	⑧
⑨	⑨	⑨	⑨	⑨	⑨	⑨	⑨

감독관성명
*정자기재

※ 답안카드 작성(표기)은 반드시 "컴퓨터용 흑색 수성 사인펜"만을 사용하며, 연필 등을 사용하지 않습니다.
※ 답란 수정은 OMR답안지를 교체하여 작성하거나, "수정테이프"만을 사용하여 답란을 수정합니다.
※ 답안카드는 반드시 시험시간 내에 작성을 완료합니다[시험 종료 후 작성 시 해당 교시 "0점" 처리].

간호조무사 자격시험 답안카드

번호	답란	번호	답란	번호	답란	번호	답란	번호	답란
1	① ② ③ ④ ⑤	21	① ② ③ ④ ⑤	41	① ② ③ ④ ⑤	61	① ② ③ ④ ⑤	81	① ② ③ ④ ⑤
2	① ② ③ ④ ⑤	22	① ② ③ ④ ⑤	42	① ② ③ ④ ⑤	62	① ② ③ ④ ⑤	82	① ② ③ ④ ⑤
3	① ② ③ ④ ⑤	23	① ② ③ ④ ⑤	43	① ② ③ ④ ⑤	63	① ② ③ ④ ⑤	83	① ② ③ ④ ⑤
4	① ② ③ ④ ⑤	24	① ② ③ ④ ⑤	44	① ② ③ ④ ⑤	64	① ② ③ ④ ⑤	84	① ② ③ ④ ⑤
5	① ② ③ ④ ⑤	**25**	① ② ③ ④ ⑤	**45**	① ② ③ ④ ⑤	**65**	① ② ③ ④ ⑤	**85**	① ② ③ ④ ⑤
6	① ② ③ ④ ⑤	26	① ② ③ ④ ⑤	46	① ② ③ ④ ⑤	66	① ② ③ ④ ⑤	86	① ② ③ ④ ⑤
7	① ② ③ ④ ⑤	27	① ② ③ ④ ⑤	47	① ② ③ ④ ⑤	67	① ② ③ ④ ⑤	87	① ② ③ ④ ⑤
8	① ② ③ ④ ⑤	28	① ② ③ ④ ⑤	48	① ② ③ ④ ⑤	68	① ② ③ ④ ⑤	88	① ② ③ ④ ⑤
9	① ② ③ ④ ⑤	29	① ② ③ ④ ⑤	49	① ② ③ ④ ⑤	69	① ② ③ ④ ⑤	89	① ② ③ ④ ⑤
10	① ② ③ ④ ⑤	**30**	① ② ③ ④ ⑤	**50**	① ② ③ ④ ⑤	**70**	① ② ③ ④ ⑤	**90**	① ② ③ ④ ⑤
11	① ② ③ ④ ⑤	31	① ② ③ ④ ⑤	51	① ② ③ ④ ⑤	71	① ② ③ ④ ⑤	91	① ② ③ ④ ⑤
12	① ② ③ ④ ⑤	32	① ② ③ ④ ⑤	52	① ② ③ ④ ⑤	72	① ② ③ ④ ⑤	92	① ② ③ ④ ⑤
13	① ② ③ ④ ⑤	33	① ② ③ ④ ⑤	53	① ② ③ ④ ⑤	73	① ② ③ ④ ⑤	93	① ② ③ ④ ⑤
14	① ② ③ ④ ⑤	34	① ② ③ ④ ⑤	54	① ② ③ ④ ⑤	74	① ② ③ ④ ⑤	94	① ② ③ ④ ⑤
15	① ② ③ ④ ⑤	**35**	① ② ③ ④ ⑤	**55**	① ② ③ ④ ⑤	**75**	① ② ③ ④ ⑤	**95**	① ② ③ ④ ⑤
16	① ② ③ ④ ⑤	36	① ② ③ ④ ⑤	56	① ② ③ ④ ⑤	76	① ② ③ ④ ⑤	96	① ② ③ ④ ⑤
17	① ② ③ ④ ⑤	37	① ② ③ ④ ⑤	57	① ② ③ ④ ⑤	77	① ② ③ ④ ⑤	97	① ② ③ ④ ⑤
18	① ② ③ ④ ⑤	38	① ② ③ ④ ⑤	58	① ② ③ ④ ⑤	78	① ② ③ ④ ⑤	98	① ② ③ ④ ⑤
19	① ② ③ ④ ⑤	39	① ② ③ ④ ⑤	59	① ② ③ ④ ⑤	79	① ② ③ ④ ⑤	99	① ② ③ ④ ⑤
20	① ② ③ ④ ⑤	**40**	① ② ③ ④ ⑤	**60**	① ② ③ ④ ⑤	**80**	① ② ③ ④ ⑤	**100**	① ② ③ ④ ⑤

원큐패스
Q PASS
간호
조무사
모의고사 문제집

간호조무사

모의고사 문제집

백지운 저

다락원

모의고사 문제집

다락원

간호조무사 실전모의고사 제1회 정답 및 해설

001	③	002	④	003	②	004	⑤	005	②
006	①	007	③	008	③	009	③	010	②
011	③	012	②	013	②	014	④	015	①
016	②	017	④	018	①	019	②	020	③
021	②	022	①	023	④	024	④	025	②
026	③	027	②	028	③	029	④	030	②
031	①	032	⑤	033	①	034	③	035	③
036	①	037	②	038	①	039	④	040	②
041	②	042	③	043	①	044	④	045	⑤
046	①	047	②	048	①	049	①	050	①
051	②	052	①	053	③	054	③	055	③
056	③	057	③	058	④	059	④	060	④
061	④	062	②	063	④	064	①	065	③
066	①	067	④	068	②	069	②	070	②
071	②	072	①	073	④	074	④	075	④
076	③	077	④	078	③	079	④	080	③
081	②	082	③	083	②	084	①	085	①
086	①	087	④	088	④	089	②	090	③
091	⑤	092	①	093	①	094	③	095	②
096	⑤	097	②	098	⑤	099	③	100	④

기초간호학 개요

001 간호조무사의 업무

- 환자의 진단, 치료, 예후에 대한 설명은 간호조무사의 업무에 속하지 않으므로 함부로 말하지 않아야 한다.
- 환자가 궁금해 하는 것을 간호사에게 보고하거나 의사, 간호사에게 직접 문의할 수 있도록 안내한다.

002 간

- 인체에서 가장 큰 장기로, 우상복부 횡격막 아래에 위치한다.
- 대사, 배설, 담즙 생산과 분비, 해독 작용, 태생기 때 조혈 작용, 혈액응고인자 생산, 철분 저장 등의 기능을 한다.
- 간에서 형성된 담즙은 십이지장으로 보내진다.

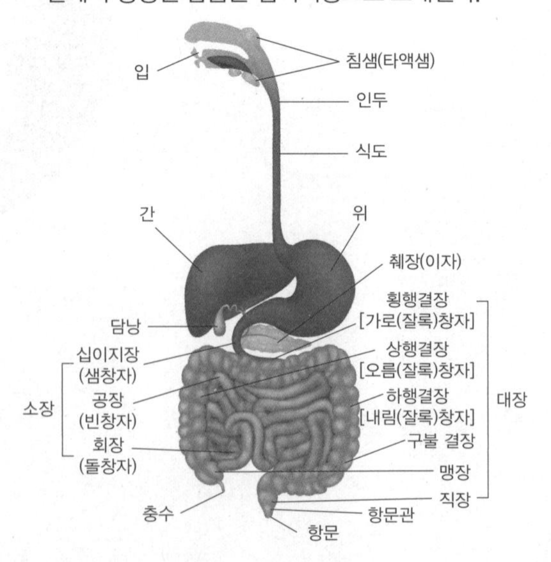

003 낙상에 대한 간호조무사의 책임

낙상 예방은 간호업무에 속하므로 바닥에 물이 고여 있다면 즉시 닦아 낙상을 예방해야 한다.

004 흡연이 태아에게 미치는 영향

- 태반 순환 감소로 태아 성장이 지연된다.
- 임부의 흡연으로 인해 태아의 폐기능이 떨어져 저산소증에 걸릴 확률이 높다.
- 저체중아를 낳을 가능성이 크다.
- 태아의 심장박동을 증가시킨다.
- 언어와 지적발달 지체, 주의력 장애를 보이기도 한다.

005 골관절염과 류마티스 관절염의 비교

골관절염(퇴행관절염)	류마티스 관절염
• 관절 연골의 마모 • 노인에게 호발 • 비대칭적으로 발생 • 30분 이내에 증상이 호전됨 • 관절 사용 시 통증이 심해짐	• 자가면역질환, 유전질환 • 30~50대 여성에게 호발 • 좌우 대칭적으로 발생 • 아침에 강직증상이 심하고 몇 시간 동안 지속됨 • 관절 사용 시 부드러워지고 통증 감소

006 출생 직후 가장 먼저 관찰해야 할 사항

신생아 출생 직후 아프가 점수(호흡, 심박동, 근긴장도, 반사 반응, 피부색)를 즉시 사정해야 하지만 이 중 가장 중요하게 살펴야 하는 것은 호흡이다.

007 표준예방지침(표준주의)

※ 4회 89번 해설 참조

008 임신 말기에 통목욕을 삼가야 하는 이유

임신 말기에는 복부 증대로 인해 무게중심이 변하여(배를 앞으로 내밀고 상체를 뒤로 젖히는 자세) 욕조로 이동할 때 낙상 가능성이 있으므로 통목욕은 삼간다.

009 노인의 시각 변화

동공이 작아짐, 안구건조, 시력장애, 안질환과 야맹 및 눈부심 증가, 백내장·녹내장 증가, 수정체 황화현상으로 남색계통의 색깔 구별이 어려워짐

010 리도케인

국소마취제이면서 부정맥 치료에도 사용되는 약물이다.

> • 헤파린 : 항응고제
> • 페노바비탈 : 뇌신경 흥분을 억제해 진정, 수면, 항경련 효과를 나타내는 약물
> • 아스피린 : 해열, 소염 진통제, 혈전예방 약물
> • 모르핀 : 마약 진통제

011 노인의 운동

- 걷기, 조깅, 체중부하운동 등을 통해 골다공증을 예방한다.
- 관절염이 있는 노인의 근육강화 운동으로는 수영이 적합하다.
- 수시로 스트레칭을 해서 관절을 부드럽게 하고 근육을 이완시킨다.
- 노인의 건강을 사정한 후 실시하되, 주 3일 이상, 1회 20~60분 정도의 운동이 적합하다.
- 빠르게 방향을 바꾸는 운동이나 동작을 금한다.

012 항결핵제 복용 시 약물을 병용하는 이유

결핵약 복용 시 두 가지 이상의 약제를 한꺼번에 복용하여 내성을 지연시키고 치료 효과는 높인다.

※ 10회 5번 해설 참조

013 치매 노인 환자의 약물 투여 방법

- 인지능력이 떨어진 치매 환자에게 약물을 투여할 때는 가족에게 투약 방법을 설명하여 정해진 용량만큼 규칙적으로 약물을 복용할 수 있게 한다.
- 잠자기 전 이뇨제를 투여하면 숙면을 방해하게 된다.
- 노인은 대부분 호흡이 얕고 폐기능이 저하되어 있으므로 마약 진통제(예 모르핀)의 사용을 자제한다.

014 비타민의 종류별 기능 및 결핍증

구분	종류	기능	결핍증
지용성	비타민 A	• 피부의 상피세포 보호 • 눈의 망막에 분포한 간상세포에 로돕신(시홍 : 광선을 흡수하는 물질) 형성 • 어두운 곳에서 시력 유지 • 성장 촉진과 생식 기능 유지	야맹, 안구건조증, 각막연화(증)
	비타민 D	칼슘과 인의 대사에 관여, 자외선을 통해 비타민 D를 합성, 겨울철에 결핍되기 쉬움	구루병, 골연화증, 골다공증
	비타민 E	세포보호, 항산화작용	빈혈, 세포손상, 노화촉진
	비타민 K	혈액응고작용	출혈경향 높아짐
수용성	아스코브산(비타민 C)	상처치유 촉진, 철분흡수를 도와줌, 감염에 대한 저항력 강화	괴혈병, 상처치유 지연, 감염에 대한 저항력 감소, 멍이 잘 생김
	싸이아민(비타민 B_1)	신경계통을 원활하게 함	각기병
	리보플라빈(비타민 B_2)	혈색소(헤모글로빈) 형성	구각염(입꼬리염), 빈혈
	피리독신(비타민 B_6)	혈색소(헤모글로빈)의 구성 성분인 헴의 합성에 관여, 단백질 대사에 중요한 효소의 구성 성분	빈혈, 피부염, 신경장애

수용성	코발라민 (비타민 B_{12})	조혈작용	악성빈혈
	나이아신 (비타민B_3)	성장기 아이들·임산부·수유부들에게 필요, 에너지 생산에 필요	펠라그라 (설사, 피부염, 치매)

015 임부의 입덧

- 아침 공복에 비스킷 등 수분이 적은 탄수화물을 섭취한 뒤 30분 후부터 천천히 움직인다.
- 기름진 음식, 향기나 양념이 강한 음식, 카페인 종류의 섭취를 자제하고 수분을 충분히 섭취한다.

016 염좌(삠) : 관절을 지지해주는 근육이나 인대가 외부 충격 등에 의해서 늘어나거나 일부 찢어지는 경우

- 손상 부위를 고정시켜 움직이지 않도록 한다.
- 마사지를 금한다.
- 염좌 직후에는 찬물찜질을 시행하고 24시간 후 출혈이 멈추고 부종이 감소하면 더운물찜질을 한다.
- 염좌 부위를 심장보다 높여준다.
- 체중을 지탱하거나 힘을 가하지 않는다.

017 계류유산

태아가 모체의 뱃속에서 사망하여 자궁강 내에 4~8주 가량 머무는 경우로, 복부 통증과 질 출혈이 없거나 소량이며 코피가 나는 경우가 있다.

> 자연유산의 종류
> - 절박유산 : 임신 초기에 무통성 점적 질 출혈이 있으나 안정을 취하고 황체호르몬주사(황체호르몬 주사(프로제스테론 주사)) 투여로 임신을 지속시킬 수 있음
> - 불가피유산 : 자궁경관이 개대되고 태아막이 파열되어 임신을 지속시킬 수 없는 상태
> - 완전유산 : 자궁 안에 남아 있던 모든 조직이 나오는 것으로 소파술이 필요 없음
> - 불완전유산 : 태아나 태반의 일부가 자궁 내에 남아 있어 소파수술이 다시 필요한 상황
> - 습관유산 : 3회 이상 연속적으로 유산이 반복되는 경우

018 응급환자 처치 방법

- 코피가 날 때는 코를 풀지 않도록 한다.
- 화상 즉시 피부에 연고를 바르게 되면 열이 방출되지 않기 때문에 금한다.
- 골절 환자는 이동 전에 반드시 부목을 대어준다.
- 뱀에게 물렸을 경우 물린 부위를 절개하거나 독을 입으로 빨아내지 않는다.

019 고혈압 임부가 정기적으로 받아야 할 검사

임신중독증(자간전증, 전자간증) 여부를 확인하기 위해 병원 방문 시마다 혈압(고혈압), 체중(부종), 소변(단백뇨) 검사를 시행한다.

020 콜레스테롤

- 스테로이드 호르몬이나 담즙산염, 비타민 D의 합성 전단계 물질(콜레스테롤+자외선 → 비타민 D 생성)로 우리 몸이 유지되기 위해 꼭 필요한 성분이다.
- 고밀도 지단백질 콜레스테롤(HDL, 혈관청소부)은 혈관 내막 속에 쌓인 지질을 간으로 돌려보내거나 몸 밖으로 배출하는 역할을 한다.
- 저밀도 지단백질 콜레스테롤(LDL)이 체내에 과할 경우 고혈압이나 동맥경화 등의 각종 심혈관 질환을 일으킨다.
- 주로 동물성 지방에 많이 함유되어 있다.

021 전치태반

- 태반이 자궁하부에 부착하여 자궁경부를 완전히 또는 부분적으로 덮고 있는 것이다.
- 다분만부에게 흔하고 임신 7개월 이후 무통성 질 출혈이 특징이다.
- 태아의 생존 능력이 있을 때까지는 절대안정을 하며 분만을 연기한다.
- 임신 37주 이상이고 분만이 시작되거나 출혈이 계속되면 즉시 제왕절개를 실시한다.
- 완전 전치태반 시 제왕절개 분만을 실시하지만, 부분 전치태반일 경우 질분만을 고려할 수 있다.
- 태반이 자궁경관에 위치하므로 내진을 금한다.

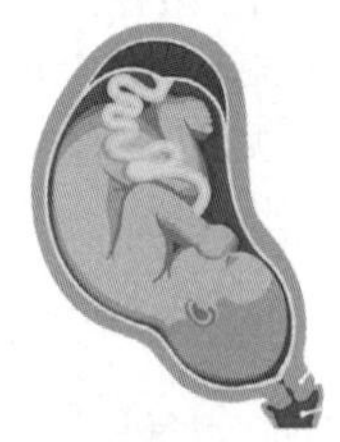
정상태반

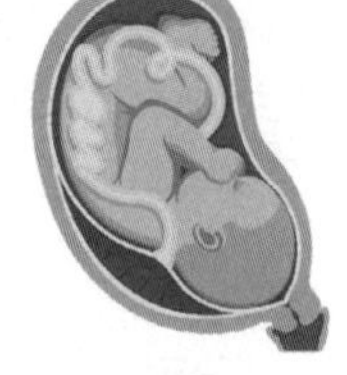
부분전치태반

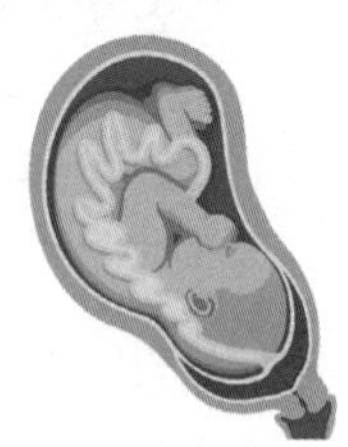
완전전치태반

022 화상

- 화염화상의 경우 화상부위가 구분이 잘 안된다면 옷을 입힌 채 찬물을 부어 열기를 가라앉히고, 화상부위는 차갑게 식혀주되 다른 부위는 담요 등으로 덮어 보온한다.
- 감염 예방을 위해 물집은 함부로 터트리지 않는다.
- 화상의 깊이보다 화상의 범위가 사망에 더 큰 영향을 미친다.
- 1도 화상은 부종과 발적이 주증상이다.
- 통증이 가장 심한 화상은 2도 화상이다.
- 3도 화상은 멸균거즈나 붕대로 덮어 쇼크와 감염 방지에 신경을 쓴다.
- 심한 화상을 입은 환자의 처치 중 가장 먼저 생각해야 하는 것은 쇼크이다.

- 화상 환자에게 가장 긴요한 액체는 혈장이다.
- 피부에 화학물질이 묻었을 경우 즉시 흐르는 물로 씻는다.
- 얼굴에 화상을 입었을 경우 기도 확보가 급선무이다.

구분	화상범위	증상	간호
1도 화상(홍반)	표피	부종, 발적	• 흐르는 수돗물에 화상 부위를 식힌다. • 경우에 따라 멸균 드레싱
2도 화상(수포)	진피	수포, 심한 통증	• 흐르는 수돗물에 화상 부위를 식힌다. • 수포 제거 금지 • 멸균 드레싱
3도 화상(괴사)	피하조직(피부밑조직)	괴사	• 멸균 드레싱 • 쇼크와 감염 예방, 보온에 신경 쓴다.

023 신생아 목욕

- 활력징후가 안정된 후 시행하되 온수로만 목욕하고 비누, 오일, 파우더 등의 사용을 금한다.
- 물 온도는 팔꿈치로 측정(40℃ 전후)하고 목욕은 매일 같은 시간에, 수유 전에 실시하되 5~10분으로 제한한다.
- 머리에서 다리방향으로 씻기고 태지는 제거하지 않는다.

024 태아적혈모구증(태아적아구증)

- Rh(−) 혈액형을 가진 어머니로부터 Rh(+) 혈액형을 가진 태아가 태어났을 때 첫 아이에게는 영향을 미치지 않으나 둘째 아이부터 산모와 태아 간에 항원-항체 반응을 일으켜 태아에게 용혈 빈혈과 황달, 간비대, 호흡곤란 등을 일으킨다.
- 제대정맥을 통한 교환수혈(대체수혈)로 치료한다.
- 다음 임신에서 태아가 용혈 질환의 영향을 받지 않게 하려면 임부에게 로감(RhoGAM)이라는 면역글로불린을 투여한다.

025 암 환자 간호

- 항암 치료로 구역이 심하면 차가운 음료를 제공한다.
- 감염 예방에 가장 신경 써야 한다.
- 처방된 진통제를 투여하거나 자가조절진통(PCA)를 이용하여 스스로 통증을 조절할 수 있게 해준다.
- 구토가 심하면 항구토제를 투여하고 수분 섭취를 격려하되 심한 경우 수액으로 수분을 공급한다.
- 감기나 감염이 있는 의료진은 환자와 직접적인 접촉을 피하는 것이 바람직하다.

026 천식

- 먼지(분진), 꽃가루, 약물, 스트레스, 음식 등에 의한 알레르기성 질환이므로 알레르기 물질과의 접촉을 금한다.
- 호흡곤란, 쌕쌕거림(천명), 기침, 기관지 점막 부종 및 평활근 수축, 희고 끈끈한 가래, 빈맥, 혈압상승 등의 증상이 나타나는데 밤에 특히 심하다.
- 갑작스러운 온도 변화(더운 곳에 있다가 추운 곳으로 이동 시)를 주의한다.
- 충분한 영양분과 수분 공급, 적절한 습도 제공, 필요 시 산소나 기관지 확장제(에피네프린, 살부타몰(벤토린) 등)를 투여한다.
- 호흡곤란 시 반좌위를 취해준다.
- 과로와 스트레스를 주의하고 금연한다.

027 저혈당의 응급처치(인슐린 쇼크)

두통, 식은땀, 두근거림, 떨림 등의 저혈당 증상이 보이면 의식이 있는 경우 꿀물이나 설탕물 등의 단당류를 섭취하도록 하고, 의식이 없을 경우 포도당을 정맥주사한다.

028 단백질

- 파괴된 조직을 수선해서 새로운 조직을 형성, 질병에 저항, 에너지원, 효소와 호르몬을 합성한다.
- 단백질은 췌장(이자)의 단백질분해효소(trypsin)에 의해 최종산물인 아미노산으로 분해된 후 소장 점막에서 흡수된다.
- 결핍 시 단백질열량부족증(콰시오커)(발육 정지, 부종, 빈혈 등), 상처 치유 지연의 증상이 나타난다.
- 체내에서 합성되지 않아 반드시 음식물로 섭취해야 하는 필수 아미노산과 체내에서 합성되는 비필수 아미노산으로 구분된다.
- 1g당 4kcal의 에너지를 발생한다.
- 항체도 단백질로 구성되어 있어 면역 작용을 담당한다.
- 유일하게 단백질에만 질소가 포함되어 있으므로 다른 영양소가 단백질을 대신할 수 없다.
- 단백질의 대사산물로는 요소, 요산, 크레아티닌이 있다.

029 간염

- 간염의 종류

	전염 간염	혈청 간염	non-A non-B (NANB)형 간염
법정 감염병 종류	2급	3급	3급
예방접종	있음	있음	없음
동의어	A형 간염	B형 간염	C형간염

원인	대소변에 오염된 물이나 음식물, 혈액 → 식기구별, 음식 같이 먹지 않아야 함	수혈, 혈액제제, 정액, 오염된 주사기나 바늘, 직접 접촉(성교), 수직감염

* B형 간염 검사 결과 HBsAg(항원)이 (-), HBsAb(항체)이 (-)일 경우 항체 형성을 위해 B형 간염 예방접종을 해야 한다.

- 증상 : 식욕부진, 체중감소, 구역과 구토, 설사, 두통, 발열, 간 부위 통증, 황달, 가려움증, 피로, 간수치 상승 등
- 치료 및 간호 : 수분섭취 증가, 고탄수화물·고단백·고비타민·저지방·저염 식이

030 대상포진

- 소아에게는 수두를, 성인에게는 대상포진을 일으키는 수두-대상포진 바이러스(uaricella zoster virus)에 의한 수포성 발진
- 신경절을 따라 통증, 발진, 가려움증, 수포(물집)를 일으킨다.
- 2~3주에 걸쳐 계속되고 통증은 치료 후에도 수개월간 지속되기도 하며 흉터가 남기도 한다.
- 항바이러스제, 진통제를 이용한 약물요법으로 치료한다.

031 안구 타박상

안구에 심한 타박상을 입은 경우 상체를 약간 올린 자세로 절대안정을 취한다.

032 치아조직의 명칭과 기능

※ 4회 32번 해설 참조

033 치과 기구

- 이거울(치경) : 진료 시 빛을 반사하여 어두운 곳을 밝게 비추어 보이지 않는 구강 내를 관찰하기 위한 기구
- 탐침(익스플로러) : 구강 내 접근하기 힘든 부위가 손상되었을 때 충치의 깊이나 치아의 동요도 등을 감지해 볼 수 있는 기구
- 스푼익스카베이터 : 치아의 우식병소를 제거하기 위한 기구
- 핀셋(커튼플라이어) : 구강 내로 소형 재료나 솜 등을 삽입하고 제거하는 기구

034 한방약 제형의 종류

종류	특성
정제	부형제를 가해서 만든 알약 형태
좌제	질, 항문, 요도 등 체강으로 삽입하여 치료하는 제제
고제	달이기를 반복하여 진하게 농축된 용액에 설탕 등을 넣어 만든 반유동 상태의 제제로 내복과 외용의 두 종류가 있다.
환제	가루약에 물, 꿀, 풀 등을 넣고 둥글게 만들어서 말린 제제로 주로 만성질환에 사용한다.
산제	마른 약재를 세말로 하여 체로 쳐서 고르게 혼합한 것
탕제	물을 넣고 가열하여 성분을 삼출시킨 제제로 주로 급성질환에 사용한다.
주제	약물을 알코올이나 양조주 등에 담가 유효성분을 삼출시킨 제제
엑기스제	일정량의 가용성 성분을 제품의 일정량에 일정하게 함유되도록 담은 제제
시럽제	약물을 달인 농축액에 백당이나 감미제를 넣어 복용하기 쉽게 만든 제제

035 탕제의 복용 방법

- 보통 따뜻하게 데워서 1일 3회 정도 복용한다.
- 노인, 허약체질, 구토 시 약의 분량은 적게, 횟수를 자주 복용한다.
- 독성이 있는 약은 처음에는 조금씩 시작해서 점차 용량을 늘린다.
- 위장에 자극을 주는 약은 식사 직후에 복용한다.

보건간호학 개요

036 보건교육의 목표

인간이 질병을 예방하고 건강을 유지·증진함으로써 적정기능 수준의 건강을 유지·향상하는 데 필요한 지식, 태도, 습관을 바람직한 방향으로 변화시키는 것이다.

037 1차 보건의료의 기본 개념

1차 보건의료란? 지역 주민들이 쉽게 이용하여 건강수준을 향상시킬 수 있도록 하기 위해 만들어진 보건소, 보건지소, 보건진료소, 개인의원 등

- 건강은 인간의 기본권이라는 개념을 기초로 하고 있다.
- 지역사회 주민의 적극적인 참여가 가장 중요하다.
- 주민들이 쉽게 받아들이고 이용할 수 있어야 한다.
- 주민들의 지불 능력에 맞는 의료수가가 제공되어야 한다.
- 주민들의 기본적인 건강요구에 기본을 두어야 한다(보편적이며 포괄적인 건강문제).
- 지역사회 개발사업의 일환으로 구성되어야 한다.
- 의사, 간호사만이 아닌 보건의료팀을 통한 접근이 바람직하다.
- 주민과의 교량 역할을 하는 사람은 주민을 위해 봉사하고자 하는 활동적인 사람이 적합하다.

038 행위별수가제

- 진료에 사용된 약품, 재료, 제공 서비스마다 의료비를 지불하는 것이다.
- 진료한 만큼 보상받으므로 의료인이 가장 선호하고 현실적으로 시행이 가장 용이한 방법이다.
- 장점 : 의료서비스의 질 향상, 의료기술 연구개발 촉진
- 단점 : 국민 총 의료비 상승, 치료 중심 서비스에 치중, 과잉진료

※ 6회 37번 해설 참조

039 근로복지공단

'산업재해보상보험법'에 따라 근로자의 업무상 재해에 대한 신속하고 공정한 보상과 재해근로자의 재활 및 사회복귀 촉진을 위한 보험시설의 설치·운영, 그리고 재해 예방 및 근로자의 복지증진을 위한 사업 시행을 목적으로 설립된 고용노동부 산하 준정부기관

040 대체(대치)

독성이 약한 물질(덜 위험한 물질)로 대체하거나 공정 또는 시설을 바꾸는 방법

예 수동 대신 자동, 벤젠 대신 톨루엔이나 자일렌(크실렌) 사용, 인화성 물질을 플라스틱통 대신 철제통에 저장하는 것 등

041 금연교육의 궁극적인 목적

금연교육 실시 후 대상자에게 궁극적으로 요구되는 것은 담배를 끊는 행동을 하는 것이다.

042 면접(면담, 상담) 시 가장 중요한 것

피면접자와 면접자의 신뢰감이 형성되어 있어야 효과적인 면접을 할 수 있다.

043 패널토의(배심토의)

상반된 의견을 가진 전문가 4~7명이 사회자의 안내에 따라 토의를 진행한 후 청중과 질의응답을 통해 결론을 도출하는 방법으로 청중은 비전문가이다.

044 잠함병(감압병, 해녀병, 잠수병)

- 원인 : 고기압 상태에서 급속히 감압이 이루어 질 때 (예 물속에서 너무 빨리 수면 위로 올라올 경우) 체내에 녹아있던 질소가 혈액으로 섞이게 되어 공기색전증을 일으키게 되는 질병
- 증상 : 관절통, 근육통, 실신, 현기증(어지럼), 시력장애, 전신 또는 반신불수, 흉통, 뇌에 발생하면 생명의 위험 등 혈전이 막히는 부위에 따라 증상이 다르게 나타남
- 예방법
  - 천천히 감압한다.
  - 작업 후 산소 공급을 위해 간단한 운동을 하거나 산소를 공급한다.
  - 비만자, 만성폐쇄폐질환 환자, 심장질환이 있는 자는 해당 업무를 하지 않도록 한다.
  - 지방이 많은 음식이나 술을 금한다.

045 냉방병

- 여름철 실내와 실외의 온도차가 심해져서 발생한다.
- 냉방병을 예방하기 위해 실내외의 온도차는 5~6℃가 적합하다.
- 밀폐건물 증후군이라고도 말하며 레지오넬라에 의해 발생하기도 한다.

046 자외선

- 장점 : 살균작용과 치료작용, 성장과 신진대사, 비타민 D 형성, 적혈구 생성 촉진
- 단점 : 피부암, 결막염, 백내장, 피부에 홍반과 색소침착

047 부활현상

상수도에 염소처리를 한 후 세균이 일시적으로 증가하는 현상을 부활 현상이라고 한다.

048 보툴리누스 중독

- 치사율이 가장 높은 식중독으로 통조림이나 소시지 등에 의해 발생한다.
- 신경계 증상(안면마비 등)과 호흡곤란 등을 일으킨다.
- 제품의 유효기간이나 밀봉상태를 반드시 확인하고 섭취한다.

049 우리나라의 보건의료 전달체계

> **보건의료 전달체계 : 1, 2차 진료기관을 먼저 이용하게 하고, 전문적인 진료가 필요한 경우 3차 의료기관을 이용하게 하는 것**

- 제한된 의료자원을 필요로 하는 모든 사람에게 체계적으로 접근하여 최소한의 투자로 최대한의 효과를 창출하는 것이다.
- 보건의료 수요자에게 적절한 의료를 효과적으로 제공하는 것이다.
- 쉽게 말해, 질병의 심각성에 따라 경미한 질환은 1, 2차 의료기관을, 위급하거나 중증 질환은 3차 의료기관을 이용하게 하여 의료서비스 이용의 효율성을 높이고자 하는 것이다.
- 개인의 능력과 자유를 최대한으로 존중하는 자유방임형이다.
- 정부의 통제나 간섭은 극소화한 제도이다.

050 본인일부부담제

의료기관 이용 시 본인에게도 병원비를 부담하게 함으로써 불필요한 의료서비스를 이용하지 않게 하려는 제도

공중보건학 개론

051 지역사회 간호요원의 역할

지역사회 간호요원은 가족을 관찰한 후 필요에 따라 유용한 기관이나 사회 자원에 의뢰하여 연계하는 관찰자와 알선자의 역할을 수행하여야 한다.

052 학교보건 인력

학교보건의 1차 담당자는 담임, 학교보건의 전문인력은 보건교사, 학교보건의 행정책임자는 교장이며 그 외에도 학교의사(치과의사 및 한의사 포함), 학교약사 등의 촉탁 인력이 있다.

053 노령화지수

노령화지수 = (65세 이상 인구/0~14세 인구)×100 으로, 노령화지수가 높다는 것은 노인 인구가 증가하여 노년 부양비가 증가됨을 의미한다.

054 지역사회 건강문제 중 가장 먼저 다루어야 할 문제

지역사회 보건사업 시 가장 먼저 다루어야 하는 것은 지역 주민의 건강에 영향을 미치는 범위이다. 따라서 짧은 시간에 다수의 주민에게 피해를 줄 가능성이 높은 감염병을 가장 먼저 다루어야 한다.

055 모자보건수첩의 기재내용

임산부와 영유아의 인적사항, 산전·산후 관리사항, 임신 중 주의사항, 임산부와 영유아의 정기검진과 종합검진, 영유아의 성장발육과 건강관리 시 주의사항, 예방접종에 관한 사항

056 금연을 돕기 위한 간호조무사의 역할

- 계획이전단계 : 금연 동기 부여, 흡연 유해성 정보 제공
- 계획단계 : 자신의 흡연패턴 등을 관찰하고 인식하여 금연 준비를 할 수 있도록 도움
- 준비단계 : 다양한 금연 방법에 대한 구체적인 정보 제공
- 행동단계 : 흡연 욕구와 금단 증상 대처법 교육
- 유지단계 : 흡연 유혹 대처법 교육

※ 4회 57번 해설 참조

057 콘돔

콘돔은 정확히만 사용하면 피임 효과가 확실하며 인체에 해가 없고 성병 예방에 가장 효과적이다. 분만 경험이 없는 신혼부부에게 권장된다.

058 지역사회 보건사업 시 주민의 참여를 촉진하기 위한 방법

전문가들이 주민의 입장에서 생각하는 자세가 무엇보다 중요하다.

059 결핵 환자의 가래 처리 방법

종이나 휴지에 싸서 소각하거나 침구에 묻었을 경우 크레졸에 담갔다가 삶아서 뺀다.

060 질병 예방

- 1차 예방 : 질병이 발생하기 전에 건강 수준과 저항력을 높이는 것(예방주사, 건강증진, 보건교육, 질병 발생 전 상담 등)
- 2차 예방 : 질병을 조기발견·조기치료 하는 것(건강검진 등)
- 3차 예방 : 잔존기능을 최대화 하려는 노력(재활, 물리치료 등)

단계	시기	내용	예방
1단계 (비병원성기)	질병에 걸리지 않고 건강이 유지되는 시기	건강증진, 위생 개선	1차 예방
2단계 (초기 병원성기)	질병에 걸리는 초기의 시기	예방접종, 영양 관리	
3단계 (불현성 감염기)	감염은 되었으나 증상이 나타나지 않은 시기	조기진단 및 검진, 조기치료	2차 예방
4단계 (발현성 감염기)	질병의 증상이 발현된 시기	악화방지를 위한 치료	3차 예방
5단계 (회복기)	질병으로부터 회복되거나 불구 또는 사망에 이르게 되는 시기	재활, 사회복귀	

061 외상 후 스트레스 장애(PTSD)

생명을 위협할 정도의 극심한 스트레스를 경험하고 난 후 발생하는 심리적 반응

예 학대, 교통사고, 자연재해, 성폭행을 당한 후 신경이 날카로워지거나 공포감을 느끼는 것

PTSD 간호
- 시간이 지나면서 과거의 영향에서 벗어날 수 있다는 것을 알려준다.
- 주관적인 지각을 객관적으로 바라볼 수 있도록 돕는다.
- 환자의 신체적·심리적 증상을 이해하도록 노력하고 가족과 친구들의 지지를 받을 수 있도록 한다.
- 환자의 비논리적 사고를 교정해준다.

062 세균 이질
- 원인 : 이질균
- 전파경로 : 오염된 물과 음식물, 환자나 병원체 보유자와 직·간접적 접촉
- 증상 : 증상이 없거나 경미하기도 함, 구토, 경련성 복통, 설사, 혈액이나 고름이 섞인 대변, 경련이나 환각 등 중추신경계 증상
- 예방 : 물과 음식물의 위생적인 관리, 손 씻기, 사용한 식기는 자비소독, 변소·하수도의 소독 및 정비
- 치료 및 간호 : 수분과 전해질 공급, 유동식 제공, 클로람페니콜·암피실린·테트라사이클린 등으로 치료

063 디프테리아(1급 감염병)
- 원인 : 디프테리아균
- 전파경로 : 비말, 호흡기 분비물과의 접촉
- 진단 : 시크 검사(Schick test)
- 증상
  - 코, 인두, 편도, 후두 및 주변조직에 염증과 거짓막을 형성하여 호흡곤란 유발
  - 인두와 편도 디프테리아 : 피로, 미열, 인두통(목앓이), 식욕부진
  - 코안 디프테리아 : 콧물의 점도 증가, 코피, 미열
  - 후두 디프테리아 : 인두에서 후두로 퍼지며 고열, 쉰 목소리, 기침이 있을 수 있으며 호흡곤란으로 인한 응급상황에 대처하기 위해 병실에 기관절개 세트를 두어야 함
- 예방 : DTaP주사(생후 2·4·6개월, 15~18개월, 4~6세)
- 치료 및 간호 : 항독소와 항생제를 투여하고 격리, 기도 유지, 절대안정

064 간흡충증
- 전파 : 쇠우렁이(제1중간숙주) → 민물고기(제2중간숙주) → 사람
- 증상 : 간과 비장 비대, 복수, 황달, 소화기 장애 등

065 간호·간병 통합서비스
보호자 없는 병원, 즉 간호사·간호조무사·간병지원인력이 한 팀이 되어 환자를 돌보는 서비스로, 간병인이나 가족 대신 이들이 간병과 간호서비스를 제공한다.

066 1급 감염병
※ 총정리 [감염병의 종류] 참조

067 개설 가능한 의료기관
- 의사 : 의원, 병원, 요양병원, 종합병원, 정신병원
- 치과의사 : 치과의원, 치과병원
- 한의사 : 한의원, 한방병원, 요양병원
- 조산사 : 조산원(조산원을 개설하려는 자는 반드시 지도의사를 정하여야 한다)
- 간호사 : 해당 없음

068 감염병의 신고
보고를 받은 의료기관의 장 및 감염병 병원체 확인기관의 장은 질병관리청장 또는 관할 보건소장에게 신고하여야 한다.
- 1급 : 즉시
- 2, 3급 : 24시간 이내
- 4급 : 7일 이내

069 인권교육 이수시간
정신건강증진시설의 장과 종사자는 연간 4시간 이상의 인권교육을 받아야 한다.

070 헌혈자로부터 채혈 후 실시해야 하는 검사
B형 간염 검사, C형 간염 검사, 후천면역결핍증후군 검사, 매독 검사, 간기능 검사, 사람티(T)세포림프친화바이러스(혈장 채혈인 경우 제외)

실기

071 산후기(산욕기)에 관찰해야 할 내용
임신과 분만에 의해 생긴 변화가 임신 전의 상태로 복귀되는 산후기(산욕기)에는 모성 사망의 주요 원인이 되는 분만후 출혈과 감염을 주의 깊게 관찰해야 한다.

072 기침과 심호흡
- 수술 부위 통증이 있는 경우 베개를 수술 부위에 대고 가볍게 압박한 상태로 기침과 심호흡을 하도록 한다.
- 복부 수술 후에는 무기폐(폐확장부전)와 폐렴 같은 폐 합병증을 예방하기 위해 최대한 빨리 기침, 심호흡, 흉식호흡을 하도록 한다.
- 코로 공기를 들이마시고 입을 동그랗게 모아 천천히 내쉰다.

073 유동식(예 미음)
주로 수술 후 환자, 급성 고열 환자에게 제공하는 식이로 단기간 급식하는 것이 바람직하다.

예 맑은 국물, 미음, 과일주스 등

맑은 국물, 과일주스 등의 액체 음식을 말하며 급성 고열 환자, 수술 후 환자에게 제공하는 식이이다.

이양식(질병에서 회복됨에 따라 일반식(보통식사)으로 옮겨 가는 모든 단계의 식이) 순서 : 물→ 유동식(미음) → 연식(죽) → 경식 또는 반고형식(반찬을 다져서 제공) → 일반식(보통식사) 또는 치료식

074 식사돕기

- 가능한 한 환자 스스로 먹도록 하되 도움이 필요한 부분은 돕는다.
- 상체를 약간 상승시킨 자세로 먹인다.
- 식사 전 주사 처치나 드레싱은 통증이나 냄새를 유발해 식욕이 감퇴될 수 있으므로 피한다.
- 삼킴곤란(연하곤란)이 있는 환자의 경우, 흡인 예방을 위해 연두부 정도의 점도가 있는 음식(연식)을 제공하고, 서두르지 말고 한번에 조금씩 준다.

075 환자를 침상 머리 쪽으로 이동시키는 방법

- 침대 매트를 수평으로 하고 베개를 머리 쪽으로 옮긴다.
- 환자가 협조를 할 수 있는 경우
  - 환자에게 침대 머리 쪽 난간을 잡게 하고 무릎을 세워 발바닥을 침대에 닿게 한 후 다리에 힘을 주게 한다.
  - 간호조무사는 환자의 대퇴 아래에 한쪽 팔을 넣고 다른 팔로 침상을 밀며(또는 어깨와 등 밑을 지지하고) 구호에 맞춰 침대 머리 쪽으로 이동한다.
- 환자가 협조를 할 수 없는 경우
  - 간호조무사 2명이 침대 양편에 한 사람씩 마주서서 한쪽 팔은 어깨와 등 밑을, 다른 팔로는 둔부와 대퇴를 지지하고 구호에 맞춰 동시에 환자를 침대 머리 쪽으로 이동한다.

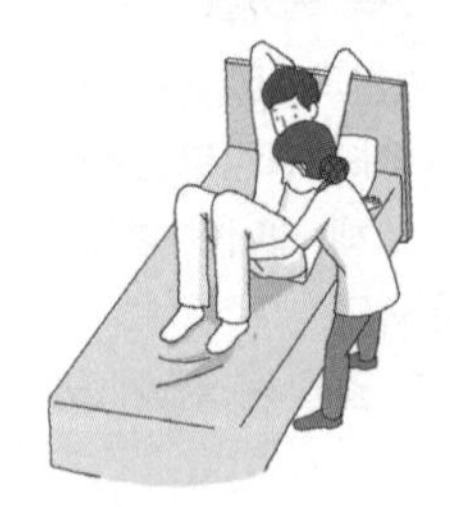

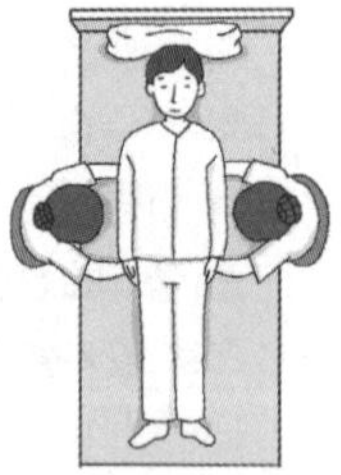

협조가 가능할 때 / 협조가 불가능 할 때

076 전동 간호

- 전동에 대한 설명은 간호조무사도 할 수 있다.
- 키, 몸무게, 활력징후 등은 입원 시 측정한다.
- 전동 예정이므로 현재 병동의 규칙 등을 다시 설명할 필요는 없다.
- 환자 물품 및 남은 약과 의무기록지는 정리하여 해당병동으로 가져가야 한다.
- 적절한 이동기구(휠체어, 운반차, 보행기 등)를 이용하여 환자와 함께 전동 병실로 이동한다.

077 혈액검사

- 채혈 전 팔을 심장 위치보다 낮게 하여 혈액이 채혈부위 쪽으로 모아질 수 있도록 한다.
- 냉찜질은 혈관을 수축시키므로 사용하지 않는다.
- 채혈부위를 노출시키고 그보다 위쪽에 압박띠(지혈대)를 묶는다.
- 바늘을 정맥에 꽂고 혈액이 나오는지 확인한 후 자연스럽게 내관을 뒤로 당긴다. 너무 강하게 흡인할 경우 혈구가 용혈되어 정확한 검사결과를 얻을 수 없으므로 주의한다.
- 필요량의 채혈이 끝나면 압박띠를 풀고 소독솜을 대면서 바늘을 뺀다.
- 채혈 부위는 절대 문지르지 말고 가볍게 눌러주어 지혈한다.
- 채혈된 혈액을 검사병에 넣을 때는 용혈을 방지하기 위해 주삿바늘을 뽑고 검사병의 벽을 타고 흘러 내려가도록 한 후 뚜껑을 닫는다.
- 전체혈구계산(CBC)의 경우 EDTA응고제가 혈액과 충분히 섞이도록 가볍게 흔들어준다.

078 설사로 인해 탈수가 심한 아동의 간호

- 탈수로 인해 앞숫구멍(eocjsans)이 함몰되는지 관찰한다.
- 체중감소가 있는지 매일 확인하고 의사의 처방에 따라 섭취량 및 배설량(I&O)을 측정한다.
- 설사가 심할 때는 경구보다는 비경구적으로 수분과 전해질을 공급한다.
- 가벼운 설사일 경우 끓인 물에 설탕을 첨가하여 식혀서 먹인다.
- 설사 시에는 항문 체온 측정을 금한다.
- 증상을 세밀히 관찰하고 규칙적으로 체위 변경을 해준다.

079 활력징후(V/S, Vital Sign)

- 인체의 생명유지에 중요한 심폐기능의 상태를 반영하는 지표(체온, 맥박, 호흡, 혈압)로 건강에 변화가 있는지를 판단하는 객관적인 자료가 된다.
- 혈압은 나이가 많을수록 증가한다.
- 맥박은 나이가 들어도 크게 변화가 없거나 약간 감소한다.
- 체온이 증가하면 호흡과 맥박이 증가한다.

080 입안체온(구강체온) 측정 시

- 차거나 뜨거운 음식을 먹었을 경우 30분 후에 다시 측정한다.

- 입안체온(구강체온)을 측정할 수 없는 경우 : 6세 이하의 어린이, 음식 섭취 후 10분 이내, 찬 음식 또는 뜨거운 음식을 섭취한 후 30분 이내, 의식이 없는 환자, 오한으로 떠는 환자, 정신질환자, 코 또는 구강을 수술한 환자, 입안에 질환이 있는 환자, 흡연한 후, 산소를 흡입 중인 환자

081 반신마비(편마비) 환자의 지팡이 사용법
- 반신마비(편마비) 환자는 건강한 손으로 지팡이를 잡는다.
- 지팡이는 환자의 발 앞쪽 15cm, 옆쪽 15cm 지점에 지팡이 끝을 놓는다.

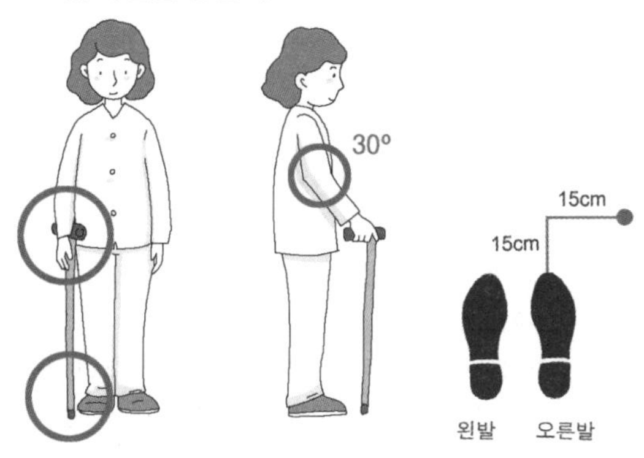

082 지팡이의 길이 결정
지팡이를 한 걸음 앞에 놓았을 때 팔꿈치가 약 30° 정도 구부러지는 정도, 지팡이의 손잡이가 환자의 둔부 높이, 평소 신는 신발을 신고 똑바로 섰을 때 손목 높이가 적당하다.

083 지혈대 적용
지혈대는 사지 출혈 시 가장 마지막에 사용하는 방법(괴사로 인한 절단의 가능성 있음)으로, 동맥까지 완전히 차단되도록 꽉 묶되, 상처로부터 가까운 곳에 심장 방향으로(말초 쪽이 아닌 심장이 있는 방향으로) 묶는다.

084 맥박결손
2명의 간호조무사 중 한 명은 심첨맥박을, 또 다른 한 명은 노뼈(요골)맥박을 동시에 측정했을 때 말초맥박이 심첨맥박의 수보다 적은 경우를 의미한다. 건강한 사람은 노뼈(요골)맥박과 심첨맥박의 수가 같다.

085 빛반사(홍채 수축반사, Pupil reflex)
펜라이트(Penlight)를 이용하여 눈에 빛을 비추어 뇌기능을 알아보기 위한 검사로, 한 쪽 눈에 빛을 비추었을 때 동공이 빠르게 수축하고, 이때 반대쪽 눈의 동공도 함께 작아져야 정상이다.

086 자기공명영상(MRI)
- 자기장과 고주파를 이용하여 신체조직을 영상화 하는 검사로, 종·횡단면을 모두 살펴볼 수 있으며 주로 중추신경계 질환 평가 시 많이 이용된다.
- 검사 전에 모든 금속물질, 자성이 있는 물질 등을 제거하고, 화장도 지워야 한다.
- 좁은 터널 같은 기계 안으로 들어가서 한 자세로 움직이지 않아야 하므로 미리 폐소공포증이 있는지 확인해야 한다.
- MRI 촬영 동안 진정제를 투여했다면 검사 후 졸음, 어지러움 등이 있을 수 있으므로 검사 당일에는 운전을 피하는 것이 좋고 보호자를 동반하는 것이 권장된다.

087 우울증 환자와의 대화
우울증 환자와의 대화 도중 자살에 대한 언급은 간과하지 않아야 한다.

088 신생아 활력징후
맥박과 호흡이 빠른 편이지만 정상범위 내에 있으므로 흥분하거나 울고 난 이후가 아닌지 살펴본 후 조금 더 관찰한다.

> 신생아 활력징후
> - 겨드랑 체온 : 36.5~37.0℃ 정도(체온 1℃ 상승 시 맥박 15~20회 증가)
> - 맥박 : 120~140회/분으로 불규칙하고 빠르다.
> - 호흡 : 30~60회/분으로 복식호흡을 하고 불규칙하다.
> - 혈압 : 수축기 최고혈압이 80~90mmHg 정도로 성인에 비해 낮다.

089 혈중 이산화탄소 증가에 따른 호흡수 변화
혈액 속에 이산화탄소가 증가하면 호흡수가 증가한다.

090 소독과 멸균 방법
- 여과 멸균 : 혈청, 약품
- 저온 살균법 : 우유나 예방주사약
- 가압증기멸균법(고압증기멸균법) : 가운·면직류, 도뇨세트, 외과수술용 기구
- 자비 소독 : 식기
- 건열 멸균 : 파우더, 바셀린 거즈

091 전달집게(이동겸자, Transferforceps)
- 오염 방지를 위해 겸자통에 겸자를 하나씩만 꽂는다.
- 겸자의 양쪽 면을 맞물린 상태로 꺼내거나 넣는다.
- 겸자통 가장자리는 오염된 것으로 간주하므로 겸자가 통의 가장자리에 닿지 않도록 하고 오염되었을 경우 간호사에게 보고한 후 새로운 멸균겸자로 교체해놓는다(거꾸로 뒤집어져 있는 겸자는 오염되었음을 의미한다).

- 사용한 겸자와 겸자등은 24시간마다 한 번씩 멸균해 준다.
- 겸자의 끝은 항상 아래로 향하게 하고 허리 아래로 내리지 않는다.
- 소독물품을 전달할 때는 겸자끼리 닿지 않도록 한다.
- 멸균된 곳 위에 소독솜을 놓을 경우 겸자 끝이 닿지 않게 약간 위에서 떨어뜨린다.

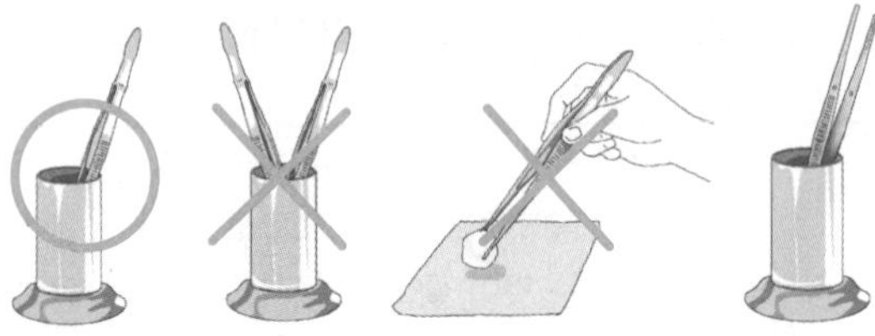

092 환자의 식사 돕기

- 식사 전 불유쾌한 시술이나 드레싱을 금한다.
- 신맛이 강한 음식은 침(타액) 분비를 증가시켜 사레를 유발하므로 삼킴곤란(연하곤란) 환자에게는 제한한다.
- 식사 시에는 편안한 환경을 위해 방문객을 제한한다.
- 환자에게 말을 걸면 대답하다가 흡인될 수 있으므로 식사 중에는 말을 걸지 말고 식사에 집중할 수 있도록 돕는다.
- 식탁 높이는 의자에 앉았을 때 식탁 윗부분이 환자의 배꼽 높이에 오게 한다.

093 침상목욕

- 병실온도는 22~23℃, 물의 온도는 43~46℃ 정도로 하여 대야에 1/2~1/3 정도 되도록 준비한다.
- 수건을 물에 적셔 눈 안쪽 → 눈 바깥쪽 → 코 → 볼 → 입 → 이마 → 턱 → 귀 → 목 → 손, 팔 → 가슴 → 복부 → 발, 다리 → 등 → 회음부 → 손톱, 발톱손질 순서로 닦는다.
- 가능하면 회음부는 환자 스스로 할 수 있도록 한다.
- 혈액순환을 증진시키기 위해 말초 → 중심으로 닦는다.
- 눈은 안에서 바깥을 향하여 각각 수건의 다른 면을 사용하여 닦는다(눈곱이 끼지 않은 깨끗한 눈부터 먼저 닦는다).
- 손톱은 둥글게, 발톱은 일자로 깎는다.
- 목욕시간은 5~10분 정도가 적당하다.

094 의치간호

- 의치를 빼거나 끼울 때는 위쪽 의치부터 먼저 한다.
- 의치가 깨끗하지 않을 때는 2% 중조수나 붕산수로 닦는다.
- 수술실에 갈 때, 수면 시, 무의식 환자, 경련 환자는 의치를 제거한다.
- 세면대 위에 젖은 수건을 깔고 의치 세정제와 칫솔을 사용해 세척한다.
- 뜨거운 물은 의치를 변형시키므로 찬물이나 미온수를 사용한다.
- 의치를 보관할 때는 뚜껑이 있는 불투명한 컵에 물에 잠기게 하여 보관한다.

095 보호대의 종류

- 재킷 보호대 : 지남력이 상실된 혼돈 환자나 진정제를 투여한 환자에게 적용하여 낙상 방지
- 장갑 보호대 : 손과 손가락의 움직임을 제한하여 환자가 자신의 피부를 손으로 긁거나 손상을 입히는 것을 방지하기 위한 것 예 가려움증 환자
- 팔꿈치 보호대(팔꿈치 관절 보호대) : 팔꿈치 구부리는 것을 방지하여 수술 상처나 주사 부위의 손상을 방지하는 것 예 소아의 팔꿈치 부위에 정맥주사 후 또는 구개 수술 후 사용
- 손목, 발목 보호대 : 손과 발의 움직임 제한
- 홑이불 보호대(전신 보호대) : 검사나 치료하는 동안 영아나 유아의 움직임 억제
- 크립 망 : 아기 침대 주위를 그물로 막아서 낙상 예방

096 상처 소독 원칙

깨끗한 부분 → 더러운 부분, 안 → 밖, 위 → 아래, 두덩뼈(치골) → 항문, 수술 부위 → 주변 조직, 절개부위 → 배액관(배액관만 있는 경우 배액관 가까이에서 시작하여 밖을 향해 원을 그리며 닦아냄)의 순서로 철저한 무균술을 적용하여 드레싱한다.

097 목뼈(경추) 손상 환자 간호

- 목뼈(경추) 손상 환자는 목을 움직여서는 안 되고 절대안정을 취해야 하므로 욕창 예방에 신경 써야 한다.
- 부동으로 인해 장의 연동운동이 감소될 수 있으므로 연동운동 촉진을 위해 수분 섭취를 권장하고 복부를 시계방향으로 마사지 한다.

098 투약의 일반적 지침

① 약을 준비한 사람이 투여하고, 투여한 사람이 기록한다.
② 투약 시 "성함이 어떻게 되세요?"라고 질문하고, 반드시 약카드와 환자 ID밴드(팔찌)를 확인한 후 투약한다.
③ 경구약은 내과적 무균술을, 주사약은 외과적 무균술을 준수한다.
④ 구두처방으로 투약했을 경우 24시간 이내에 서면처방을 받는다.

⑤ 투약 실수가 생겼을 경우 즉시 담당 간호사에게 보고하여 환자에 대한 처치가 이루어 질 수 있도록 한다.
⑥ 투약의 5가지 원칙(정확한 약, 용량, 시간, 투여경로, 환자)을 확인한다.
⑦ 의문이 가는 처방은 반드시 간호사나 의사에게 질문 후 투약한다.
⑧ 환자가 투약을 거부하면 거부 이유를 물어본 후 설득하여 복용하도록 해보고, 그래도 거부하면 의사에게 보고한 후 기록으로 남긴다.
⑨ 투약 오류를 예방하기 위해 용기의 라벨을 3번(약장에서 약을 꺼낼 때, 약병에서 약을 따를 때, 약장에 약병을 다시 넣을 때) 확인한다.
⑩ 환자가 부재중이어서 투약을 못했을 경우 의사에게 보고하고, 투약하지 못한 이유를 차트에 기록한다.
⑪ 수술 후에는 새로운 처방을 받아 투약하고 침전물이 있거나 변색된 약은 사용하지 않는다.
⑫ 약을 너무 많이 따랐을 경우 약병에 다시 붓지 말고 버린다.
⑬ 약을 희석시킬 경우 미지근한 물을 사용한다.
⑭ 맛이 불쾌한 약은 투여하기 전에 얼음조각을 물고 있게 한다.

099 임종환자의 얼굴 색 변화를 방지하기 위한 방법

임종 직후 환자를 바로 눕히고 베개를 이용하여 어깨와 머리를 올려 혈액 정체로 인한 얼굴색 변화를 방지한다.

100 혈소판

- 혈소판은 혈액을 응고하는 역할을 하므로 부족 시 멍이 잘 들고 코피가 쉽게 난다.
- 방사선에 노출 시 혈소판이 감소하므로 방사선 장해의 지표로 사용된다.
- 15~45만개/1mm^{3}가 정상수치이고, 수명은 10일 정도이며, 정상적인 혈액 응고 시간은 5~15분이다.

간호조무사 실전모의고사 제2회 정답 및 해설

001	②	002	⑤	003	①	004	①	005	③
006	④	007	③	008	⑤	009	③	010	②
011	③	012	①	013	②	014	④	015	②
016	③	017	④	018	④	019	⑤	020	②
021	④	022	④	023	②	024	⑤	025	①
026	④	027	④	028	③	029	⑤	030	②
031	⑤	032	③	033	③	034	①	035	④
036	③	037	④	038	④	039	①	040	④
041	③	042	②	043	④	044	③	045	②
046	①	047	④	048	③	049	②	050	②
051	④	052	①	053	①	054	④	055	①
056	④	057	②	058	②	059	③	060	③
061	②	062	④	063	⑤	064	②	065	③
066	④	067	⑤	068	②	069	①	070	①
071	⑤	072	④	073	④	074	②	075	③
076	②	077	①	078	①	079	①	080	②
081	②	082	④	083	①	084	①	085	①
086	④	087	③	088	④	089	④	090	③
091	⑤	092	⑤	093	②	094	①	095	②
096	④	097	①	098	①	099	①	100	⑤

기초간호학 개요

001 신생아에게 비타민 K를 주사하는 이유

간기능이 미숙하여 출혈 경향을 보일 수 있는 신생아에게 비타민 K 1.0mg을 근육주사하여 출혈을 예방한다.

002 노인의 심리 · 사회적 변화

- 신체적 기능 감소로 인한 무능력감, 우울감 증가
- 가족이나 배우자와의 사별로 인한 상실감 증가
- 가정과 사회에서의 역할 감소로 인한 소외감 증가
- 퇴직으로 인한 교우관계 축소로 허무감과 존재의 무가치함 느낌

003 근무 중 사고나 과실을 예방하기 위한 방법

자신의 직무한계를 정확히 알고 업무에 임하면 근무 중 사고나 과실을 방지하거나 줄일 수 있다.

004 심장순환

- 온몸순환(전신순환, 대순환, 체순환) : 좌심실 → 대동맥판막 → 대동맥 → 온몸 → 대정맥 → 우심방
- 폐순환(소순환) : 우심실 → 폐동맥판 → 폐동맥 → 폐 → 폐정맥 → 좌심방

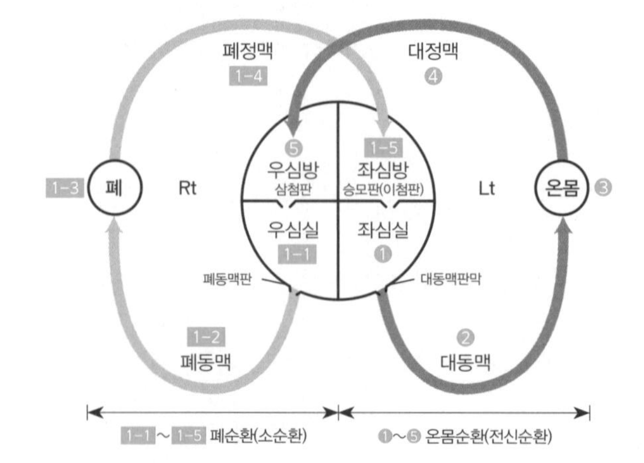

005 소화성 궤양이 잘 발생하는 부위

십이지장 궤양 〉 위 궤양 〉 식도 궤양 순서로 잘 발생한다.

006 병원 물품 파손 시 대처방법

병원 기자재나 물품이 파손되었을 경우 즉시 간호사에게 보고하여 병원 방침에 따라 처리하도록 한다.

007 투약 시 주의사항

※ 1회 98번 해설 참조

008 노인 환자의 피부 간호

- 목욕은 일주일에 한 번 정도가 적당하며 미지근한 물과 유분이 많은 비누 또는 중성비누를 사용한다.
- 알코올은 피부를 건조하게 하므로 사용을 금한다.
- 목욕 후 손톱과 발톱이 부드러워졌을 때 손톱은 둥글게, 발톱은 일자로 잘라주고 몸에는 로션이나 보습제, 자외선 차단제를 꼼꼼히 바르도록 한다.
- 가습기를 사용하여 피부 습도를 유지한다.

009 임부의 검진시기와 검사 항목

- 정기적인 산전관리(분만전관리)
  - 7개월까지 : 한 달에 한 번 병원 방문
  - 8~9개월 : 2주일에 한 번 병원 방문
  - 10개월 : 1주일에 한 번 병원 방문
- 산전 진찰 시 매번 시행해야 하는 검사 : 소변 검사, 혈압 측정, 체중 측정, 복부 청진 및 촉진, 부종 여부 등

010 환자의 개인정보 공개

- 업무상 알게 된 환자의 개인 정보 및 비밀은 절대 누설하지 않는다.
- 언론기관에서 면접(면담) 요청이 있는 경우 반드시 의사나 간호사에게 알린다.

011 응급의료서비스체계

응급환자 발생 시 현장에서 적절한 응급처치를 제공하고 신속하면서도 안전하게 병원으로 이송하여 전문적인 응급진료를 받게 하는 전반적인 체계

012 피하지방 두께 측정부위

피하지방이 주로 축적되는 부위인 윗팔의 뒷부분(팔을 직각으로 세웠을 때 아래쪽으로 늘어지는 부분), 즉 위팔세갈래근(상완삼두근)이 적당하다.

013 자궁수축제

자궁수축을 위해 분만 전·중·후에 사용될 수 있는 약물로서 옥시토신, 에르고노빈 등이 있다.

- 인슐린 : 혈당저하제
- 아트로핀 : 부교감신경 차단제
- 데메롤 : 마약 진통제, 마취를 쉽게 유도하기 위해 사용
- 발륨(valium)(디아제팜) : 진정수면제, 신경안정제

014 노인 환자의 낙상 예방

장소	낙상 예방법
계단	• 손잡이와 미끄럼방지 장치를 설치한다.
욕실	• 손잡이를 설치한다. • 바닥은 미끄럼방지 매트나 테이프를 붙인다. • 변기는 팔받침이 있는 것을 사용한다.
거실, 복도	• 가능하면 문턱을 없앤다. • 바닥에 물기가 있으면 바로 닦고 전선을 정리한다. • 미끄럼방지 매트를 사용한다.
조명	• 필요시 야간등을 켜둔다. • 직사광선을 막기 위해 커튼과 스크린을 적절히 이용한다.
침대	• 침대 난간을 올린다. • 바퀴에 잠금장치를 확인한다. • 침대높이를 낮춘다. • 호출기를 손이 닿기 쉬운 곳에 둔다.
화장실	• 화장실에 손잡이를 만든다. • 화장실 바닥에 물기를 없앤다. • 이동식 좌변기는 미끄러지지 않도록 고정하고 손잡이를 만든다.
기타	• 갑자기 자세를 바꾸거나 움직이지 말고 천천히 움직인다. • 굽이 낮고 폭이 넓으며 발에 꼭 맞는 신발, 바닥에 미끄럼방지 처리가 된 신발을 신게 한다. • 가급적 계단보다는 엘리베이터를 이용한다. • 하지 근력 강화를 위해 꾸준히 운동한다. • 카펫 가장자리는 테이프로 바닥에 붙여 고정한다.

※ 9회 1번 해설, 10회 85번 해설 참조

015 연식(예 죽)

- 소화되기 쉽도록 부드럽게 조리한 식사로 섬유질과 향신료를 제한한다.
- 소화기능이 저하되어 있거나 구강이나 식도에 장애가 있는 환자에게 적합하다.

016 제왕절개 적응증(의사의 판단 하에 제왕절개 분만을 할 수 있는 경우)

- 모체 측 요인 : 유도분만의 실패, 고혈압성 질환, 35세 이상의 노초산부, 불임이었던 임부, 난산, 태위이상, 과거 제왕절개 분만, 산전 출혈 및 자궁 수술 과거력, 전치태반, 태반조기박리 등
- 태아 측 요인 : 태아 큰몸증(거대아), 태아 저산소증, 탯줄탈출(제대탈출)로 태아가 위험한 경우 등

017 박리(결출) 환자의 응급처치

- 약한 압력의 수돗물이나 생리식염수로 상처 부위를 세척한다.

- 조직이 붙어있을 때는 피부 조직을 떼지 말고 원위치로 돌려 멸균 드레싱 후 붕대로 압박한다.
- 조직이 잘려나갔을 경우(절단)에는 잘린 부위를 청결한 거즈에 싼 후 비닐봉지에 담아 얼음을 채운 용기에 넣어서 환자와 함께 병원으로 가지고 가야 한다.

018 자간(증)

- 자간전증의 3가지 증상(고혈압, 부종, 단백뇨)에 경련까지 동반되면 자간이라고 부른다.
- 조용하고 어두운 환경에서 절대안정을 취한다.
- 경련 시 주변에 위험한 물건을 치우고 환자를 좌측위로 눕혀 분비물이 흡인되는 것을 예방한다.
- 경련이 심하면 처방된 진정제를 투여한다.
- 고단백, 고비타민, 적절한 탄수화물, 저지방, 저염, 수분제한(부종이 심할 경우) 식이를 제공한다.

019 소화기관의 기능

- 구강 : 침(타액)의 소화효소 침녹말분해효소(타이알린)과 저작운동을 통해 소화를 돕는다.
- 간 : 대사, 배설, 담즙 생산과 분비, 해독 작용, 태생기 때 조혈 작용, 혈액응고인자 생산, 철분 저장 등
- 식도 : 음식물과 수분의 이동 통로
- 췌장(이자)
  - 알칼리성의 소화효소 분비 : 녹말분해효소(amylase, 탄수화물 소화), 단백질분해효소(trypsin, 단백질 소화), 지방분해효소(lipase, 지방 소화)
  - 호르몬 분비 : 랑게르한스섬의 베타세포에서 인슐린(혈당 저하시킴), 알파세포에서 글루카곤(혈당 상승시킴)

020 심장 판막의 기능

심장에 존재하는 승모판(이첨판), 삼첨판, 반월판은 혈액의 역류를 방지하는 역할을 한다.

021 배림과 발로

- 분만 2기(태아 만출기)에 나타나는 현상이다.
- 배림 : 자궁수축 시에는 태아의 머리가 대음순 사이로 보이다가 자궁이완 시에는 보이지 않는 증상으로 배림 시 산모는 효과적으로 힘을 주어야 한다.
- 발로 : 자궁 수축이 없을 때에도 태아의 머리가 산모의 대음순 사이에 지속적으로 보이는 현상으로, 발로 때는 복압을 멈추고 이완하여야 하며 신생아 머리손상을 예방하기 위해 회음보호를, 회음부 열상을 방지하기 위해 회음 절개술을 의사가 시행하게 된다.

022 열중증

분류	원인	증상	대책
열경련	심한 발한으로 다량의 염분 소실	• 근육경련 • 피부는 차고 축축	• 소금물(0.9~1.0%)이나 이온음료를 먹이거나, 0.9% 식염수를 정맥주사 • 근육경련 부위는 마사지
열탈진(열피로)	염분과 수분 부족으로 인한 탈수, 쇼크	• 혈관 확장으로 혈압이 낮아지고 맥박은 약하고 빨라짐 • 땀을 많이 흘림 • 피부는 차고 창백	• 쇼크 증상에 대한 대처 • 포도당, 생리식염수, 수분 공급 • 강심제 사용하기도 함 • 머리를 낮추어준다.
일사병	직사광선으로 인해 수분과 전해질 소실	• 두통, 현기증(어지럼), 몽롱함 • 얼굴이 창백하고 피부는 차고 축축	• 시원한 장소로 이동하고, 꽉 끼는 의복은 느슨하게 • 수분과 전해질 투여
열사병	고온다습의 영향으로 체온조절중추인 시상하부의 기능에 장애가 옴	• 심부체온이 40℃ 이상 • 땀 분비가 없음 • 피부는 뜨겁고 건조하며 홍조를 띰 • 혼수 • 열중증 중 사망률이 가장 높음	• 체온하강이 급선무 • 얼음물 찜질/목욕 • 찬 식염수 관장 • 머리는 약간 높여준다.

023 신생아의 반사 반응

- 빨기 반사 : 입술에 무언가가 닿으면 빠는 동작을 한다.
- 먹이 찾기 반사(혜적이 반사, 포유 반사, 젖 찾기 반사) : 뺨에 물체가 닿으면 그쪽으로 얼굴을 돌린다.
- 눈깜박 반사(각막 반사) 반사 : 눈에 빛을 비추면 눈을 깜빡거리는 반사로 평생 동안 지속된다.
- 잡기 반사(파악 반사, 움켜잡기 반사) : 손에 물건을 쥐어주면 꽉 잡는다.
- 모로 반사 : 조용한 상태에서 아기에게 자극을 주면 발바닥은 안쪽으로 양쪽 발가락이 닿고, 손바닥과 손가락은 활짝 펴며 팔은 무언가를 껴안는 듯한 자세를 취하는데, 빗장뼈골절(쇄골골절)이나 뇌손상 시에는 나타나지 않는다.
- 바뱅스키 반사 : 발바닥을 뒤꿈치에서 발가락 방향으로 자극하면 발가락을 부채꼴 모양으로 폈다가 다시 오므리는 반사반응으로, 가장 늦게(6~12개월 이후) 소실된다.
- 강직목 반사(긴장성 반사) : 얼굴을 한 쪽으로 돌렸을 때 돌린 쪽의 손과 발은 펴고 반대쪽 손과 발은 구부린다.

024 모유와 우유

- 모유는 비타민 A와 당질이, 우유는 단백질이 풍부하다.

- 함몰유두의 경우 교정기를 사용하면 모유수유가 가능하다.
- 젖병은 100℃에서 10분 이상 자비 소독한다.
- 모유영양아에게는 비타민 C와 D를, 인공영양아에게는 비타민 C를 일찍부터 첨가하여 수유한다.

초유	모유	우유
성숙유에 비해 단백질, 항체, 비타민 A, 무기질이 풍부하다.	우유에 비해 비타민 A와 당질이 풍부하다.	모유에 비해 단백질이 풍부하다.

025 영아에게 중이염이 잘 발생하는 이유

영아는 귀관(이관)이 짧고, 넓고, 곧기 때문에 목감기로 인한 인두의 균이 귀로 감염되어 중이염이 생기기 쉽다.

026 쇼크의 증상

청색증, 두근거림, 혈압 및 체온 저하, 구역, 구토, 빠르고 약한 맥박, 차고 축축하며 창백한 피부, 소변감소(핍뇨), 대사 산증 등

027 만성폐쇄폐질환(COPD)

- 정의 : 만성 기관지염이나 폐기종(폐공기증)으로 인해 초래되는 환기장애
- 원인 : 흡연, 반복적인 폐 감염, 진폐증
- 증상 : 기침, 가래, 호흡곤란, 청색증
- 치료 및 간호
  - 코로 들숨(흡기)하고 입을 동그랗게 모아 길게 날숨(호기)
  - 항생제·기관지 확장제·거담제 투여, 우심실 부전이 발생하게 되면 강심제·이뇨제 사용
  - 영양과 수분섭취 증진, 감염예방, 금연, 휴식
  - 호흡곤란 시 상체 상승
  - 고농도의 산소 공급은 호흡기계를 억제하여 혼수 또는 사망을 일으킬 수 있으므로 반드시 저농도의 산소 제공

028 호르몬 분비 이상과 질병

- 갑상샘호르몬 증가 – 바제도갑상샘종(바제도병, 그레이브스병)
- 갑상샘호르몬 감소 – 어린이 : 크레틴병, 성인 : 점액부종
- 인슐린 분비 감소 – 고혈당
- 항이뇨호르몬 증가 – 소변량 감소

029 심폐소생술 중 맥박확인

심폐소생술 시행 중 순환상태를 확인하기에 적합한 맥박측정부위는 영아 – 위팔동맥(상완동맥), 성인 – 목동맥(경동맥)이다.

030 방광염

- 세균 감염(주로 대장균)으로 인한 방광의 염증으로 요도 길이가 짧은 여성에게 흔하다.
- 배뇨 시 통증, 빈뇨, 절박뇨, 단백뇨, 혈뇨, 야뇨, 배뇨장애(배뇨곤란), 발열, 식욕부진 등이 나타난다.
- 재발이 잘 일어나므로 스트레스와 육체적인 피로가 쌓이지 않도록 해야 한다.
- 충분한 수분 섭취, 항생제 복용, 좌욕, 소변 참지 않기, 성관계 후 소변보기, 휴식과 안정 취하기

031 녹내장

- 안압의 상승으로 인해 시신경이 눌리거나 혈액 공급에 장애가 생겨 시신경의 기능에 이상을 초래하는 질환(안압의 정상범위는 10~21mmHg)이다.
- 두통, 구토, 통증, 충혈, 시야결손(좁아짐), 시력감소, 불빛 주위에 무지개가 보이는 증상 등이 나타난다.
- 안압하강제 사용, 홍채절제로 치료한다.
- 녹내장 수술 직후에는 출혈을 방지하기 위해 절대안정을 취하고, 안구 운동을 최소화하기 위해 눈에 보호용 안대를 착용하도록 한다.

032 가압증기멸균법(고압증기멸균법)

- 보통 121℃에서 20분간 멸균하는 방법으로 치과기구 소독(예 이거울(치경), 유리제품 등)에 가장 많이 사용되는 방법이다.
- 짧은 시간에 많은 양의 기구를 정확한 온도조절로 확실하게 멸균시킬 수 있다.
- 예리한 기구의 날을 상하게 할 수 있고 금속기구가 부식될 수 있다.
- 가압증기멸균기에서 꺼낸 치과 기구는 진료 시 이용할 때까지 자외선 소독기에 넣어두었다가 사용하는 것이 바람직하다.
- 중성세제와 물로 내면이나 트레이를 정기적으로 닦고, 사용하지 않을 때는 멸균기의 문을 열어놓는다.

033 발치 후 간호

- 입 안에 물고 있는 솜은 1~2시간 후에 뱉는다.
- 입에 고이는 침이나 피는 삼킨다.
- 발치 당일 통목욕, 흡연, 음주를 금한다.
- 식사는 부드러운 음식을 섭취한다.
- 발치 당일에는 양치질을 피하고 구강 양치액으로 가볍게 헹구어 낸다.
- 부종과 통증을 줄이기 위해 발치 당일 밤까지 냉찜질을 적용하고, 종창을 줄이기 위해 베개를 높게 하고 자도록 한다.

- 빨대를 사용하는 등 음압을 유발시키는 행동을 금한다.

034 뜸의 작용

- 신진대사 촉진
- 혈액순환 촉진
- 중혈 작용 : 적혈구와 혈색소(헤모글로빈)증가
- 면역 작용 : 면역기능 증가
- 반사 작용 : 체표면을 자극하여 장기 치료
- 유도 작용 : 혈관을 확장/수축하여 치료
- 억제 작용 : 진통, 진정 작용
- 항분 작용 : 신경을 자극하여 기능 회복

035 양생의 방법

질병을 예방하고 건강하게 오래 살기 위해 몸을 다스리기 위한 방법으로 자연에 순응, 심신 안정, 음식절제, 규칙적인 생활 등이 있다.

보건간호학 개요

036 시범의 장점

- 강의실에서 배운 것과 실제상황을 연결시킬 수 있으므로 실무에 적용하기가 쉽다.
- 주의를 집중시킬 수 있다.
- 교육 수준이나 학습 경험이 일정하지 않아도 관찰에 의해 학습목표 도달이 가능하다.
- 교육자가 준비를 철저하게 한다면 가장 최근의 내용을 명확하고 쉽게 배울 수 있다.

037 세계보건기구(WHO)

- 건강을 신체적, 정신적, 사회적 안녕상태로 정의하였다.
- 6개의 지역사무소가 있다.
- 본부는 스위스 제네바에 있다.
- 우리나라가 속하는 지역사무소는 서태평양 지역으로 필리핀 마닐라에 있다.
- 전 인류의 가능한 최고의 건강수준 향상을 목적으로 1948년 4월 설립되었다.
- 주요기능 : 국제 보건사업의 지휘 및 조정, 국제연합의 요청 시 보건서비스 강화를 위한 지원, 유행병·풍토병·기타 질병 근절을 위한 노력, 국제 보건문제에 대한 협의, 기본적인 의약품 공급 등

038 사회보장

구분	대상자	종류	재원
사회보험	국민	소득보장 : 국민연금보험, 고용보험, 산업재해보상보험	보험료, 국고부담금, 연체금 등의 기여금
		의료보장 : 국민건강보험, 산업재해보상보험	
		노인요양 : 노인장기요양보험	
공공부조	취약계층(빈곤층)	소득보장 : 국민기초생활보장	조세
		의료보장 : 의료급여	
사회서비스	법률이 정한 특정인(소년소녀가장, 조손가정, 장애인, 노인 등)	노인복지, 아동복지, 장애인복지, 가정복지	조세, 일부 본인 부담

※ 총정리 [사회보장제도] 참조

039 노인이 보건소에서 받을 수 있는 서비스 종류

- 치매관리 서비스
  - 국가적으로 노인 치매를 상담, 계획, 관리해주는 체계적인 프로그램
  - 내용 : 치매조기검진사업, 치매 어르신 인식표 보급 및 지문인식 등록사업, 재가 치매 어르신 조호물품 지원, 치매 치료관리비 지원사업 등
- 노인건강증진사업 서비스
  - 국가적으로 노인 건강을 상담, 계획, 관리해주는 프로그램
  - 내용 : 지역노인을 대상으로 체계적인 운동 및 건강관리 프로그램 운영(예 건강 100세 활력 프로젝트, 낙상 예방을 위한 어르신 생생교실 등)
- 노인건강진단 서비스
  - 관할구역에 거주하는 만 65세 이상 의료급여수급권자 중 노인건강진단 희망자에게 제공되는 건강진단 서비스

040 카드뮴 중독

- 이타이이타이병 : 카드뮴이 체내에 축적되어 뼈가 구부러지고 변형이 일어나 전신에 통증을 수반하는 질환
- 주요 노출 경로 : 분진의 형태로 호흡기를 통해 주로 흡입
- 증상 : 호흡곤란, 어지러움, 구토, 골연화증, 관절 및 근육통, 요통, 보행장애, 골절, 단백뇨, 심폐기능 부전
- 대상 직종 : 카드뮴 전지 제조, 합성수지 도료(예 페인트)와 안료(색깔을 내는 가루) 제조, 화학비료 제조 등

041 다이옥신

- 생활 쓰레기 중 전선이나 비닐을 태울 때 또는 PVC(폴리염화비닐)나 PCB(폴리염화바이페닐) 등이 연소 분해될 때 생성된다.
- 몸속으로 들어가면 지방조직에 축적된다.
- 자연환경에서 합성되지 않고 연소 및 화학합성에 의해 인공적으로 생성된다.
- 상온에서 색이 없는 결정으로 존재한다.

042 환경개선부담금

환경오염 원인자로 하여금 환경 개선에 필요한 비용을 부담하게 하여 쾌적한 환경을 조성할 목적으로 경유자동차 소유자에게 부과·징수하는 금액을 말한다.

043 보건교육 홍보를 위한 벽보판의 위치

보건교육 홍보를 위한 벽보판은 지역사회 주민이 가장 많이 왕래하는 곳에 설치한다.

044 강의

- 장점 : 많은 인원에게 짧은 시간동안 방대한 양의 지식전달이 가능하므로 비용과 시간이 절약된다. 대상자(피교육자)가 기본지식이 없을 경우에도 가능한 교육방법이다.
- 단점 : 대상자의 적극적인 참여가 어려울 수 있으므로 교육자는 주의를 집중시켜가며 진행해야 한다. 학습효과는 교육자의 자질에 의해 좌우된다.

045 VDT증후군

- 컴퓨터 작업으로 인해 발생되는 목이나 어깨의 결림, 경견완 증후군(목위팔증후군), 근골격계 증상, 눈의 피로와 이물감, 피부증상, 정신신경계 증상 등
- 예방법
  - 화면과 눈의 거리를 30cm 이상 유지
  - 1시간 작업 후 10분 휴식
  - 쉬는 동안 멀리 있는 나무나 산 등을 바라보도록 하고 틈틈이 스트레칭
  - 의사의 처방을 받아 VDT작업용 안경 착용

046 대기오염지표

일산화탄소(CO), 분진(미세먼지), 아황산가스(이산화황, SO_2), 오존(O_3), 이산화질소(NO_2), 납, 벤젠 등

047 녹조 현상

- 오염된 호수나 하천에 녹조류가 대량으로 번식하여 물빛이 녹색으로 변하는 수질오염 상태
- 대책 : 갯벌을 보존해야 하며 물가에 뿌리를 내리고 사는 풀이나 나무를 강가에 심어 뿌리를 통해 물속의 영양염류(질산염, 암모늄염, 인산염)를 흡수하게 한다.

048 화학적 보존법(첨가물에 의한 보존)

- 절임법
  - 염장법 : 소금으로 식품 내의 수분을 제거하여 부패를 방지하는 방법
  - 당장법 : 설탕을 넣어 식품 속 당의 농도를 50% 이상 유지하여 세균의 발육을 억제하는 방법
  - 산저장법 : 초산과 같은 약산을 넣어 미생물의 발육을 억제하는 방법
- 훈연법 : 참나무 등을 불완전연소시켜 나오는 연기를 어육류 등에 침투시켜 식품의 건조와 살균작용을 유도하는 방법
- 훈증법 : 훈증가스를 넣어 기생충 알, 곤충, 미생물 등을 사멸시키는 방법
- 방부제법 : 세균의 생활환경을 불리하게 만들어 미생물의 성장과 번식을 억제하는 방법

049 사회보장(사회보험, 공공부조, 사회서비스)

- 정의 : 질병, 장애, 노령, 실업, 사망 등의 사회적 위험으로부터 국민을 보호하고 국민생활의 질을 향상시키기 위하여 제공되는 서비스
- 기능 : 최저생활보장 기능, 경제적 기능, 소득재분배 기능, 사회통합 기능(연대감 조성)

※ 2회 38번 해설 참조

050 장출혈성 대장균 감염증

- 원인 : 장출혈성 대장균(O157)
- 전파경로 : 오염된 물과 음식물, 덜 익힌 쇠고기(햄버거)로 집단발생
- 증상 : 복통, 구역, 구토, 수양성 설사에서 혈성 설사로 이행, 용혈 요독증후군(독소가 몸에 퍼져 적혈구를 파괴하고 신장기능이 저하되어 혈액에 요독이 쌓이는 질병)
- 예방 : 철저한 개인위생 및 환경위생, 올바른 손 씻기, 쇠고기는 충분히 조리 후 섭취, 우유나 유제품은 멸균, 균 양성자는 조리업무에 종사하지 않아야 함

공중보건학 개론

051 모자보건법상 모자보건사업의 대상자

- 영유아 : 출생 후 6년 미만의 아동
- 임산부 : 임신중이거나 분만 후 6개월 미만의 여성
- 미숙아 : 신체 발육이 미숙한 채로 출생한 영유아
- 모성 : 임산부와 가임기 여성 모두

- 신생아 : 출생 후 28일 이내의 영유아
- 선천적 이상아 : 선천성 기형이나 염색체에 이상이 있는 영유아

052 방문간호가 가능한 장기요양요원의 자격

- 간호사로서 2년 이상의 간호업무 경력이 있는 자
- 간호조무사로서 3년 이상의 간호보조업무 경력이 있고, 보건복지부 장관이 지정한 교육기관에서 소정의 교육을 이수한 자
- 치과위생사

053 지역보건의료계획

- 지역의 실정에 맞는 지역보건의료계획을 수립하여야 하므로 의료기관이나 주민은 필수적인 요소가 된다.
- 지역보건법에 근거를 둔다.
- 지역보건의료계획은 4년마다 수립한다.
- 계획수립의 주체는 시·도 및 시·군·구 이다.
- 하의상달식 체계이다.
- 지역 실정에 맞는 보건의료를 계획한다.

054 학교에서 감염병 발생 시 조치

보건교사는 학교장에게 보고하고, 학교장은 교육감을 경유하여 교육부장관에게 보고해야 한다.

055 피임의 조건

- 피임의 효과가 확실할 것
- 사용이 쉽고 안전할 것
- 저렴하고 인체에 무해할 것
- 성생활에 지장을 주지 않을 것
- 피임에 실패해도 태아에게 악영향을 주지 않을 것
- 임신을 원할 때 언제든 임신이 가능할 것

056 방어기제의 유형

- 대치 : 어떤 대상에게 향했던 태도나 요구가 다른 대상에게로 옮겨 가는 것 예 꿩 대신 닭
- 전치 : 적대감처럼 다루기 힘든 감정이나 공격적인 행동을 덜 위협적이고 힘이 없는 사람이나 사물에게 이동시키는 것 예 종로에서 뺨 맞고 한강 가서 눈 흘긴다.
- 부정 : 의식화 된다면 도저히 감당하지 못할 어떤 생각, 욕구, 충동, 현실적 존재를 무의식적으로 거부함으로써 현실을 차단하는 것
- 투사 : 자신의 결점이나 받아들일 수 없는 행동에 대한 책임을 남에게 돌리는 것(남탓)
- 해리 : 마음을 편치 않게 하는 성격의 일부가 그 사람의 지배를 벗어나 하나의 독립된 성격인 것처럼 행동하는 것

※ 총정리 [의사소통과 방어기제] 참조

057 소화기계 감염병

환자나 보균자의 분변으로 배설된 병원체가 음식물이나 식수에 오염되어 경구로 침입되는 감염병을 말한다.
예 장티푸스, 파라티푸스, 세균 이질, 아메바 이질, 콜레라, 기생충병, 폴리오 등

058 감염병 관리원칙

- 감염병 발생 전 : 환경관리, 보건교육, 개인위생 관리 등을 통해 감염병 예방을 위해 힘 쓴다.
- 감염병 발생 즉시 : 전파방지를 위해 일단 환자를 격리시키고 전파과정을 차단한다.
- 감염병 발생 후 : 감염자 및 보균자 색출에 힘쓴다.

059 레지오넬라증

- 원인 : 레지오넬라균
- 전파경로 : 냉각탑 수, 에어컨, 샤워기, 중증 호흡치료기기, 수도꼭지, 분무기 등의 오염된 물 속의 균이 비말 형태로 인체에 흡입되어 전파
- 증상 : 폰티악열(근육통, 발열, 오한, 기침, 콧물, 인두통, 구역, 어지러움, 설사), 레지오넬라 폐렴
- 예방 : 에어컨, 저수탑 등의 철저한 관리
- 치료 : 의사의 진단에 따라 입원 또는 통원 치료

060 중동호흡증후군(MERS)

- 원인 : 메르스 코로나 바이러스
- 전파경로 : 박쥐에서 낙타를 매개로 사람에게 전파되는 것으로 추정
- 증상 : 발열, 기침, 호흡곤란, 급성신부전
- 치료 : 현재까지 중동호흡증후군 바이러스 치료를 위한 항바이러스제는 개발되지 않았고 증상에 대한 치료를 위주로 하게 된다. 중증의 경우 인공호흡기나 인공혈액투석 등을 받아야 하는 경우도 있으며 환자·의심환자·추정환자 모두 격리해야 한다.
- 예방 : 유행 시 사람이 많은 장소 방문 자제, N95마스크 착용

061 성비 : 여자 100명에 대한 남자의 비율

성비 = 남자 인구 수 / 여자 인구 수 × 100

- 1차 성비 : 태아의 성비
- 2차 성비 : 출생 시 성비
- 3차 성비 : 현재 성비

062 후천면역결핍증후군증(AIDS)

- 원인 : 사람 면역결핍 바이러스(HIV).
- 전파경로 : 성 접촉, 혈액(수혈), 정액과 질 분비물, 모유, 수직감염, 감염된 주사기 사용

- 진단 : 효소결합면역흡착측정(ELISA), 웨스턴 블롯 검사(Western blot test)
- 증상 : 체중감소, 식욕부진, 기침, 피부염 등 다양하며 주로 쥐폐포자충 폐렴과 카포시 육종으로 사망한다.
- 예방 : 가능한 에이즈 환자와 성적 접촉을 피하되 성행위시 콘돔 사용, 면도기와 칫솔 등 공동사용 금지, 주사기나 침은 1회용 사용
- 치료 : 결정적인 치료제는 없다.

063 가족 중 결핵 환자가 있을 경우 신생아 BCG 접종

가족 중에 결핵 환자가 있을 경우 신생아는 출생 직후 BCG예방접종을 하는 것이 바람직하다.

064 질병 발생의 3대 요인

숙주, 병원체, 환경의 세 가지 요인이 평형을 이루어 어느 쪽으로도 기울지 않은 상태로 있다가 이 중 어느 한 가지라도 변화를 일으켜 평형이 깨어지면 질병이 발생하게 된다.

065 기록의 보존기간

활력징후, 투약, 섭취 및 배설, 처치와 간호, 간호일시에 관한 사항이 기록된 간호기록부는 5년간 보관한다.

보존 연한	기록물
2년	처방전
3년	진단서 등 부본, 감염병 환자의 명부, 혈액제제 운송 및 수령확인서
5년	간호기록부, 조산기록부, 환자 명부, 검사내용 및 소견기록, 방사선 사진 및 소견서
10년	수술기록부, 진료기록부, 혈액 관리업무에 관한 기록, 예방접종 후 이상반응자 명부

066 감염병 예방조치

- 관할 지역에 대한 교통의 전부 또는 일부를 차단한다.
- 여러 사람의 집합을 제한하거나 금지한다.
- 쥐, 위생해충 또는 그 밖의 감염병 매개동물의 구제 또는 구제시설의 설치를 명령한다.
- 감염병 유행기간 중 의료업자나 그 밖에 필요한 의료관계요원을 동원한다.
- 감염병 전파의 위험이 있는 음식물의 판매를 금지하거나 그 음식물의 폐기를 명령한다.
- 감염병 매개의 중간숙주가 되는 동물류의 포획 또는 생식을 금한다.
- 상수도, 하수도, 우물, 쓰레기장, 화장실 등의 신설·개조·변경·폐지·사용을 금지한다.
- 일정한 장소에서의 어로(고기 잡는 것), 수영을 제한하거나 금지한다.
- 감염병 병원체에 오염된 건물에 대한 소독이나 그 밖에 필요한 조치를 명령한다.
- 감염병 병원체에 감염되었다고 의심되는 자를 적당한 장소에 일정기간 입원 또는 격리시킨다.
- 건강진단, 시체 검안 또는 해부를 실시한다.
- 감염병 전파의 매개가 되는 물건의 소지나 이동을 제한 또는 금지하고 그 물건에 대해 폐기나 소각 처분 등을 명령한다.
- 선박·항공기·열차 등 운송수단, 사업장 또는 그 밖에 여러 사람이 모이는 장소에 의사를 배치하거나 감염병 예방에 필요한 시설의 설치를 명령한다.

067 각종 법의 위반 시 벌칙과 처벌

- 입원한 정신질환자에게 노동을 강요했을 경우 벌칙은 3년 이하의 징역 또는 3천만 원 이하의 벌금
- 의료인이 아니면서 의료행위를 한 자에 대한 벌칙은 5년 이하의 징역 또는 5천만 원 이하의 벌금
- 발급받은 면허를 대여한 경우 벌칙과 처벌은 5년 이하의 징역 또는 5천만 원 이하의 벌금 또는 자격 취소
- 태아의 성감별을 목적으로 임부를 진찰 또는 검사했을 경우 벌칙과 처벌은 2년 이하의 징역 또는 2천만 원 이하의 벌금 또는 자격정지
- 정신질환자를 유기한 보호의무자, 정신건강증진시설에 입원한 환자에게 폭행을 하거나 가혹행위를 한 정신건강증진시설의 장 또는 종사자가 받게 되는 벌칙은 5년 이하의 징역 또는 5천만 원 이하의 벌금
- 혈액매매행위를 했을 경우 벌칙은 5년 이하의 징역 또는 5천만 원 이하의 벌금
- 사람의 생명 또는 신체에 중대한 위해를 발생하게 할 우려가 있는 수술, 수혈, 전신마취를 의료인이 아닌 자에게 하게 하거나 의료인에게 면허사항 외의 업무를 하게 한 경우 면허취소

068 예방접종 완료 여부의 확인

특별자치도지사, 시장·군수·구청장은 초·중등학교, 유치원과 어린이집의 장에게 확인하여 예방접종을 끝내지 못한 영유아, 학생이 있으면 예방접종을 하도록 하여야 한다.

069 결핵 환자의 입원명령

- 시·도지사, 시장·군수·구청장은 결핵 환자가 동거자 또는 제3자에게 결핵을 전염시킬 우려가 있다고 인정할 때에는 결핵 예방을 위하여 결핵 환자에게 일정기간 보건복지부령으로 정하는 의료기관에 입원할 것을 명령할 수 있다.
- 의료기관의 장은 입원명령을 받은 자가 입원신청을 할 경우 정당한 사유 없이 이를 거부하지 못한다.

070 부적격 혈액 처리 방법

- 부적격 혈액이 발견된 즉시 식별이 용이하도록 혈액 용기의 겉면에 그 사실 및 사유를 기재한다.
- 적격 혈액과 분리하여 잠금장치가 설치된 별도의 공간에 보관한다.
- 부적격 혈액은 예방접종약의 원료로 사용되기도 한다.
- 부적격 혈액은 절차에 따라 폐기처분하고 보건복지부장관에게 보고한다.
- 부적격 혈액을 폐기처분하지 않거나 폐기처분 결과를 보건복지부장관에게 보고하지 않을 경우 2년 이하의 징역 또는 2천만 원 이하의 벌금에 처한다.

겉면에 사유 → 잠금장치가 있는 공간에 분리보관 → 절차에 따라 폐기 → 보건복지부장관에게 보고

 실기

071 안약 투여 위치

액체로 된 안약은 하부결막낭의 중앙이나 외측 1/3 부위에 점적한다.

072 아동에게 탈수 발생 시 증상

피부가 창백하고 건조해짐, 피부긴장도 감소, 힘없이 움, 갈증호소, 빠르고 약한 호흡과 맥박, 체온 상승, 눈 주위가 움푹 들어감, 체중 감소, 소변 농축, 요비중 증가, 소변감소(핍뇨), 졸음(기면)상태, 영유아의 경우 앞숫구멍(대천문) 함몰

073 맥박 감소 요인

수면, 저체온, 부교감신경 자극 시 등

074 의료폐기물 종류 및 처리

종류		내용	전용용기	도형색상	배출자 보관기간
격리의료폐기물		격리된 사람에게 의료행위 중 발생한 일체의 폐기물	상자형(합성수지)	붉은색	7일
위해의료폐기물	조직물류	인체 또는 동물의 장기, 조직, 기관, 신체의 일부, 혈액, 고름 등	상자형(합성수지) ※치아 제외	노란색	15일 ※치아: 60일
	조직물류(재활용하는 태반)	태반(4℃ 이하의 전용냉장시설)	상자형(합성수지)	녹색	15일
	병리계	시험, 검사 등에 사용된 배양액, 배양용기, 슬라이드 등	봉투형	검정색	15일
			상자형(골판지)	노란색	
	손상성	주사 바늘, 수술용 칼날, 한방 침, 파손된 유리재질의 시험기구	상자형(합성수지)	노란색	30일
	생물·화학	폐백신, 폐항암제, 폐화학치료제	봉투형	검정색	15일
			상자형(골판지)	노란색	
	혈액오염	사용한 혈액백, 혈액투석 폐기물, 그밖에 혈액이 유출될 정도로 포함되어 있는 폐기물	봉투형	검정색	15일
			상자형(골판지)	노란색	
일반의료폐기물		혈액·체액·분비물·배설물이 함유되어 있는 탈지면, 붕대, 거즈, 기저귀, 생리대, 일회용 주사기, 수액세트	봉투형	검정색	15일
			상자형(골판지)	노란색	

075 대변검사물 채취

채변 용기에 2~3g가량의 대변을 받아 마르지 않게 뚜껑을 닫은 후 즉시 검사실로 보낸다.

076 코위관영양 후 자세

가능하면 주입 후 30분가량 좌위 또는 반좌위로 앉아 있게 하고 구토, 복부 팽만 등의 증상이 없는지 살핀다.

077 손위생 방법

- 손에 혈액이 묻었을 경우 내과적 손씻기를 시행한다.
- 감염병 환자 간호 후에는 소독수가 담긴 대야의 물에 손을 씻은 후 흐르는 물로 세척한다.

078 겨드랑 체온(A로 표기)

- 무의식 환자의 체온을 정확히 측정할 수 있다.
- 겨드랑에 땀이 있으면 체온이 낮게 측정되므로 수건으로 두드려 닦아 건조시킨다.
- 윤활제는 사용하지 않는다.

079 임부의 유방관리(유방보호)

- 초임부는 임신 5개월부터, 다분만부는 7~8개월경부터 실시한다.
- 중성비누와 물로 유방을 닦고 마른 수건으로 유두를 살살 문질러 단련시킨다.
- 유방에 로션 등을 바르고 마사지한다.
- 알맞은 브래지어로 지지해준다.

080 혈압

- 혈압(BP) : 혈액이 혈관벽을 지나가면서 생기는 압력을 말하며 수축기압/확장기압으로 표기한다.

- 수축기압 : 심장이 수축할 때 대동맥에 가해지는 압력
- 확장기압 : 우심방이 최고로 이완되었을 때의 압력으로 수축과 수축 사이에 생기는 휴식기 혈압을 확장기압이라고 한다.

081 보행기의 높이

보행기는 환자의 팔꿈치가 약 30° 구부러진 상태에서 둔부 높이에 위치하는 것이 적당하며 낙상의 위험이 있으므로 절대 보행기에 기대어 이동하지 않도록 한다.

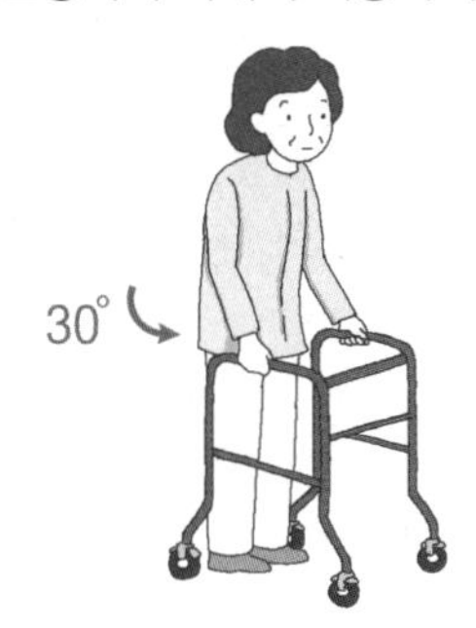

082 환자가 협조할 수 있는 경우

- 환자에게 침대 머리 쪽 난간을 잡게 하고 무릎을 세워 발바닥을 침대에 닿게 한 후 다리에 힘을 주게 한다.
- 간호조무사는 환자의 대퇴 아래에 한 쪽 팔을 넣고 다른 팔로 침상을 밀며(또는 어깨와 등 밑을 지지하고) 구호에 맞춰 침대 머리 쪽으로 이동한다.

※ 1회 75번 해설 그림 참조

083 지팡이를 사용하는 반신마비(편마비) 환자의 보행돕기

간호조무사는 지팡이를 쥐지 않은 옆쪽에 서서 환자의 겨드랑에 손을 넣고 넘어지지 않게 지지하며 보행을 돕는다.

084 매독환자 간호

【매독혈청검사(VDRL 검사) : 양성】은 매독을 의미하므로 발견 즉시 페니실린으로 치료하여 16~20주 사이에 태아에게 감염되는 것을 예방한다.

085 소변검사

일반 소변검사	• 종이컵에 중간뇨를 30~50cc가량 받되, 생리중인 경우 생리중임을 표시한다. • 유치도관(유치도뇨관)을 삽입하고 있는 환자의 경우, 도뇨관을 소독솜으로 소독한 후 멸균주삿바늘을 삽입하여 30~50cc가량 채취한다.
멸균뇨(요배양검사)	• 요로감염을 일으키는 미생물을 확인하고 원인균을 찾아 항생제를 결정하기 위해 실시하는 검사로, 단순도뇨를 통해 소변을 채취한다. • 유치도관(유치도뇨관)을 삽입하고 있는 환자의 경우, 도뇨관을 소독솜으로 소독한 후 멸균주삿바늘을 삽입하여 3~5cc가량 채취한다.
24시간 소변검사	• 호르몬, 단백질, 전해질 등을 측정하여 신장기능을 평가하기 위한 검사로, 첫 소변은 버리고 마지막 소변은 모은다. • 소변수집 중 깜빡하고 변기에 소변을 보았을 경우 처음부터 다시 시작해야 한다.

[소변검사의 종류 정리]

	일반 소변검사	소변배양검사(멸균뇨)	24시간 소변검사
검사용기	종이컵	멸균컵	소변수집용 특수(차광)용기
검사용량	30~50cc	3~5cc	24시간 소변 총량
특징	중간뇨 채취	단순도뇨로 채취	첫소변은 버리고, 마지막 소변은 모은다.

086 기초신진대사율(BMR) 검사

- 신체를 유지하는 데 필요한 최소 에너지량을 산출하는 검사이다.
- 검사 전날 저녁은 가벼운 식사를 하고 밤 10시부터 금식이 필요하다.
- 불필요한 투약을 삼가고 숙면할 수 있도록 조용한 환경을 제공한다.
- 소화 작용이 전혀 진행되고 있지 않은 조기 공복 시에 측정한다.

087 충수염

- 충수에 발생하는 염증으로 우하복부 맥버니점에 반동성(손을 뗄 때) 통증, 미열, 식욕부진, 구역, 구토, 백혈구 증가 등의 증상을 보인다.
- 수술 예정이므로 금식해야 하고 관장은 염증 부위를 자극하므로 시행하지 않는다.
- 즉시 수술이 어려울 경우 항생제를 사용하고 하복부에 얼음주머니를 적용한다.

088 자비 소독

- 10~20분 동안 끓는 물속에 넣어 소독하는 것으로 아포 및 일부 바이러스는 제거하지 못한다.
- 물이 끓기 시작할 때 소독할 물품이 완전히 잠기도록 넣고 뚜껑을 닫고 끓인다.
- 유리제품은 찬물에 넣은 다음 끓기 시작한 후 10분 동안 더 끓여 소독한다.

089 멸균 용기 다루기

- 필요할 때만 뚜껑을 열고 가능한 빨리 닫는다.
- 소독용액을 따를 때는 조금 따라버리고 사용한다.
- 멸균 용기의 뚜껑을 들고 있을 때는 내면이 아래로 향하게 하고, 바닥에 놓을 때는 내면이 위로 향하게 놓는다.

- 한 번 따랐던 용액은 병에 다시 붓지 않는다.

090 수두 환아 간호

- 환아를 격리한다.
- 가려움증이 있으면 처방에 따라 칼라민 로션을 도포하거나 녹말(전분), 황산마그네슘, 중조수 등으로 씻어준다.
- 2차 감염 예방을 위해 긁지 못하도록 팔꿈치 보호대나 장갑보호대를 적용한다.
- 헐렁한 옷을 입히고 손톱을 짧고 깨끗하게 유지한다.

091 수유부의 울유(유방울혈, 유방종창)

짜내고, 아이에게 물리고, 마사지!

- 분만 2~3일 후 젖이 돌기 시작하면서 통증과 함께 발생한다.
- 신생아에게 자주 물리고 수유 후 남은 젖은 유축기나 손으로 짜낸다.
- 잘 맞는 브래지어를 착용하고 더운물찜질을 적용한 후 마사지를 실시한다.

092 코위관(비위관)영양 방법 및 주의점

- 코위관 영양액 주입속도가 너무 빠르면 설사가 유발되므로 영양액은 분당 50cc 이상 주입되지 않도록 주입속도를 조절한다.
- 좌위 또는 반좌위를 취해주고 영양액은 체온보다 약간 높거나 실온 정도의 온도로 준비한다.
- 영양액 주입 전에 매번 잔류량을 확인하여 100cc 이상이 나오면 위 내용물을 다시 주입한 후 보고한다(100cc 이하면 위 내용물을 다시 주입한 후 계획대로 영양액 주입).
- 영양액 주입 전에 먼저 물을 20~30cc 통과시킨다.
- 음식물이 중력에 의해 내려가도록 위에서 30~50cm 높이에 영양백을 걸고 천천히 주입한다.
- 영양액 주입이 끝나면 다시 물 30~60cc를 주입한 후 코위관 뚜껑을 닫는다.
- 주입 후 가능하면 30분 이상 앉아 있도록 하여 소화를 돕는다.
- 코위관을 통해 영양액을 주입하던 중 구토와 청색증이 나타나면 영양액 주입을 즉시 중단하고 보고한다.
- 코위관영양을 하는 환자에게는 구강간호, 비강간호를 제공한다.

093 유치도관(유치도뇨관) 제거 시 주의점

유치도관(유치도뇨관)을 제거할 때는 관을 통해 주입한 증류수를 빼낸 후 제거해야 한다.

094 관절운동

- 굽힘(굴곡) : 관절 각도가 줄어드는 운동
- 폄(신전) : 관절 각도가 커지는 운동
- 과다 폄(과신전) : 폄(신전)상태에서 더 펴는 운동
- 모음(내전) : 정중단면에 가까이 오는 운동
- 벌림(외전) : 정중단면에서 멀어지는 운동
- 휘돌림(회선) : 굽힘(굴곡)–폄(신전)–모음(내전)–벌림(외전)의 연속된 운동(예 관절을 원형으로 돌릴 때)
- 돌림(회전) : 축을 중심으로 도는 운동(목을 좌우로 돌릴 때)
- 엎침(회내) : 노뼈(요골)이 자뼈(척골) 앞으로 와서 X자 모양으로 겹쳐지는 상태가 되는 것으로, 손등이 앞을 향하는 운동
- 뒤침(회외) : 엎침(회내) 상태에서 원상태로 돌아가 노뼈(요골)과 자뼈(척골)이 나란히 놓이는 것으로, 손바닥이 앞을 향하는 운동
- 안쪽들림(내번) : 발바닥이 안을 향하는 운동
- 가쪽들림(외번) : 발바닥이 밖을 향하는 운동

095 I&O 측정 목적 및 방법

- 목적
  - 증가 또는 제한된 수분 섭취량을 확인하기 위해서
  - 체액 균형을 사정하기 위해서
  - 배설량과 비뇨기계 기능을 사정하기 위해서
  - 배뇨를 증가시키는 약(예 이뇨제)의 효과를 사정하기 위해서
- 방법
  - I&O가 처방된 환자에게 실시한다.
  - 환자에게 종이와 필기도구를 제공하고 섭취하는 모든 음식의 종류와 양, 배설량을 기록하도록 한다.
  - 계측기구로 계량하여 기록하는 법을 환자에게 알려준다.
  - 간호조무사는 8시간마다 매 근무시간이 끝날 때 수분함량표와 환자가 작성한 용지의 내용을 참고하여 이를 기록한다.
  - 24시간 총량은 밤번 근무자가 기록하여 이상 시 간호사나 의사에게 보고한다.

- 섭취량에 포함되는 사항
  - 입으로 섭취한 모든 음식과 물, 정맥주사, 수혈, 코위관영양으로 주입한 용액 등
- 배설량에 포함되는 사항
  - 소변, 설사, 젖은 드레싱, 심한 발한, 과다호흡(호흡항진), 배액량, 구토 등
  - 정상 대변이나 정상 호흡 시 수분 소실량 등은 배설량에 포함하지 않는다.
  - 영아는 기저귀 무게로 배설량을 측정한다.

096 투명 드레싱

정맥주사 부위, 삼출물이 없는 표재성 상처, 괴사조직 제거가 필요하지 않은 경우에 사용하는 드레싱으로 드레싱 후 육안으로 상처를 확인할 수 있다.

※ 3회 75번 해설 참조

097 석고붕대 환자 간호

- 석고붕대 후 간호사에게 즉시 보고해야 하는 증상 : 청색증, 통증, 부종, 피부의 냉감, 무감각, 석고붕대 주위에 열감이 있거나 이상한 냄새가 나는 경우, 체간(몸통) 석고붕대 후 발생하는 구역·구토·복부팽만
- 석고붕대 감은 부위에서 냄새가 나거나 열감이 있으면 감염을 의미한다.
- 석고붕대 한 부위를 심장보다 높게 한다.
- 사지의 끝을 노출시켜 감각, 순환, 통증 등을 주기적으로 관찰한다.
- 석고가 건조되는 데는 24~48시간 정도 걸리는데, 완전히 건조될 때까지 힘을 가하거나 석고붕대를 담요로 덮지 말고 요람(크래들)을 사용한다.
- 뼈 돌출부위가 압박되지 않도록 솜이나 스펀지 등으로 감싸준다.
- 석고붕대를 제거한 부위의 피부는 심하게 닦지 말고 부드러운 오일을 발라준다.

098 병원약이 아닌 약을 복용하는 환자 발견 시

병원에서 제공하는 약과 중복되어 부작용이 발생할 수 있으므로 즉시 복용을 중단시키고 간호사에게 보고해야 한다.

099 배회하는 치매 환자 간호

- 금기가 아니라면 같이 가벼운 산책을 나갔다가 돌아온다.
- 배회는 기억력 상실이나 시간과 방향감각의 저하, 정서적인 불안, 배고픔 등이 원인이 되어 나타날 수 있다.
- 초조한 표정으로 집안을 배회하는 것은 나가려는 의도이므로, 현관에 음악이나 소리가 나는 센서를 달아둔다.
- 현실감을 유지할 수 있도록 규칙적으로 시간과 장소를 알려준다.
- 관련 기관(치매센터, 지구대 등)에 미리 협조를 구한다.
- 배고픔, 용변, 통증 등의 신체적 욕구를 우선적으로 해결해준다.
- 낮시간에 단순한 일거리를 주어 배회 증상을 줄인다.
- 집안에 배회 코스를 만든다.
- 치매 환자가 신분증을 소지하도록 하고 옷에 연락처를 꿰매어둔다.
- TV나 라디오를 크게 틀어놓지 않으며, 집안을 어둡게 하지 않는다.
- 낙상의 위험이 있어 주의 깊은 관찰과 관리가 필요하다.
- 고향이나 가족에 대한 대화를 나누어 정서적인 불안에 의한 배회의 관심을 다른 곳으로 돌린다.

100 귀약 점적 방법

- 귀약을 체온과 비슷한 온도로 따뜻하게 준비한다.
- 점적기 끝을 외이도(바깥귀길)에 붙여서 약물을 점적하면 압력으로 인해 고막에 손상을 줄 수 있으므로 외이도의 1cm정도 위에서 점적한다.
- 귀약을 넣을 쪽을 위로하여 눕는다.
- 성인은 후상방, 3세 이하 소아는 후하방으로 귓바퀴를 잡아당겨 외이도(바깥귀길)를 곧게 한다.
- 약물 점적 후 귀구슬을 귀 안쪽으로 두세 번 꼭 눌러주고 5~10분 정도 그 자세를 유지한다.

간호조무사 실전모의고사 제3회 정답 및 해설

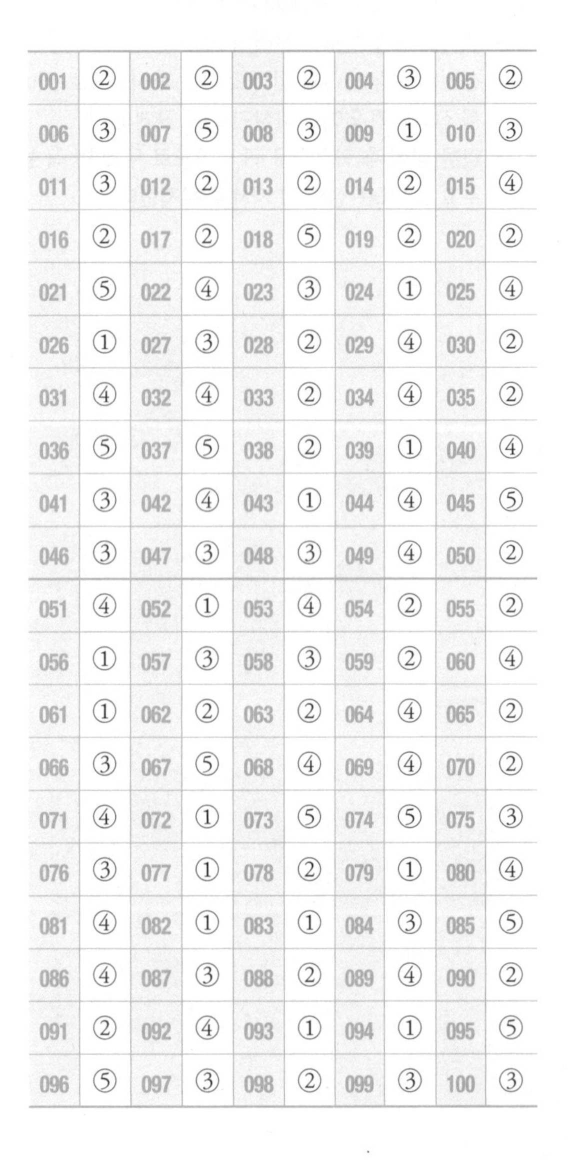

001	②	002	②	003	②	004	③	005	②
006	③	007	⑤	008	③	009	①	010	③
011	③	012	②	013	②	014	②	015	④
016	②	017	②	018	⑤	019	②	020	②
021	⑤	022	④	023	③	024	①	025	④
026	①	027	③	028	②	029	④	030	②
031	④	032	④	033	②	034	④	035	②
036	⑤	037	⑤	038	②	039	①	040	④
041	③	042	④	043	①	044	④	045	⑤
046	③	047	③	048	③	049	④	050	②
051	④	052	①	053	④	054	②	055	②
056	①	057	③	058	③	059	②	060	④
061	①	062	②	063	②	064	④	065	②
066	③	067	⑤	068	④	069	④	070	②
071	④	072	①	073	⑤	074	⑤	075	③
076	③	077	①	078	②	079	①	080	④
081	④	082	①	083	①	084	③	085	⑤
086	④	087	③	088	②	089	④	090	②
091	②	092	④	093	①	094	①	095	⑤
096	⑤	097	③	098	②	099	③	100	③

기초간호학 개요

001 광혜원

우리나라 최초의 서양식 의료기관은 고종 때 설립된 광혜원이다.

002 수근관(손목굴) 증후군

① 정의 : 손목의 수근관(손목굴)이 좁아지거나 내부 압력이 증가하여 이곳을 지나가는 정중신경이 손상을 받아 손가락과 손바닥에 감각이상이 나타나는 것

② 증상

- 엄지, 집게손가락(검지, 둘째손가락), 가운데손가락(중지, 셋째손가락), 반지손가락(약지, 넷째손가락)의 반쪽과 손바닥 부위의 통증, 손 저림, 감각 저하
- 엄지손가락의 운동기능 장애로 물건을 자주 떨어뜨리고 젓가락질이 어려움
- 손을 털게 되면 저린 증상과 통증이 일시적으로 완화되지만 밤에 통증이 악화됨

③ 진단

- 팔렌검사 : 양측의 손등을 맞대고 미는 동작을 유지한 채 최소한 1분 정도 손목을 구부렸을 때 손바닥과 손가락의 저린 증상이 심해지는지 확인하는 자가 검사 방법

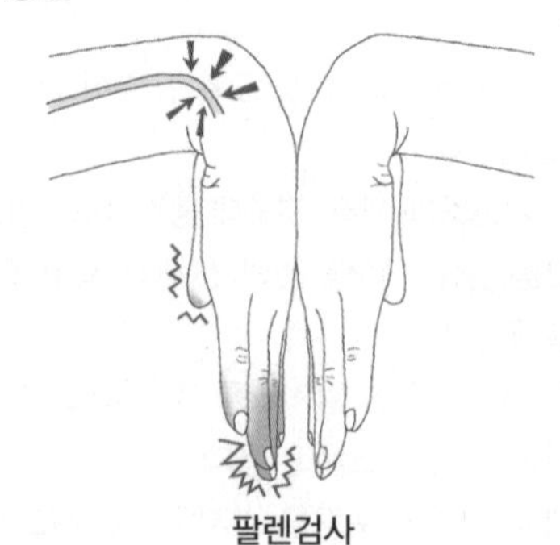

팔렌검사

- 티넬 검사 : 손목 정중신경을 두드려 통증을 확인하는 검사

④ 수술 후 간호
- 필요시 손목 보호대를 착용하고 얼음찜질, 진통제 등으로 통증을 관리한다.
- 수술 직후부터 손가락 운동을 실시하고 수술 부위 혈액순환을 확인하며 수술부위를 적어도 24시간 정도 올리고 있어야 한다.
- 수술 후 4~6주간 무거운 물건을 들지 않는다.

003 주의의무태만의 예
- 더운물 주머니를 대어줄 때 온도측정을 하지 않아 환자에게 화상을 입힌 경우
- 열이 나는 환아의 체온을 측정한 후 깜빡 잊고 보고하지 않아 고체온으로 인한 경련이 발생한 경우

004 직장을 그만 둘 때 지켜야 할 태도
간호조무사가 직장을 그만둘 때는 적어도 한 달 전에 사직서를 제출하고, 새로운 후임자가 정해지면 자신이 맡았던 업무를 인수인계 하고 그만두는 것이 바람직하다.

005 노인의 근골격계 변화
- 추간판의 위축으로 굽은 자세
- 골격과 근육 감소
- 지구력과 민첩성 감소
- 골다공증 발생 빈도 증가
- 걸음걸이가 느리고, 보폭이 작으며 끌면서 걷고, 발을 드는 높이가 낮음

006 하이드랄라진(Hydralazine)
고혈압과 신기능 부전에 사용하는 약으로, 부작용으로는 두통, 빈맥 등이 있다.

- 페니라민 말레산염 : 항히스타민제
- 페니실린 : 항생제
- 쿠마딘 : 정맥혈전증의 예방 및 치료
- 벤토린 : 기관지 확장제

007 노인 우울증
- 우울증 노인이 알츠하이머 치매에 걸릴 가능성이 높다는 연구보고가 있다.
- 치매와 유사한 증상이 있다.
- 우울증의 예방과 치료를 위해서는 가족들의 노력과 사회적 지지가 필요하다.
- 소득 수준이 낮은 사람, 사별이나 이혼 등으로 배우자가 없는 사람, 남성보다는 여성이 우울증의 위험이 높다.
- 노년기 우울증은 예방이 가장 중요하다.

008 분만 1기 중에서도 초기 간호
분만 1기 초기에는 유동식을 제공하고 관장을 시행하며 보행을 권장하여 분만을 촉진한다.

009 전치태반
- 임신 후반기 출혈성 합병증에 해당된다.
- 태반이 자궁경부 쪽에 있으므로 내진을 금한다.
- 37주 미만일 경우 태아가 생존력이 있을 때까지 임신을 유지하기 위해 침상안정을 취한다.
- 37주 이상이고 분만이 진행되거나 출혈이 계속되면 즉시 제왕절개를 실시한다.
- 완전 전치태반일 경우 제왕절개를 실시하지만, 가장자리 전치태반일 경우 질분만을 고려해볼 수 있다.

010 노인을 위한 환경 관리
- 유채색을 사용하여 밝게 꾸민다.
- 야간에 낙상 방지를 위해 부분적으로 간접등을 켜둔다.
- 실내온도는 22℃ 정도가 적당하다.
- 지나치게 푹신한 침대와 의자는 노화로 인해 약해진 뼈와 관절에 무리를 줄 수 있으므로 적당한 쿠션감의 가구 또는 매트리스 사용을 권장한다.

011 피부조직
- 표피가 가장 얇다.
- 표피의 각질층은 각질로 변해있는 죽은 세포로 구성된다.
- 표피(가장 바깥) – 진피(중간층) – 피하조직(피부밑조직)(가장 안쪽)의 순서이다.
- 진피는 유두층과 그물층으로 구성된다.

012 교감신경과 부교감신경

기관	교감신경	부교감신경
동공	확장	수축
눈물샘	정상	분비촉진
눈의 섬모체 근육	이완되어 멀리 봄	수축되어 가까이 봄
침샘	분비억제	분비촉진
땀샘	분비촉진	정상
털 세움 근육	수축되어 털이 서게 됨	정상
소화액 분비	분비억제	분비촉진
연동운동	억제	촉진
심장박동	촉진되어 빨라짐	억제되어 느려짐
기관지	확장	수축
방광	이완되어 배뇨억제	수축되어 배뇨촉진
조임근	수축	이완
혈관	수축되어 혈압 상승	이완되어 혈압 하강

교감신경은 긴장하거나 놀랐을때, 공포나 분노를 느꼈을 때 자극된다. 예 면접 볼 때, 자동차 급정지 시 등

013 척추뼈(33개 → 26개)

- 목뼈(경추) 7개, 등뼈(흉추) 12개, 허리뼈(요추) 5개, 엉치뼈(천추) 5개 → 1개, 꼬리뼈(미추) 4개 → 1개
- 척추만곡 : 목뼈(경추)와 허리뼈(요추)는 앞쪽으로 만곡, 등뼈(흉추)와 천추부는 뒤쪽으로 만곡
- 척추뼈 사이의 추간판이 탈출한 경우를 추간판탈출(증)이라고 한다.

014 엽산

적혈구 생성을 위해 임신 초기에 반드시 필요하며 결핍 시 태아의 신경계에 악영향을 미치고 태아의 성장을 지연시킨다.

015 파파니콜로 검사(자궁경부질세포검사)

- 자궁경부암을 진단하기 위한 검사이다.
- 준비물 : 질경, 면봉, 장갑, 슬라이드 등
- 검사 전 미리 소변을 보도록 하여 방광을 비운다.
- 골반내진 자세(하늘자전거 자세, 쇄석위, 절석위)를 취하고 질경 삽입 시 이완하도록 도와준다.
- 검사 전 적어도 12시간 동안은 질 세척을 하지 않아야 정확한 검사 결과를 얻을 수 있다.

016 만성 신부전증 환자의 식이

수분과 염분 제한, 저단백 식이, 포타슘과 인의 섭취 제한

017 포상기태

- 정의 : 난막 중 융모막이 변성을 일으켜 포도송이 모양의 수많은 낭포를 형성하는 것
- 증상 : 자궁출혈, 빈혈, 암적색의 질 분비물, 정상 임신에 비해 큰 자궁(자궁바닥이 높음), 심한 구역과 구토, 임신반응검사 시 강양성
- 특징 : 대부분 작은 낭포가 질을 통해 자연배출되지만 간혹 자궁천공을 일으키기도 함
- 합병증 : 융모상피종, 자궁천공, 복막염 등
- 치료 및 간호
  - 낭포소파술 및 자궁적출술
  - 흉부 X선 촬영 : 융모상피암의 전이여부를 확인하기 위해
  - 주기적인 융모생식샘자극호르몬 검사
  - 화학요법 : 악성세포가 발견되거나 융모생식샘자극호르몬이 3주 이상 높을 때
  - 융모생식샘자극호르몬 수치가 정상으로 확인된 후에도 1년간 피임

018 부목의 적용

- 생명을 위협하는 위험한 상황이 아니라면 환자 이동 전에 부목을 댄다.
- 손상부위를 함부로 건드리면 부러진 뼈끝이 신경, 혈관, 근육 등을 손상시킬 수 있다.
- 부목을 고정한 후 손상부위를 높여주고 냉찜질을 하여 부종을 감소시킨다.
- 복합골절을 예방하기 위해 환자가 움직이기 전에 부목을 대어준다.
- 개방된 상처에는 멸균 드레싱을 한 후 부목을 적용한다.
- 부목을 대기 전·후에 손상부위 말단 부분의 맥박, 감각상태 등을 사정하고 기록한다.
- 손상된 부위의 위·아래 관절을 함께 고정한다.

019 산후기(산욕기)의 신체적 변화

- 다분만부보다 초산부가, 비수유부보다 수유부가 자궁 수축과 회복이 빠르다.
- 후진통(산후통)은 자궁 수축으로 인해 산후 1주일가량 아랫배가 아픈 것으로 초산부보다 다분만부가, 비수유부보다 수유부가 더 심하다.
- 산후질분비물(오로)은 분만 후 질로 배출되는 생리혈과 같은 독특한 냄새를 가진 알칼리성 분비물로, 불쾌한 냄새가 나는 것은 자궁 내 감염을 의미한다. 다분만부가 초산부보다 더 많이 배출된다.
  - 적색산후질분비물(적색오로) : 분만 후 3일까지 배출
  - 갈색산후질분비물(갈색오로) : 분만 후 4일~10일까지 배출
  - 백색산후질분비물(백색오로) : 분만 후 10일부터 3주간 배출

020 신생아 생리적 체중 감소

- 출생 후 수 일간 출생 시 체중의 5~10%가량 소실되는 것으로 보통 아무런 문제없이 회복된다.
- 모체로부터 공급받던 호르몬 중단, 수분 공급 억제, 대소변 배출(배출량 〉 섭취량)이 원인이다.

021 흔히 사용되는 약어

약어	뜻	약어	뜻
ac	식전	IV	정맥 내
pc	식후	IM	근육 내
qd	하루 한 번	SC	피하
bid	하루 두 번	PO	경구
tid	하루 세 번	ID	피내
qid	하루 네 번	STAT	즉시

hs	취침 시	PRN	필요시마다
$\bar{c}$	~와 함께	OS	왼쪽 눈
$\bar{s}$	~를 제외하고	OD	오른쪽 눈
$\bar{q}$( )hrs	매 ( )시간마다	OU	양쪽 눈
cap	캡슐	NPO	금식

022 맥박 측정 및 기록

- 노뼈(요골)맥박은 집게손가락(검지, 둘째손가락)과 가운데손가락(중지, 셋째손가락)을 사용하여 측정한다.
- 측두동맥, 목동맥(경동맥), 위팔동맥(상완동맥), 노뼈(요골)동맥, 넓적다리동맥(대퇴동맥), 오금동맥(슬와동맥), 발등동맥(족배동맥) 등을 촉진하여 측정한다.
- 맥박은 보통 1분간 측정한다.
- 측정 후 붉은색 볼펜으로 기록한다.

023 통증의 종류

- 방사통(연관통) : 통증 발생 부위에서 떨어진 다른 부위에서 느껴지는 통증
  - 방사통 : 신경에서 시작하여 신경이 뻗은 곳으로 퍼지는 통증(예 추간판탈출(증)로 다리까지 뻗치는 통증)
  - 연관통 : 장기에서 시작해 감각신경이 연결된 근육이나 피부 등으로 퍼지는 통증(예 협심증)
- 표재성 통증 : 자극이 주어진 부분에 국소적으로 나타나는 예리하고 찌르는 듯한 통증
- 심부성 통증 : 관절, 인대, 근육, 신경 등에서 발생하는 통증
- 내장통증(장기통증) : 뇌, 흉강, 복강, 골반강 등 체강 내에 있는 장기에서 발생하는 통증
- 심인성 통증 : 심리적인 원인으로 발생되는 통증
- 환상통(환상지통) : 이미 절단해서 상실한 팔다리가 아직 있는 것처럼 느끼는 통증
- 작열통 : 말초신경 손상 후 발생하는 심한 통증
- 시상통 : 뇌의 시상 손상으로 인해 반대편 사지나 몸통에 발생할 수 있는 통증
- 삼차신경통 : 5번 뇌신경인 삼차신경이 분포하는 안면 부위에 발생하는 통증
- 대상포진 후 신경통 : 대상포진 감염 후 발진이 있었던 부위에 발생하는 통증
- 암성 통증 : 암환자에게서 볼 수 있는 통증

024 골관절염(퇴행관절염) 환자의 간호

마사지, 물리치료, 냉온요법, 체중 조절, 관절에 부담을 주지 않는 규칙적인 운동(수영, 수중운동, 가벼운 산책, 스트레칭 등), 칼슘과 비타민 D 충분히 섭취

025 쿠싱 증후군

- 고혈당이 나타난다.
- 부신피질 항진으로 나타나는 증상이다.
- 부신피질(부신겉질)에서 분비되는 스트레스 호르몬인 코티솔의 과잉분비로 인해 발생한다.
- 달덩이 얼굴, 부종, 고혈압, 다모증, 월경 변화(무월경 등), 성장 지연, 허약감, 골다공증 등의 증상이 나타난다.

	남성호르몬 (안드로젠)	글루코코티코이드 (코르티솔)	무기질코티코이드 (알도스테론)
기능	남성호르몬	스트레스 시 에너지 제공, 혈압과 혈당 상승	소듐(나트륨)과 포타슘의 균형 조절, 정상 혈압과 혈액량 유지
부신피질 항진증	〈부신성 남성화〉 다모증, 여성은 생식기 남성화와 유방위축, 남성은 조숙	〈쿠싱증후군〉 고혈압, 고혈당, 달덩이 얼굴, 부종, 골다공증	〈알도스테론증〉 고혈압, 부종, 염분축적, 저포타슘혈증
부신피질 저하증	여성의 겨드랑 및 음모 부족	〈애디슨병〉 저혈압, 저혈당, 스트레스에 민감	〈애디슨병〉 저혈압, 고포타슘혈증, 탈수

026 소화성 궤양

급성기에는 유동식, 회복기에는 저잔여 식이, 저지방, 저자극성, 섬유질이 적은 음식, 영양가가 높은 식사를 조금씩 자주 제공한다.

027 간성혼수

- 정의 : 간기능 장애가 있는 환자의 의식이 나빠지거나 행동에 변화가 생기는 것이다.
- 특징 : 간질환의 무서운 합병증 중 하나로 예후가 나쁘다.
- 원인 : 단백질이 분해될 때 발생하는 암모니아가 원인이다. 단백질을 과도하게 섭취하거나 변비가 있을 때 또는 위장관 출혈이 있을 때 발생한다.
- 증상 : 혼수, 착란증, 경련과 사지 떨림, 현기증(어지럼), 의식상실, 호흡 시 단냄새, 혈중 암모니아 증가
- 치료 : 반드시 저단백 식이섭취, 락툴로오즈(상품명 : 듀파락)를 복용하거나, 같은 용액을 사용하여 정체관장을 시행하여 암모니아를 배출시킨다.

028 파킨슨병

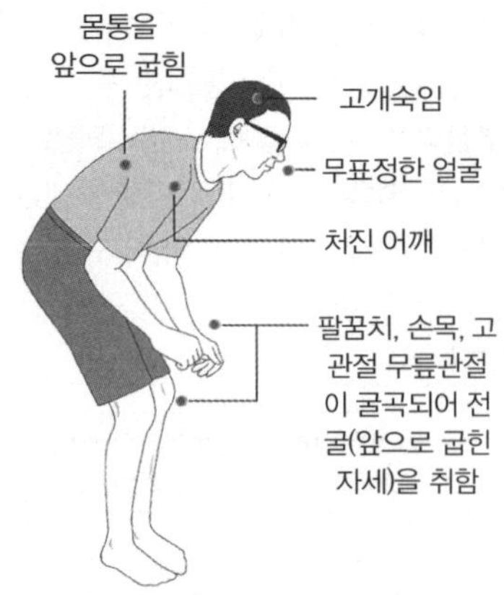

파킨슨 환자의 일반적인 자세

- 중추신경계의 퇴행성 변화로 인해 도파민을 만들어 내는 신경세포들이 파괴되는 질병이다.
- 무표정, 행동이 느려짐, 근육 경직, 굽은 자세, 안정 시 떨림(진전), 무감정, 글씨가 점점 작아지는 소서증, 휴식 시 떨림이 심해지고 목적이 있는 행동을 하면 완화된다.
- 처방된 도파민제제 약물을 투여하고 관절과 근육이 경직되지 않도록 스트레칭과 운동을 격려한다.

029 지방

- 빠른 비움 증후군(덤핑 증후군) 환자는 고지방 식이가 적당하다.
- 소비되고 남은 에너지는 피부 아래 지방세포에 무제한 저장된다.
- 췌장(이자)액과 담즙을 이용하여 소장에서 지방의 소화가 이루어진다.
- 체온을 유지시켜주고 충격을 흡수하여 장기를 보호한다.
- 지용성 비타민의 장내 흡수를 돕는다.
- 포만감을 준다.
- 최종산물은 지방산과 글리세롤이다.
- 9kcal/1g의 열량을 발생한다.

030 지혈대 사용방법

- 지혈대 사용(동·정맥 모두 차단) : 사지 출혈 시 가장 마지막에 사용하는 방법(괴사로 인한 절단의 가능성 있음)
  - 동맥까지 완전히 차단되도록 꽉 묶되, 상처 가까운 곳에 심장 방향으로 묶는다.
  - 매 20분마다 풀어주고 2~3분 후에 다시 묶는다.
  - 지혈대 적용 부위를 심장보다 높여준다.

031 개에게 물렸을 때 처치

- 물린 즉시 비눗물, 70% 알코올, 1% 염화벤잘코늄 용액으로 세척한다.
- 개 : 7~10일 정도 가둬 놓고 관찰한다.
- 사람 : 그 사이 개가 공수병 증상을 보이거나 죽으면, 의료기관을 방문하여 공수병 예방을 위한 백신과 면역글로불린을 투여받는다.

032 양치질의 효과

올바른 양치질을 통해 치면세균막이 제거되어 충치(치아우식증)를 예방할 수 있다.

033 치아

- 젖니(유치)는 생후 6개월부터 나오기 시작하여 30개월에 완성된다.
- 젖니(유치) 중 간니(영구치)로 교환되는 시기가 가장 빠른 것은 하악중심앞니(하악중절치) 이다.
- 간니(영구치)는 생후 15~16년경 사랑니를 제외하고 모두 석회화가 종료된다.
- 젖니(유치)와 간니(영구치)가 섞여 있는 시기를 혼합치열기라고 한다.

	젖니(유치)	간니(영구치)
형성 시기	태생(임신) 7~8주	태생(임신) 20주
첫 맹출 시기	6개월	만 6세
첫 맹출 치아	하악중심앞니 (하악중절치)	하악 제1큰어금니
총 치아 개수	20개	• 28개(사랑니 제외) • 32개(사랑니 포함)
치아배열 완성 시기	30개월	15~16세가 되면 사랑니를 제외하고 석회화가 종료됨
혼합치열기 (치아 교환시기)	젖니(유치)는 만 6세에 빠지기 시작하여 12세에 완전히 빠지는데 이때 젖니(유치)와 간니(영구치)가 같이 있어 혼합치열기라고 부름	

034 한방간호

- 환자의 음식과 병실의 온도, 활동 여부는 질병에 따라 결정된다.
- 개인의 체질에 따라 각기 다른 간호를 제공한다.

035 한방간호의 내인/관련장기/불내외인

내인(7정)	감정	관련 장기	불내외인(음식 금기)
희	기쁨	심장	짠맛(함), 뜨거운 음식
노	노여움, 성냄	간	매운맛(신)
우	근심	폐	쓴맛(고), 차가운 음식
사	생각	비장	신맛(산)
비	슬픔	폐	쓴맛(고), 차가운 음식
공	공포	신장	단맛(감)
경	놀람	–	–

보건간호학 개요

036 효과적인 보건교육을 위한 유의점

- 인원이 적당해야 한다.
- 지역사회보건과 병행하여 교육시킨다.
- 흥미를 가지게 하고 주의를 집중시킨다.
- 동기부여를 제공하여 욕구를 불러일으킨다.
- 배운 결과가 유익하다는 신념을 갖도록 한다.
- 실천하도록 하여 만족을 얻게 한다.

037 공공부조

- 정의 : "국가와 지방자치단체의 책임 하에 생활유지 능력이 없거나 생활이 어려운 국민의 최저생활을 보장하고 자립을 지원하는 제도" 즉, 국가 책임 하에 도움을 필요로 하는 사람들에게 무기여 급부를 제공함으로써 자력으로 생계를 영위할 수 없는 사람들의 생활을 그들이 자력으로 생활할 수 있을 때까지 국가의 재정자금으로 보호해주는 일종의 구빈제도
- 종류
  - 국민기초생활보장 : 가족이나 스스로가 생계를 유지할 능력이 없는 저소득층에게 생계와 교육, 의료, 주거 등의 기본적인 생활을 보장하고 자활을 조성하기 위한 제도
  - 의료급여 : 경제적으로 생활이 곤란하여 의료비용을 지불하기 어려운 국민을 대상으로 국가가 대신하여 의료비용을 지불하는 제도

    ※ 10회 38번 해설 참조
  - 긴급복지지원 : 갑작스러운 위기상황 발생으로 생계유지 등이 곤란한 저소득층으로 ① 위기상황(예 주 소득자의 사망·가출·행방불명·구금시설에 수용되는 등의 사유로 소득을 상실한 경우, 학대, 가정폭력, 화재 등)과 ② 소득·재산기준(예 중위 소득 75% 이하, 금융재산 500만 원 이하 등) 등의 요건을 충족하는 가구를 지원 대상으로 정부가 생계·의료·주거 지원 등의 필요한 복지 서비스를 신속하게 지원하여 위기 상황에서 벗어날 수 있도록 돕는 제도
  - 기초연금 : 65세 이상의 소득인정액 기준 하위 70% 어르신에게 일정금액을 지급하는 제도

038 노인 치매서비스

- 치매 검사를 일반 병원이나 의원에서 무료로 제공하지는 않는다.
- 약값은 무료가 아니다.
- 국가에서 노인 치매를 상담·계획·관리해주는 체계적인 프로그램이 있다. (보건소의 치매관리서비스)

  예 치매조기검진사업, 치매 어르신 인식표 보급 및 지문인식 등록사업, 재가 치매 어르신 조호물품 지원, 치매 치료관리비 지원사업 등

  ※ 2회 39번 해설 참조

039 산업보건의 목표

- 근로자들의 건강관리를 통해 신체적, 정신적, 사회적 안녕 상태를 유지·증진하는 것
- 작업 조건으로 인해 발생하는 질병(직업병)을 예방하는 것
- 근로자의 건강에 해를 끼치게 될 유해인자에 폭로되는 일이 없도록 보호하는 것
- 작업 능률 및 생산성을 향상시키는 것

040 폐기물 관련 부담금제도

- 폐기물부담금제도
  - 유해물질을 함유하고 있거나 재활용이 어렵고 폐기물 관리상 문제를 일으킬 수 있는 제품·재료·용기의 제조업자나 수입업자에게 그 폐기물의 처리에 드는 비용을 부담하도록 하는 제도
  - 대상물품 : 플라스틱이나 유리병 제품, 담배, 1회용 기저귀 등
- 폐기물처분부담금제도
  - 폐기물을 소각 또는 매립의 방법으로 처분하는 경우 부담금을 부과·징수하는 제도
  - 폐기물을 재활용, 파쇄 등으로 처리할 경우 부과되지 않음

041 보건교육의 효과가 가장 좋은 집단

보건교육의 파급 효과가 크고 태도 변화가 잘 나타날 수 있는 대상자는 초등학생이다.

042 면접(면담)자의 자질

면접(면담) 시 면접(면담)자는 피면접(면담)자의 말을 경청하여 신뢰감을 줄 수 있도록 한다.

043 교육 방법

- 사례연구 : 치료적 측면, 예방치료, 재활분야에 중점을 두고 계속적인 환자간호를 위해 행해지는 방법
- 견학 : 실제 현장으로 장소를 옮겨서 직접 관찰을 통해 목표한 학습을 유도하는 방법
- 브레인스토밍 : 일정한 주제에 관하여 구성원들이 자유롭게 의견을 제시하는 방법으로 창의적인 아이디어를 도출하고자 할 때 적합한 방법
- 모형을 활용한 시범교육 : 실제상황과 비슷한 효과를 얻을 수 있고 반복적으로 시행과 관찰을 할 수 있는 장점을 가진 교육방법

- 세미나 : 토의, 연구 및 선정된 문제를 과학적으로 분석하기 위해 이용하는 방식으로 참가자 모두가 새로운 발견에 중점을 두는 교육방법

044 직업병의 특징

- 일반 질병과 구분하기 어렵다.
- 노출 시작과 첫 증상이 나타나기까지 긴 시간적 차이가 있다(만성의 경과를 거친다).
- 그 직업에 종사하는 사람이면 누구든지 이환될 수 있다.
- 조기발견이 어렵다.
- 대부분 예방이 가능하다.
- 특수건강검진으로 판정된다.
- 직업병은 시대에 따라 변한다.
- 인체에 대한 영향이 확인되지 않은 신물질이 많아 직업병 판정이 어렵다.

045 기온

- 하루 중 기온 차이를 일교차라고 한다.
- 산악지역은 일교차가 크고 해안지역은 일교차가 적다.
- 일교차는 맑은 날, 내륙, 사막일수록 커진다.
- 최고 기온은 오후 1~3시 사이, 최저 기온은 일출 전이다.

046 불쾌지수 : 온도와 습도의 영향으로 사람이 느끼는 불쾌감의 정도를 수치로 나타낸 것

- 불쾌지수 70 이상 : 10%의 사람이 불쾌감 호소
- 불쾌지수 75 이상 : 50%의 사람이 불쾌감 호소
- 불쾌지수 80 이상 : 거의 모든 사람이 불쾌감 호소
- 불쾌지수 85 이상 : 견딜 수 없는 상태

047 급수 전 유리잔류 염소량

급수 전 유리잔류 염소는 0.1ppm 이상 남아 있어야 한다.

048 장염비브리오균 식중독

오염된 어패류나 절인 식품, 생선회 등에서 잘 발생하며 열에 약하므로 1분 이상 가열 후 섭취하여 식중독을 예방한다.

049 재가급여

재가급여 종류	내용
방문요양	장기요양요원이 수급자의 가정 등을 방문하여 신체활동 및 가사활동을 지원
방문목욕	장기요양요원이 목욕설비를 갖춘 장비를 이용하여 수급자의 가정 등을 방문하여 목욕을 제공
방문간호	장기요양요원인 간호사 등이 의사, 한의사 또는 치과의사의 지시서(이하 '방문간호지시서')에 따라 수급자의 가정 등을 방문하여 간호, 진료보조, 요양에 관한 상담 또는 구강위생 등을 제공
주·야간보호	수급자를 하루 중 일정시간 동안 장기요양기관에 보호하여 신체활동 지원 및 심신기능의 유지·향상을 위한 교육과 훈련 등을 제공
단기보호	수급자를 보건복지부령으로 정하는 범위 내에서 일정기간 동안(월 9일 이내) 장기요양기관에 보호하여 신체활동지원 및 심신기능의 유지·향상을 위한 교육과 훈련 등을 제공
기타 재가급여	수급자의 일상생활·신체활동 지원 및 인지기능의 유지·향상에 필요한 용구를 제공하거나 가정을 방문하여 재활에 관한 지원 등을 제공하는 장기요양급여로서 대통령령으로 정하는 것

재가급여 장점	• 평소에 생활하는 친숙한 환경에서 지낼 수 있다. • 사생활이 존중되고 개인 중심 생활을 할 수 있다.
재가급여 단점	• 의료, 간호, 요양서비스가 단편적으로 진행되기 쉽다. • 긴급한 상황에 신속하게 대응하기가 어렵다.

050 사회보장 중 의료보장

- 고소득자도 국민건강보험에 가입한다.
- 농어촌 주민 중 직장을 다니는 자와 그 피부양자는 직장건강보험에 가입한다.
- 의료급여는 1, 2종으로 나뉜다.
- 산업재해 시 근로복지공단에서 재해보상을 한다.

※ 9회 37번 해설 참조

공중보건학 개론

051

본인 스스로도 이해할 수 없는 자신의 행동에 그럴듯한 이유를 제시하여(합리화) 고통스럽거나 불안한 상황을 의식적으로 잊으려고(억제) 하고 있으므로 합리화와 억제 기전을 사용했다고 볼 수 있다.

> - 합리화 : 스스로도 용납할 수 없는 자신의 행동에 적당한 이유를 제시하여 불안을 극복하고 사회적으로 인정받으려는 것
> - 억제 : 바람직하지 못한 생각과 충동, 고통스러운 기억 등을 의식적으로 잊으려고 하는 것

052 모자보건사업의 중요성

- 사업의 효과는 다음 세대의 인구자질에 영향을 준다.
- 모자보건사업 대상이 전체 인구의 약 50~70%를 차지한다.
- 질병에 취약한 집단으로 병에 이환되기 쉽지만 예방이 가능하다.
- 질병에 의한 후유증이 평생 지속될 수 있다.
- 질병을 방치하면 사망률이 높다.

053 학교보건이 중요한 이유

- 학생 인구가 전체 인구의 약 1/4을 차지한다.
- 적은 비용으로 큰 효과를 얻을 수 있다.

- 감염성 질환 이환 시 가정과 지역사회로 전파될 가능성이 있다.
- 정해진 장소에 밀집되어 있어 사업 실시가 용이하다.
- 학생을 통해 가족이나 지역사회에 간접적인 보건사업의 효과를 꾀할 수 있다.
- 건강습관을 형성하는 시기이므로 보건교육의 효과가 높다.
- 보건교육을 통해 학생들의 건강이 향상되어 학교교육의 효율성 또한 높일 수 있다.

054 가정방문의 장단점

- 장점
  - 지역사회 간호사업의 가장 큰 비중을 차지하며 대상자에게 가장 효과가 크다.
  - 거동불능자가 건강관리를 받기 쉽고 대상자의 시간과 경비가 절약된다.
  - 건강문제를 직접 관찰할 수 있어 문제파악이 용이하다.
  - 대상자뿐만 아니라 전 가족의 건강을 관찰할 수 있다.
  - 가정에 있는 물품을 이용하여 가족의 실정에 맞는 교육이 가능하다.
- 단점
  - 같은 경험을 가진 사람들과 의견을 공유할 기회가 없다.
  - 간호제공자의 시간과 경비가 많이 소요된다.
  - 가정에서 여러 가지 방해요소로 교육적인 분위기를 조성하기 어려울 수 있다.
  - 타인의 가정방문을 대상자가 부담스러워 할 수 있고, 건강관리실의 물품이나 기구들을 활용하지 못한다.

055 경구피임약

- 배란을 억제하여 피임하는 방법으로, 불규칙하게 복용 시 피임 효과가 불확실해지므로 매일 일정한 시간에 복용한다.
- 피임약 복용을 잊은 지 12시간 이내 : 생각난 즉시 1정을 복용하고 정해진 원래 시간에 1정을 복용한다.
- 피임약 복용을 잊은지 12시간 이후 : 생각난 즉시 1정을 복용하고 정해진 원래 시간에 1정을 복용한다. 1주일가량 다른 피임을 병행한다.
- 피임약 복용을 잊은 지 24시간 이후 : 즉시 2정을 한꺼번에 복용하고 1주일 가량은 다른 피임법을 병행하는 것이 좋다.
- 피임약을 매일 복용하는 습관을 들이기 위해 28정짜리 피임약에는 7정의 영양제가 포함되어 있다. 21정의 피임약의 경우 7일간 약 복용을 중단한다.

056 지역사회 보건간호사업을 성공시키기 위해 가장 중요한 요소

지역사회 진단에 의한 정확한 실태파악으로 건강문제를 확인하는 것이다.

057 가정방문 전 준비

가정방문 전에 방문 대상에 대한 기록을 찾아 읽어 보고 방문 계획을 짠다.

058 감염병 발생과정(감염회로)

병원체 → 병원소(저장소) → 병원소로부터 병원체 탈출(탈출구) → 전파(전파경로) → 새로운 숙주로 침입(침입구) → 숙주의 감수성과 면역력 따라 감염여부 결정

059 자연수동면역

자연적인 방법으로 항체(면역)를 받는 방법으로 태아가 태반을 통해 모체로부터 항체를 받거나 생후 모유에서 항체를 받는 방법이 이에 속한다. 평균 4~6개월간 지속된다.

능동면역과 수동면역
- 능동면역 : 스스로 면역이 형성
  - 자연능동면역 : 질병에 감염된 후 형성된 면역
  - 인공능동면역 : 항원(균)이 인공적으로 체내에 투입되어 형성된 면역(예방접종)
- 수동면역 : 이미 형성된 면역을 받아서 갖게 되는 면역
  - 자연수동면역 : 모체로부터 전달받은 면역, 4~6개월간 지속됨
  - 인공수동면역 : 면역 제제를 주입받아 얻은 면역

* 주사는 인공, 항원(균)이 들어오면 능동, 항체(면역)가 들어오면 수동

	능동면역 (즉시 효력×, 효력의 지속 시간이 길다.)	수동면역 (즉시 효력○, 효력의 지속 시간이 짧다.)
자연면역	감염 후	태반, 모유
인공면역	• 예방목적 • 예방접종, 톡소이드	• 치료목적 • 면역글로불린, 항독소

060 가장 위험한 병원체 탈출경로

가장 흔하며 위험한 병원체의 탈출경로는 호흡기이다.

061 경구피임약의 금기

임신·수유 중, 흡연자(35세 이상, 1일 15개피 이상), 간질환, 혈전증 등의 혈관질환, 유방암, 조절되지 않는 고혈압 등

062 볼거리(유행귀밑샘염)

- 원인 : 볼거리(유행귀밑샘염) 바이러스(Mumps virus)

- 전파경로 : 비말, 직접접촉
- 증상 : 발열, 두통, 근육통, 식욕부진, 귀밑샘(이하샘)의 종창 및 통증
- 합병증 : 고환염, 난소염, 췌장(이자)염, 뇌수막염 등이 발생하기도 한다.
- 예방 : MMR백신 접종(12~15개월, 4~6세)
- 진단 : 레몬검사(Lemon test)로 진단
- 치료 및 간호 : 통증이 심할 경우 진통제 제공, 저작장애 시 유동식 제공, 급성기에는 얼음물 찜질, 종창 부위 피부 당김을 완화시켜 주기 위해 오일을 바르거나 더운물 찜질

063 저출산 대책

- 인식의 변화 : 결혼을 하면 일과 가정 중 하나는 포기해야 한다는 비관을 제도와 의식개선을 통해 바꾸어 나가야 한다.
- 주거지원 : 정부 주도로 도시지역에 저렴한 임대주택을 늘린다.
- 노동시간 단축 : 저녁이 있는 삶이 가능해진다면 출산기피 풍조뿐만 아니라 가사육아의 남녀 불평등 문제까지 개선될 수 있을 것이다.
- 육아 부담 및 비용 축소 : 보육업무를 가정에만 부담시킬 것이 아니라 사회 전체적으로 해결하는 시스템을 갖추어야 할 것이다.
- 육아휴직제도와 출산 휴가를 정착시키고 활성화 한다.

064 임질

- 원인 : 나이세리아 임균
- 전파경로 : 성 접촉으로 전파되며 성병 중 발생 빈도가 가장 높음
- 진단 : 직접 바른 표본
- 증상 : 남성은 요도염 증상(예 배뇨 시 통증, 화농성 분비물, 요도 발적 등), 여성은 자궁경부염 또는 요도염 증상(예 화끈감(작열감), 빈뇨, 배뇨 시 통증, 질 분비물 증가 등)
- 치료 및 간호 : 페니실린이나 암피실린으로 치료하며 모든 접촉자나 성 파트너가 함께 치료 받아야 함

065 결핵 예방접종 의무대상자

결핵 예방접종 의무대상자는 출생 후 1개월 이내의 신생아이다.

※ 총정리 [표준예방접종] 참조

066 의료인(5종)

의사, 치과의사, 한의사, 조산사, 간호사

067 변사체의 신고

의사, 치과의사, 한의사, 조산사는 사체를 검안하여 변사한 것으로 의심되는 때에는 그 소재지를 관할하는 경찰서장에게 신고하여야 한다.

068 감염병의 신고

- 의료기관에 소속된 의사나 한의사는 의료기관의 장에게 보고한다.
- 의료기관에 소속되지 아니한 의사 또는 한의사는 관할 보건소장에게 신고한다.

069 정신질환자의 권익보호

- 치료 목적이 아니라면 통신과 면회의 자유를 제한할 수 없다.
- 입원을 한 정신질환자의 치료, 재활 및 사회적응에 도움이 된다고 인정되는 경우에는 환자의 동의와 정신건강의학과 전문의의 지시 하에 보건복지부령으로 정하는 작업을 시킬 수 있다.
- 누구든지 정신질환자, 그 보호의무자 또는 보호를 하고 있는 사람의 동의를 받지 아니하고 정신질환자에 대하여 녹음, 녹화, 촬영을 해서는 안 된다.
- 누구든지 정신질환자이거나 정신질환자였다는 이유로 교육, 고용, 시설이용의 기회를 박탈하거나 그 밖의 불공평한 대우를 해서는 안 된다.
- 정신질환자를 보호할 수 있는 시설 외의 장소에 정신질환자를 수용해서는 안 된다.
- 입원 등의 금지 : 응급입원의 경우를 제외하고는 정신건강의학과 전문의의 대면진단에 의하지 아니하고 정신질환자를 정신의료기관 등에 입원시키거나 입원기간을 연장할 수 없다.
- 정신건강의학과 전문의의 지시에 따른 치료 또는 재활의 목적이 아닌 노동을 강요해서는 안 된다(3년 이하의 징역 또는 3천만원 이하의 벌금).
- 정신질환자와 관련된 직무수행 중 알게 된 다른 사람의 비밀을 누설하거나 공표해서는 안 된다(3년 이하의 징역 또는 3천만원 이하의 벌금).

070 혈액과 관련된 용어의 정의

- 혈액 : 인체에서 채혈한 혈구 및 혈장
- 혈액 관리 업무 : 수혈이나 혈액제제의 제조에 필요한 혈액을 채혈, 검사, 제조, 보존, 공급, 품질관리하는 업무
- 채혈 금지 대상자 : 감염병 환자, 약물 복용 환자 등 건강기준에 미달하는 사람으로서 헌혈을 하기에 부적합하다고 보건복지부령으로 정하는 사람

- 부적격 혈액 : 채혈 시 또는 채혈 후에 이상이 발견된 혈액 또는 혈액제제
- 특정 수혈 부작용 : 수혈한 혈액제제로 인하여 발생한 사망, 장애, 입원치료를 요하는 부작용, 바이러스 등에 의하여 감염되는 질병 등의 부작용
- 혈액원 : 혈액 관리 업무를 수행하기 위해 개설허가를 받은 기관
- 헌혈자 : 자신의 혈액을 혈액원에 무상으로 제공하는 사람
- 혈액제제 : 혈액을 원료로 하여 제조한 의약품으로 전혈, 농축적혈구, 농축혈소판, 신선동결혈장 등이 있다.
- 채혈 : 수혈 등에 사용되는 혈액제제를 제조하기 위하여 헌혈자로부터 혈액을 채취하는 행위
- 채혈 부작용 : 채혈한 후에 헌혈자에게 나타날 수 있는 혈관미주신경반사, 피하출혈 등 미리 예상하지 못한 부작용을 말한다.
- 헌혈환급예치금 : 의료기관에 수혈비용을 보상하거나 헌혈사업에 사용할 목적으로 혈액원이 보건복지부장관에게 예치하는 금액
- 헌혈환급적립금 : 보건복지부장관이 헌혈환급예치금으로 조성하고 관리하는 금액으로 수혈비용 보상, 헌혈 장려, 혈액 관리와 관련된 연구, 특정 수혈 부작용에 대한 실태조사 및 연구, 혈액원 혈액 관리 업무의 전산화에 대한 지원 등

실기

071 손에서 가장 오염된 부분

손톱 밑의 공간은 오염물질이 가장 많이 존재하지만, 세척으로 쉽게 제거되지 않을 수 있으므로 올바른 손씻기를 통해 오염물질을 제거할 수 있도록 한다.

072 누워 있는 환자를 오른쪽으로 돌려 눕히는 법

- 간호조무사는 돌려 눕히려는 방향(오른쪽)에 선다.
- 환자의 머리를 돌려 눕히려는 방향(오른쪽)으로 돌린다.
- 돌려 눕히려는 방향(오른쪽)의 손은 침대 위에 직각 모양으로 올려놓고 반대쪽(왼쪽) 손은 가슴 위에 올린다.
- 무릎은 구부려 세우거나 돌려 눕히려는 반대방향의 발(왼쪽 발)을 다른 쪽(오른쪽) 발 위에 올린다.
- 어깨와 엉덩이를 지지하여 간호조무사쪽으로 돌린다.
- 얼굴 → 어깨 → 엉덩이 순서로 돌려 눕힌다.

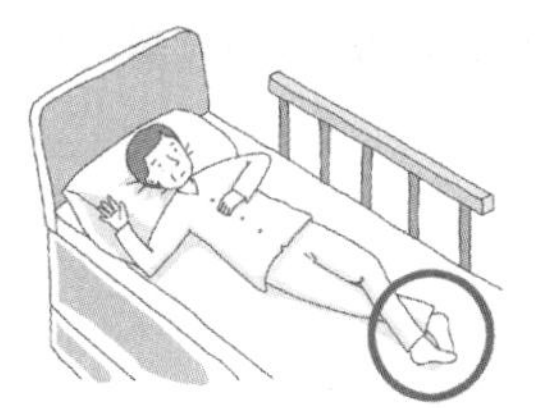
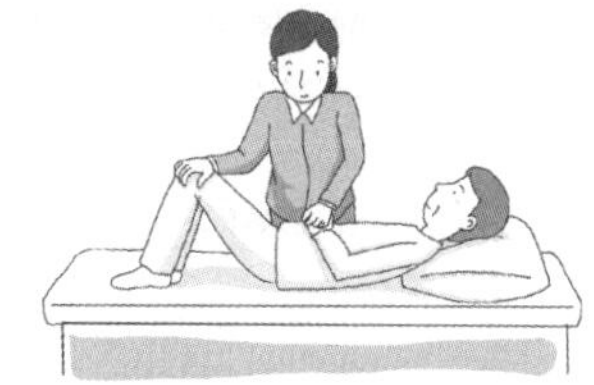

❶ 돌려눕히기 전 자세

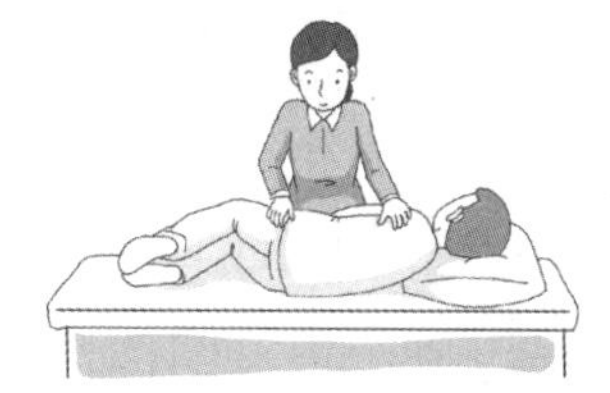

❷ 어깨와 엉덩이 지지하여 돌리기

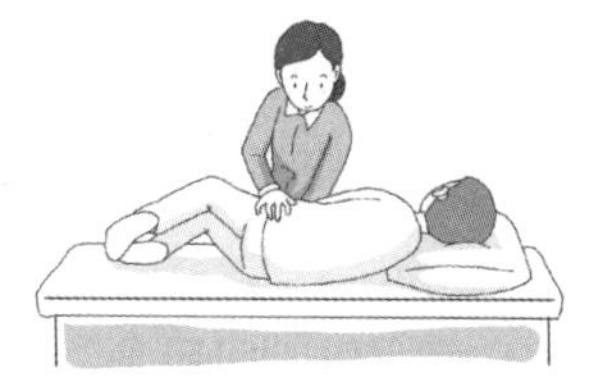

❸ 엉덩이를 뒤로 이동하기

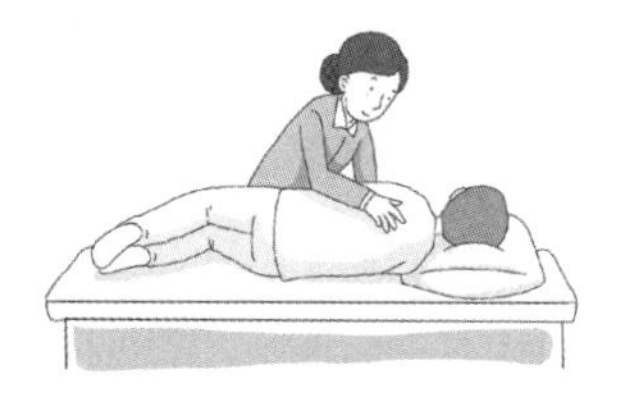

❹ 아래 어깨를 뒤로 살짝 이동하기

073 응급처치 구명 4단계

기도 유지(호흡) → 지혈(출혈) → 쇼크 예방(순환) → 상처 보호(감염 예방)

074 수정체 뒤 섬유 증식

- 원인 및 증상 : 인큐베이터에서 고농도의 산소를 장기간 흡인한 신생아에게 흔하며 시력장애나 실명을 일으킨다.
- 예방법 : 산소 농도를 30% 이하로 유지한다.

075 드레싱의 종류

- 수성교질(친수성 콜로이드) 드레싱 : 친수성 분자가 삼출물을 흡수하고 젤을 형성하여 상처를 촉촉하게 유지하며, 소수성 중합체(폴리머) 성분이 병원균의 침투를 예방하여 감염 위험을 감소시켜주는 드레싱
- 투명 드레싱 : 정맥주사 부위, 표재성 상처, 괴사조직 제거가 필요하지 않은 경우에 사용하는 드레싱으로, 육안으로 상처 확인이 가능한 드레싱
- 수화젤(친수성 젤) 드레싱 : 괴사조직을 수화하여 괴사조직의 자연분해를 촉진하는 드레싱
- 거즈 드레싱 : 상처 분비물을 흡수하는 데 가장 좋으며 상처에 자극이 적고 생리식염수 등에 적셔서 사용할 수도 있는 드레싱
- 칼슘 알지네이트 드레싱 : 지혈 효과가 있는 드레싱
- 폴리우레탄 폼 드레싱 : 상처에서 삼출물이 많은 경

우에 적합하고 접착력이 없어 2차 고정이 필요한 드레싱

076 해열을 위한 간호
- 실내를 서늘하게 유지한다.
- 체온보다 2℃ 낮거나, 30~33℃ 정도의 미온수로 20~30분간 몸을 닦는다.
- 얼음베개를 적용하고 손과 발은 따뜻하게 한다.
- 30~50% 알코올 용액을 사용하여 알코올 마사지를 시행한다.
- 구강 또는 수액으로 수분을 충분히 공급한다.

077 식욕이 저하된 환자를 위한 간호
- 다양한 음식을 조금씩 준비하고 반찬을 보기 좋게 담아낸다.
- 금기가 아니라면 평상시 좋아하는 음식을 제공한다.
- 식사 전에 구강간호를 실시하여 입맛을 돋우어 준다.

078 아프가 점수 : 출생 후 1분과 5분 후에 5가지 항목을 평가하여 건강상태를 파악한다.
- 생후 1분에 맥박 120회/분(심박동수 : 2점) + 강하게 잡고 있다(반사반응 : 2점) + 팔과 다리가 굴곡(근긴장도 : 2점) + 몸은 붉은색, 사지는 푸른색(피부색 : 1점) + 강하게 운다(호흡 : 2점)
- 총 9점으로 건강한 상태라고 추측할 수 있다.

	0점	1점	2점
심박동수	없음	분당 100회 이하	분당 100회 이상
호흡	없음	호흡이 느리고 약하게 운다	힘차게 운다
근긴장도	축 늘어져 있음	사지가 약간 굴곡	잘 굴곡된다
반사반응	없음	약간 반응한다	활발히 움직이고 반응한다
피부색	창백하거나 푸른색	몸은 붉은색, 사지는 푸른색	몸 전체가 붉은색

* 0~3점 : 응급처치 필요, 4~6점 : 중등도의 건강상태로 각종 검사나 처치 필요, 7~10점 : 건강 양호

079 병실 환경
- 온도 : 20~22℃, 밤에는 침구를 사용하므로 18℃ 전후
- 습도 : 40~60%, 호흡기계통 질환자는 50~60% 정도로 습도를 높여줌
- 환기
  - 인간에게 중요한 순서 : 환기 〉 습도 〉 온도
  - 환자에게 직접적으로 바람이 닿지 않도록 주의함
  - 환기의 효과 : 발열 촉진, 순환 증진, 호흡 증진, 모세혈관 자극
- 조명 : 자극을 최소화 할 수 있는 조명, 야간에는 간접조명 이용
- 소음 : 조용한 환경 제공

080 감염병 환자 입원 시 물품관리
감염병 환자가 가지고 온 물품이나 옷은 가압증기멸균법(고압증기멸균법)으로 소독한 후 봉투에 넣어 보관하여 감염전파를 예방한다.

081 이물(이물질)로 인해 기도가 폐쇄되었을 경우
- 의식이 있을 때
  - 환자 스스로 기침을 하도록 한다.
  - 기침을 효과적으로 하지 못할 경우 처치자는 어깨뼈(견갑골) 사이를 두드려준다.
  - 환자의 뒤에 서서 상복부를 힘차게 밀어올리는 하임리히법을 시행한다.
- 의식이 없을 때 : 즉시 심폐소생술을 시행한다.

082 반신마비(편마비) 환자의 옷 입고 벗기
반신마비(편마비) 환자가 상의를 입을 때는 마비된 쪽부터 입히고, 벗을 때는 건강한 쪽부터 벗는다.

083 반신마비(편마비) 환자를 침대에서 휠체어로 이동시키기
휠체어는 환자의 건강한 쪽 침대 난간에 붙이거나 30~45° 정도 비스듬히 놓은 다음, 환자의 건강한 쪽 손으로 휠체어 팔받침의 먼 쪽을 잡고 이동한다. 이때 간호조무사는 무릎으로 환자의 마비된 쪽 무릎을 지지해준다.

084 침상 만들기
- 빈침상 만드는 순서 : 밑홑이불 → 고무포 → 반홑이불 → 윗홑이불 → 담요 → 침상보
- 모든 침구는 솔기가 아래로 가도록 하되, 윗홑이불은 솔기가 위로 가도록 깐다.
- 윗홑이불 위에 담요를 깔 때, 침대 상부에서 15~20cm가량 아래에 깐다.
- 베갯잇 터진 쪽이 병실 문 반대편으로 가도록 놓는다.

085 기록의 일반적인 지침
- 간호기록지에 검정색으로 기록하되, 밤번 근무자는 붉은색으로 기록한다.
- 미리 기록하지 않도록 하고 간호행위 후 즉시 기록한다.
- 모든 기록은 정자로 정확하게 기록하고 서명은 성명을 모두 쓴다.

- 빈칸을 남기지 않도록 하고 기관이 지정한 양식과 절차를 준수한다.
- 오류 발생 시 적색 볼펜으로 선을 긋고 오류(error)라고 기록한 후 다시 정확하게 작성한다.
- 간단명료하게 남기고 환자라는 주어는 생략하여 기록한다.
- 해석이나 판단을 기록하지 않고 객관적인 사실만 기록한다.
- 약어나 용어 등은 소속기관이 인정한 것만 사용한다.
- 환자 병세에 변화가 생기거나 이상 증상이 발견되면 즉시 보고하고 기록한다.
- 구두처방이나 전화처방을 받았을 경우 24시간 이내에 기록처방(서면처방)을 받아야 한다.
- 과거와 현재시제는 사용하되 미래시제는 사용하지 않는다.
- 모든 기록지는 같은 종류끼리 묶어서 정리한다.
- 활력징후 기록 방법
  - 체온 : 흑색볼펜으로 점을 찍고 직선으로 연결
  - 호흡 : 흑색볼펜으로 원을 그리고 점선으로 연결
  - 맥박 : 적색볼펜으로 점을 찍고 직선으로 연결
  - 혈압 : 수축기압 / 이완기압

086 직장 체온(R로 표기)

- 끝이 둥근 직장 체온계에 윤활제를 삽입 길이만큼 바른다.
- 성인 2.5~4cm, 영아 1.5~2.5cm가량 삽입한다.
- 직장 체온을 측정할 수 없는 경우 : 회음부 또는 직장 수술을 하였거나 직장 내 염증이 있는 경우, 심근경색 등의 심장질환이 있는 경우, 직장에 변이 차있거나 설사·변비 환자, 경련 환자 등

087 호흡의 유형

- 느린 호흡(서호흡) : 분당 호흡수가 12회 이하인 경우
- 빠른 호흡(빈호흡) : 분당 호흡수가 20회 이상인 경우
- 과다 호흡 : 호흡 횟수와 깊이가 증가한 경우
- 체인스톡스 호흡 : 임종 시 호흡으로 무호흡과 과다호흡(호흡항진)이 교대로 나타난다.
- 쿠스마울 호흡 : 빠르고 깊으며 과일냄새가 나는 호흡으로 케톤성 당뇨병 혼수 시 나타난다.
- 좌위호흡 : 누워있으면 호흡 곤란이 나타나고, 앉거나 몸을 앞으로 숙이면 숨쉬기가 편해진다.
- 호흡 곤란 : 호흡 횟수가 증가하고 호흡할 때 고통이 따른다.

088 신체검진 기술과 방법

- 일반적으로는 시진 → 촉진 → 타진 → 청진 순서로 실시한다.
- 복부 검진 시에는 시진 → 청진 → 타진 → 촉진 순서로 실시한다.
- 통증이 없는 곳을 먼저 촉진한다.
- 복부 촉진 전에는 소변을 미리 볼 수 있도록 돕는다.
- 체중은 항상 같은 시간에 같은 옷을 입고 재는 것이 좋다.
- 가슴둘레는 젖꼭지 높이에서 측정한다.

> - 시진 : 시각을 통해 관찰하는 방법
> - 촉진 : 손이나 손가락 끝으로 느끼는 방법
> - 청진 : 청진기나 귀를 이용하여 내부에서 발생하는 소리를 듣는 방법
> - 타진 : 신체 표면을 두드려 보는 방법

089 바륨 관장

관장을 통해 바륨을 직장에 넣고 X선을 찍어 대장질환을 확인하는 검사로, 검사 6~8시간 전부터 금식을 하고 배변관장을 시행한다. 검사 시행 후에는 수분 섭취를 적극 권장하여 바륨으로 인한 변비나 대변매복을 예방한다.

090 가압증기멸균법(고압증기멸균법)

특징	• 120℃, 15파운드의 수증기 압력으로 20~30분 동안 소독하는 방법 • 열과 습기에 강한 물품, 가운·면직류, 도뇨세트, 외과수술용 기구 등의 소독에 적합 • 병원균 및 아포 형성균의 멸균에 가장 효과적이고 경제적이며 병원에서 가장 흔히 사용하는 방법 • 유효기간 : 14일
방법	• 기구는 물기 없이 닦아서 방포에 싸고 뚜껑이 있는 용기는 뚜껑을 열어서 포장한다. • 겸자는 끝을 벌려서 싸고, 날이 있는 기구는 거즈로 싼 후 소독기에 넣는다. • 두 겹의 방포로 하나의 물품씩 포장하고 겉면에 물품명과 날짜를 기입한다. • 무거운 것은 아래로, 가벼운 것은 위로 쌓는다. • 소독꾸러미가 너무 크지 않게 하고, 증기가 침투할 수 있도록 물건을 너무 빼곡하게 채우지 않는다. • 멸균 후 노란 바탕의 멸균표시지에 검은선이 뚜렷이 보여야 한다. • 멸균물품의 소독날짜가 최근인 것은 뒤로 배치하여 놓는다. • 감염병 환자가 입원 시 가지고 온 물품은 가압증기멸균기로 멸균한 후 봉투에 넣어 보관한다.

091 소독가운을 입은 사람끼리 지나갈 때

오염을 예방하기 위해 서로 등을 향하게 한 채 지나간다.

092 체위의 종류

체위	그림	설명
앙와위		• 반듯하게 눕는 자세 • 남자 인공도뇨 시, 척추 손상 시 척추선열 유지, 허리천자(요추천자) 후 두통이나 뇌척수액 누출 방지를 위해 취하는 자세
파울러 자세 (반좌위)		• 상체를 30~45° 정도 올린 자세 • 호흡곤란 환자, 흉부나 심장 수술 후 환자 등 수술 후 가장 많이 사용되는 자세
심즈 자세 (측와위)		• 측위와 복와위의 중간자세 • 관장, 항문 검사, 무의식 환자의 구강 내 분비물 배액 촉진을 위한 자세
무릎가슴 자세		• 무릎과 가슴을 바닥에 붙이고 둔부를 높이 올린 자세 • 골반 내 장기를 이완시키고 산후 자궁후굴을 예방하는 자세, 자궁 내 태아위치 교정, 월경통 완화, 직장이나 대장 검사 시 자세
골반내진 자세 (하늘자전거 자세, 쇄석위, 절석위)		• 진찰대에 등을 대고 누워 진찰대 하단 양쪽 발걸이에 발을 올려놓는 산부인과 자세 • 회음부, 질 등의 생식기와 방광검사, 자궁경부 및 질 검사를 위한 자세
배횡와위		• 등을 대고 바닥에 누워 발바닥을 침상에 붙이고 무릎을 구부린 자세 • 복부 검진, 여자의 인공도뇨 시, 회음부 열요법 시, 질 검사 시 자세
복와위		• 엎드려 누운 자세 • 등근육 휴식, 등마사지 시 사용
측위		• 옆으로 누운 자세 • 마비나 부동 환자의 식사를 용이하게 하기 위한 자세
트렌델렌부르크 자세 (골반고위, T-position, Shock position)		• 침대발치(하체)를 45° 정도 올려 머리가 다리보다 낮게 하는 자세 • 쇼크 시 신체 하부의 혈액을 심장으로 모을 때 취할 수 있는 자세

093 유치도뇨

- 일정기간 동안 배뇨관을 삽입하고 있는 방법이다.
- 장기간 자연배뇨가 어려울 때, 장시간의 수술 시 방광팽창을 예방하기 위해, 시간당 소변량 측정, 방광세척이나 약물 주입 시 시행한다.
- 유치도뇨의 경우 도뇨관을 고정하기 위해 증류수를 이용하여 관 끝의 풍선을 부풀린 후 도뇨관을 소변주머니에 연결한다.
- 유치도뇨관 삽입 후 소변주머니는 항상 방광보다 아래에 있도록 한다.
- 소변주머니에 고인 소변을 주기적으로 비워 소변이 소변백의 3/4 이상 차지 않도록 한다.
- 도뇨관과 소변주머니 연결 부위는 항상 폐쇄적으로 유지한다.
- 유치도관(유치도뇨관)과 소변백은 의료인의 임상적 판단(감염, 폐쇄 등)에 의해 교체한다.
- 유치도관(유치도뇨관)을 제거할 때는 작은 관을 통해 주입한 증류수를 빼낸 후 제거하도록 한다.
- 유치도관(유치도뇨관)을 지속할 이유가 없다면 수술 후 24시간 이내에(가능한 한 빨리) 도뇨관을 제거한다.
- 유치도뇨관 제거 6시간 이내에 자가배뇨를 하는지 확인한다.

094 구강간호

- 환자의 상태에 따라 칫솔과 치약을 이용해 닦아주거나, 용액을 묻힌 솜을 이용하여 닦는다.
- 치아 바깥쪽을 먼저 닦고 안쪽을 닦는다.
- 혀와 볼 안쪽도 닦는다.
- 혀에 백태가 있을 경우 과산화수소 1 : 물 4 의 비율로 희석된 용액을 이용하여 혀를 닦아준다.
- 치실을 먼저 사용한 후 양치질 한다.
- 입가의 물기를 닦고 입술에 글리세린이나 바셀린을 발라준다.
- 특수구강 간호 시 사용되는 용액 : 과산화수소수(혀의 백태 제거에 효과적이지만 치아의 사기질(에나멜)을 손상시키므로 철저히 헹군다), 생리식염수, 붕산수, 클로르헥시딘(희석해서 사용), 미네랄 오일(광물성 오일 예 바셀린), 글리세린

095 휠체어 이동 시

- 문턱(도로 턱)을 오를 때 : 휠체어를 뒤쪽으로 기울인 다음 앞바퀴를 들어 문턱을 오른다.
- 문턱을 내려갈 때
  - 휠체어를 뒤로 돌려 내려간다.
  - 뒤에 서서 뒷바퀴를 내려놓고 앞바퀴를 들어 올린 다음, 뒷바퀴를 천천히 뒤로 빼면서 앞바퀴를 조심히 내려놓는다.
- 오르막길을 올라갈 때
  - 두 팔에 힘을 주고 자세를 낮춰 다리에 힘을 주어 밀고 올라간다.
  - 환자의 체중이 무겁거나 경사도가 높을 경우 지그재그로 올라간다.
- 내리막길을 내려갈 때
  - 휠체어를 뒤로 돌려 뒷걸음으로 내려간다.

- 환자의 체중이 무겁거나 경사도가 심한 경우 지그재그로 내려간다.
- 반드시 고개를 뒤로 돌려 방향을 살핀다.

• 울퉁불퉁한 길 : 휠체어를 들어 올려 큰 바퀴로 이동한다.
• 엘리베이터 타고 내리기 : 뒤로 들어가서 앞으로 밀고 나온다.

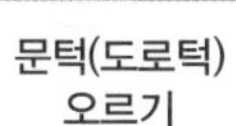

문턱(도로턱) 오르기 | 문턱(도로턱) 내려가기 | 오르막길 갈 때

내리막길 갈 때 | 울퉁불퉁한 길 가기 | 엘리베이터 타고 내리기

096 기도 흡인 방법 및 주의사항

• 의식이 있는 환자는 반좌위를, 무의식 환자는 측위를 취해준다.
• 성인 100~120mmHg, 아동 95~110mmHg, 영아는 50~95mmHg의 압력으로 카테터를 삽입하며, 카테터 삽입 시에는 압력이 걸리지 않은 상태로 삽입해야 한다.
• 한 번 흡인하는 시간은 10초 이내로, 총 흡인시간은 5분은 넘지 않도록 한다.
• 카테터를 회전시키며 빼내어 조직 손상을 최소화한다.
• 흡인과 흡인 사이에 환자에게 기침과 심호흡을 하게 하거나 흉부 타진법으로 분비물 배출을 도와준다.
• 흡인 전후에는 산소를 충분히 공급하여 저산소증을 예방한다.
• 흡인시마다 매번 카테터와 용액(멸균 생리식염수)을 교환한다.

097 삭모

• 미생물을 최소화하여 수술 부위 감염을 예방하기 위함이다.
• 털이 난 방향으로 면도한다.
• 수술 부위보다 넓게(예 복부 수술시 유두선부터 서혜부 중간까지) 면도하고 면도 후 로션을 바르지 않는다.

098 시각장애 환자와의 의사소통

• 환자의 정면에서 말하도록 하여 불안감이 생기지 않도록 한다.
• 사물의 위치를 시계방향으로 설명하거나 환자 중심에서 오른쪽, 왼쪽으로 나누어 설명한다.
• '이것', '저것' 등의 지시대명사를 사용하지 않는다.
• 만나거나 헤어질 때 먼저 말을 해서 알린다.

099 치매 환자의 구강위생 간호

• 부드러운 칫솔모를 사용하여 잇몸 출혈을 예방한다.
• 삼켜도 관계 없는 어린이용 치약을 사용한다.
• 소금은 이와 잇몸에 자극을 주므로 사용하지 않는다.
• 하루 3회 이상 규칙적으로 시행한다.
• 의치를 사용하는 경우 하루 6~7시간 정도는 제거하여 잇몸에 무리를 주지 않도록 한다.

100 안약 투여 방법

• 분비물이 있을 경우 생리식염수를 묻힌 솜을 이용하여 눈의 안쪽에서 바깥쪽으로 닦는다.
• 머리를 뒤로 젖히게 하고 눈은 위를 쳐다보게 한다.
• 안약은 하부결막낭의 중앙이나 외측 1/3 부위에 떨어뜨린다.
  - 안약 성분이 전신으로 흡수되는 것을 막기 위해 눈의 내각을 1분 정도 눌러준다.
  - 눈에 점적기 끝이 닿지 않도록 조심한다.
  - 안연고는 하부결막낭의 안쪽에서 바깥쪽으로 짜 넣은 다음 눈을 감고 안구를 굴리도록 교육한다.

간호조무사 실전모의고사 제4회 정답 및 해설

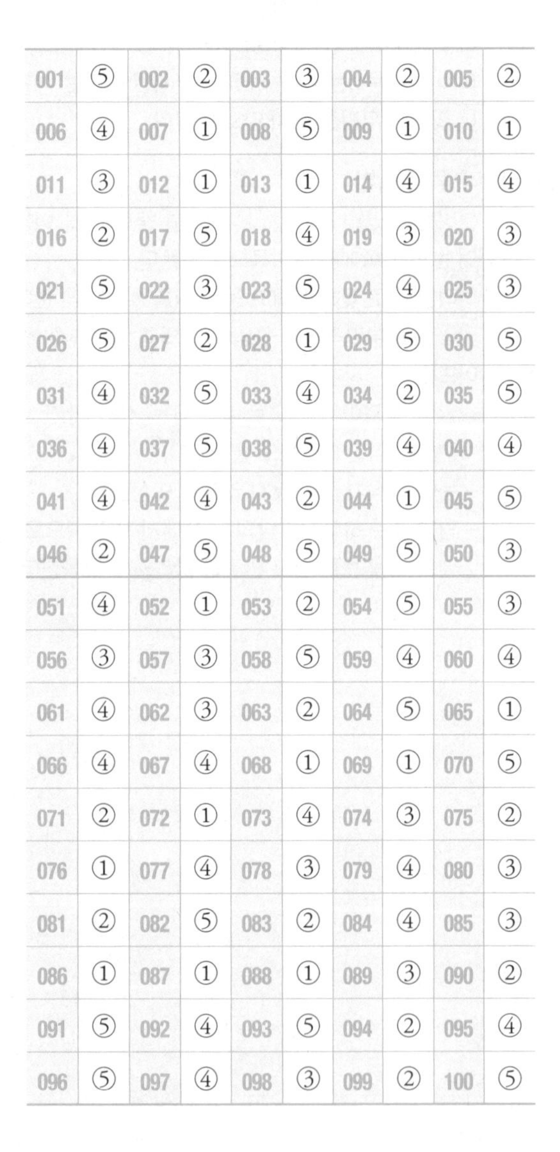

001	⑤	002	②	003	③	004	②	005	②
006	④	007	①	008	⑤	009	①	010	①
011	③	012	①	013	①	014	④	015	④
016	②	017	⑤	018	④	019	③	020	③
021	⑤	022	③	023	⑤	024	④	025	③
026	⑤	027	②	028	①	029	⑤	030	⑤
031	④	032	⑤	033	④	034	②	035	⑤
036	④	037	⑤	038	⑤	039	④	040	④
041	④	042	④	043	②	044	①	045	⑤
046	②	047	⑤	048	⑤	049	⑤	050	③
051	④	052	①	053	②	054	⑤	055	③
056	③	057	③	058	⑤	059	④	060	④
061	④	062	③	063	②	064	⑤	065	①
066	④	067	④	068	①	069	①	070	⑤
071	②	072	①	073	④	074	③	075	②
076	①	077	④	078	③	079	④	080	③
081	②	082	⑤	083	②	084	④	085	③
086	①	087	①	088	①	089	③	090	②
091	⑤	092	④	093	⑤	094	②	095	④
096	⑤	097	④	098	③	099	②	100	⑤

기초간호학 개요

001 갑상샘항진증과 저하증

	갑상샘항진증 (바제도갑상샘종)	갑상샘저하증 (크레틴병, 점액부종)
정의	갑상샘 비대와 타이록신의 과잉분비로 신진대사가 증가되는 질환	타이록신의 분비가 저하되어 신진대사가 저하되는 질환
증상	체중감소, 발한, 안구돌출, 두근거림, 빈맥, 설사, 신경과민, 손이나 눈꺼풀 등의 떨림, 무월경 또는 불규칙한 월경, 정서적 불안정, 갑상샘 증대, 더위에 민감	• 어린이 : 크레틴병 – 지적 발달장애, 신체성장 지연 • 성인 : 점액부종 – 빈혈, 부종, 체중증가, 거칠고 건조한 피부, 탈모, 서맥, 변비, 위산분비 감소, 식욕감소, 무월경, 성욕감퇴, 불임, 추위에 민감
치료 및 간호	방문객을 제한하고 안정, 고열량식이, 다량의 수분·비타민·미네랄 섭취, 피부간호, 진정제 등의 약물투여, 시원한 환경 제공, 방사선 아이오딘 치료, 갑상샘 절제술 시행	따뜻한 환경제공, 저열량·고단백 식이, 변비예방, 갑상샘 호르몬 투여

002 부갑상샘 수술 후 확인해야 할 무기질

부갑상샘은 혈중 칼슘과 인의 농도를 높이는 기능을 하므로 부갑상샘 절제 수술 후 반드시 칼슘의 농도를 확인하여야 한다.

003 태변 → 이행변 → 정상변

- 태변 : 출생 후 24시간 이내에 처음 보는 변으로 약 3일 정도 지속되는 끈끈하고 냄새가 없는 암록색 또는 암갈색의 변
- 이행변 : 태변을 다 본 후 생후 4~14일 사이에 배출되는 비교적 묽고 점액이 포함된 녹황색 변

004 고위험 신생아 간호

- 삼킴 반사(연하 반사) 미숙으로 흡인성 폐렴의 위험이 높으므로 생후 24~72시간은 금식한다.
- 그 후 가능한 한 코위관영양을 실시하되 신생아의 상태에 따라 우유를 희석해서 먹이다가 소화상태에 따라 우유 농도를 증가시킨다.
- 체중을 잴 때는 신생아를 보육기 안에 둔 채 측정하여 감염을 방지하고 체온을 유지한다.
- 보육기 내의 온도와 습도는 적어도 2시간마다 한 번씩 점검한다.
- 가습기는 매일 청소하고 멸균증류수를 수시로 보충한다.

005 매독

트레포네마 팔리둠균이 16~20주 사이에 태반을 통해 태아에게 감염되어 허치슨치아, 안장코, 스느플즈, 가성마비를 가진 선천성 매독아를 출산하게 되는 질병

006 내성

약물을 반복투여 했을 경우 사용량을 증가시켜야 평소와 같은 치료 효과를 얻을 수 있는 현상

예 처음에는 한번에 완하제(변비약) 1정으로도 충분히 변비를 해결했었지만 몇 달에 걸쳐 장기간 완하제를 복용한 후 1회 복용량을 2정, 3정으로 늘려야만 변을 볼 수 있게 되는 경우

007 뼈의 성장과 관련 있는 물질

칼슘, 칼시토닌, 인, 호르몬, 비타민이 있다.

008 대변 잠혈검사

- 대변 검사를 통해 위장관 출혈여부를 알아내기 위한 검사이다.
- 검사 3일 전부터 붉은색 야채, 철분제제, 육류 섭취를 피한다.
- 소변, 물, 혈액(생리혈, 치핵으로 인한 출혈) 등이 섞이지 않도록 한다.
- 뚜껑이 있는 채변 용기에 2~3g의 대변을 받아 뚜껑을 닫고 검사실로 보낸다.
- 검체 운반이 지연될 경우 냉장보관 한다.

009 환자 운반 시 리더의 위치

리더는 환자의 머리 쪽에 서서 환자가 하는 말을 듣고, 환자의 의식, 표정, 호흡 등을 살펴야 한다.

010 간호방법의 종류

- 기능적 간호 방법 : 분업으로 특정 업무를 반복하는 간호 방법
  - 장점 : 업무 방향이 분명하므로 통제가 용이함, 업무가 숙달되므로 적은 인력으로 단시간에 업무수행이 가능함
  - 단점 : 환자의 요구를 간과하게 되므로 서비스 만족도가 낮음, 간호의 일관성과 연속성이 부족함
- 팀 간호 방법 : 환자 중심 간호 방법으로 담당 간호사, 담당 환자가 정해져 있음
  - 장점 : 팀원 간의 의사소통을 통해 양질의 간호를 제공하므로 환자와 간호사의 만족도가 높음
  - 단점 : 시간이 오래 걸리고 의사소통이 결여되면 단편적인 간호가 행해질 수 있음
- 전담적 간호 방법 : 24시간 간호를 통해 전인간호가 수행되도록 하는 간호방법

011 약물의 관리

- 약물은 30℃ 이하의 서늘하고 통풍이 잘 되는 곳에 직사광선을 피해서 보관한다.
- 2~5℃의 냉장 보관 : 혈청, 예방백신, 인슐린, 간장추출물 등
- 실온 보관 : 좌약
- 10℃ 전후 보관 : 기름 종류 약품
- 내복약과 외용약은 구분하여 보관한다.
- 냉장고 온도 점검은 하루 2회 체크한다.

012 뇌기능 유지를 위해 필요한 영양소

뇌세포는 포도당만을 영양원으로 사용하므로 뇌기능 유지를 위해서는 반드시 탄수화물이 공급되어야 한다.

013 임신 중 즉시 병원 진료를 받아야 할 경우

질 출혈, 심한 복통, 얼굴 및 손가락 부종, 심하고 계속적인 두통 및 구토, 침침하고 흐릿한 시야, 오한과 발열 등

014 자궁관(난관)

자궁관은 정자와 난자가 수정이 되는 곳이며 수정란을 자궁으로 운반하는 역할을 한다.

015 노인의 소화기계 변화

- 맛봉오리의 감소로 단맛과 짠맛에 대한 반응이 둔감해져 음식이 달고 짜지고, 쓴맛과 신맛에 민감해져서 쓰고 신맛을 싫어하게 됨
- 침(타액)의 감소로 구강 건조증과 치주질환 증가
- 복용하는 약물로 인한 식욕부진
- 장운동 감소로 변비 증가
- 위산 분비 감소로 인한 소화장애

016 환자 상태에 이상이 발견되었을 경우

환자의 이상상태를 즉시 간호사에게 보고하는 것은 간호조무사의 기본 업무이다.

017 하부위장관의 구조

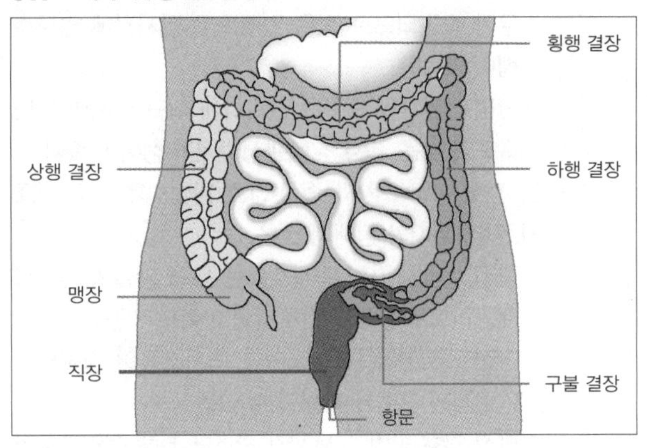

018 관절 운동

※ 2회 94번 해설 참조

019 단백질

※ 1회 28번 해설 참조

020 유기

스스로 독립할 수 없는 노인을 격리하거나 방치하는 행위

021 임신으로 인한 신체 변화

- 호흡기계 : 커진 자궁이 횡격막을 압박하여 짧고 얕은 복식호흡을 하게 된다.
- 심혈관계 : 혈액량이 약 30%(1,500cc) 정도 증가하는데 이때 혈장(수분)의 증가량이 혈구(적혈구, 백혈구, 혈소판 등)의 증가량보다 상대적으로 많아 생리적인 빈혈이 발생한다. 또한 혈액량과 심박출량이 증가되어 심장의 크기와 부담이 커지게 된다.
- 비뇨기계 : 자궁의 증대로 빈뇨가 생기고 비뇨기계 감염이 증가된다.
- 내분비계 : 태반에서 나오는 호르몬의 영향으로 인슐린 작용이 저하되어 혈당이 높아지고 임신성 당뇨병이 오기 쉽다.

022 절박유산

임신 초기에 무통성 점적 질 출혈이 있으나 안정을 취하고 호르몬 주사를 투여하여 임신을 지속시킬 수 있다.

023 가진통과 진진통

	가진통	진진통
수축간격 / 규칙성	변화없음 / 불규칙적	점점 짧아짐(자주 진통이 옴) / 규칙적
강도	강도 변화가 없고 걸으면 완화됨	강도가 점점 세지고 걸으면 통증이 더 심해짐
자궁경부의 개대와 소실	변화없음	진행됨
태아하강	없음	계속 태아가 하강됨
통증 부위	주로 복부에 국한	허리에서 시작하여 복부로 방사

024 성장과 발달의 특성

성장 (양적인 변화)	신체의 일부 또는 전체 크기가 증가하는 것으로 관찰 및 측정이 가능하다. 예 체중, 신장 등
발달 (질적인 변화)	기능의 숙련이나 능력이 증가하는 것으로 환경의 영향을 크게 받는다.

- 성장과 발달은 대체로 영아기와 사춘기에 가장 빠르다.
- 복합적, 지속적, 비가역적, 예측적으로 발달하며 개인차이가 있다.
- 단순 → 복합, 전체 → 부분, 일반 → 특수, 머리 부위 → 미부, 중심 → 말초, 큰 근육 → 작은 근육 으로 발달한다.

025 가래배출을 위한 간호

- 수분섭취를 권장한다.
- 가습기를 사용한다.
- 경타법으로 등과 흉부를 두드려준다(물리요법).

026 예방접종 전·후 주의사항

- 접종 전 주의사항
  - 집에서 체온을 측정해보고 열이 있으면 접종을 미룬다.
  - 아이의 건강상태를 잘 알고 있는 보호자가 데리고 병원을 방문한다.
  - 전날 목욕하고 접종 당일에는 목욕하지 않는다.
  - 오전에 접종하는 것이 바람직하다.
  - 예방접종을 하지 않을 어린이는 함께 데려가지 않는다.
  - 모자보건수첩을 가지고 방문한다.
- 접종 후 주의사항
  - 접종 후 30분간은 접종기관에 머물러 아이의 상태를 관찰한다.
  - 귀가 후 3시간 동안은 주의 깊게 관찰한다.
  - 고열이나 경련이 있을 경우 즉시 접종기관을 방문한다.

027 상처의 종류

분류		정의	처치
폐쇄성 상처	좌상 타박상	피하출혈이 생겨 부종, 통증, 멍이 나타남	얼음주머니 적용, 붕대로 압박하고 심장보다 높이기, 심한 내출혈 시 쇼크증상 관찰

개방성 상처	찰과상	피부가 벗겨진 것	세척, 드레싱
	열상	불규칙하게 찢어진 상처	세척, 지혈, 드레싱
	벤상처(절상)	날카로운 것에 베인 것	세척, 지혈, 드레싱
	자상	뾰족한 것에 찔린 것	* 파상풍 가능성이 가장 큰 상처 • 깨끗한 경우 : 세척, 드레싱 • 더러운 경우 : 세척, 드레싱, 파상풍 예방접종 실시 • 생선가시 등 작은 이물(이물질)은 빼도 되지만 이물(이물질)이 깊이 박힌 경우에는 제거하지 않음
	박리(결출)	봉합이 불가능할 정도로 피부의 전층이 상실된 상태(찢겨나감)	• 조직이 붙어 있을 때 : 떼지 말고 원위치로 돌려 멸균드레싱 후 붕대로 압박 • 조직이 잘려나감(절단) : 잘린 부위를 청결한 거즈에 싼 후 비닐봉지에 담아 얼음을 채운 용기에 넣은 후 환자와 함께 병원으로 가지고 가야 함 • 내장이나 안구가 밖으로 빠져나왔을 때 : 다시 넣지 않고 생리식염수에 적신 멸균 방포로 덮고 병원으로 이송(복부로 장기가 빠져나왔을 경우 배횡와위 자세로 이동)

028 각종 중독 시 응급처치

분류	처치
바비튜르산염(진정, 수면제)	• 다량의 물과 우유를 마시게 하여 중독물질을 희석한다. • 의식이 있으면 구토 유도, 의식이 없으면 위세척을 한다. • 약병을 가지고 간다.
쥐약	• 항응고 성분이 들어 있어 장기에 출혈(혈뇨, 혈변 등)을 유발하므로 병원으로 이송하여 혈액응고시간을 측정하고 필요시 비타민 K를 주사하고 수혈한다. • 구토를 금한다. • 병원에 갈 때 반드시 쥐약병이나 겉포장을 가지고 간다.
석유제품, 강산, 강알칼리	• (약산이나 약알칼리성 물질인 경우) 물을 마셔 희석시켜주고, 완하제(변비약)를 이용해 중독물질을 몸 밖으로 배출시킨다. • 신속히 병원으로 이송해야 하고, 구토와 위세척을 금한다.
농약	• 농약 종류에 따라 아트로핀을 투여하기도 한다. • 기도유지에 신경 쓴다.
일산화탄소(예 연탄가스 중독)	• 체내 혈색소(헤모글로빈)와의 결합력이 산소보다 200배 이상 높아 산소공급 능력을 저하시킨다. • 발견 즉시 외부의 신선한 공기를 마시게 한다. • 신속히 병원으로 이송하여 100% 산소를 제공한다.(고압 산소요법으로 치료)

029 백혈병

- 화학 요법, 방사선 요법, 골수이식, 수혈 등을 통해 치료한다.
- 미성숙한 백혈구가 비정상적으로 증식하는 혈액의 악성종양이다.
- 면역이 저하되어 있으므로 감염 방지에 신경 쓴다.
- 창백, 발열, 오한, 잇몸 출혈, 백혈구 증가, 체중 감소 등의 증상을 보인다.
- 감염으로부터 환자를 보호하기 위해 역격리시킨다.

030 황달

- 피부에 담즙산염이 쌓여 가려움증이 발생하기도 한다.
- 폐쇄성 황달은 담도가 폐쇄되어 황달과 가려움증이 나타나고 회백색의 대변을 보게 된다.
- 혈액 내 빌리루빈 수치가 증가하여 피부가 황색으로 변한다.
- 비폐쇄성 황달은 간세포 자체가 손상되어 담즙 생산이 저하되고 간기능이 나빠져 생기는 황달로 간염이나 간경화에 의한 황달이 여기에 속한다.
- 용혈 황달은 적혈구가 파괴되면서 빌리루빈이 과잉 형성되어 발생하는 황달이다.

031 협심증

- 심근(심장근육)에 일시적으로 혈액 공급이 부족해서 발생하는 관상동맥(심장동맥) 질환이다.
- 흉통(왼쪽팔로 방사통), 질식감, 조이는 느낌, 호흡곤란, 일반적으로 휴식을 취하면 통증이 완화된다.
- 금연, 체중 조절, 스트레스와 피로 예방, 갑작스럽게 찬 기운에 노출되는 것 방지, 카페인 섭취를 금한다.
- 나이트로글리세린 설하투여(앉은 자세에서 5분 간격으로 3회 투약, 20~30초만에 작용이 나타나 20~40분간 흉통 억제), 또는 나이트로글리세린 패치형을 흉부나 위팔(상완)의 안쪽에 붙인다.

032 치아조직의 명칭과 기능

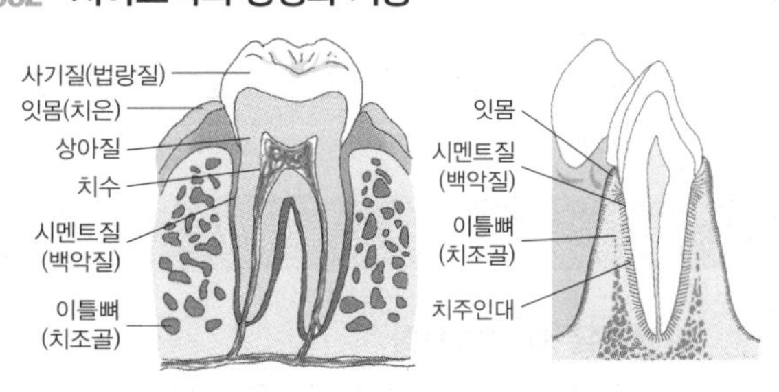

- 사기질(법랑질) : 치아의 맨 바깥층으로 인체조직에서 가장 단단한 부분이며, 플루오린(불소) 도포 시 플루오린이 침착되는 부분이다.

제4회

- 상아질 : 사기질의 충격을 흡수하여 신경을 보호하는 역할을 하며 경도가 약해 충치가 생기면 쉽게 썩는다.
- 시멘트질(백악질) : 이뿌리의 겉표면을 싸고 있으며 치아를 악골에 고정시키는 역할을 한다.
- 치수 : 이뿌리의 가장 가운데 있으며 신경과 혈관이 존재한다.
- 치주인대 : 치아를 이틀뼈에 붙이는 접착과 충격의 완충 역할, 치아가 부딪칠 때의 느낌을 신경에 전달하는 역할을 한다.
- 이머리(치관) : 잇몸 바깥으로 나와 있는 치아이다.
- 이뿌리(치근) : 잇몸 뼈 안에 있는 치아이다.
- 잇몸(치은) : 잇몸 뼈와 치아를 싸고 보호하는 역할을 한다.
- 잇몸(치경) : 이머리와 이뿌리의 경계를 말하며, 이 부분에 잇몸이 존재한다.
- 잇몸낭(치주장) : 치아와 잇몸 틈새가 염증이나 치석 등으로 인해 벌어져서 주머니 형태의 V자형 고랑이 생기는 것을 말한다.

033 치면열구전색(실런트) – 치과에서 시행

아직 충치가 발생하지 않았으나, 소와 및 열구가 깊고 분명하여 우식 발생 가능성이 높은 치아를 치과용 재료로 메워주어 충치를 예방하는 것을 말한다.

034 동양의학의 특징

- 인간을 대자연에서 파생된 하나의 소우주로 간주하고 인체에 나타나는 생리 현상이나 병적 변화 현상은 대자연의 운행과정에서 발생되는 것으로 보았다.
- 병인, 증후, 치료에 있어서 정신적인 면을 치중한다.
- 인체를 여러 개의 독립된 기관의 조밀한 조직으로 이루어진 협력체로 보는 것이 아니라, 여러 장부나 기관들이 서로 연관되고 유기적인 기능을 가진 통일체로 보기 때문에 인간을 종합적이고 전인적인 생명체로 관찰하였다.

035 한방간호

한방에서는 정신과 마음가짐을 가장 중요하게 여긴다.

보건간호학 개요

036 보건교육 시 고려사항

- 보건교육의 계획은 보건사업 전체의 일부분으로 수행되어야 한다.
- 주의를 집중시키고 흥미를 유도한다.
- 욕구를 불러일으키기 위해 동기부여를 제공한다.
- 배운 결과가 유익하다는 신념을 가질 수 있도록 한다.
- 실천하도록 돕고 만족을 얻을 수 있도록 한다.
- 간단한 것부터 복잡한 내용으로 진행한다.
- 대상자의 흥미를 고려하여 보건교육을 실시한다.
- 대상자의 수준에 적합한 난이도를 설정하고 이에 적절한 용어를 사용한다.

037 보건교육과 건강증진

단순히 지식만을 전달하는 것이 아니라 건강을 자기 스스로 지켜야 한다는 태도를 가지고 건강에 대한 행동을 습관화 하도록 돕는 교육과정으로, 보건교육은 건강증진의 일부에 포함된다고 볼 수 있다.

038 우리나라 보건행정조직

- 중앙보건조직에는 보건복지부가 있다.
- 지방보건조직으로서 보건사업 업무를 최말단에서 담당하고 있는 보건행정기관에는 보건소, 보건지소, 보건진료소가 있다.
- 우리나라 보건소의 조직체계는 행정안전부와 보건복지부로 이원화되어 있기 때문에 보건행정활동에 어려움이 있다.
  - 보건복지부에서 공공보건에 관한 기술지도 및 감독권을 가진다.
  - 행정안전부에서 인력과 예산을 지원한다.

039 보건소의 업무

- 건강 친화적인 지역사회 여건의 조성
- 지역보건의료정책의 기획·조사·연구·평가
- 보건의료인 및 보건의료기관 등에 대한 지도·관리·육성과 국민보건 향상을 위한 지도·관리
- 보건의료관련 기관·단체·학교·직장 등과의 협력체계 구축
- 지역주민의 건강증진 및 질병예방·관리를 위한 지역보건의료서비스 제공
  - 국민건강증진·구강건강·영양관리사업·보건교육
  - 감염병 예방 및 관리
  - 모성과 영유아의 건강 유지·증진
  - 여성·노인·장애인 등 보건의료 취약계층의 건강 유지·증진
  - 정신건강증진 및 생명존중에 관한 사항
  - 지역주민에 대한 진료, 건강검진, 만성질환 등의 질병관리에 관한 사항
  - 가정 및 사회복지시설 등을 방문하여 행하는 보건의료 사업

040 불쾌지수

- 불쾌지수는 기류와 복사열이 고려되지 않아 실내에서만 적용이 가능하다.

- 우리나라는 7~8월 장마철에 불쾌지수가 가장 높다.
- 불쾌지수 75일 경우 50% 이상의 사람이 불쾌감을 호소한다.

041 산업재해보상보험(산재보험)
사업장에 고용되어 근무하던 근로자가 업무상 재해로 인해 부상, 질병, 신체장애, 사망 시 재해 근로자와 가족이 보상받을 수 있도록 하기 위한 제도로, 국가가 사업주에게 연대책임을 지게 하는 것이다.

042 관찰법
시범을 보인 후 평가하는 방법으로 가장 좋은 방법은 대상자가 배운 내용을 직접 시행하는 모습을 보고 확인하는 관찰법이 적합하다.

043 근로자 건강진단의 종류
- 일반건강진단 : 근로자의 건강관리를 위하여 사업주가 주기적으로(사무직은 2년에 1회 이상, 기타근로자는 1년에 1회 이상) 실시하는 건강진단
- 특수건강진단 : 유해인자에 노출되는 업무에 종사하는 근로자 또는 건강진단 결과 직업병 유소견자로 판정된 후 판정의 원인이 된 유해인자에 대한 건강진단이 필요하다는 의사의 소견이 있는 근로자의 건강관리를 위해 실시하는 것으로, 이를 통해 직업병을 가려낼 수 있다.
- 배치 전 건강진단 : 배치 예정업무에 대한 적합성을 평가하기 위하여 실시하는 건강진단
- 수시건강진단 : 작업환경으로 인한 건강장애를 의심하게 하는 증상을 보이거나 의학적 소견이 있는 근로자에 대하여 실시하는 건강진단
- 임시건강진단 : 특정 화학물질 등에 의한 중독의 우려가 있는 근로자에게 중독 여부, 질병의 이환 여부 또는 질병의 원인 등을 발견하기 위하여 실시하는 건강진단

044 습도
- 상대습도 : 공기 $1m^3$가 포화상태에서 함유할 수 있는 수증기량과 현재 그 중에 함유되어 있는 수증기량의 비
- 절대습도 : 현재 공기 $1m^3$ 중에 함유된 수증기의 량
- 포화습도 : 공기 $1m^3$가 포화상태에서 최대한 함유할 수 있는 수증기의 량

045 기온 역전 현상
- 일산화탄소 중독증이 잘 발생한다.
- 상층부로 올라갈수록 온도가 높아져서 대기오염이 증가하게 된다.
- 바람 없이 맑게 갠 날, 겨울철, 눈이나 얼음이 지면에 덮여 있을 때 주로 발생한다.

046 상수 정화 방법
침사 → 침전 → 여과 → (염소)소독 → 급수

047 소각처리
가장 위생적인 처리 방법이지만 공기오염의 우려가 있다. 특히 전선이나 PVC를 태울 때 발생하는 다이옥신은 인체에 매우 유해하다.

048 매립처리
인가와 떨어져 있는 장소나 저지대, 산골짜기에 묻어버리는 방법으로, 처리 비용이 저렴하고 방법이 간단하여 우리나라 쓰레기의 대부분을 처리하는 방법이다.

049 보건소의 설립목적
보건소는 보건행정을 합리적으로 조직·운영하고 보건시책을 효율적으로 추진하여 국민보건의 향상에 기여함을 목적으로 한다.

050 국민기초생활보장
공공부조 중 하나로 가족이나 스스로가 생계를 유지할 능력이 없는 저소득층에게 생계와 교육, 의료, 주거 등의 기본적인 생활을 보장하고 자활을 조성하기 위한 제도

※ 총정리 [사회보장제도] 참조

공중보건학 개론

051 안심
문제가 있는 대상자를 안심시키기 위해 걱정할 이유가 없다고 사실에 근거하지 않고 말하는 것으로 비치료적 의사소통에 해당된다.

- 치료적 의사소통 : 개방적 질문, 경청, 명료화, 반영, 직면, 정보제공, 침묵, 인도, 요약 등
- 비치료적 의사소통 : 일시적 안심, 즉각적인 찬성과 동의, 거절, 비난, 불일치, 충고, 탐지, 도전, 방어, 해명요구 등

※ 총정리 [의사소통과 방어기제] 참조

052 방어기제의 유형
- 부정 : 감당하지 못할 생각이나 욕구를 무의식적으로 거부하는 것
- 전치 : 공격적인 행동이나 억제하기 힘든 감정을 덜 위협적이고 힘 없는 대상에게 이동하는 것
- 승화 : 긍정적인 방어기제로, 충동적 에너지나 본능적 욕구를 사회에서 용납되는 형태로 바꾸는 것
- 보상 : 자신의 열등감을 극복하기 위하여 자신의 모

습과는 다른 행동과 태도를 취하는 것
- 퇴행 : 심한 좌절을 경험할 때 현재의 위치나 성숙의 수준이 과거 수준으로 후퇴하는 것

053 인구 피라미드

① 피라미드형(인구증가형, 저개발국가형)
  - 다산다사 : 출생률과 사망률이 모두 높지만, 사망률보다는 출생률이 훨씬 더 높아 인구가 증가한다.
  - 0~14세 인구가 65세 이상 인구의 2배 이상

② 종형(인구정지형, 선진국형)
  - 소산소사 : 출생률과 사망률이 모두 낮아 인구가 정체되는 이상적인 인구구조이다.
  - 0~14세 인구가 65세 이상 인구의 2배와 같다.
  - 인구의 노령화로 노인문제가 발생한다.

③ 항아리형(인구감소형)
  - 출생률 감소 : 출생률과 사망률이 모두 낮지만, 출생률이 사망률보다 낮아 인구가 감소한다.(일부 선진국 : 프랑스, 한국, 일본 등)
  - 0~14세 인구가 65세 이상 인구의 2배 이하

④ 별형(도시형, 전입형) : 생산연령인구가 도시로 유입되어 15~64세 인구가 전체 인구의 50% 초과

⑤ 표주박형(호로형, 농촌형, 전출형) : 생산연령인구가 도시로 빠져나가 15~64세 인구가 전체 인구의 50% 미만

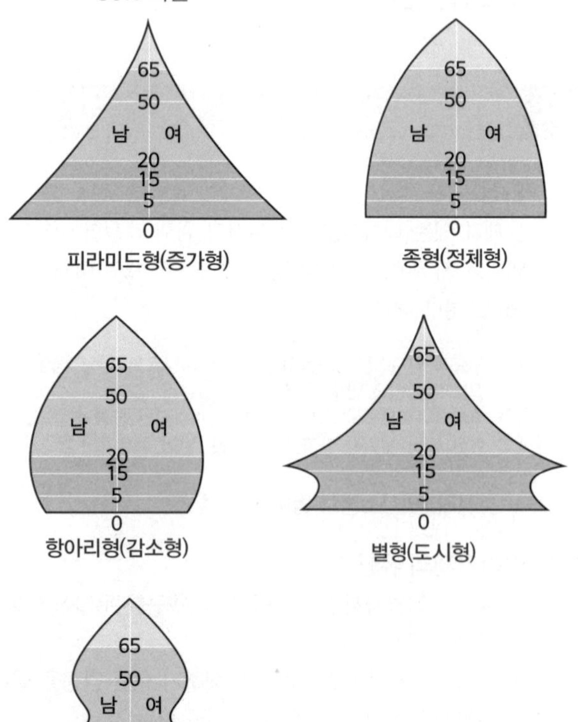

054 임부에게 반드시 교육해야 할 내용

임산부가 꾸준히 모자보건센터를 방문하여 관리받을 수 있도록 계속적인 산전관리(분만전관리)가 무엇보다 중요하다는 것을 인지시켜 준다.

055 조현병

- 정의 : 사고의 장애, 망상·환각, 현실과의 괴리감, 기이한 행동 등의 증상을 보이는 정신질환
- 원인 : 유전, 도파민과 세로토닌이라는 신경전달 물질의 불균형, 출생 전후 그리고 성장 과정에서 환자가 겪는 심리적 요인, 환경적 요인
- 증상 : 환각, 망상, 사고과정의 장애 등
- 치료 : 항정신병 약물이나 항우울제 사용, 인지행동치료, 자조모임, 재활 등

056 가정방문

가족을 단위로 건강관리를 하는 가정방문은 지역사회 간호사업의 가장 큰 비중을 차지하며 대상자에게 가장 효과가 크다.

※ 3회 54번 해설 참조

057 변화단계이론에 따른 금연·절주 프로그램

① 계획 이전단계 : 금연·절주에 대한 생각이 전혀 없는 단계
→ 흡연·음주의 유해성에 대한 정보를 제공하고 금연·절주에 대한 동기부여

② 계획단계 : 술과 담배를 부정적으로 생각은 하지만 당장 금연·절주를 실시하는 것은 아닌 단계
→ 자신의 흡연·음주행위를 관찰하고 인식하여 금연·절주에 대한 준비를 할 수 있도록 보조

③ 준비단계 : 금연·절주 예정일을 한 달 이내로 생각하며 날짜를 검토하는 단계
→ 구체적인 도움을 제공하고 다양한 금연·절주 전략에 대한 정보를 제공

④ 행동단계 : 금연·절주를 시작한지 6개월 이내의 단계
→ 흡연·음주 욕구와 금단증상에 대처할 수 있는 전략 제공

⑤ 유지단계 : 6개월 이상 금연·절주를 유지하고 있는 단계
→ 흡연·음주 유혹에 대한 대처법 교육

058 감염병 관련 용어

- 병원체 : 숙주를 침범하는 미생물로 숙주에게 손상을 주는 질병 발생 인자
- 감염력 : 병원체가 숙주에 침입하여 알맞은 기관에 자리잡고 증식하는 능력

- 병원성(병원력) : 병원체가 감염된 숙주에게 현성질병을 일으키는 능력
- 독력 : 병원체가 숙주에 대해 심각한 임상증상과 장애를 일으키는 능력
- 면역력 : 병원체가 침입했을 때 숙주의 감수성이나 저항력에 영향을 주는 요인
- 풍토병 : 특정 지역에만 주로 발생하는 질병으로 열대지방의 말라리아, 장티푸스, 콜레라, 이질 등이 있다.

059 보균자 : 병원체를 체내에 보유하면서 병적 증세에 대해 외견상 또는 자각적으로 아무런 증세가 나타나지 않지만 병원체를 배출하는 사람

- 건강 보균자 : 감염이 되고도 처음부터 전혀 임상증상 없이 외견상 건강하면서 병원체를 보유하고 이것을 배출하는 사람
- 회복기 보균자 : 질병의 임상 증상이 없어지고 난 이후에도 여전히 병원체를 전파하는 사람
- 잠복기 보균자 : 잠복기간 중에 타인에게 병원체를 전파시키는 사람

060 님비(NIMBY)현상과 핌피(PIMFY)현상

- 님비(NIMBY)현상 : 'Not In My Back Yard'의 머리글자로 자기중심적 공공성 결핍 증상을 말한다. 자기 주거지역에 범죄자·마약중독자 수용시설, 장애인 아파트, 쓰레기나 폐기물 수용·처리시설 등의 시설물이 들어서는 데 강력히 반대하는 현상을 일컫는 단어이다.
- 핌피(PIMFY), 임피(IMFY)현상 : 핌피(Please In My Front Yard), 임피(IMFY, In My Front Yard)현상은 님비현상과 반대되는 용어로, 자기 구역 내에 오락시설을 비롯하여 여러 측면에서 유익한 시설의 설치를 바라는 현상을 말한다.

061 B형 간염

- 수직감염, 정액, 혈액 등을 통해 감염된다.
- 성교 시 콘돔을 사용한다.
- B형 간염 백신을 접종하고 백신 후 항체 형성 여부를 꼭 확인한다.
- 1회용 주사기를 사용하고 사용한 주삿바늘은 뚜껑을 닫지 않고 버린다.

062 항문주위도말법

항문주위에 특수테이프를 붙였다가 떼서 충란(기생충의 알)이 검출되는지 확인하는 방법이다. 주로 요충 환자에게 실시하며 기상 직후(아침 배변 전에) 실시해야 검출이 잘 된다.

063 학교에서 감염병 발생시 조치

학교에서 감염병 환자가 발생하면 보건교사는 가장 먼저 학교장에게 보고하고, 학교장은 교육감을 거쳐 교육부장관에게 보고한다.

064 투베르쿨린 반응 검사

- PPD용액 0.1cc를 아래팔(전완) 내측에 피내주사(진피내주사)하고 48~72시간 후 판독하여 경결의 직경이 10mm 이상이면 양성, 9mm 이하이면 음성으로 판정한다.
- 투베르쿨린 검사 결과 양성 : 결핵균에 노출된 경험이 있는 것으로 보고 가슴X선 직접촬영 → 가래 검사 시행
- 투베르쿨린 검사 결과 음성 : 결핵균에 노출된 경험이 없어 항체가 없는 것으로 보고 BCG예방접종(0.1cc, 피내주사(진피내주사)) 시행

065 의료인이 아니지만 의료행위가 가능한 사람

의학·치과의학·한방의학·간호학을 전공하는 학생의 경우 의료인의 지도하에 보건복지부령이 정하는 범위 내에서 의료행위를 할 수 있다.

066 혈액원이 채혈 전 헌혈자에게 실시하는 검사

과거 헌혈 경력 및 혈액 검사 결과와 채혈 금지 대상자 여부 조회, 문진·시진·촉진, 체온·맥박·혈압 측정, 체중 측정, 빈혈 검사, 혈소판 계수 검사(혈소판 채혈의 경우에만)

067 수돗물불소농도조정사업(음료수 플루오린화법)

- 정의 : 수돗물의 플루오린(불소)농도를 적정수준으로 유지하여 충치(치아우식증)를 예방하려는 목적에서 시행하는 사업
- 계획 및 시행 : 시·도지사, 시장·군수·구청장 또는 한국수자원공사사장은 사업계획을 수립하고 시행해야 한다.
- 수돗물 플루오린(불소) 농도 : 0.8ppm으로 하되 그 허용범위는 최소 0.6, 최대 1.0ppm으로 한다.

068 표본감시의 대상이 되는 감염병

표본감시의 대상이 되는 감염병은 4급 감염병이다.

※ 총정리 [감염병의 종류] 참조

069 정신질환자의 보호의무자가 될 수 없는 사람

피성년후견인, 피한정후견인, 파산선고를 받고 복권되지 아니한 자, 해당 정신질환자를 상대로 한 소송이 계속 중인 사람, 소송한 사실이 있었던 사람과 그 배우자, 미성년자, 행방불명자 등

070 구강보건사업계획

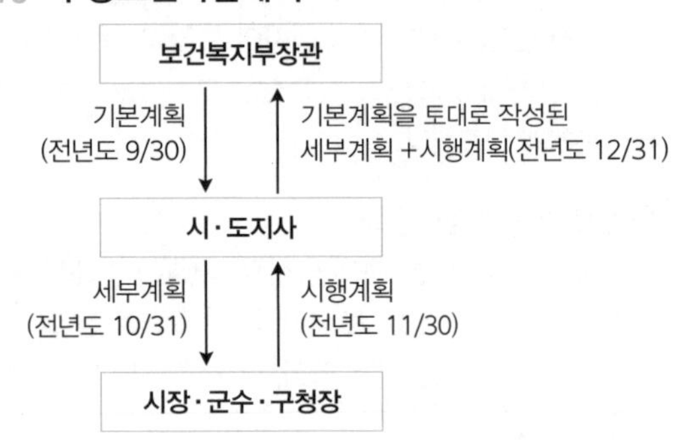

071 산소마스크를 사용하는 환자의 피부간호

산소마스크를 통해 산소를 지속적으로 공급해야 할 경우 2시간마다 마스크를 제거하고 피부를 건조시켜 자극을 줄여준다.

072 금단 증상

지속적으로 사용하던 약물이나 물질을 갑자기 중단하거나 사용량을 줄일 경우 발생하는 신체적, 심리적, 행동적 반응

073 통증 사정 방법

수술 전 통증과 비교해보고 통증이 심하면 간호사나 의사에게 보고한다.

예 "1부터 10까지 숫자 중 수술 전 통증이 5였다면 지금은 어느 정도로 아프세요?"

074 검사 전 주의사항

- CT 촬영 전에 달걀이나 닭고기, 조영제에 알레르기가 있는지 확인한다.
- 심전도 검사 시에는 금식이 필요하지 않다.
- 폐기능 검사 시에는 동의서가 필요하지 않다.
- 위 내시경 검사 전에는 금식이 필요하다.

075 천식환자 간호

기관지 확장제인 살부타몰(상품명 벤토린)을 투여하고 호흡하기 쉬운 자세를 취해준다.

076 수술 전 교육의 이유

수술 전에 환자에게 기침, 심호흡, 수술 후 조기이상, 금식 등의 교육을 미리 하는 가장 큰 이유는 수술 후 합병증을 예방하기 위해서이다.

077 눈 수술 환자가 안대를 해야 하는 이유

안구 운동을 최소화 하여 수술부위 치유를 촉진하기 위해 수술한 눈에 보호용 안대를 착용한다.

078 인슐린

- 인슐린은 진피 아래에 있는 피하조직(피부밑조직)으로 투여한다.
- 인슐린은 냉장보관한다.
- 인슐린을 상하로 흔들면 기포가 생기기 때문에 두 손바닥 사이에 놓고 병을 굴려서 약물을 혼합시킨다.
- 같은 부위에 반복주사하게 되면 조직이 손상되고 피하지방이 위축되어 피부가 함몰되므로 주사부위를 바꾸어가며 주사한다.

079 위 내시경 검사

- 검사 전 8시간 정도 금식해야 하며, 검사 후 입천장반사(구역반사)가 돌아올 때까지 금식한다.
- 검사 후 갑자기 일어나는 상복부 통증, 열, 오한, 출혈 등의 증상은 의사에게 즉시 보고한다.
- 검사 예정인 환자가 방금 음식을 먹었다면 검사 시간을 연기해야 한다.
- 검사 시 좌측위를 취해준다.

080 요실금 노인 환자 간호

규칙적으로 변기 제공 + 케겔운동 → 기저귀 → 유치도뇨

- 가장 먼저 일정한 간격으로 변기를 대어주고 심리적으로 안정될 수 있도록 돕는다.
- 케겔운동법을 알려주고 실시하도록 한다.
- 와상 환자에게는 기저귀를 사용할 수도 있다.
- 발적이나 욕창이 발생한 요실금 노인 환자에게는 정체도뇨를 실시한다.
- 항상 깨끗하고 건조하게 피부를 관리하여 합병증에 유의한다.

081 보행기 이동 돕기

보행기로 이동 시 간호조무사는 환자의 불편한 쪽 뒤에서 보행벨트를 잡고 보조한다.

082 멸균 물품 꺼내는 순서

멸균 날짜를 확인한 후 멸균 확인용 테이프를 뗀다. → 간호조무사로부터 먼 쪽 포의 끝을 잡고 편다. → 오른쪽 포의 끝을 잡고 편다. → 왼쪽 포의 끝을 잡고 편다. → 간호조무사로부터 가까운 쪽 포의 끝을 잡고 편다.

083 무거운 물건이나 환자 이동 시 자세

- 양 발을 약간 벌려 기저면을 넓히고, 무게중심을 낮추어 기저면에 가까이 한다.
- 등을 펴고 무릎을 구부린다.
- 무거운 물체를 들어 올릴 때 몸 전체를 구부리지 말고 쭈그리는 체위를 취한다.
- 허리가 아닌 엉덩이와 배의 근육을 이용하여 물건을 들어올린다.

- 이동하려는 물체를 신체 및 기저면에 가까이 한다.
- 물체를 들어 올릴 때는 손가락이 아닌 손바닥을 이용한다.

084 쇼크 환자 간호

하지 상승(트렌델렌부르크 자세), 보온, 기도 유지, 절대 안정, 활력징후 측정, 옷을 느슨하게 해줌, 산소 공급, 금기가 아니라면 수액주입속도를 빠르게 한다.

085 혈압 측정 방법 및 주의사항

- 환자의 팔을 심장과 같은 높이에 두고 측정하는 것이 가장 정확하다.
- 같은 부위에서 혈압 측정을 반복하는 경우 2~5분간 휴식 후 측정한다.
- 측정띠(커프)는 팔꿈치에서 약 2~5cm 위로 손가락 하나가 들어갈 정도로 감되, 위팔(상완)의 약 2/3를 덮는 정도(성인 12~14cm)의 폭을 가진 커프를 사용한다.
- 펌프질로 측정띠(커프)를 팽창시키는데 위팔동맥(상완동맥)에서 맥박이 촉지되지 않는 지점으로부터 20~30mmHg를 더 올린다.
- 수은주는 초당 2mmHg의 속도로 내린다.
- 가장 처음 들리는 소리가 수축기 혈압이고, 계속 들리다가 갑자기 약해지거나 소리가 사라지는 지점이 확장기압이다.
- 허벅지에 측정띠(커프)를 감았을 경우 오금동맥(슬와동맥)에 청진기를 댄다.

086 동맥혈 기체분석

- 동맥을 천자하여 동맥혈을 채취한다.
- 신체의 산·염기 균형, 산소 공급 상태, 혈액의 산소 및 이산화탄소 분압, 폐와 신장의 기능을 평가하기 위해 실시하는 검사이다.
- 채혈 즉시 공기가 들어가지 않도록 고무마개를 하고 얼음이 담긴 아이스박스에 담아 검사실로 속히 운반한다.
- 정상범위 : 산도(pH) : 7.35~7.45
  이산화탄소 분압(PCO_2) : 35~45mmHg
  산소 분압(PO_2) : 80~100mmHg
  탄산수소염(중탄산염)(HCO_3^-) : 22~26mEq/L

087 허리천자(요추천자)

- 검사 시 자세 : 제 3~4 허리뼈(요추) 사이 간격을 넓히기 위해 새우등 자세를 취한다.
- 검사 후 자세 : 뇌척수액 유출을 막고 두통을 예방하기 위해 앙와위를 취한다.
- 뇌척수액은 채취 즉시 검사실로 보내야 하고 지연 시 실온보관한다.
- 뇌척수액 생성을 위해 검사 후 수분 섭취를 권장한다.
- 허리천자(요추천자) 후 두통이 있으면 진통제를 복용한다.

088 내과적 무균술

- 일정 지역에 있는 미생물의 수를 줄이는 것과 현재 있는 곳에서 다른 곳으로 미생물이 전파되는 것을 막는 것이다.
- 소독의 개념과 비슷하다.
- 역격리법은 감염에 민감한 사람을 위해 주위 환경을 무균적으로 유지하는 것을 말한다.
- 오염된 드레싱을 제거할 때는 일회용 장갑을 사용해도 되지만, 드레싱을 할 때는 반드시 멸균장갑을 착용한다.
- 격리병실에서 사용된 기구나 쓰레기는 이중처리하여 병원 규정대로 처리한다.
- 내과적 무균술이 필요한 경우 : 코위관 삽입, 장루 주머니 교환 시, 위장관 내시경 삽입, 관장, 경구약 준비과정 등

> **[쉬운 암기법!]**
> **예외는 있지만 소화기계(구강~항문)와 관련된 행위 시 → 내과적 무균술!!**

089 표준예방지침(표준주의)

종류	내용
손 위생	• 손씻기는 감염병 예방에서 가장 중요한 부분이다. • 혈액, 체액, 분비물 또는 이에 오염된 물품에 접촉한 후, 장갑을 벗은 후, 환자 접촉 전후, 처치나 투약 전후에 시행한다.
장갑	혈액, 체액 분비물 또는 이에 오염된 물품에 접촉이 예상되는 경우, 손상된 피부 또는 점막에 접촉이 예상되는 경우 착용한다.
가운	환자의 혈액, 체액, 분비물에 접촉이 예상되는 경우 착용한다.
마스크, 보안경, 안면보호대	기도흡인, 기관삽관과 같이 혈액, 체액, 분비물이 튈 위험이 있는 행위 시 착용한다.
오염된 의료용품	• 의료물품을 다룰 때 의료물품에 묻은 미생물이 다른 곳에 전파되지 않도록 주의한다. • 눈에 보이는 오염이 있을 경우 장갑을 착용하고 접촉 후에는 손씻기를 철저히 한다.
환경관리	병실과 같은 환자 치료공간을 중심으로 자주 접촉하는 환경표면을 정기적으로 청소하고 소독한다.
린넨관리	린넨을 다룰 때 린넨에 묻은 미생물이 다른 곳에 전파되지 않도록 한다.

주삿바늘 등 날카로운기구	• 주사기와 주삿바늘은 일회용 제품을 사용하며 재사용 하지 않는다. • 주삿바늘 사용 후 뚜껑을 닫거나, 구부리거나, 부러뜨리는 등 사용한 바늘을 손으로 조작하지 않는다. • 뚜껑을 닫아야 할 경우는 한 손만을 이용해 캡을 씌우는 방법을 이용한다. • 사용한 날카로운 기구는 주삿바늘 수거용기(손상성 폐기물 용기)에 버린다.
심폐소생술	환자 호흡기 분비물과 직접 접촉을 방지하기 위해 마우스피스, 앰부백 등을 이용한다.
기침 에티켓	• 기침 혹은 재채기를 할 때 휴지로 입과 코를 가리고, 사용한 휴지를 휴지통에 버린 후 손을 씻는다. • 마스크를 착용하고, 대화 시 다른 사람과 가능한 1m 이상 거리를 두도록 한다.
병실 배정	감염성 질환의 위험이 있거나 환경을 오염시킬 우려가 있는 경우, 개인위생을 적절히 유지하지 못하거나 감염 위험성이 높은 경우 1인실에 우선 배정한다.

090 대변기(간이변기) 사용

- 따뜻한 변기를 제공하여 항문 조임근(항문 괄약근)이 이완될 수 있게 돕는다.
- 변기의 높은 부분이 허벅지 쪽으로 향하게 하고, 납작하고 둥근 부분에 환자의 엉덩이를 대준다.
- 금기가 아니라면 침대머리를 30° 정도 올려주고 침상난간을 올려준다.
- 초인종과 휴지를 환자 가까운 곳에 두어 용변 후 곧 간호조무사를 부를 수 있도록 한다.

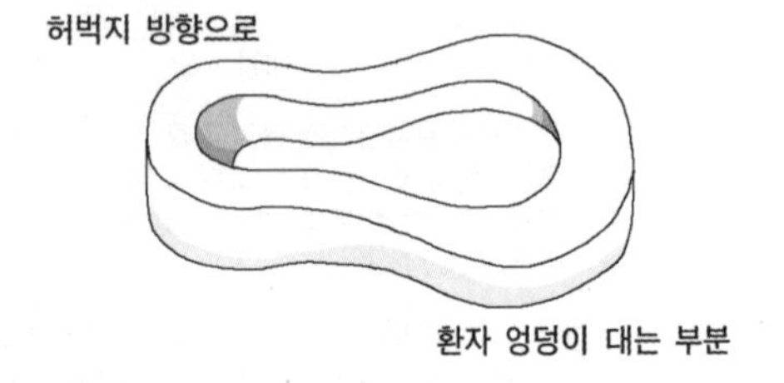

091 미온수 목욕

- 가려움증(소양증) 완화와 고열 환자의 해열에 도움이 되는 목욕이다.
- 30~33℃ 정도의 물 또는 체온보다 2℃ 낮은 물로 20~30분 정도 시행한다.
- 말초에서 중심 방향으로 닦되 모세혈관이 수축하게 되어 복통 및 설사를 유발할 수 있으므로 복부는 제외하고 닦는다.
- 큰 혈관이 지나가는 곳(서혜부, 겨드랑, 경정맥(목정맥) 등)을 닦아주면 열을 떨어뜨리는 데 효과적이다.

092 지팡이 보행돕기

- 지팡이 길이 : 지팡이를 한 걸음 앞에 놓고 팔꿈치가 약 30° 정도 구부러지게 섰을 때 지팡이의 손잡이가 환자의 둔부 높이에 오는 정도, 평소 신는 신발을 신고 똑바로 섰을 때 손목 높이 정도
- 계단을 오를 때 : 지팡이 → 건강한 다리 → 아픈 다리
- 계단을 내려갈 때나 평지 : 지팡이 → 아픈 다리 → 건강한 다리

093 섭취량과 배설량

- 섭취량에 포함되는 사항 : 입으로 섭취한 모든 음식에 함유된 수분량과 물, 정맥주사, 수혈, 코위관영양으로 주입한 용액 등
- 배설량에 포함되는 사항
  - 소변, 설사, 젖은 드레싱, 심한 발한, 과다호흡(호흡항진), 배액량, 구토 등
  - 정상 대변이나 발한, 정상 호흡 시 수분 소실량 등은 배설량에 포함하지 않는다.
  - 영아는 기저귀 무게로 배설량을 측정한다.

094 드레싱의 종류

※ 3회 75번 해설 참조

095 노인성 질염의 치료

노인성 질염(위축성 질염)은 폐경으로 인해 여성 호르몬인 에스트로젠이 부족해서 질에 발생한 염증이므로 여성호르몬 연고나 질정을 국소적으로 사용하여 치료한다.

096 조기이상 금기

심장 수술 환자, 뇌 수술 환자, 척추 수술 환자, 수술 봉합 부위가 불안정한 환자는 수술 후 조기이상을 금하고 절대안정을 취해야 한다.

097 약물 투여 방법

피내	• 항생제 과민 반응, 투베르쿨린 반응, 알레르기 반응 등 진단목적(일반 항생제는 15~20분 후, 투베르쿨린 반응은 48~72시간 후 확인)
피하	• 소화효소로 약의 작용이 파괴될 염려가 있을 때 사용하는 방법으로 예방주사, 인슐린, 헤파린 등의 투여 시 적용 • 최대 2cc까지 투여
근육	• 피하주사보다 빠른 흡수 • 피하주사보다 많은 용량(최대 5cc) 투여 • 자극성 있는 약물 투여 시
정맥	• 응급상태에서 약물을 신속하게 공급해야 할 때 • 약물의 빠른 효과를 원할 때 • 많은 용량 투여 시 • 수분과 전해질, 산과 염기 균형 조절, 영양 등을 공급할 때 • 중독 약물을 희석하거나 독소를 해독할 때 • 피하나 근육, 위장관에 자극적인 약물 투여 시

098 갑상샘 수술 후 말을 시켜보는 이유

갑상샘 절제 수술 후 후두신경 손상 여부를 확인하기 위해 환자에게 말을 시켜본다.

099 구순열(입술갈림증) 수술 환자 간호

구순열(입술갈림증)로 봉합 수술을 받은 환아는 울리지 않도록 하고 수술 후 바로 젖병이나 노리개 젖꼭지, 빨대의 사용을 금하여 수술 부위에 압력을 주지 않도록 한다.

100 치매환자의 부적절한 성적 행동에 대한 대처

- 의복으로 인한 불편감이나 대소변을 보고 싶은 욕구가 있는지 먼저 확인한다.
- 당황하는 모습을 보이지 말고 침착하게 옷을 입혀 준다.

간호조무사 실전모의고사 제5회 정답 및 해설

001	⑤	002	②	003	②	004	④	005	②
006	①	007	②	008	④	009	②	010	①
011	①	012	⑤	013	③	014	①	015	③
016	②	017	②	018	③	019	②	020	③
021	④	022	③	023	①	024	①	025	①
026	②	027	③	028	①	029	④	030	②
031	①	032	②	033	①	034	③	035	⑤
036	③	037	③	038	①	039	②	040	⑤
041	⑤	042	③	043	⑤	044	④	045	②
046	④	047	④	048	③	049	④	050	④
051	②	052	①	053	④	054	④	055	①
056	②	057	④	058	①	059	①	060	③
061	②	062	④	063	④	064	③	065	③
066	③	067	④	068	⑤	069	①	070	③
071	①	072	④	073	④	074	③	075	④
076	①	077	④	078	④	079	④	080	①
081	④	082	③	083	③	084	③	085	④
086	③	087	②	088	①	089	①	090	④
091	④	092	④	093	②	094	⑤	095	③
096	④	097	④	098	②	099	②	100	②

기초간호학 개요

001 인슐린 사용 방법

- 사용 전에 인슐린 용기를 두 손 사이에 넣고 가볍게 굴려서 사용한다.
- 복부, 위팔(상완), 대퇴 등을 돌아가면서 피하주사(피부밑주사) 한다.
- 주사 후 문지르지 않는다.
- 저혈당 증상(떨림, 오한, 두통, 식은땀, 두근거림 등)이 발생되면 즉시 의사나 간호사에게 보고하고 사탕이나 설탕물, 초콜릿 등을 먹게 하거나 포도당을 주입한다.
- 냉장보관한다.

002 산후열

분만 2~10일 사이에 38℃ 이상의 열이 지속되는 경우로 대부분 사슬알균(연쇄상구균)이 원인이다.

003 위약(플라시보, 헛약)

위약(플라시보, 헛약) : 실제 약리작용은 없으나 심리적인 효과를 기대하여 투여하는 약물

- 현재 가지고 있는 질병치료와는 무관한 약물이다.
- 의사의 처방이 있어야 한다.
- 환자가 위약임을 모르게 해야 한다.

004 업무 도중 환자의 요구가 있을 경우

업무 도중 환자의 부탁이나 요구가 있을 경우 상황을 설명하고 약속한 시간에 환자의 요구를 들어준다.

005 수혈간호

- 수혈에 사용될 혈액은 2명의 간호사가 꼼꼼히 확인하고 수혈백과 수혈기록지에 서명한다.
- 수혈 전에 반드시 활력징후를 측정한다.
- 혈액 주입 전에 혈관에 정확히 주입되는지 확인하기 위해 50cc의 생리식염수로 주입을 시작한다.

- 오한을 방지하기 위해 혈액가온장치(Blood warmer)를 사용하여 혈액을 체온과 비슷한 온도로 데워서 주입한다.
- 적혈구 용혈을 방지하기 위하여 18G 전후(17~19G)의 굵은 바늘을 사용한다.
- 수혈 부작용을 관찰하기 위해 수혈 시작 후 15분간 환자상태를 잘 관찰한다.
- 혈액 주입 중인 수혈세트에 약물을 주입하지 않는다.
- 수혈 중 오한, 호흡곤란, 발열, 알레르기 반응 등의 이상반응이 있으면 수혈을 중지하고 즉시 보고한다.
- 연속해서 수혈 할 경우 혈액 한 팩이 끝날 때 마다 여과막이 있는 수혈세트를 새것으로 교환한 후 수혈을 지속한다.

006 비타민 결핍증

※ 1회 14번 해설 참조

007 표준예방접종

대상 감염병 (17종)	백신 종류	횟수	접종시기
결핵	BCG(피내용)	1	• 1개월 이내
B형간염	HepB	3	• 0, 1, 6개월
로타바이러스 감염증	RV1	2	• 2, 4개월
	RV5	3	• 2, 4, 6개월
디프테리아, 파상풍, 백일해	DTaP	5	• 2, 4, 6, 15~18개월, 만 4~6세
	Tdap(권장)/Td	1	• 만 11~12세 • 이후 10년마다 Td 재접종
폴리오(회색질척수염)	IPV	4	• 2, 4, 6~18개월, 만 4~6세
b형 헤모필루스 인플루엔자 (뇌수막염)	Hib	4	• 2, 4, 6개월, 12~15개월
폐렴알균	PCV	4	• 2, 4, 6개월, 12~15개월
홍역, 볼거리, 풍진	MMR	2	• 12~15개월, 만 4~6세
수두	VAR	1	• 12~15개월
A형간염	HepA	2	• 1, 2차 : 12~35개월 *1차 접종은 생후 12~23개월에, 2차는 1차 접종으로부터 6개월 이상 경과한 후
일본뇌염	IJEV (불활성화 백신)	5	• 1, 2차 : 12~23개월 • 3차 : 24~35개월 • 4차 : 만 6세 • 5차 : 만 12세 *1차 접종 1개월 후 2차 접종, 2차 접종 11개월 후 3차 접종
일본뇌염	LJEV (약독화 생백신)	2	• 1차 : 12~23개월 • 2차 : 24~35개월 *1차 접종 12개월 후 2차 접종
사람유두종바이러스 감염증	HPV	2	• 1, 2차 : 만 11~12세 *6~12개월 간격으로 2회 접종
인플루엔자	IIV	매년 접종	• 6개월 이후 ~ 만 12세

008 투약 과오 시 바람직한 자세

투약 과오 시 즉시 담당 간호사에게 보고하여 환자에게 적절한 처치를 취할 수 있도록 한다.

009 비타민 C의 기능 및 결핍증

종류	기능	결핍증
아스코브산 (비타민 C)	상처치유 촉진, 철분 흡수를 도와줌	괴혈병, 빈혈, 상처치유 지연

010 약물 중독

중독 원인 물질에 대한 신속하고 정확한 처치를 위해 복용한 약물 또는 약물 용기를 반드시 병원으로 가져간다.

011 아스피린

아스피린은 위장관 출혈을 일으킬 수 있으므로 투여 전에 반드시 출혈 경향이 있는지 확인해야 한다.

012 노인의 청각 변화

- 노년난청(노인성난청)은 8번 뇌신경인 청신경(속귀신경)의 퇴행으로 주로 발생한다.
- 주로 고음 감지에 장애가 생기므로 낮은 톤의 목소리로 천천히, 또박또박, 분명하게 발음한다.
- 노년난청(노인성난청)이 있을 경우 서로 마주보고 입 모양을 바라보며 대화한다.

013 임신 시 내분비계 변화

- 융모생식샘자극호르몬(HCG) : 태반이 형성되는 기간에 증가하여 임신진단에 이용되는 호르몬
- 에스트로젠 : 임신 시 자궁 내막을 증식시키고 유방을 발달시키는 호르몬
- 황체호르몬(프로제스테론) : 임신 시 배란을 억제시키고 평활근(민무늬근육)을 이완시켜 임신을 지속시켜주는 호르몬
- 멜라토닌자극호르몬 : 임신 시 피부 착색을 일으킴
- 사람태반젖샘자극호르몬 : 태아를 성장시키고 수유를 위해 유방을 준비시키는 데 도움을 주지만 췌장(이자)의 기능을 억제하여 인슐린의 분비를 억제하는 호르몬

- 갑상샘과 부갑상샘 : 갑상샘이 약간 커지고, 부갑상샘의 기능이 항진됨

014 간호조무사의 기본적인 직업 태도

- 진단이나 치료에 관해 문의를 받았을 경우 간호사에게 즉시 보고하거나 의사에게 들을 수 있도록 한다.
- 환자나 보호자의 요구를 무조건 들어주는 것이 간호조무사의 업무는 아니다. 환자가 스스로 할 수 있는 부분을 스스로 하도록 하고 도움이 필요한 부분을 돕는 것이 올바른 간호 방법이다.
- 친절하고 예의바른 행동으로 환자와 보호자를 대한다.
- 노인 환자들에게 할머니, 할아버지로 부르는 것을 삼가야 한다.

015 골관절염 환자의 운동

골관절염이 있는 노인에게는 관절에 무리를 주지 않으면서 근력과 심폐기능을 동시에 강화시킬 수 있는 수영이 권장된다.

016 응급처치 순서

기도 유지(호흡) → 지혈(출혈) → 쇼크 예방(순환) → 상처 보호(감염예방) 순서로 처치해야 하므로 호흡이 중지되고(기도 유지), 복부 출혈이 심한(지혈) 환자를 가장 우선 처치해야 한다.

017 노인의료복지시설

- 노인요양시설(요양원) : 치매·중풍 등 노인성 질환 등으로 심신에 상당한 장애가 발생하여 도움이 필요한 노인을 입소시켜 급식·요양과 그 밖에 일상생활에 필요한 편의를 제공하는 시설(입소자 10인 이상 시설)
- 노인요양공동생활가정(그룹홈) :치매·중풍 등 노인성 질환 등으로 심신에 상당한 장애가 발생하여 도움이 필요한 노인에게 가정과 같은 주거 여건과 급식·요양, 그 밖에 일상생활에 필요한 편의를 제공하는 시설(입소자 9인 이하 시설)

018 모유의 장점

- 자궁 수축이 잘 되어 산후기(산욕기)가 단축되고 산후 비만을 억제할 수 있다.
- 모유 수유 시 옥시토신과 프로락틴이 분비되어 모체의 배란을 억제한다.
- 우유에 비해 비타민 A와 당질, 그리고 면역이 많이 함유되어 있다.
- 소화가 잘 되며 구토, 변비, 설사, 알레르기 가능성이 적다.
- 젖병을 소독할 필요가 없고 일정한 온도로 제공할 수 있어 편리하다.

019 임신 초기 불편감

피로, 유방통, 양가감정, 구역, 구토, 속쓰림, 빈뇨, 두근거림 등

020 노인 환자 병실 환경 조성

- 낙상을 예방하기 위해 밤에도 간접조명(개인등)을 사용한다.
- 눈부심이 있으므로 직접조명 대신 간접조명을 사용한다.
- 낮 동안에는 인공조명보다는 자연광선을 활용하되 스크린이나 커튼으로 밝기를 조절한다.
- 푹신한 매트리스보다는 딱딱한 매트리스를 사용하여 관절이나 근육에 무리를 주지 않도록 한다.
- 소음은 불안, 수면장애, 흥분을 유발시키므로 소음을 30db 이하로 줄인다.
- 실내 온도는 22℃(밤에는 침구를 사용하므로 18℃ 정도), 습도는 40~60% 정도를 유지한다.
- 환기 시에는 환자 피부에 공기가 직접 닿지 않도록 간접환기를 한다.
- 유채색 벽지를 사용하여 낙상이나 사고를 방지한다.

021 체위 저혈압 증후군

임부가 앙와위로 누운 경우, 증대된 자궁이 하대정맥(아래대정맥)을 눌러 하지에서 돌아오는 혈관을 막아 심장으로 가는 혈액량을 적게 한다. 그렇게 되면 심박출량이 줄어 혈압이 떨어지고 임부는 졸도하기도 하는데 이를 체위 저혈압 증후군이라고 한다. 이를 예방하기 위해 임부는 누워서 휴식할 때 좌측위를 취해 심장으로 귀환하는 혈액량을 증가시켜 줄 수 있도록 한다.

022 소뇌

후두부에 위치, 대뇌의 운동 중추를 도와서 골격근(뼈대근육)의 운동 조절, 몸의 평형 유지

023 심장혈관

심장에는 산소와 영양을 공급해주는 관상동맥(심장동맥)과 공급된 혈액을 거두는 관상정맥이 존재한다.

024 판막의 위치

- 좌심방과 좌심실 사이 : 승모판(이첨판)
- 우심방과 우심실 사이 : 삼첨판
- 좌심실과 대동맥 사이 : 대동맥판막
- 우심실과 폐동맥 사이 : 폐동맥판

※ 2회 4번 해설 그림 참조

025 태반조기박리

- 태아가 만출되기 전에 태반의 일부 또는 전체가 자궁에서 분리되는 것으로 모체의 고혈압이나 알코올, 코카인 등의 약물 복용, 외상, 엽산 부족 등이 원인이다.
- 임산부에게는 암적색의 질 출혈, 갑작스런 심한 복부 통증, 내출혈 및 쇼크, 목판같이 딱딱한 자궁, 파종혈관내응고(DIC) 등이 나타난다.
- 태아에게는 저산소증, 무산소증, 사망이 있을 수 있다.
- 응급 제왕절개술을 시행하고 출혈 및 쇼크 증상을 간호한다.

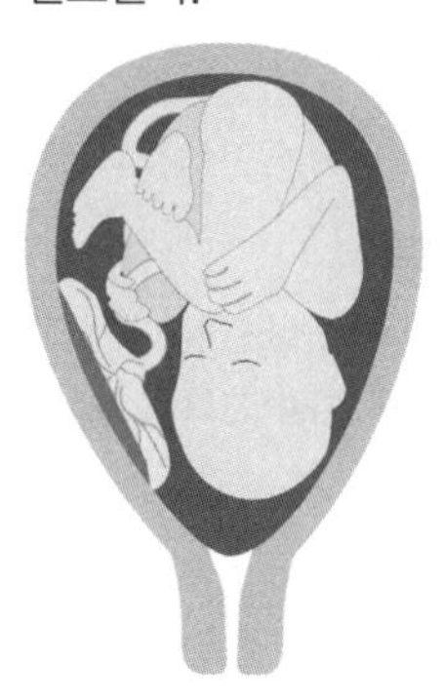
은닉출혈형

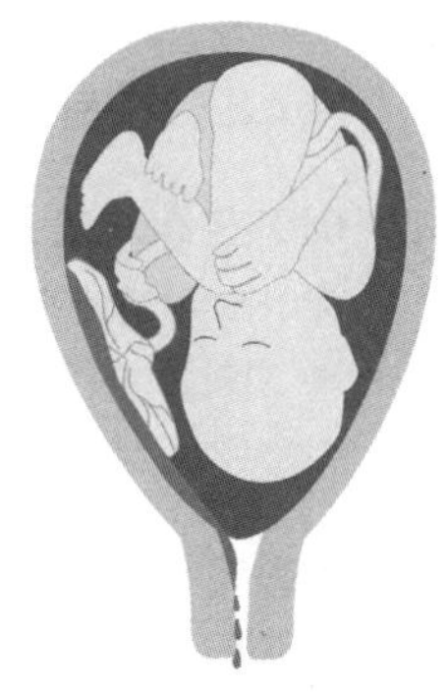
외출혈형

026 화상 응급처치

- 화상 부위의 의복은 잡아당기지 말고 잘라낸다.
- 화상 즉시 흐르는 물에 화상 부위를 식힌다.
- 화상 부위의 수포나 조직을 제거해서는 안 된다.
- 바셀린 연고, 화상 연고, 소독제 등은 열의 방출을 막기 때문에 사용하지 않는다.

※ 1회 22번 해설 참조

027 생리적 황달

- 간기능의 미숙으로 적혈구가 파괴되면서 나오는 빌리루빈을 적절히 처리하지 못해 황달이 발생한다.
- 신생아의 55~70%에서 발생하고 생후 2~3일경 나타나서 별다른 치료 없이 1주일이면 거의 사라진다.

> • 핵황달(병적 황달, 용혈 황달) : 생리적 황달과는 달리 흔히 출생 직후에 시작되고 높은 빌리루빈 수치가 1주일 이상 지속되어 신생아에게 뇌손상을 일으킨다.

028 보육기(인큐베이터) 사용 시 주의사항

- 체온 유지와 감염 방지를 위해 미숙아의 체중을 잴 때는 보육기 안에 넣은 채 측정한다.
- 보육기는 보육기제조회사에서 지정한 소독수를 사용하여 매일 청소하고 적어도 2시간마다 한 번씩 온도와 습도 등을 점검한다.
- 감염 및 열량소모를 예방하기 위해 미숙아를 되도록 적게 만져야 한다.

029 귀의 이물(이물질) 제거

귀에 살아있는 벌레가 들어갔을 경우 빛을 비추어 유도하거나 알코올 또는 오일을 넣어서 나오게 한다.

030 유방 절제 수술 후 재활운동

어깨 관절을 움직이는 운동(스트레칭, 어깨 돌리기, 머리 빗기, 브래지어 잠그기, 손으로 벽 기어오르기 등)을 실시하되 무거운 물건은 들지 않는다.

031 객혈 시 간호

절대안정, 반좌위, 큰기침 삼가고 잔기침 하도록, 흉부에 얼음주머니, 금식, 의사표시를 위한 필기도구 준비

토혈	객혈
• 소화기계 출혈 • 구토물에 위 내용물이 섞여 있고 양이 많음 • 위산으로 인해 산성 • 암적색	• 호흡기계 출혈 • 양이 적음 • 알칼리성 • 기침 동반 • 거품이 있는 선홍색

032 인터내셔널 시스템

- 간니(영구치) : 상악우측 10번대, 상악좌측 20번대, 하악좌측 30번대, 하악우측 40번대

오른쪽	왼쪽
#18 #17 #16 #15 #14 #13 #12 #11	#21 #22 #23 #24 #25 #26 #27 #28
#48 #47 #46 #45 #44 #43 #42 #41	#31 #32 #33 #34 #35 #36 #37 #38

- 젖니(유치) : 상악우측 50번대, 상악좌측 60번대, 하악좌측 70번대, 하악우측 80번대

오른쪽	왼쪽
#55 #54 #53 #52 #51	#61 #62 #63 #64 #65
#85 #84 #83 #82 #81	#71 #72 #73 #74 #75

- 중심앞니(중절치)-1번, 측절치-2번, 송곳니(견치)-3번, 제1소구치(작은어금니)-4번, 제2소구치(작은어금니)-5번, 제1큰어금니(대구치)-6번, 제2큰어금니(대구치)-7번, 제3큰어금니(대구치)(사랑니, 지치)-8번
- 그림의 치아는 32개이므로 간니(영구치)이고, 상악 우측 첫 번째 치아이므로 #11이다.

033 치과에서 근무하는 간호조무사의 의자높이와 진료보조 위치

간호조무사는 진료의사의 의자보다 조금 높게, 환자 머리를 기준으로 2~5시 사이에서 진료를 보조한다.

034 침의 적응증

침요법은 중추 및 말초신경 장애에 의한 마비질환(예 안

면신경(얼굴신경) 마비, 뇌졸중), 약물 남용 등에 효과가 있다.

035 오장육부의 표리관계

간-담낭, 심장-소장, 비장-위장, 폐-대장, 신장-방광

보건간호학 개요

036 건강문제 관리

건강문제를 가진 개인이 속히 정상적인 기능을 수행할 수 있도록 도와주는 것을 말한다.

037 장기요양급여 대상자

장기요양급여 대상자는 '65세 이상인 자' 또는 '65세 미만이지만 노인성 질병(예 뇌출혈·뇌경색 등의 뇌졸중, 파킨슨병 등)을 가진 자'로 거동이 불편하거나 치매 등으로 인지가 저하되어 6개월 이상의 기간 동안 혼자서 일상생활을 수행하기 어려운 사람이다.

※ 총정리 [노인장기요양보험제도] 참조

038 보건진료 전담공무원

- 간호사나 조산사 면허를 가진 사람으로서 서류전형이나 필기시험 등에 통과하여 임용된 후 24주 이상의 직무교육을 받은 자로, 의사가 없는 농어촌 의료취약지역의 보건진료소에서 주민을 진료하고 기타 일차보건의료업무 수행
- 업무 : 진찰·검사, 환자 이송, 외상 등 흔히 볼 수 있는 환자의 치료, 응급조치가 필요한 환자에 대한 응급처치, 상병의 악화 방지를 위한 처치, 만성병 환자의 요양지도 및 관리, 정상 분만 시의 분만 개조, 예방접종, 앞의 의료행위에 따르는 의약품 투여, 환경위생 및 영양개선, 질병예방, 모자보건, 주민의 건강에 관한 업무를 담당하는 사람에 대한 교육 및 지도, 그밖에 주민의 건강증진에 관한 업무

039 근로자 건강진단의 목적

- 직업병 유무를 색출하고 건강상태를 관찰하기 위해
- 집단의 건강수준을 파악하기 위해
- 작업장에 부적합한 근로자를 색출하고 알맞은 작업에 배치시키기 위해
- 산업재해 보상의 근거를 마련하고 질병에 걸린 사람을 관리하기 위해

040 식품의 보존방법

- 물리적 보존법 : 건조법, 가열법, 냉동냉장법, 밀봉법, 자외선 이용, 통조림법 등
- 화학적 보존법 : 염장법, 당장법, 산저장법, 가스저장법, 훈연법, 훈증법, 방부제 사용 등

041 녹조 현상 예방법

- 물가에 뿌리를 내리고 사는 풀이나 나무를 강가나 호숫가에 심어 물속의 영양염류를 흡수하게 한다.
- 갯벌은 육지에서 바다로 흘러 들어가는 물을 정화하는 역할을 하므로 갯벌을 보존해야 한다.

042 금연 행동단계에 있는 대상자를 위한 교육

금연 일주일 이내에 금단 증상이 잘 발생하므로 금단증상 대처법에 대해 교육한다.

※ 4회 57번 해설 참조

043 에이즈 환자의 보건교육

에이즈 환자에게 보건교육을 실시할 때는 프라이버시를 지켜줄 수 있는 상담을 통해 교육을 실시하는 것이 적합하다.

044 진동에 의한 레이노병

- 원인 : 진동, 추위, 스트레스
- 증상 : 손가락의 감각이상, 통증, 창백, 청색증 등
- 대상작업 : 추위에 노출된 작업자, 타이피스트, 건반악기 연주자, 대형 드릴 작업자, 천공기(착암기) 사용 근로자 등
- 예방법
  - 손과 발을 따뜻하게 하고 자주 움직인다.
  - 따뜻한 물에 손과 발을 담근다.
  - 추위에 노출되지 않도록 한다.
  - 작업 시 두꺼운 장갑이나 양말을 착용한다.
  - 술, 담배, 카페인을 피하고 스트레스를 줄이도록 한다.

045 군집중독(실내)

다수의 사람이 밀폐된 공간에 있을 때 공기 중에 이산화탄소 농도가 증가하여 두통, 권태, 현기증(어지럼), 구토 등의 증상을 일으키는 것으로 환기가 가장 중요한 예방책이 된다.

046 음용수의 수질기준

- 대장균 : 물 100cc 중 검출되지 않아야 하며 대장균은 병원성 장내세균으로 인한 수질오염의 간접적인 지표가 된다.
- 일반세균 : 물 1cc 중 100마리 이하
- pH : 5.8~8.6
- 소독으로 인한 맛과 냄새 이외에 다른 맛과 냄새가 있어서는 안 된다.

047 복어 중독

- 원인 독소 : 테트로도톡신
- 독은 복어의 내장, 난소, 고환 등에 많이 있다.
- 증상은 30분~5시간 사이에 발생한다.
- 호흡중추마비로 사망할 수도 있다.

048 발생률

- 발생률 $= \frac{\text{일정기간에 새로이 특정 질병에 걸린 사람의 수}}{\text{건강한 전체인구 수}} \times 1,000$
- 급성 감염병은 발생률↑ 유병률↓
- 만성질환은 발생률↓ 유병률↑

049 1차 보건의료

- 주민들의 기본적인 건강요구에 기본을 두어야 한다(보편적이며 포괄적인 건강문제).
- 1차 보건의료를 행하는 기관으로는 보건소, 보건지소, 보건진료소, 개인의원, 조산원 등이 있다.
- 1차 보건의료 대두 배경 : 인간의 기본권, 종합병원 중심의 치료, 치료 중심의 의료, 의료자원의 불균형적 분포, 의료 인력의 전문화, 비전염성 질환의 증가 등
- 지역사회가 중심이 되어야 하고, 지역사회 주민의 적극적인 참여가 가장 중요하다.
- 건강은 인간의 기본권이라는 개념을 기초로 하고 있다.
- 주민들이 누구나 쉽게 이용할 수 있는 근접성이 있어야 한다.
- 주민들의 지불능력에 맞는 의료수가가 제공되어야 한다.
- 지역사회 개발사업의 일환으로 이루어져야 한다.
- 의사, 간호사만이 아닌 보건의료팀을 통한 접근이 바람직하다.
- 주민과의 교량 역할을 하는 사람은 주민을 위해 봉사하고자 하는 활동적인 사람이 적합하다.
- 지역사회에서 가장 흔한 질병관리부터 우선하며 질병 예방이 중요하다.
- 높은 차원의 의료가 필요한 경우를 위해 후송 의뢰체계가 잘 이루어져야 한다.

> 1차 보건의료 접근의 필수요소 : 접근성, 수용 가능성, 주민의 참여, 지불부담능력

050 우리나라 보험급여 형태

- 현물급여 : 요양기관(병·의원 등)으로부터 본인이 직접 제공받는 의료서비스
  예 요양급여, 건강검진
- 현금급여 : 공단에서 현금으로 지급 하는 것
  예 요양비(만성신부전 환자의 복막투석 소모성 재료 구입비, 산소치료기기 대여료, 인공호흡기 대여료 및 소모품 구입비 등), 장애인보장구급여비, 본인부담상한액, 본인일부부담금환급금
- 바우처(이용권) : 이용 가능한 서비스의 금액이나 수량이 기재된 증표
  예 임신·출산진료비

공중보건학 개론

051 범불안 장애

- 6개월 이상 지속적이고 비현실적인 걱정과 불안을 호소하는 정신 장애를 말한다.
- 일상의 다양한 일들에 관해 재앙을 예상하고 과도하게 걱정한다.
- 만성적인 불안과 걱정이 직업, 대인관계와 같은 일상생활을 저해하게 된다.
- 증상은 두통, 메스꺼움, 근육긴장, 근육통, 피로, 호흡곤란, 집중곤란, 떨림, 경련, 과민함, 설사, 발한, 홍조, 불면증 등 다양하다.

052 가족의 특징

- 가족은 형성–확대–축소–해체 과정을 거치지만 모든 가족이 같은 과정을 순서대로 거치지는 않는다.
- 가족은 기초적이며 일차적인 집단이다.
- 가족이 속한 사회적 문화로부터 유출된 공동 문화를 공유한다.
- 한 가구 내에서 같이 거주하지 않더라도 가족으로 간주한다.
- 각 주기별로 가족이 해결해야 할 과업이 있다.
- 가족은 지역사회 보건사업의 기본 단위로서 2세대 핵가족을 중심으로 분류한다.
- 가족은 공동체로서 고유의 생활방식을 가지고 있다.
- 가족 구성원들은 서로 상호작용하면서 의사소통을 한다.

053 정신 재활 프로그램

중간거주지 프로그램, 낮병원 프로그램, 밤병원 프로그램, 사회기술훈련 프로그램, 사례관리, 거주지 재활 프로그램, 직업 재활 프로그램, 가족개입 프로그램, 자조집단 프로그램 등이 있다.

> 낮병원은 입원치료와 외래치료의 중간단계로 낮시간 동안만 정신 재활 프로그램에 출퇴근 형식으로 참여하는 병원이며, 정신병원에 입원할 정도는 아니지만 지속적인 관찰과 치료가 필요한 정신질환을 가진 사람들의 사회복귀를 위한 프로그램이다.

054 선천 대사 이상 질환

- 검사항목 : 페닐케톤뇨증, 단풍시럽뇨증, 갈락토스혈증, 갑상샘저하증, 고페닐알라닌혈증, 호모시스틴뇨증 등이 있다.

※ 7회 27번 해설 참조

055 장티푸스

- 원인 : 장티푸스균(살모넬라 타이피균)
- 전파경로 : 환자의 대·소변에 오염된 물이나 음식물
- 매개체 : 파리
- 진단 : 위달 검사(Widal test, 혈청진단법)
- 증상 : 고열, 오한, 두통, 복통, 설사나 변비, 서맥, 장미진(장미모양의 발진)
- 예방 : 음식물과 사람 분변의 위생적 처리, 파리 구제, 예방주사
- 치료 및 간호 : 클로람페니콜로 치료, 균이 배출되지 않을 때까지 격리하며 안정, 환자의 토물이나 배설물은 3% 크레졸에 2시간 이상 담갔다가 처리

056 종형(인구정지형, 선진국형)

※ 4회 53번 해설 참조

057 모성사망률(임산부사망률)과 모성사망비(임산부사망비)

- 모성사망률(임산부사망률) = 같은 해의 임신·출산·산욕의 합병증으로 인한 모성 사망자 수 / 15~49세 가임여성수 × 100,000
- 모성사망비(임산부사망비) = 같은 해의 임신·출산·산욕의 합병증으로 인한 모성 사망자 수 / 연간 총 출생아 수 × 100,000

058 기초 체온법

- 매일 같은 시간에 체온을 측정하여 배란시기를 추측하는 방법이다.
- 체온이 평소보다 떨어지면 배란이 시작되었음을 의미한다.
- 체온이 0.3~0.5℃ 가량 상승하여 3~4일 정도 계속 유지되고 있으면 배란이 끝났음을 의미한다.

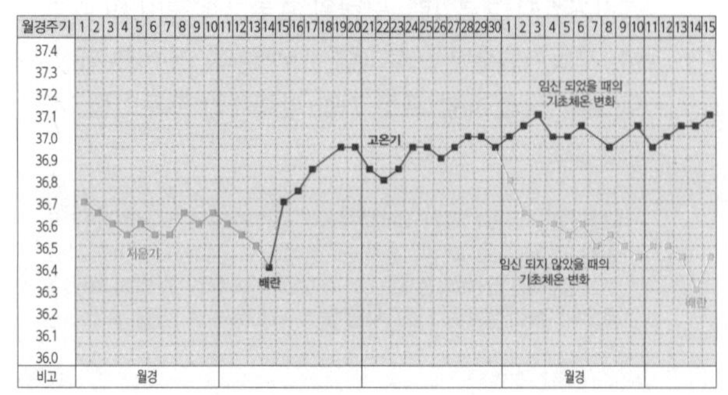

059 승화

생산적이고 긍정적인 방어기제로써, 본능적 욕구나 참기 어려운 충동적 에너지를 사회적으로 용납되는 형태로 바꾸는 것

예 학창시절 공격성이 강한 성격을 가졌던 학생이 복싱 선수가 되는 것

060 면역

① 자연수동면역 – 모체로부터 받은 면역
② 인공능동면역 – 예방접종 후 형성된 면역
③ 자연능동면역 – 질병에 걸린 후 획득한 면역
④ 인공수동면역 – 면역글로불린 주사
⑤ 인공수동면역 – 공수병에 걸린 개에게 물린 후 주사를 맞았을 때

※ 3회 59번 해설 참조

061 풍진

- 원인 : 풍진 바이러스(Rubella virus)
- 전파경로 : 비말, 직접접촉, 모자간 수직감염
- 증상 : 얼굴에서 시작하여 아래로 퍼지는 홍반성 구진, 발열, 피로
  *선천 풍진 증후군의 증상 : 난청, 백내장, 심장기형, 작은머리증(소두증), 정신지체 등
- 예방 : MMR백신 접종(12~15개월, 4~6세)
- 치료 및 간호 : 안정과 대증요법
- 풍진 예방접종 후 1개월간 임신을 금한다.

062 구충증

- 원인 : 십이지장충과 아메리카구충
- 전파경로 : 오염된 흙 위를 맨발로 다닐 경우 피부로 침입하거나 채소 등을 통해 성숙 충란이 경구적으로 침입 → 소장 중 십이지장에서 주로 기생
- 증상 : 성충의 흡혈에 의한 빈혈, 어린이의 경우 신체와 지능발달 지연 및 체력 저하
- 예방 : 피부로 침입하는 것을 예방하기 위해 인분을 사용한 작업장에서 피부노출 삼가, 채소밭 등에 맨발로 출입하는 것 금함
- 치료 : 알코파로 치료

063 X선 촬영

- X선 간접촬영 : 촬영이 간편하고 한꺼번에 많은 사람의 폐를 촬영할 수 있으므로 주로 집단 결핵 검진 시 사용한다.
- X선 직접촬영 : 결핵의 진행정도를 알아볼 때 주로 사용한다.

064 생활습관병

부적절한 생활습관으로 인하여 비만, 고혈압, 고혈당, 고지혈증 등이 유발되거나 이로 인해 발생된 암, 뇌졸중, 심장병, 당뇨병 등의 만성질환을 의미한다.

065 결핵의사환자

모든 검사 소견 상 결핵에 해당되지만 결핵균검사(가래)에서 양성으로 확인되지 아니한 자는 결핵의 최종 검사 결과가 나오기 전 단계에 있는 환자이므로 결핵일수도, 결핵이 아닐 수도 있는 결핵이 의심되는(의사) 환자이다.

066 의료인의 결격사유(의료인이 될 수 없는 사람)

- 정신질환자
- 마약, 대마 또는 향정신성 의약품 중독자
- 피성년후견인, 피한정후견인(금치산자, 한정치산자)
- 금고 이상의 형을 선고받고 그 형의 집행이 종료되지 아니하거나 집행을 받지 아니하기로 확정되지 아니한 자

067 신체보호대(억제대)의 사용

- 정의 : 전신 혹은 신체 일부분의 움직임을 제한할 때 사용되는 물리적 장치 및 기구를 말한다.
- 사용 사유 및 절차
  - 신체보호대를 대신할 다른 방법이 없는 경우에 한하여 최소한의 시간 동안 사용한다.
  - 의사의 처방이 있어야 하며 환자의 동의를 얻어야 한다. 다만 환자의 동의를 얻을 수 없는 경우에는 보호자의 동의를 얻을 수 있다.
  - 응급상황에서 쉽게 풀 수 있거나 즉시 자를 수 있어야 한다.
  - 환자 상태를 주기적으로 관찰하고 기록하여 부작용 발생을 예방한다.
  - 환자의 기본 욕구를 확인하고 충족시켜야 한다.
  - 신체보호대 사용을 줄이기 위하여 연 1회 이상 의료인을 포함한 병원 종사자에게 신체보호대 사용에 관한 교육을 하여야 한다.
- 신체보호대 사용을 중단하여야 하는 경우
  - 신체보호대의 사용 사유가 없어진 경우
  - 신체보호대를 대신하여 사용할 수 있는 다른 효과적인 방법이 있는 경우
  - 신체보호대 사용으로 인하여 환자에게 부작용이 발생한 경우

068 감염병과 관련된 용어

용어	정의
기생충 감염병	기생충에 감염되어 발생하는 감염병
세계보건기구 감시대상 감염병	세계보건기구가 국제공중보건의 비상사태에 대비하기 위하여 감시대상으로 정한 감염병
생물테러 감염병	고의 또는 테러를 목적으로 이용된 병원체에 의하여 발생된 감염병 (탄저, 페스트, 에볼라바이러스병, 두창 등)
인수공통감염증	동물과 사람 간에 서로 전파되는 병원체에 의하여 발생되는 감염병으로 즉시 질병관리청장에게 통보 (탄저, 중증급성호흡증후군, 동물인플루엔자인체감염증, 결핵, 장출혈성대장균감염증, 일본뇌염, 브루셀라증, 공수병, 변형 크로이츠펠트-야코프병, Q열(큐열), 중증열성혈소판감소증후군)
의료관련 감염병	환자나 임산부 등이 의료행위를 적용받는 과정에서 발생한 감염병 (VRSA, VRE, MRSA, MRPA, MRAB, CRE 등)
감염병 환자	감염병의 병원체가 인체에 침입하여 증상을 나타내는 사람
감염병 의사환자	감염병의 병원체가 인체에 침입한 것으로 의심되나 감염병 환자로 확인되기 전 단계에 있는 사람
병원체 보유자	임상적 증상은 없으나 감염병 병원체를 보유하고 있는 사람
고위험 병원체	• 생물테러의 목적으로 이용되거나 외부에 유출될 경우 국민건강에 심각한 위험을 초래할 수 있는 병원체 • 고위험 병원체의 반입 : 질병관리청장의 허가(위반시 5년 이하의 징역 또는 5천만원 이하의 벌금) • 고위험 병원체의 분리 후, 분양, 이동 전 : 질병관리청장에게 신고(위반시 2년 이하의 징역 또는 2천만원 이하의 벌금)
역학조사	• 감염병 발생 원인을 규명하기 위한 활동 • 질병관리청장, 시·도지사, 시장·군수·구청장은 감염병이 발생하여 유행할 우려가 있거나 감염병 여부가 불분명하거나 발병원인을 조사할 필요가 있다고 인정하면 지체 없이 역학조사를 실시하여야 함
성매개 감염병	성 접촉을 통하여 전파되는 감염병 중 질병관리청장이 고시하는 감염병 (매독, 임질, 클라미디아, 연성궤양(무른궤양), 생식기포진(성기단순포진), 뾰족콘딜로마(첨규콘딜로마), 사람유두종바이러스 감염증)
예방접종 후 이상반응	예방접종 후 그 접종으로 인해 발생할 수 있는 모든 증상 또는 질병으로서 해당 예방접종과 시간적 관련성이 있는 것
관리대상 해외 신종감염병	기존 감염병의 변이 및 변종 또는 기존에 알려지지 아니한 새로운 병원체에 의해 발생하여 국제적으로 보건문제를 야기하고 국내 유입에 대비하여야 하는 감염병으로 질병관리청장이 보건복지부장관과 협의하여 지정하는 것

069 결핵과 관련된 용어의 정의

- 결핵 : 결핵균으로 인하여 발생하는 질환
- 결핵 환자 : 결핵균이 인체 내에 침입하여 임상적 특

징이 나타나는 자로서 결핵균 검사에서 양성으로 확인된 자
- 결핵 의사 환자 : 임상적, 방사선학적, 조직학적 소견상 결핵에 해당하지만 결핵균 검사에서 양성으로 확인되지 아니한 자
- 전염성 결핵 환자 : 결핵 환자 중 가래의 결핵균 검사에서 양성으로 확인되어 타인에게 전염시킬 수 있는 환자
- 잠복 결핵 감염자 : 결핵에 감염되어 결핵 감염 검사에서 양성으로 확인되었으나 결핵에 해당하는 임상적, 방사선학적, 조직학적 소견이 없으며 결핵균 검사에서 음성으로 확인된 자

070 **채혈 금지 대상자** : 감염병 환자, 약물 복용 환자 등 건강기준에 미달하는 사람으로서 헌혈을 하기에 부적합하다고 보건복지부령으로 정하는 사람
- 남자 50kg, 여자 45kg 미만
- 체온이 37.5℃를 초과하는 자
- 수축기압이 90 미만, 180 이상인 자
- 확장기압이 100 이상인 자
- 맥박이 1분에 50회 미만 또는 100회 이상인 자
- 보건복지부장관이 지정하는 혈액매개 감염병 환자
- 말라리아 치료 종료 후 3년이 경과하지 아니한 자
- 매독 치료 종료 후 1년이 경과하지 아니한 자
- B형 간염 완치 후 6개월이 경과하지 아니한 자
- 암 환자, 당뇨병 환자, 심장병 환자, 간경화증, 임신 중인 자, 분만 또는 유산 후 6개월 이내인 자, 수혈 후 1년이 경과하지 아니한 자 등

실기

071 물약을 따르는 방법
- 계량컵을 눈높이로 들고 처방된 용량만큼 따른다.
- 라벨이 붙은 쪽이 위(천장)를 향하게 약병을 잡고 라벨의 반대쪽 방향으로 용액을 따른다.

072 자동심장충격기 사용 방법
① 전원 켜기
- 반응과 정상적인 호흡이 없는 심정지 대상자에게만 사용한다.
- 심폐소생술 시행 중 자동심장충격기가 도착하면 지체 없이 적용한다.

② 전극 패드 부착
- 패드를 부착할 부위에 물기가 있으면 제거한다.
- 패드 1은 오른쪽 빗장뼈(쇄골) 바로 아래에 부착한다.
- 패드 2는 왼쪽 젖꼭지 아래 중간 겨드랑 선에 부착한다.

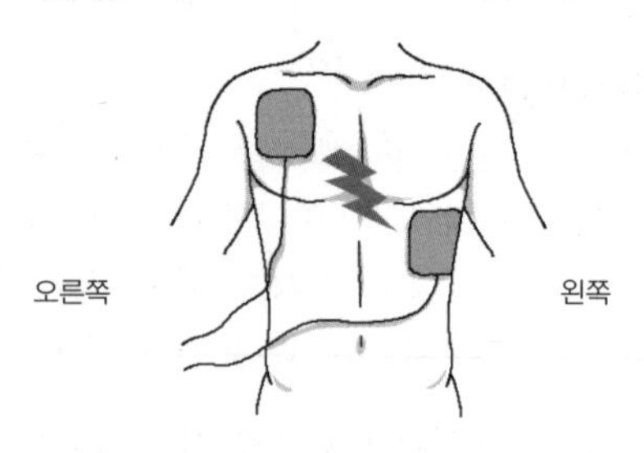

③ 심장리듬 분석
- 심장리듬을 분석할 때 '모두 물러나세요'라고 외친다.
- 분석 중이라는 음성 지시가 나오면 심폐소생술을 멈추고 대상자에게서 손을 뗀다.
- 세동제거(제세동)가 필요하면 "세동제거가 필요합니다"라는 음성 지시와 함께 자동심장충격기 스스로 설정된 에너지로 충전을 시작한다.
- 자동심장충격기의 충전은 수 초 이상 소요되므로 가능한 한 가슴 압박을 시행한다.
- 세동제거가 필요 없는 경우에는 "대상자의 상태를 확인하고 심폐소생술을 계속 하십시오"라는 음성 지시가 나온다. 이 경우에는 즉시 심폐소생술을 다시 시작한다.

④ 세동제거(제세동) 시행
- 세동제거가 필요한 경우에만 세동제거 버튼이 깜박인다.
- 세동제거 버튼을 누르기 전에는 반드시 다른 사람이 대상자에게서 떨어져 있는지 확인한다.
- 깜박이는 세동제거 버튼을 눌러 세동제거를 시행한다.

⑤ 즉시 심폐소생술 재실시
- 세동제거 실시 후 즉시 가슴 압박 30회당 인공호흡 2회 비율로 심폐소생술을 다시 시작한다.
- 자동심장충격기는 2분마다 심장 리듬 분석을 반복해서 실시한다.
- 자동심장충격기의 사용 및 심폐소생술의 시행은 119 구급대가 현장에 도착할 때까지 지속한다.

> 심폐소생술을 멈추는 시기는 심장리듬 분석 시와 세동제거(제세동)를 시행할 때 뿐이다.

073 폐결핵 환자 발생시 조치
활동성 폐결핵으로 밝혀진 환자는 즉시 음압 격리병실로 옮기고 항결핵제를 사용하여 치료한다.

074 위천공

- 정의 : 위벽에 구멍이 생기는 것
- 증상 : 갑작스런 극심한 상복부 통증, 판자처럼 단단한 복부강직, 내출혈이 심하면 쇼크 증상, 어깨로 퍼지는 방사통
- 치료 및 간호 : 즉각적인 수술

075 반신마비(편마비) 환자 옷 갈아입히고 벗기기

옷을 벗을 때는 건강한 쪽부터 벗고, 입을 때는 불편한 쪽부터 입는다.

076 욕창 예방 간호

피부에 가해지는 압력을 완화시키고 혈액순환을 촉진하여 욕창을 예방하기 위해 2시간마다 체위를 변경하고 변압침요, 공기침요, 물침요, 진동침요 등을 이용한다.

077 내과적 손씻기

- 미생물의 확산을 방지하는 가장 효과적인 방법이다.
- 흐르는 물에 비누와 마찰을 이용하여 30초 이상 씻는다.
- 손이 팔꿈치보다 아래로 향하도록 한다.
- 수도꼭지를 잠글 때는 사용한 종이 타월을 이용한다.
- 감염병 환자 간호 후에는 소독수가 담긴 대야의 물에 손을 씻은 후 물로 세척한다.

078 격리

격리 : 환자가 전염성인 질환을 가지고 있을 때 질병이 전파되는 것을 예방하기 위해 감염원을 다른 공간으로 분리시키는 것

- 호흡기계를 통한 감염일 경우 외부로 균이 퍼지지 않게 하기 위해 음압 유지 : 병실 밖 → 병실 안으로 공기 이동
- 격리실에서 사용된 물품이나 분비물 등은 이중 포장법을 이용하여 처리

※ VRE : 8회 92번 해설 참조

079 천식 아동을 위한 간호

- 외출 시 마스크를 착용한다.
- 꽃가루나 화분에 쌓인 먼지(분진) 등이 천식 발작을 일으키기도 하므로 가정에서는 꽃이나 화초 키우는 것을 자제하는 것이 좋다.
- 집안 청소를 할 때는 비질이나 진공청소기 사용을 자제하고 물걸레를 이용한다.
- 알레르기 원인물질(알레르겐)에 노출되는 것을 최소화 한다.
- 애완견의 털이나 바닥에 깔려있는 카펫이 천식을 악화시키기도 한다.
- 충분한 영양분과 수분공급, 적절한 습도제공, 필요시 산소나 기관지확장제(에피네프린, 벤토린 등)를 투여하여 치료한다.

080 분리불안

1~3세 아이들에게 정상적으로 나타나는 반응으로, 일차적으로 돌보아주던 사람과의 분리에 대한 불안감을 보인다.

081 (변형된)트렌델렌부르크 자세(골반고위, T-position, Shock position)

- 침대발치(하체)를 45° 정도 올려 머리가 다리보다 낮게 위치하는 자세
- 쇼크 시 신체 하부의 혈액을 심장으로 모을 때, 분만 후 출혈 시, 다리에 정맥류가 있는 환자가 휴식할 때 취할 수 있는 자세

082 휠체어를 이용하여 엘리베이터 타고 내리기

엘리베이터 타고 내릴 때는 뒤로 들어가서 앞으로 밀고 나온다.

083 자동심장충격기 패드 위치

패드 1은 오른쪽 빗장뼈(쇄골) 바로 아래에, 패드 2는 왼쪽 젖꼭지 아래 중간 겨드랑 선에 부착한다.

※ 5회 72번 해설 참조

084 포비돈 아이오딘(베타딘)

상처의 살균 소독, 수술 부위 소독, 화상, 감염된 피부 소독에 흔히 사용하는 소독제

085 비수유부의 유방간호

비수유부의 경우 젖을 짜거나 아이에게 물리지 말고 압박붕대로 감아주어 유방울혈을 완화한다.

086 외과적 손씻기

- 무균술을 위하여 발이나 다리로 조절되는 수도꼭지 시설이 필요하다.
- 2~5분 정도 손소독제를 이용하거나 항균비누와 물을 사용하여 원형동작으로 손을 씻는다.
- 손을 팔꿈치보다 높인 상태로 씻고, 오염방지를 위해 손세척 후에도 손끝을 팔꿈치보다 높게 유지한다.
- 흐르는 물로 헹구고 멸균타월로 손가락에서 손목방향으로 닦는다.

087 반신마비(편마비) 환자 식사 돕기

- 식사 전후에 물을 제공한다.
- 신맛이 강한 음식은 사레를 유발하므로 제한한다.
- 마비된 쪽에서 보조한다.
- 국물을 마실 때는 굵은 빨대를 사용한다.

- 저작이 편한 쪽으로 음식을 씹도록 하고 필요시 특수 도구를 제공한다.
- 머리를 약간 앞으로 숙이고 턱을 당기면 음식을 삼키기 쉽다.
- 앉을 수 없는 환자라면 건강한 쪽을 아래로 하고 옆으로 누운 자세를 취하게 한다.

088 인공항문 세척

- 직장 관에 Y연결관을 삽입하여 한쪽은 세척액이 흐르고 다른 한쪽은 배출액이 흐르도록 한다.
- 세척 용액은 38~40℃ 정도로 준비한다.
- 세척통을 약 40cm 높이의 걸대에 걸고 소량의 용액을 흐르게 하여 관 내의 공기를 제거한 후 조절기를 잠근다.
- 직장관 끝에 윤활제를 바르고 스토마(Stoma)에 7~10cm가량 부드럽게 삽입한다.
- 배액관의 조절기를 열어 한번에 250~500cc 정도를 넣었다 빼기를 반복하되 총 2,000cc를 초과하지 않는다.

089 부동이 인체에 미치는 영향

혈중 칼슘 농도의 증가로 인한 신장 결석 형성, 연동운동 감소, 기초대사율 감소, 잔뇨량 증가, 기립 저혈압 가능성 증가, 근육의 부피와 힘의 감소, 관절 경직, 혈전 위험성 증가, 호흡의 효율성과 분비물 배출 감소로 인한 폐렴 위험성 증가, 호흡근 약화, 배변습관의 변화, 욕창 증가 등

090 석양 증후군

- 정의 : 치매환자가 해질녘이 되면 더욱 혼란해지고 불안정하게 의심 및 우울 증상을 보이는 것
- 증상 : 낮에는 유순하다가도 저녁 8~9시만 되면 갑자기 침대 밖으로 뛰쳐나오거나, 옷을 벗고, 방을 서성이다 문을 덜컥거리거나, 바닥을 뒹굴고 침대 위로 뛰어 오르는 등의 이상행동
- 간호
  - 해질녘에는 간호조무사가 치매 환자와 함께 있도록 한다.
  - 저녁시간에 환자가 좋아하는 소일거리를 제공한다.
  - 맑은 공기는 정신을 맑게 하고 치매 환자의 들뜬 마음을 가라앉힐 수 있으므로 환자를 밖으로 데려가 산책을 한다.
  - 신체적인 제한은 환자를 더욱 자극하므로 제한을 가하지 않는다.
  - 따뜻한 음료수를 제공하거나 등마사지를 해주면 잠이 드는 데 도움이 된다.
  - TV를 켜놓거나 밝은 조명이 도움이 되기도 한다.
  - 치매노인이 자꾸 집밖으로 나가려고 하면 함께 나갔다가 자연스럽게 다시 들어온다.

091 더운물주머니 적용 방법

- 먼저 적용 부위의 감각과 순환상태를 관찰한다.
- 피부가 얇고 쉽게 물집이 생길 수 있는 경우라면 더운물 주머니 적용 전에 피부에 바셀린을 발라주거나 수건 또는 천을 덧대어 준다.
- 46~52℃의 물을 더운물주머니의 1/3~1/2 정도(발치에 적용할 때는 2/3) 담는다.
- 물주머니를 편평한 곳에 천천히 눕혀 물이 입구까지 올라오게 해서 공기를 빼고 마개로 잠근다.
- 거꾸로 뒤집어 물이 새는지 확인한 후 수건으로 싼다.
- 환자 피부 상태를 확인한 후 적용한다.
- 보통 30분간 적용하며 필요시 2시간마다 더운물주머니를 교환한다.
- 습열이 건열 보다 효과적이다.

092 욕창간호

- 욕창은 피부의 지속적인 압박으로 인한 국소순환 장애로 조직이 손상되는 것이다.
- 앙와위로 누워 있을 때 욕창이 잘 발생하는 부위는 엉치뼈(천골)과 어깨뼈(견갑골)이다.
- 2시간마다 체위를 변경해준다.
- 침구를 건조한 상태로 유지하고 편평하게 잡아당겨 주름이 생기지 않도록 한다.
- 공기 매트리스 등을 사용하여 압력을 제거하되 솜이나 스펀지는 사용하지 않는다.
- 베타딘, 과산화수소수, 생리식염수, 붕산수, 증류수를 이용해 소독하되 알코올은 사용하지 않는다.
- 적외선치료기 등을 사용하여 혈액순환을 돕고 건조시킨다.
- 고탄수화물, 고단백, 고비타민 식이를 섭취하도록 한다.
- 죽은 조직을 제거하는 데브리망, 피부이식 등의 외과적 처치를 하게 될 수도 있다.
- 뇌 수술 후 절대안정을 취하고 있는 환자, 요실금이 있는 환자, 발한이 심한 환자, 감각이 둔한 환자, 저혈압 환자, 무의식 환자에게 발생하기 쉽다.

093 의료용 트레이 세척 방법

- 혈액 내의 단백질은 뜨거운 물이 닿으면 응고되므로 먼저 찬물로 헹군 후 따뜻한 물로 씻어내는 것이 바람직하다.
- 응혈을 제거할 때는 과산화수소수(H_2O_2)를 이용하기도 한다.

094 위 절제 수술

- 위 절제 수술 후 코위관은 장의 연동운동이 돌아오면 제거한다.
- 수술 부위를 지지하고 기침과 심호흡을 하도록 한다.
- 수술 후 12시간 동안은 위액에 혈액이 섞여 나올 수 있다.
- 식사 후 어지러움, 발한, 구역, 구토 등의 증상이 발생할 수 있다. (빠른 비움 증후군, 덤핑증후군)
  ※ 6회 28번 해설 참조
- 위에서 분비되는 내적인자가 비타민 B_{12}의 흡수를 돕는 역할을 하는데 위를 절제하게 되면 내적인자의 결핍으로 비타민 B_{12}를 흡수하지 못해 악성빈혈이 발생한다. 따라서 위 절제 수술 후에는 비타민 B_{12}가 많은 간, 유제품, 육류, 어패류 등을 충분히 섭취하고 비타민 B_{12}를 근육주사로 투여 받는다.

095 견인 환자 간호

- 끈이나 무게장치 등을 신체부위에 연결하여 뼈가 일직선이 되도록 하기 위한 장치로, 피부견인과 골격견인이 있다.
- 과도한 견인은 오히려 뼈가 붙는 것을 방해한다.
- 추는 처방대로 유지해야 하고 바닥에 추가 닿지 않도록 한다.
- 환자의 요구가 있어도 추를 제거하면 안 된다.
- 욕창 예방을 위한 피부간호(등마사지), 장의 연동운동 촉진을 위한 복부마사지, 섬유질과 수분 섭취로 변비 예방, 핀이 꽂혀 있는 부위를 주의 깊게 관찰하고 소독한다.
- 환자가 침대 밑으로 미끄러지는 것을 방지하기 위해 침상 발치나 환자의 무릎을 20° 정도 상승시킨 상대적 견인을 유지한다.

096 내출혈로 인한 쇼크

- 혈압 감소, 맥박 상승, 창백함 등으로 보아 내출혈로 인한 쇼크를 의심할 수 있다.
- 쇼크의 증상 : 청색증, 두근거림, 혈압 및 체온 저하, 구역, 구토, 빠르고 약한 맥박, 차고 축축하며 창백한 피부, 소변감소(핍뇨), 대사 산증 등

097 노인간호

- 밤잠을 설치게 되므로 낮잠을 자제한다.
- 강렬한 자외선에 노출되는 것을 피한다.
- 목욕은 주 1회 정도가 적당하다.
- 취침 전 고강도 운동은 아드레날린을 분비시켜 숙면을 방해한다.

098 유방 자가 검진

- 매월 생리가 끝나고 2~7일 이후 유방이 제일 부드러울 때 시행한다.
- 폐경기 여성은 날짜를 정해놓고 시행한다.
- 겨드랑 림프절까지 부드럽게 만져본다.

099 24시간 소변 검사

- 호르몬, 단백질 및 전해질 등을 측정하여 신장기능을 평가하기 위한 검사로, 첫 소변은 버리고, 마지막 소변은 모은다.
- 방광을 비운 시간을 검사 시작시간으로 한다.
- 차광용기나 소변수집용 용기를 사용하여 모은다.
- 24시간 소변 검사 도중 환자가 깜빡하고 소변을 변기에 보았다면 처음부터 검사를 다시 시작하는 것이 바람직하다.

100 정맥주사

- 응급상태에서 약물을 신속하게 공급해야 할 때, 약물의 빠른 효과를 원할 때, 많은 용량 투여 시, 수분과 전해질·영양 등을 공급할 때, 피하·근육·위장관에 자극적인 약물을 투여할 때, 산과 염기 균형을 조절해야 할 때 정맥주사를 선택한다.
- 주사기는 30° 각도로 삽입하고 바늘 삽입 후 내관을 뒤로 당겨보아 혈액이 나오는지 확인한다(혈액이 나와야 함).
- 주사 후 절대 문지르지 않는다.
- 수액이 주입되지 않을 때, 주사 부위 부종이나 통증, 가려움, 발적이 관찰될 때, 혈액이 역류될 때, 수액이 거의 다 들어갔을 때 간호사에게 즉시 보고한다.
- 약물 효과가 금방 나타나지만 지속성이 짧다.
- 부작용으로 정맥염, 공기색전, 조직침윤, 수분과다 등이 있을 수 있다.

간호조무사 실전모의고사 제6회 정답 및 해설

001	③	002	④	003	⑤	004	②	005	④
006	②	007	①	008	①	009	③	010	①
011	⑤	012	①	013	②	014	②	015	⑤
016	④	017	④	018	①	019	④	020	①
021	⑤	022	①	023	②	024	②	025	④
026	④	027	①	028	①	029	③	030	④
031	①	032	②	033	①	034	②	035	③
036	①	037	④	038	①	039	④	040	②
041	⑤	042	③	043	①	044	⑤	045	⑤
046	⑤	047	⑤	048	③	049	④	050	④
051	①	052	①	053	⑤	054	③	055	②
056	①	057	④	058	③	059	⑤	060	①
061	①	062	①	063	②	064	②	065	③
066	①	067	②	068	①	069	②	070	③
071	③	072	④	073	①	074	⑤	075	⑤
076	⑤	077	④	078	①	079	⑤	080	③
081	①	082	③	083	①	084	④	085	②
086	④	087	②	088	①	089	⑤	090	①
091	④	092	④	093	③	094	②	095	④
096	②	097	①	098	③	099	③	100	①

기초간호학 개요

001 선천 대사 이상의 후유증

선천 대사 이상인 갑상샘저하증과 고페닐알라닌혈증을 치료하지 않으면 심각한 지능 발달지연을 초래하게 된다.

002 통증

- 성격의 외향성, 내향성, 신경쇠약 등도 통증에 영향을 미친다.
- 일반적으로 도시문화권에 사는 산모가 낙후된 농촌 지역에 사는 산모보다 급통증을 더 크게 느낀다.
- 불안과 공포는 통증을 증가시킨다.
- 진통제를 복용하면 통증이 감소한다.
- 일차 수술 때의 통증을 알고 있기 때문에 이차 수술일 때 통증을 더 호소한다.
- 수술 후에는 통증의 강도가 더 커진다.
- 전쟁터의 병사가 심한 부상을 입었을 때 주위의 전사된 동료를 보면서 살았다는 안도감으로 인해 통증이 감소한다.
- 통증에만 집착할 때보다 주의를 다른 곳으로 돌렸을 때 통증이 감소한다.

003 아프가 점수

피부색, 심박동수, 반사반응, 근육긴장도, 호흡의 5가지 항목을 신생아 출생 후 1분, 5분에 실시하여 신생아의 건강상태를 판단하는 것

※ 3회 78번 해설 참조

004 경구약 복용 방법

- 함당정제는 빨아서 먹는다.
- 장용피복정은 소장에서 흡수되도록 해야 하므로 부수지 말고 그대로 삼키도록 한다.

- 모르핀은 호흡을 측정하여 분당 12회 이하인 경우 투약을 보류하고 의사에게 보고한다.
- 완하제(변비약)는 식전에 투여하는 것이 효과적이다.

005 나이팅게일 기장

- 평화시나 전쟁시에 환자 간호에 특별한 공헌을 한 간호사에게 나이팅게일 출생 100주년이 되던 1920년부터 수여하기 시작하였다.
- 이 표창은 제네바 적십자본부에서 2년마다 한번씩 실시되고 있다.
- 우리나라에서는 1957년에 이효정선생님이 처음으로 수상하였다.

006 간호조무사의 업무

병원 규칙과 회진시간 등의 입원생활 설명, 입원실 및 진찰실 환경정리, 환자관찰, 검사물 수거 및 운반, 식사 보조, 개인위생 보조, 드레싱 준비, 체온·맥박·호흡 측정, 기구 소독, 환자 침상정돈, 거동이 불편한 환자와 검사실 동반, 환자 이상상태 보고 등

007 온습포(더운물찜질)

- 49℃의 물을 준비한다.
- 적용부위에 바셀린 등의 광물성 기름을 발라주어 피부를 보호한다.
- 준비한 물에 수건이나 거즈를 적신 후 물을 적절히 짜낸다.
- 수건을 들었다 놓았다 하면서 적용하는데, 2~3분마다 갈아주고 15분정도 적용한다.
- 발적이 나타나면 즉시 멈춘다.
- 찜질이 끝나면 피부를 부드럽게 말려준다.

008 노인의 피부 변화

- 피부 건조, 피하지방 감소로 주름 증가, 탄력 감소
- 손발톱이 두꺼워지고 잘 부서짐
- 노인성 반점이 증가하고, 모든 피부층이 얇아짐

009 부종이 심한 환자가 제한해야 할 것

혈중 소듐(나트륨) 농도가 높아지면 체내 소듐(나트륨) 농도를 낮추기 위해 신장에서 수분을 재흡수하는 삼투압 현상이 일어나게 되어 부종이 생기게 된다. 따라서 부종이 심한 환자는 수분과 소듐(나트륨)을 제한해야 한다.

> [쉬운 설명]
> 혈액 안에 소듐(나트륨) 10이 있다고 치자.
> 짠 음식을 섭취해서 혈액 안에 염분이 20으로 높아짐 → 소듐(나트륨) 농도를 평소와 비슷하게(10으로) 유지하기 위해 염분을 희석시켜야 함 → 신장이 몸 바깥으로 빠져나가려는 수분(물)을 다시 몸 안으로 끌어들임 → 부종 발생

010 낙상 가능성이 가장 높은 노인 환자

- 낙상 경험이 있는 환자는 낙상에 대한 심리적인 불안감이 생기게 된다.
- 낙상에 대한 두려움으로 활동이 줄어들게 되므로 근골격계가 약화되어 낙상 위험이 커진다.
- 낙상 후 누워서 지내다가 일어날 때 체위 저혈압이 발생하기도 한다.
- 낙상으로 인해 발생한 질환과 증상의 호전을 위해 복용하는 약물이 또 다시 낙상을 유발하기도 한다.

011 충수염

맹장은 회장과 상행결장[오름(잘록)창자]이 연결되는 부위를 말하며 맹장 끝에 가늘게 늘어진 부분을 충수라고 한다. 이 부위에 염증이 생긴 것을 충수염이라고 한다.

※ 4회 17번 그림 참조

012 분만예정일

임신 지속기간은 마지막 월경 시작일로부터 약 280일 즉 40주간으로, 분만 예정일 계산을 위해서는 최종 월경 시작일이 반드시 필요하다.

> 분만예정일 계산법
> 마지막 월경이 시작된 달에 +9 또는 −3(−3을 한 경우 연도에 +1), 일에 +7
> 예 2023년 12월 1일~7일 까지 생리를 한 경우
> (+1) (−3) (+7)
> 2024년 9월 8일이 분만예정일이 된다.

013 분만후 출혈

- 분만후 출혈이란 분만 후 24시간 이내에 500cc 이상의 출혈을 말한다.
- 절대안정을 취하고 자궁바닥을 마사지 한다.
- 복부에 얼음주머니를 적용하여 지혈을 돕는다.
- 하지를 올려주는 트렌델렌부르크 자세를 취해준다.

014 태아 위치 교정

무릎가슴 자세를 취해 둔위로 위치한 태아의 위치를 두정위로 올바르게 교정하기에 적합한 시기는 임신 7~8개월 경이다.

015 자간전증에서 자간(증)으로 진행될 수 있으므로 즉시 병원 방문이 필요한 증상

혈압 상승, 심한 두통, 계속적인 구토, 명치부위(심와부) 통증, 얼굴과 손가락의 부종, 흐린 시야, 소변량 감소 등

016 개방상처가 있는 골절환자의 응급처치

뼈가 돌출되어 조직손상이 있을 경우 멸균거즈로 상처를 덮어주고 부목을 사용하여 고정한 채 병원으로 이송한다.

017 산후질분비물(오로)

분만 후 질로 배출되는 생리혈과 같은 독특한 냄새를 가진 알칼리성 분비물로, 불쾌한 냄새가 나는 것은 자궁 내 감염을 의미한다.

- 적색산후질분비물(적색오로) : 분만 후 3일까지 배출
- 갈색산후질분비물(갈색오로) : 분만 후 4일~10일까지 배출
- 백색산후질분비물(백색오로) : 분만 후 10일부터 3주간 배출

018 약물의 작용

- 대항작용(길항작용) : 두 가지 이상의 약물을 함께 사용했을 때 각각의 효과가 감소하는 것 (1+1=1)
- 상승 작용 : 두 가지 이상의 약물을 함께 사용했을 때 효과가 각각의 합보다 증가하는 것 (1+1=3)
- 상가 작용 : 두 가지 이상의 약물을 함께 사용했을 때 각각의 합에 해당하는 만큼만 효과가 나타나는 것 (1+1=2)
- 치료적 작용 : 약물 복용 시 기대되는 작용
- 부작용 : 원하지 않은 작용
- 급성중증과민반응(anaphylactic reaction) : 약물 투여 즉시 쇼크, 식은땀, 호흡곤란, 실금, 창백함 등을 일으키는 알레르기 반응으로 에피네프린을 투여하여 치료한다.
- 내성 : 약물을 연속적으로 사용할 경우 같은 치료 효과를 얻기 위해 사용량을 증가해야 하는 현상
- 축적 작용 : 흡수에 비해 배설이 지연되어 몸 안에 쌓이게 되고, 이로 인해 중독을 일으키는 것
- 금단 증상 : 사용하던 약물의 투여가 중지될 때 나타나는 비정상적인 정신적, 신체적, 행동적인 반응
- 약물오용 : 흔히 사용되는 약물들을 자가처방하거나 과용하여 급·만성 독작용이 초래되는 것
- 약물남용 : 기분이나 행동의 변화를 위해 간헐적 또는 지속적으로 약물을 사용하는 것

019 임신의 진단

- 추정적 징후 : 무월경, 빈뇨, 유방 통증, 복부 증가, 임신 반응 검사(HCG호르몬 검사, 임신테스트기) 양성, 입덧 등
- 확정적 징후 : 태아심음 청취, 태동, 초음파에 의한 태아 확인

020 초유

분만 후 2~3일 동안 분비되는 황색의 끈적끈적한 모유로, 태변 배설을 촉진하고 성숙유에 비해 단백질, 항체, 비타민 A, 무기질이 풍부하므로 신생아에게 수유하는 것이 권장된다.

※ 2회 24번 해설 참조

021 소장

- 십이지장 : 위의 아랫부분인 날문(유문)에서 시작하여 공장에 연결될 때까지의 약 25cm의 관
- 공장과 회장 : 공장은 십이지장을 제외한 소장의 앞 2/5가량이고 회장은 뒤쪽 3/5가량으로 이 둘 사이는 뚜렷한 경계 없이 이어져 있다.

022 내분비샘과 호르몬

- 뇌하수체 후엽 : 항이뇨호르몬, 옥시토신
- 뇌하수체 전엽 : 성장호르몬, 부신피질자극호르몬, 갑상샘자극호르몬, 황체형성호르몬, 젖분비호르몬, 난포자극호르몬
- 부신수질 : 에피네프린, 노르에피네프린
- 부신피질 : 알도스테론, 안드로젠, 코티솔
- 갑상샘 : 칼시토닌, 타이록신

023 특발호흡곤란 증후군(초자양막증)

- 정의 : 폐 성숙도의 미숙으로 폐포를 팽창시키는 물질(표면활성물질)이 부족하여 호흡곤란이 초래되는 질환으로 미숙아에게 호발한다.
- 증상 : 청색증, 낮은 혈중 산소분압, 분당 80~120회 정도의 빠른 호흡, 호흡 시 현저한 늑골(갈비뼈) 함몰, 들숨(흡기) 시 비정상적인 호흡음인 수포음(거품소리, 나음) 발생
- 치료 : 산소와 표면활성물질을 투여하여 치료한다.

024 백혈병 환아 간호 시 주의점

백혈병은 정상적인 백혈구 수치의 감소로 면역이 떨어지므로 감염이 발생하지 않도록 신경써야 한다.

025 국가 암 검진사업

암의 종류	검진대상	검진주기
위암	만 40세 이상의 남녀	2년
간암	만 40세 이상의 남녀 중 간암발생 고위험군* 해당자 (*간경화증증, B형 간염항원 양성, C형 간염항체 양성, B형 또는 C형 간염 바이러스에 의한 만성 간질환 환자)	6개월
대장암	만 50세 이상의 남녀	1년
유방암	만 40세 이상의 여성	2년
자궁 경부암	만 20세 이상의 여성	2년
폐암	만 54~74세 남녀 중 30갑년* 이상 흡연력을 가진 현재 흡연자와 폐암 검진의 필요성이 높아 보건복지부장관이 정하여 고시하는 사람 *갑년 : 하루 평균 담배 소비량(갑)×흡연기간(년) (30갑년=매일 1갑씩 30년, 매일 2갑씩 15년)	2년

026 무기질의 기능 및 결핍증

종류	기능	결핍증
칼슘	뼈와 치아의 구성성분, 혈액응고에 관여, 임산부와 수유부에게 필수, 칼슘이 흡수되려면 비타민 D 필요	구루병, 골다공증, 골연화증
인	뼈의 구성성분, 탄수화물 대사에 관여	골절, 골연화증
소듐 (나트륨)	체내 수분함량 조절에 중요, 산·염기 평형유지	구토, 설사, 저혈압
포타슘	근육의 수축과 이완, 산·염기 평형유지, 체액의 삼투압 조절	근육 약화, 심근수축력 감소
마그네슘	신경안정, 흥분을 가라앉히는 작용, 탄수화물 대사에 관여, 에너지 생성 과정에 중요한 역할	신경질환, 근육떨림
철	혈색소(헤모글로빈)의 구성성분, 철분 흡수 시 비타민 C 필요	빈혈, 두통
아이오딘	갑상샘 호르몬인 타이록신의 주성분	크레틴병, 점액부종

027 이물(이물질)로 인한 기도 폐쇄 – 의식이 있을 때

- 환자 스스로 기침을 하도록 하고 처치자는 등을 두드려준다.
- 이 방법으로 제거되지 않으면 환자의 뒤에 서서 상복부를 후상방으로 힘차게 밀어 올리는 하임리히법을 시행한다.

028 빠른 비움 증후군(덤핑 증후군)

- 정의 : 위 절제술을 받은 사람에게 식후 5~30분 사이에 나타나는 증후군으로, 섭취한 음식물이 소장 내로 급속히 이동함으로 인해 발생하는 증상
- 증상 : 어지러움, 창백, 구토, 두근거림, 발한, 복통, 설사, 실신 등
- 예방법
  - 옆으로 누워 식사하며 식후 30분가량은 누워 있는다.
  - 음식을 소량 자주 섭취하며 식사 시와 식후에 수분섭취를 자제한다.
  - 탄수화물 섭취를 줄이되 위에 음식물이 정체되는 시간을 늘리기 위해 지방을 섭취한다.
    (고단백, 고지방, 저탄수화물, 저수분 식이)

029 배뇨와 관련된 용어

종류	정의
무뇨	24시간 소변량이 100cc 이하
소변감소 (핍뇨)	24시간 소변량이 500cc 이하, 시간당 30cc 이하
다뇨	24시간 배뇨량이 2,500cc 이상
빈뇨	1일 배뇨 횟수가 증가한 것
절박뇨	요의가 일어나면 참지 못하고 즉시 배뇨해야 하는 것
요실금	본인의 의지와 관계없이 자신도 모르게 소변이 유출되어 속옷을 적시게 되는 현상
배뇨장애 (배뇨 곤란)	배뇨 시 통증이나 화끈감(작열감) 등의 불편함이 있는 것
단백뇨	심한 스트레스, 신장질환, 자간전증 등의 질병에서 볼 수 있는 증상으로 소변에서 단백질이 검출되는것
당뇨	소변에 비정상적으로 당이 포함된 것
혈뇨	소변에 비정상적으로 혈액이 섞여 있는 것
요정체 (폐뇨)	소변이 배출되지 못하고 방광에 남아 있는 상태
잔뇨	소변을 본 후 방광에 남아 있는 소변의 양으로 소변을 본 직후 단순도뇨를 통해 측정하며 50cc 이하가 정상

030 화학물질에 의한 화상

- 약한 수압의 물이나 생리식염수로 20분간 눈을 씻는다.
- 피부에 침투하기 전에 최대한 빨리 세척하여 물질을 제거한다.
- 석회는 가루를 먼저 털어내고 물로 세척한다.
- 기름종류는 알코올로 닦은 후 물로 세척한다.
- 절대 중화제를 사용하지 않는다.

031 심폐소생술 순서

- 일반인이 성인환자에게 심폐소생술 시행 시
  * 가슴압박 → 자동심장충격기 사용
  반응 없는 환자 발견 → 119에 신고 후 응급의료상담원의 안내에 따라 호흡 유무 및 비정상여부를 판별해야 하며, 호흡이 없거나 비정상이라고 판단되면 즉시 가슴압박 시작 → 자동심장충격기 도착 시 사용(기계 음성지시에 따라 작동)
- 의료인에 의한 심폐소생술
  * 가슴압박 → 기도유지 → 인공호흡 → 자동심장충격기 사용
  반응 확인 → 119 신고 및 자동심장충격기 준비 → 10초 이내에 호흡과 맥박 확인 → 심폐소생술 시작(가슴압박→기도 유지→인공호흡) → 자동심장충격기 사용

제6회

<table>
<tr><th colspan="2"></th><th>성인</th><th>소아</th><th>영아</th></tr>
<tr><td colspan="2">심정지의 확인</td><td colspan="3">• 무반응
• 무호흡 혹은 심정지 호흡
• 10초 이내 확인된 무맥박(의료제공자만 해당)</td></tr>
<tr><td colspan="2">심폐소생술의 순서</td><td colspan="3">가슴압박 → 기도유지 → 인공호흡</td></tr>
<tr><td colspan="2">가슴압박 속도</td><td colspan="3">분당 100~120회</td></tr>
<tr><td colspan="2">가슴압박 깊이</td><td>약 5cm</td><td>가슴 두께의 최소 1/3 이상 (4~5cm)</td><td>가슴 두께의 최소 1/3 이상 (4cm)</td></tr>
<tr><td colspan="2">가슴 이완</td><td colspan="3">가슴압박 사이에는 완전한 가슴 이완</td></tr>
<tr><td colspan="2">가슴압박 중단</td><td colspan="3">가슴압박의 중단은 최소화(불가피한 중단은 10초 이내)</td></tr>
<tr><td colspan="2">기도유지</td><td colspan="3">머리기울임-턱들어올리기(head tilt-chin lift)</td></tr>
<tr><td rowspan="2">가슴압박 대 인공호흡 비율</td><td>전문 기도 확보 이전</td><td>30 : 2</td><td colspan="2">• 30 : 2 (1인 구조자)
• 15 : 2 (2인 구조자, 의료제공자만 해당)</td></tr>
<tr><td>전문 기도 확보 이후</td><td colspan="3">가슴압박과 상관없이 6초마다 인공호흡</td></tr>
<tr><td colspan="2">일반인 구조자</td><td>가슴압박 소생술</td><td colspan="2">심폐소생술</td></tr>
</table>

032 방습법침(타액)을 배제시키는 방법

- 간이 방습법 : 솜이나 거즈를 상악에는 치열과 협벽 사이, 하악에는 혀 아래에 삽입하여 침(타액)을 흡수시키는 방법
- 고무댐 방습법 : 고무시트를 이용하여 치료할 치아만 노출시키는 가장 효과적인 방습법

장점	• 치료할 치아를 건조하게 유지할 수 있어 치료가 용이하므로 치료 결과가 좋다. • 장시간 진료하여도 눈의 피로를 방지할 수 있다. • 치료 도중 기구나 약품을 구강에 떨어뜨리는 등의 사고가 발생해도 환자에게 큰 상해를 주지 않는다.
단점	• 구강호흡을 하는 환자에게는 사용이 불가능하다. • 얇고 약한 치아는 파손될 우려가 있다.

033 치과 기구의 소독과 멸균

- 가압증기멸균법(고압증기멸균법)
  - 보통 121℃에서 20분간 멸균하는 방법으로 치과 기구 소독(예 이거울(치경), 유리제품 등)에 가장 많이 사용되는 방법이다.
  - 짧은 시간에 많은 양의 기구를 정확한 온도조절로 확실하게 멸균시킬 수 있다.
  - 예리한 기구의 날을 상하게 할 수 있고 금속기구가 부식될 수 있다.
  - 가압증기멸균기에서 꺼낸 기구는 진료 시 이용할 때까지 자외선 소독기에 넣어두었다가 사용하는 것이 바람직하다.
  - 중성세제와 물로 내면이나 트레이를 정기적으로 닦고, 사용하지 않을 때는 문을 열어놓는다.
- 건열 멸균법
  - 160℃ 정도의 뜨거운 공기에 기구를 1~2시간 노출시켜서 멸균하는 방법이다.
- 저온 플라스마 멸균
  - 멸균 후에 별도의 건조시간이 필요 없고 멸균시간이 짧다.
  - 화학약품을 사용하므로 적절한 환기가 필요하다.
- 화학약품 소독
  - 알코올, 아이오딘 제제, 글루타르알데하이드를 사용하여 소독하는 방법이다.
- 자비소독
  - 100℃의 물에 기구를 넣고 10분 이상 끓여 소독하는 방법이다.
  - 보통 날이 없는 기구, 외과용 기구, 흡인 팁 등을 소독한다.

034 어혈

- 축혈이라고도 부르며 전신의 혈액순환이 순조롭지 못해서 쌓이는 것을 말한다.
- 어혈이 경맥을 막아 통하지 않으면 통증이 생긴다.
- 한열이 지나치게 왕성해도 어혈이 생긴다.
- 외상 어혈은 청자색 혈종이 나타난다.
- 발생 부위에 따라 각기 다른 증상이 나타난다.
- 어혈은 기혈의 운행을 방해한다.

035 침의 부작용

훈침	침 시술 후 어지럽고 창백해지며 가슴이 답답하고 심하면 쇼크증상으로 쓰러지는 것 → 즉시 한의사에게 보고한다. → 침을 빼고 반듯이 눕히고 인중, 중충혈, 백회혈을 자극한다. → 증상이 가벼운 환자는 따뜻하게 끓인 물을 마시게 한다.
체침	침을 꽂은 후 근육이 긴장하여 침이 빠지지 않는 상태 → 잠시 그대로 있다가 긴장이 풀리면 침을 살짝 돌리며 뺀다.
만침	침이 구부러지는 것 → 침이 기울어진 방향으로 서서히 뺀다.
절침	침이 부러지는 것 → 핀셋을 이용하여 빼내되 침체가 깊숙이 삽입되어 있는 경우 수술을 해야 한다.
혈종	침을 뺀 후 멍이 드는 현상 → 시간이 지나면 저절로 없어지지만 마사지를 하거나 온찜질을 하면 빨리 없어진다.

보건간호학 개요

036 보건교육 실시 후 평가

보건 교육을 실시한 후에는 교육의 궁극적인 목표인 행동변화, 즉 목표달성 여부를 반드시 확인해야 한다.

037 진료비 보상제도의 유형

종류	개념	장점	단점
행위별 수가제 (사후보상)	서비스 양에 따라 의료비 결정	• 의료서비스의 질 향상 • 의료기술 연구개발 촉진	• 국민 총 의료비 상승 • 치료중심 서비스에 치중 • 과잉진료
봉급제	일정 기간에 따라 보상받는 방식	• 과잉진료를 예방하여 의료비 억제	• 의료의 질 저하
인두제	등록환자수에 따라 보상받는 방식	• 질병 예방에 효과적	• 의료의 질 저하 • 의료기술 발달 지연
포괄 수가제	환자요양일수별 또는 진단명에 따라 의료비 결정	• 진료비 청구·심사업무 간소화 • 과잉진료 억제 • 입원일수 단축	• 의료의 질 저하 • 진료코드를 조작할 우려
총액 예산제	지불자측(국민건강보험공단)과 진료자측(의료기관)이 일정기간의 진료보수 총액을 사전에 계약하는 방식	• 과잉진료를 예방하여 의료비 억제	• 의료기술 발달 지연

*우리나라는 행위별 수가제를 채택하고 있으며 7개 질병군(수정체 수술-백내장, 항문수술-치핵 등, 편도 및 아데노이드 수술, 서혜부 및 대퇴부 탈장 수술, 충수절제술, 자궁 및 자궁부속기 수술, 제왕절개분만)에는 포괄수가제를 적용하고 있다.

038 장기요양인정 신청 및 판정절차

장기요양 인정 신청 → 방문조사 → 등급판정

국민건강보험공단에 장기요양인정신청서 제출 → 공단 직원(사회복지사, 간호사 등)이 방문조사 → 공단이 조사결과서, 의사 소견서 등을 등급판정위원회에 제출 → 등급판정위원회가 최종 등급판정 → 판정 결과 통보(장기요양인정 유효기간은 최소 2년 이상)

039 직업병의 특징

※ 3회 44번 해설 참조

040 식품의 변질

- 부패 : 단백질 식품에 미생물이 증식하는 것
- 변패 : 당질이나 지방질 식품에 미생물이 증식하는 것

041 보건교육 대상자

보건소에서 실시하는 보건교육의 대상자는 지역사회 주민 전체이다.

042 결석이 잦은 노인의 보건교육

보건교육에 방해가 되는 것이 무엇인지 상담을 통해 문제점을 알아보고 해결하도록 한다.

043 브레인스토밍

일정한 주제에 관하여 구성원들이 자유롭게 의견을 제시하는 방법으로, 창의적인 아이디어를 도출하고자 할 때 적합하다.

044 납중독의 특성

- 증상 : 잇몸에 암자색의 착색, 조혈기계 장애(빈혈 등), 중추 및 말초신경계 장애, 신장계 장애(신장염 등), 소화기계 장애(복통, 변비 등), 생식기계 장애(정자감소, 유산 증가 등)
- 대상직업 : 인쇄공, 납용접공, 페인트공, 전선 피복제나 축전지를 다루는 직업
- 호흡기계와 피부를 통해 흡수된다.
- 쉽게 배출되지 않고 뼈와 뇌까지 침투하며 태반을 통과하므로 학습장애 등의 선천성 질환을 유발하기도 한다.

045 식중독

[세균성 식중독]

종류		원인 및 특징	관리
감염형 식중독	살모넬라균	• 장염균, 돼지콜레라균 (익히지 않은 계란이나 돼지고기)	• 가열 후 섭취 • 조리기구 세척 • 손 씻기(특히 계란 만진 후)
	장염 비브리오균	오염된 생선회, 어패류	• 85℃에서 1분 이상 가열 후 섭취 • 손과 조리기구 깨끗이 씻기
	장알균	장내 상주균(사람이나 동물의 분변, 치즈, 소시지, 햄, 쇠고기 등)	• 익혀서 섭취 • 손씻기
독소형 식중독	포도알균	• 잠복기가 가장 짧고 우리나라에 가장 많은 식중독이다. • 100℃에서 30분간 끓여도 파괴되지 않는다. • 당분이 함유된 식품(예 케이크)에 침입하여 번식할 때 장독소(엔테로톡신)를 분비하여 식품을 유독하게 만든다.	• 편도선염, 화농성 질환을 가진 사람의 식품취급 금지
	보툴리누스	• 치사율이 가장 높은 식중독이다. • 통조림, 소시지 등에 의해 발생한다. • 신경계 증상(안면마비 등)과 호흡곤란 등을 일으킨다.	• 유효기간이나 밀봉상태 확인

[자연독에 의한 식중독]

종류		원인독소
동물성 식중독	복어	테트로도톡신
	모시조개나 굴	베네루핀
	홍합 등의 조개	미틸로톡신
식물성 식중독	버섯	머스카린
	감자	솔라닌
	맥각(보리)	어고톡신
	청매(덜 익은 매실)	아미그달린
	쌀, 견과류, 옥수수 등 곡류	아플라톡신

046 열중증

※ 2회 22번 해설 참조

047 공기의 자정 작용(스스로 정화하는 능력)

- 공기자체의 희석력
- 강우나 강설에 의한 공기 중의 용해성 가스나 분진의 세정 작용
- 산소, 오존 및 과산화수소에 의한 산화 작용
- 자외선에 의한 살균 작용
- 녹색식물의 광합성에 의한 산소와 이산화탄소의 교환 작용
- 중력에 의한 침강작용

048 과잉영양화(부영양화) 현상

인산염과 유기물질의 영향으로 수역에 점차 영양염류가 증가해 물의 가치가 상실되는 것

049 보건소

- 보건소는 지방보건조직에 속한다.
- 보건소의 인사권은 시장·군수·구청장이 담당하므로 보건소장은 시장·군수·구청장이 임명한다.
- 지방자치단체의 사업소적인 성격을 가지고 보건계몽활동을 한다.
- 시·군·구에 설치되어 있으며 우리나라 보건사업 업무를 최일선에서 담당하는 보건행정기관이다.
- 보건소 사업의 대상은 지역사회 주민 전체이며 주민의 건강에 초점을 맞추고 그들이 스스로 건강을 관리할 수 있는 능력을 갖도록 도와주고 건강문제 발생 시 의료기관에 의뢰해 건강을 유지·증진할 수 있도록 돕는 것을 목적으로 한다.
- 우리나라 보건소의 조직체계는 중앙정부조직인 보건복지부에서 보건에 관한 기술 행정과 보건의료사업 기능을 지도·감독받고, 행정안전부에서 일반 행정 등의 인력·예산을 지원받는 이원화된 지도·감독 체제이므로 보건행정 활동에 어려움이 있다.

050 국민건강보험제도

- 보험료는 부담능력(소득)에 따라 차등적으로 결정된다.
- 본인의 의사에 관계없이 법률에 의해 강제 적용된다(보험료 납부의 의무성).
- 단기보험이다.
- 소득재분배 기능을 한다.
- 직장가입자의 경우 사용자(사업주)와 근로자가 50%씩 보험료를 분담한다.
- 보험료 납입금액에 상관없이 균등하게 보험급여를 제공한다.

보험급여란? 피보험자나 그 가족이 질병, 부상, 분만, 사망과 같은 보험사고가 발생 하였을 경우 보험자가 지급하는 급여를 말하는데, 우리나라는 보험 적용자의 질병, 부상, 출산과 관련하여 의료서비스를 제공하는 요양급여를 주급여로 하고 있다.
[쉬운설명] 보험급여=의료서비스

공중보건학 개론

051 간호조무사의 가정방문 방법

간호조무사는 보건간호사의 지시와 감독에 따라 계획된 가정을 방문하여 가족의 교육정도, 위생시설, 건강상태, 정서상태, 경제적 상태 등을 관찰하여 가족의 실정에 맞는 서비스를 제공해야 한다.

052 인구 고령화의 문제점

- 노령화 지수와 노년부양비가 증가된다.
- 연금 수급자 증가, 노인 의료비 및 복지비 상승으로 인해 국가 재정에 문제가 생길 수 있다.
- 노인을 부양해야 하는 청장년층의 경제적 부담이 증가한다.
- 노동인구 감소로 생산성이 감소되어 경제성장이 둔화될 수 있다.

053 보균자

증상이 없어 외견상 건강하면서 병원체를 보유하고 이것을 배출함으로써 감염을 일으킬 위험이 있는 사람으로 감염병을 관리할 때 가장 어렵고 중요한 것이 보균자 관리이다.

054 영유아보건실에서 간호조무사의 역할

환자 접수 및 안내, 물품 준비, 체중·신장·가슴 둘레·머리 둘레·체온 측정, 예방접종 증명 기록표 및 약속카드 작성, 이상상태 보고 등

055 학교 보건 인력

학교 보건의 1차 담당자는 담임, 학교 보건의 전문 인력은 보건교사, 학교 보건의 행정책임자는 교장이다.

056 모성사망률(임산부사망률) 감소를 위한 노력

모성사망률(임산부사망률)을 감소시키기 위해서는 철저하고 규칙적인 산전관리(분만전관리)가 가장 중요하다.

057 3차 예방

남아있는 기능을 최대한 활용하게 하여 원만한 사회생활을 할 수 있도록 재활서비스를 제공하거나 사회복귀를 위한 훈련을 시키는 것이 이에 해당된다.

058 날짜 피임법

지난 6개월간의 월경주기 중 가장 짧은 주기에서 18일을 뺀 날짜로부터 가장 긴 주기에서 11을 뺀 날짜까지가 임신 가능성이 높은 기간이다.

059 지역사회 보건사업의 기본단위

지역사회 보건사업은 가족이 기본 단위가 된다.

060 BCG예방접종

- 결핵을 예방하기 위한 백신이다.
- BCG예방접종은 접종방법에 따라 피내접종과 경피접종으로 구분된다.
- 우리나라는 국가예방접종으로 피내접종 방법으로 접종할 것을 권장하고 있으며, 세계보건기구(WHO)에서도 피내접종을 권장하고 있다.

구분	BCG 피내접종(주사형)	BCG 경피접종(도장형)
접종방법	위팔(상완)외측 어깨세모근(삼각근) 하단부위에 피내주사(진피내주사)(피부의 가장 얕은 표피층 내에 주사액 주입)	위팔(상완)외측 어깨세모근(삼각근) 하단부위에 주사액을 펴바른 후 9개의 침이 있는 주사도구(관침)를 이용하여 두 번에 걸쳐 강하게 눌러 접종
특징	정확한 양을 일정하게 주입	접종량이 일정하지 않음
반흔여부	생성	생성

061 노인장기요양보험 표준서비스

※ 총정리 [노인장기요양보험 표준서비스] 참조

062 감염병 발생 직후 취해야 할 행동

지역사회에 감염병 환자가 발생하였을 경우 확산 방지를 위해 접촉자를 즉시 격리해야 한다.

※ 2회 58번 해설 참조

063 감염병의 진단검사명

- 디프테리아 : 시크 검사
- 성홍열 : 딕 검사
- 매독 : 매독혈청검사(VDRL 검사), 바서만 검사
- 장티푸스 : 위달 검사
- 볼거리(유행귀밑샘염) : 레몬 검사

064 유구조충증(갈고리조충증)

돼지고기를 생식하는 사람에게 발병하므로 돼지고기는 충분히 익혀 먹고 환자에게는 가급적 빨리 구충제를 복용시킨다.

065 업무개시명령

- 의료기관의 집단 휴업으로 환자 진료에 막대한 지장이 발생하거나 발생할 우려가 있을 때 휴업중인 의료기관에 업무개시 명령을 할 수 있다.
- 의료인과 의료기관 개설자는 정당한 사유 없이는 보건복지부장관, 시·도지사, 시장·군수·구청장의 업무개시명령을 거부할 수 없고 이를 거부하면 3년 이하의 징역 또는 3천만원 이하의 벌금에 처한다.

066 진단서 및 증명서

- 직접 진찰하거나 검안한 의사, 치과의사, 한의사가 아니면 진단서, 검안서, 증명서를 교부하지 못한다.
- 진료 중이던 환자가 최종 진료 시부터 48시간 이내에 사망한 경우에는 다시 진료하지 않고도 진단서나 증명서를 내줄 수 있다.
- 직접 조산한 의사, 한의사, 조산사가 아니면 출생, 사망, 사산 증명서를 내주지 못한다.

067 급식관리

- 환자의 식사는 일반식(보통식사)과 치료식으로 구분하여 제공한다.
- 환자음식은 뚜껑이 있는 식기나 밀폐된 배식차에 넣어 적당한 온도를 유지한 상태에서 공급하여야 한다.
- 환자 급식을 위한 식단은 영양사가 작성한다.
- 영양사는 완성된 식사를 평가하기 위하여 매끼 검식을 실시하고 기록하여야 한다.
- 영양사는 의사가 영양지도를 의뢰한 환자에 대하여 영양상태를 평가하고 상담 및 지도를 실시한다.
- 식기와 급식용구는 매 식사 후 깨끗이 세척·소독해야하며 전염성 환자의 식기는 일반 환자 식기와 구분하여 취급하고, 매 식사 후 멸균소독하여야 한다.
- 수인성 감염병 환자의 잔식은 소독 후 폐기하고, 식기는 끓인 후 씻는다.
- 병원장은 급식관련 종사자에게 위생교육을 실시해야 하며 연 1회 이상 정기건강진단을 실시한다.

068 감염재생산지수

전파력이라고도 불리는 감염재생산지수는 1명의 확진자가 감염시키는 사람의 수를 파악할 때 사용되는 개념으로 감염재생산지수가 1이면, 확진자 1명이 또 다른 1명에게 감염을 전파하고 있다는 의미이다. 이 수치가 1 이상이면 '유행확산', 1 미만이면 '유행억제'를 각각 뜻한다.

069 결핵의 전염성 소실 판정

전염성 소실 여부는 가래 검사 결과에 따라 의사가 판정한다.

070 헌혈의 권장

- 보건복지부장관은 혈액의 적정한 수급조절을 기하기 위해 매년 헌혈권장에 관한 계획을 수립·시행해야 한다.
- 보건복지부장관은 국민의 헌혈을 고취하고 헌혈권장을 위해서 헌혈의 날 또는 헌혈사상고취기간을 설정할 수 있다.
- 보건복지부장관은 헌혈에 관하여 특히 공로가 있는 자에게 훈장 또는 표창을 수여할 수 있다.

실기

071 분만 1기 임부의 불안을 감소시키기 위한 간호

- 좌측위를 취해준다.
- 분만 시에 사용될 호흡법을 알려준다.
- 임부에게 태아 심음을 들려준다.
- 수축과 수축 사이에 휴식을 취할 수 있도록 돕는다.

072 귀 수술 환자의 간호

- 수술 후 24~48시간 정도 침상안정을 취한다.
- 수술한 부위에 압박을 금한다.
- 어지러움이 있을 수 있으므로 침상난간을 설치하고 보행 시 반드시 보조하는 사람이 있어야 한다.
- 두통, 이명이 있으면 간호사에게 보고한다.
- 귀에 압력을 높이는 기침, 재채기, 코풀기를 금한다.
- 식사는 미음이나 연식으로 제공한다.
- 인두와 중이가 연결되어 있으므로 감기에 걸리지 않도록 주의한다.
- 발살바호흡은 귀에 압력을 높일 수 있으므로 변비에 걸리지 않도록 신경쓴다.

073 혈소판 감소증 환자의 금기약물

혈액의 응고와 지혈을 담당하는 혈액 내 성분인 혈소판의 수가 감소하는 질병인 혈소판감소증 환자에게는 혈액응고를 저해하는 약물인 항응고제(헤파린, 와파린 등)의 사용을 금해야 한다.

074 전신마취 후 기침과 심호흡 이유

가스 교환으로 폐확장을 도와 무기폐(폐확장부전), 폐렴 등의 합병증을 예방하기 위해 기침과 심호흡을 권장한다.

075 삭모 범위

수술 전 피부 준비 부위는 수술 부위보다 넓고 길게 잡아야 한다.

※ 3회 97번 해설 참조

076 둔부 근육주사

둔근은 근육이 커서 반복 주사할 수 있고 혈관 분포가 많아 약의 흡수가 빠른 장점이 있지만 근육주사 시 궁둥신경(좌골신경)이 손상될 수 있다는 단점이 있다.

077 가압증기멸균 방법

※ 3회 90번 해설 참조

078 구법(뜸)

- 정의 : 화기를 직접적으로 이용하는 방법으로, 쑥잎이나 약물을 혈자리에 올려놓고 태워서 체표면을 소작하고 자극하는 방법으로 허증, 한증, 만성질환에 주로 사용
- 작용 : 중혈작용, 면역작용, 신진대사작용, 혈액순환작용, 억제작용, 항분작용, 유도작용, 반사작용
- 주의사항
  - 뜸은 일반적으로 위에서 아래로, 등에서 배쪽으로, 머리와 몸통을 먼저 뜨고 사지는 나중에 뜬다.
  - 마비된 부위, 얼굴, 고열환자, 술에 취한 사람, 임산부의 복부나 허리엉치부위에는 뜸을 금한다.
  - 뜸 치료 중 다른 부위에 화상을 입게 하거나 의복을 태우지 않도록 한다.

079 치매 환자 음식관련 문제행동에 대한 대처

- 화를 내거나 대립하지 않는다.
  예 치매 환자가 방금 식사를 마쳤음에도 불구하고 계속해서 밥을 달라고 하는 경우 "지금 준비하고 있으니까 조금만 기다리세요" 라고 말한다.
- 손으로 집어먹을 수 있는 식사를 만들어준다.
- 그릇의 크기를 조절하여 식사량을 조정한다.
- 금방 식사한 것을 알 수 있도록 먹고 난 식기를 그대로 두거나, 매 식사 후 달력에 스스로 표시하도록 한다.
- 위험한 물건이나 음식을 빼앗기지 않으려고 할 때는 환자가 좋아하는 다른 간식과 교환한다.

080 백내장 수술 후 주의사항

- 수술 후 안대를 적용하여 안구운동을 최소화한다.
- 눈에 자극을 주지 않기 위해 실내를 너무 밝지 않게 한다.
- 안압 상승 증상을 관찰하되, 갑작스런 안구 통증, 구토, 무지개 잔상 등은 안압 상승의 징후이므로 병원을 방문하도록 교육한다.
- 안압 상승을 예방하기 위해 기침 및 코풀기를 제한한다.
- 안전을 위해 침대 난간을 설치하고 수술 후 일시적으로 시야에 제한이 있을 수 있으므로 환자를 혼자 두지 않도록 한다.
- 통목욕 및 발살바법을 금하고 갑작스런 머리운동을 제한한다.
- 수술하지 않은 쪽으로 눕거나 앙와위를 취하고 안정한다.
- 달리기, 배변 시 긴장, 허리 구부리기, 무거운 물건 들기, 눈비비기는 수술 후 1~2개월 이상 제한한다.

081 붕대법의 종류

붕대 감는 방법	돌림붕대 (환행대)	모든 붕대법의 시작과 마지막에 사용하며, 같은 부위를 여러 번 겹쳐서 감는 방법
	경사붕대 (사행대)	드레싱이나 부목을 가볍게 고정할 때 사용하며, 계속 감아 올라가되 겹쳐지지 않게 감는 방법
	나선붕대	굵기가 비슷한 손가락, 위팔(상완), 몸통에 적용하는 것으로, 1/3~1/2 정도 겹쳐가며 감아 올라가는 방법
	나선역행붕대 (나선절전대)	아래팔(전완)이나 종아리 같이 굵기가 급히 변하는 부위에 적용하는 것으로, 나선으로 감을 때마다 전면에서 엄지를 대고 뒤집어 내려서 돌려 감는 방법
	8자붕대	손과 손가락, 몸과 사지의 연결점, 발꿈치, 팔꿈치 등 관절이나 돌출부에 붕대를 어슷하게 번갈아 돌려감아 8자형으로 부위를 올려감고 내려감는 방법
	되돌이붕대 (회귀대)	절단면, 말단 부위, 머리 등에 있는 드레싱을 고정할 때 사용하며, 환행대(돌림붕대)로 먼저 감고 중앙에서 시작하여 앞뒤로 오가며 상처 부위를 감는 방법
바인더	T-바인더	회음부나 직장 수술 후 드레싱을 고정하기 위한 바인더
	유방바인더	유방수술 후 유방 지지, 출산 후 젖 분비를 감소시키기 위해 사용하는 바인더

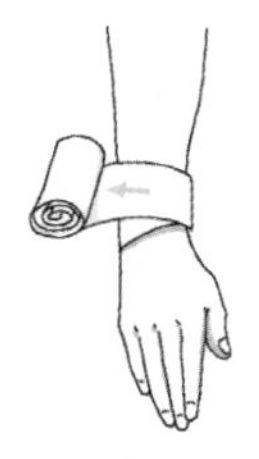
돌림붕대 (환행대)

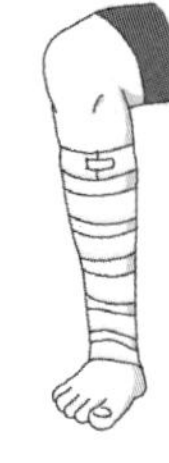
경사붕대 (사행대)

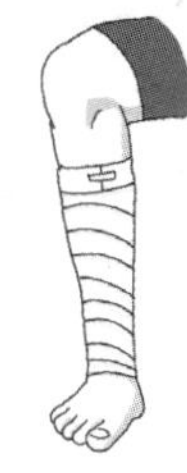
나선붕대

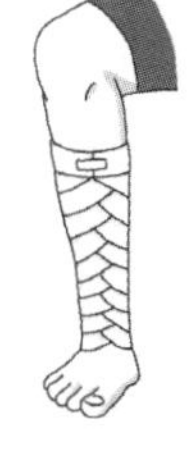
나선역행붕대 (나선절전대)

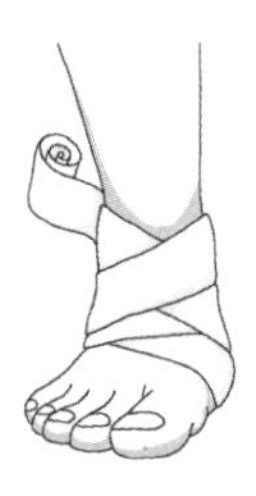
8자붕대

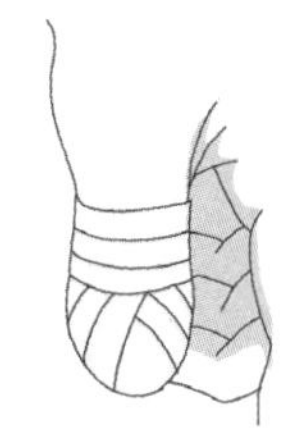
되돌이붕대 (회귀대)

082 울퉁불퉁한 길을 휠체어로 이동 시

울퉁불퉁한 길을 휠체어로 이동할 때는 크기가 작은 앞바퀴가 지면에 닿게 되어 휠체어를 앞으로 밀기가 힘들고 환자가 진동을 많이 느끼게 되므로 앞바퀴를 들어 올려 뒤로 젖힌 상태로 이동한다.

083 귀약 점적

귀에 약을 점적할 때 성인은 후상방으로, 아동은 후하방으로 당겨 외이도(바깥귀길)를 곧게 한다.

084 척추 손상 환자의 침상

환자의 척추나 등의 근육을 반듯하게 유지하기 위하여 딱딱한 판자를 넣어 만드는 침상

085 호흡

- 호흡수 증가 요인 : 스트레스, 열이 높을 때, 출혈, 쇼크, 빈혈, 운동 후, 식사 후, 급성통증, 혈액 속 이산화탄소 증가 시 등
- 호흡수 감소 요인 : 진정제, 마약 진통제 투여 후, 수면 시 등
- 맥박과 호흡의 비율은 약 4:1이다.

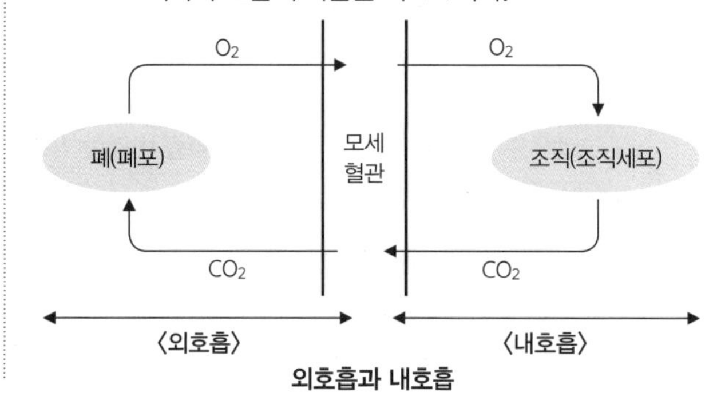

외호흡과 내호흡

086 혈액 검사

- 채취 즉시 검사실로 운반하고 지연 시 냉장보관한다.
- 전체혈구계산(CBC) : 혈액 내 적혈구, 백혈구, 혈소판을 확인하여 혈액질환이나 감염성 질환 여부를 확인하는 검사로, EDTA 보틀에 채혈한 후 조심스레 굴려서 EDTA항응고제와 혈액을 섞어주어야 한다.
- 검사 종류에 따라 8시간 이상 금식을 해야 하는 혈액검사(예 혈당, 콜레스테롤, 간수치 검사 등)도 있다.
- 산소 흡인은 적혈구 수치에 영향을 준다.
- 가는 바늘로 채혈 시 적혈구가 용혈(파괴)된다.

087 기관지경 검사

- 호흡기계통의 질병을 확인하기 위한 검사로 검사 전 금식한다.
- 기도 분비물을 억제하기 위해 아트로핀을 주사하고 목의 불편감을 줄이기 위해 리도케인을 목에 뿌린다.
- 입천장반사(구역반사)가 돌아올 때까지 금식하며 호흡곤란이 발생하는지 주의 깊게 관찰한다.

088 가슴막천자(흉강천자)

- 목적 : 바늘을 가슴막(흉강) 내로 삽입하여 액체를 뽑거나 약물을 주입해서 호흡곤란이나 통증을 제거하기 위한 검사이다.
- 자세 : 천자 측 팔을 머리위로 올리거나, 테이블 위에 베개를 올려놓고 그 위로 팔짱을 낀 채 엎드린 자세를 취한다.
- 주의사항 : 외상을 방지하기 위해 바늘이 삽입된 후에는 기침을 하거나 움직이지 않도록 한다. 검사 전 금식은 필요하지 않고, 검사 후에는 호흡하기 편한 반좌위를 취해준다.

089 수인성 감염병 환자의 식기와 배설물 처리

식기는 끓인 후 씻고, 배설물은 소각하여 처리한다.

090 광선요법 시 간호

- 각막 손상을 예방하기 위해 안대를 착용시킨다.
- 신생아의 피부를 형광빛에 노출시켜 빌리루빈을 배출시켜야 하므로 옷을 벗기고 기저귀만 착용시킨다.
- 탈수 증상이 나타나지 않도록 수분을 공급한다.
- 수유하는 동안 환아를 인큐베이터 밖으로 꺼낼 수 있다.
- 고체온증이 생기지 않도록 수시로 체위를 변경한다.
- 오일 등을 몸에 바르지 않는다.

091 멸균 물품 보관과 관리 방법

- 소독날짜가 최근의 것일수록 뒤쪽으로 배치한다.
- 물품이 젖어 있으면 오염으로 간주한다.
- 소독 물품은 사용 직전에 풀되, 미리 풀어두어야 하는 경우에는 멸균포로 덮어둔다.
- 전달집게(이동겸자)는 24시간마다 교환한다.

092 코위관(비위관) 삽입

- 코위관(Levin tube) : 코를 통해 위까지 도달하는 관
- 삽입 길이 : 환자의 코에서 귓불 + 귓불에서 칼돌기(검상돌기)까지의 거리
- 환자의 자세 : 흡인을 예방하기 위해 좌위 또는 반좌위
- 코위관 끝 10~20cm정도에 수용성 윤활제를 바른다.
- 삽입 시 입으로 숨을 쉬게 하면서 턱을 내리고 자주 침을 삼키라고 한다.
- 삽입 후 코위관이 위장 내로 잘 들어갔는지 확인한 후 코위관을 고정한다.

093 알코올 목욕

- 열을 내리기 위한 목욕으로 의사의 지시 하에 시행한다.
- 30~50% 알코올을 사용하여 얼굴을 제외한 전신을 닦아준다.
- 목욕 중 수시로 수분을 보충한다.
- 머리에는 얼음주머니를 해주고 손과 발에는 더운물 주머니를 제공한다.
- 알코올 목욕 금기 환자 : 욕창환자, 노인 환자, 피부병이 있는 환자

094 등척성 운동

관절을 움직이지 않고 근육을 수축하고 이완하면서(근육에 힘을 주었다 빼는 운동 등) 근력을 유지하는 운동으로 석고붕대를 한 환자의 근육 위축을 예방하기 위해 필요한 운동이다.

095 얼음주머니 적용 방법

- 주머니에 찬물을 조금 부어 구멍이 있는지 미리 확인하고 물을 버린다.
- 얼음주머니의 1/3~1/2 정도를 호두알 크기의 얼음 조각으로 채우고 찬물을 한 컵 붓는다.
- 공기를 제거하고 마개를 막는다.
- 수건으로 싸서 적용하고자 하는 부위의 피부상태를 관찰한 후 환자에게 적용한다.
- 보통 30분간 적용하며 필요시 1시간마다 얼음주머니를 교환한다.
- 혈액순환에 문제가 있는 환자, 개방된 상처 부위, 빈혈 환자, 감각장애 등을 가진 환자에게는 금기이다.

096 산소 투여 시 증류수

산소 투여 시 병에 증류수를 넣어 기관점막 건조를 예방한다.

097 내고정(수술)

- 비수술적 치료가 실패하거나 불가능할 때 수술용 나사, 금속판, 못, 핀 등을 이용하여 정복한 골절을 고정하는 방법이다.
- 주로 복합골절 시 시행한다.
- 치료하는 시간을 단축시킬 수 있지만 감염의 위험이 있다.

098 근육주사

- 주사 부위
  - 둔부 배면의 중둔근 : 근육이 커서 반복 투여 가능, 가장 많이 사용되는 부위, 궁둥신경(좌골신경) 손상 위험
  - 대퇴의 가쪽넓은근(외측광근) : 유아나 둔근의 양이 적은 환자에게 적용
  - 외팔(상완)의 어깨세모근(삼각근) : 견봉돌기 아래 위치
- 주사 시 주의사항
  - 약물을 뽑은 주사기의 바늘은 새것으로 교환
  - 주사기의 각도는 90°
  - 바늘 삽입 후 내관을 뒤로 당겨보아 혈액이 나오는지 확인(혈액이 나오지 않아야 함)
  - 주사 후 많이 문질러 약의 흡수 촉진
  - 바늘의 삽입과 제거는 빠르게, 약물 주입은 천천히 함
  - 부작용 : 혈관이나 신경 손상 가능성, 주사부위 통증 등

099 임종 후 사후 관리

- 의사의 사망선언이 있어야 사후처치가 가능하다.
- 사후경축은 사망 2~3시간 후부터 시작되므로 사후경축이 오기 전에 바른 자세를 취해준다.
- 관나 장치가 부착되어 있을 경우 의료인에게 제거해 줄 것을 의뢰한다.
- 환자를 바로 눕히고 베개를 이용하여 어깨와 머리를 올려 혈액 정체로 인한 얼굴색 변화와 입이 벌어지는 것을 방지한다.
- 환자의 눈이 감기지 않을 경우 솜을 적셔 양쪽 눈 위에 올려놓는다.
- 깨끗한 시트를 환자의 어깨까지 덮어준다.
- 가족들이 환자를 만날 수 있도록 하고, 가족이 슬픔을 표현할 수 있도록 돕는다.
- 사망증명서 한 장은 시체에 붙이고 다른 한 장은 홑이불 위에 안전핀으로 고정하여 영안실로 보낸다.

100 당뇨 환자 발 관리

- 발을 담그기 전에 물의 온도가 40℃가 넘지 않도록 점검한다.
- 발에 로션을 바르되 발가락 사이에는 바르지 않는다.
- 발톱은 일자로 다듬는다.
- 꽉 끼는 의복이나 다리를 꼬는 자세를 피한다.
- 티눈은 자르지 말고 병원에 방문한다.
- 꽉 끼는 신발이나 샌들을 신거나 맨발로 다니지 않도록 한다.
- 발가락 사이가 심하게 건조하면 오일을 사용하여 마사지한다.

간호조무사 실전모의고사 제7회 정답 및 해설

001	②	002	⑤	003	③	004	④	005	④
006	①	007	②	008	①	009	④	010	④
011	④	012	③	013	④	014	③	015	④
016	①	017	①	018	③	019	④	020	③
021	③	022	②	023	①	024	②	025	②
026	①	027	③	028	③	029	①	030	⑤
031	②	032	④	033	④	034	①	035	①
036	④	037	③	038	②	039	⑤	040	②
041	④	042	④	043	②	044	②	045	③
046	③	047	②	048	④	049	③	050	①
051	③	052	④	053	④	054	②	055	①
056	③	057	④	058	④	059	③	060	①
061	②	062	④	063	③	064	①	065	⑤
066	②	067	④	068	③	069	⑤	070	②
071	①	072	④	073	⑤	074	③	075	②
076	②	077	②	078	③	079	①	080	①
081	④	082	③	083	⑤	084	③	085	⑤
086	②	087	②	088	④	089	④	090	⑤
091	①	092	③	093	③	094	①	095	③
096	①	097	⑤	098	④	099	⑤	100	④

기초간호학 개요

001 당뇨병의 종류

종류	인슐린 분비	발생시기
1형 당뇨 (인슐린 의존성 당뇨)	인슐린 분비가 거의 되지 않아 외부에서 인슐린을 공급해야 혈당이 조절되는 상태 → 인슐린으로 조절	주로 40세 이전에 나타나므로 소아당뇨라고도 한다.
2형 당뇨 (인슐린 비의존성 당뇨)	분비되는 인슐린의 양이 적어 혈당 조절이 어려운 상태 → 운동, 식이요법 등으로 조절	좋지 않은 식습관, 유전, 비만, 스트레스 등이 원인으로 주로 40세 이후에 발생한다.

002 아편, 마약제제

이중의 잠금장치가 있는 별도의 약장에 보관하고 열쇠는 책임간호사가 관리한다. 마약을 투여하지 않게 되었거나 사용 후 남은 잔량은 버리지 말고 마약취소처방전과 함께 약국에 반납하여야 한다.

003 간호조무사의 복장

유니폼을 입을 때는 겉옷뿐만 아니라 내의도 깨끗하고 단정한 것으로 입어 속옷이 겉으로 비쳐 보이지 않도록 해야 하며 복장을 항상 깨끗하게 유지하도록 한다.

004 상처 치유를 촉진하기 위한 물질

상처 치유를 촉진하기 위한 비타민과 영양소로는 비타민 C와 단백질이 있다.

005 임신중독증 환자의 식이

고단백, 고비타민, 적절한 탄수화물, 저지방, 저열량, 저염, 부종이 심하면 수분 제한

006 전인간호

- 환자의 육체적, 정신적, 심리적, 사회적, 영적 요구를 충족시켜주기 위한 포괄적인 간호이다.

- 인간을 중심으로 개별적인 간호를 하는 데 그 역점을 둔다.
- 전인간호 시행을 위해서는 개개인을 깊이 이해하고 간호 요구가 무엇인지를 발견하여야 한다.

007 약물의 유형

- 대용제 : 체내 물질 또는 체액 대용으로 사용
- 강장제 : 신체의 건강을 회복시킬 목적으로 사용
- 지지제 : 다른 치료를 하기 전 신체 반응이 회복될 때까지 신체 기능을 지지해주는 목적으로 사용
- 완화제 : 질병 자체의 치료에는 효과가 없으나 질병의 증상을 완화시킬 목적으로 사용
- 치료제 : 질병을 치료하고 상태를 호전시킬 목적으로 사용
- 화학요법제 : 암세포를 파괴시킬 목적으로 사용

008 심폐소생술 순서

- 일반인이 성인환자에게 심폐소생술 시행 시
  * 가슴압박 → 자동심장충격기 사용

  반응 없는 환자 발견 → 119에 신고 후 응급의료상담원의 안내에 따라 호흡 유무 및 비정상여부를 판별해야 하며, 호흡이 없거나 비정상이라고 판단되면 즉시 가슴압박 시작 → 자동심장충격기 도착 시 사용(기계 음성지시에 따라 작동)
- 의료인에 의한 심폐소생술
  * 가슴압박 → 기도유지 → 인공호흡 → 자동심장충격기 사용

  반응 확인 → 119 신고 및 자동심장충격기 준비 → 10초 이내에 호흡과 맥박 확인 → 심폐소생술 시작(가슴압박→기도 유지→인공호흡) → 자동심장충격기 사용

009 임부의 영양

- 태아의 골격 형성과 모체의 치아 건강을 위해 칼슘을 복용한다.
- 고단백, 저지방 식사를 하도록 한다.
- 입덧이 심한 임신부는 탄수화물이 많이 함유된 음식(예 비스킷, 토스트 등)을 섭취하게 하고 소량으로 자주 먹도록 한다.
- 수분 섭취를 권장하고 지나치게 짠 음식은 삼간다.
- 엽산은 적혈구 생성을 위해 반드시 필요하므로 충분히 섭취한다.

010 직업윤리

- 직업윤리의 정의 : 직업적 양심, 사회적 규범과 관련된 것으로 해당 직업을 가진 사람에게 요구되는 행동규범
- 간호조무사가 간호윤리를 지켰을 때 이로운 점
  - 법적인 책임한계를 식별하는데 도움을 준다.
  - 문제 해결 시 지혜롭고 양심적인 판단을 하게 된다.
  - 환자나 자신에게 유익한 행동방향을 제시해준다.
  - 기쁨과 보람을 얻을 수 있다.

011 의료인 부재 중 응급환자 발생 시

간호조무사도 응급 환자에 대한 최선의 응급처치를 다 할 의무가 있으므로 의료진의 부재 시 응급 환자가 발생하면 응급처치를 하면서 의사와 간호사를 부른다.

012 노인질환의 특성

- 노화와 병리적 상태의 구별이 어렵다.
- 특정 질병에 수반되는 증상이 없거나 비전형적인 경우가 많다.
- 동시에 여러 가지 질병을 가지고 있는 경우가 많다.
- 질병으로 인해 의식이나 정신장애를 일으키기도 한다.
- 특정 질병과 위험인자 사이의 연관성이 없다.
- 질병의 경과가 길고 재발률이 높다.
- 질병의 원인이 명확하지 않아 치료가 어렵고 만성질환이 대부분이어서 지속적인 관리가 필요하다.
- 의료비 부담 능력이 없어 가족의 부담이 증가한다.
- 발생률보다 유병률이 높다.
- 자신에게 익숙한 방법을 고집하고 매사에 융통성이 없어지며 새로운 변화를 싫어하는 경직성이 증가한다.

013 노인 수면의 특징

- 렘(REM)(꿈꾸는 단계)은 젊었을 때와 크게 변화가 없거나 감소하고, 비렘(NREM)(꿈꾸지 않는 단계)은 짧아져 숙면을 취하기가 어려움
- 수면 도중 자주 깸, 낮잠 증가, 새벽잠 줄어듦, 전체 수면시간 감소, 불면증 증가

014 뱀에게 물렸을 때(사교상) 응급처치

* 독사의 독이 퍼져 호흡곤란으로 주로 사망하므로 쇼크예방(순환) → 기도유지(호흡)에 신경 써야 한다.

- 움직임을 최소화하고 물린 부위를 심장보다 낮게 유지하여 독이 빨리 퍼지지 않도록 한다.
- 물린 곳 위를 손가락 1개가 들어갈 정도로 묶어 정맥을 차단하고 병소(병터, 환부)를 부목으로 고정한다.
- 물린 부위를 칼로 절개하거나 독을 입으로 빨아내지 않는다.
- 물과 술을 금한다.

015 역류성 식도염

- 위의 내용물이나 위산이 식도로 역류하여 발생하는 식도의 염증을 말한다.

- 잘못된 식습관, 식도 조임근의 압력이 낮아진 경우, 음식이 위에 계속 남아 있는 경우, 비만 등이 원인이 된다.
- 소화불량, 속쓰림 등의 증상을 보인다.
- 저지방, 저자극 음식을 소량씩 자주 섭취하고 지나치게 뜨겁거나 찬음식, 탄산음료, 카페인, 술, 담배 등을 피한다.
- 식후 바로 눕지 않는다.
- 취침 전에 음식물 섭취를 금하고 취침 시 상체를 약간 상승시킨다.
- 복압이 상승되는 행동(예 조이는 옷을 입거나 허리를 굽히는 행동)을 하지 않는다.

016 간성혼수

※ 3회 27번 해설 참조

017 치매 환자의 파괴적 행동에 대한 간호

- 파괴적 행동 : 울고, 욕하고, 안절부절 못하고, 때리거나 물고, 침을 뱉고, 주먹으로 치고, 꼬집는 등의 행동
- 자극을 주지 말고 조용한 장소에서 쉬게 한다.
- 온화한 표정과 행동을 유지한다.
- 지속적으로 난폭한 행동을 하지 않는 한 신체보호대는 사용하지 않는다.

018 방문간호조무사

간호조무사 중 3년 이상의 간호보조업무 경력이 있는 자에게 자격이 주어지고, 보건복지부장관이 정하는 이론 360시간과 실습 340시간을 이수해야 한다.

019 열경련의 응급처치

- 0.9~1.0%의 소금물이나 이온음료를 마시게 한다.
- 0.9% 생리식염수를 정맥주사한다.
- 바람이 잘 통하는 서늘한 곳에 눕히고 쉬게 한다.
- 근육 경련 부위를 마사지한다.

020 임부의 정맥류 간호

- 증대된 자궁이 복부정맥을 압박하여 혈액순환이 원활하지 않아 정맥류가 발생한다.
- 휴식 시 다리를 상승시키는 골반고위를 취한다.
- 탄력붕대나 압박스타킹을 착용한다.
- 몸이 조이는 의복과 다리 꼬는 자세를 피하고, 굽이 낮은 편안한 신발을 신는다.

021 무력자궁경부

선천적 또는 외상으로 인해 자궁경부가 약해져서 유산이 초래되는 것으로, 쉬로드카법이나 맥도날드법 등의 방법으로 자궁경부를 봉합하여 임신을 유지할 수 있다.

022 귀관(이관)

- 중이관이라고도 하며 인두와 연결되어 있어 고실내의 압력을 조절한다.
- 아동은 귀관이 짧고, 곧고, 넓어서 감기 시 중이염이 잘 발생된다.

> - 고막 : 외부로부터 들어온 공기를 진동시키는 곳으로 외이와 중이의 경계를 이루는 부위
> - 달팽이관 : 듣기를 담당하는 청각기관
> - 반고리관 : 몸이 얼마나 회전하는지를 감지하는 평형기관
> - 안뜰(전정) : 몸의 균형을 담당하는 평형기관으로 자극 시 메스꺼움, 어지러움, 멀미 유발
> - 외이도(바깥귀길) : 음을 전달하는 통로

023 뇌척수액이 위치하는 부위

뇌의 거미막(지주막)과 연막 사이의 공간을 거미막밑공간(지주막하강)이라고 한다.

024 뇌신경(12쌍)

- 제1 뇌신경 (후각신경, 후신경) : 후각 담당
- 제2 뇌신경 (시각신경, 시신경) : 시각 담당
- 제3 뇌신경 (눈돌림신경, 동안신경) : 안구운동 담당
- 제4 뇌신경 (도르래신경, 활차신경) : 안구운동 담당
- 제5 뇌신경 (삼차신경) : 혀의 운동 및 안면의 일반감각 담당
- 제6 뇌신경 (갓돌림신경, 외향신경) : 안구운동 담당
- 제7 뇌신경 (얼굴신경, 안면신경) : 안면근육 운동과 혀의 앞쪽 2/3를 지배하는 신경으로 미각 담당
- 제8 뇌신경 (속귀신경, 청신경) : 청각 및 평형감각 담당
- 제9 뇌신경 (혀인두신경, 설인신경) : 혀의 미각과 경돌인두근 운동 담당
- 제10 뇌신경 (미주신경) : 뇌신경 중 가장 긴 신경으로 부교감신경 중 하나이며, 흉부(흉관)나 복강 등의 장기에 분포
- 제11 뇌신경 (더부신경, 부신경) : 목의 등세모근(승모근) 및 흉쇄유돌근(목빗근)의 운동을 담당
- 제12 뇌신경 (혀밑신경, 설하신경) : 혀의 운동을 담당

> - 눈과 관련된 신경 : 2, 3, 4, 6번 신경
> - 혀와 관련된 신경 : 5, 7, 9, 12번 신경

025 코피(비출혈)

- 코피의 양상을 사정한다.
- 콧등을 엄지와 집게손가락(검지)으로 단단히 잡고 4~5분 정도 누른다.
- 머리를 앞으로 숙인 상태로 콧등과 뒷목에 얼음찜질을 해준다.

- 입으로 넘어온 피는 삼키지 말고 뱉도록 한다.
- 코를 풀지 못하게 하고 코안에 응고된 피딱지를 파내지 않도록 한다.

026 영아의 성장발달

- 생후 1년이 되면 출생 시 신장의 1.5배가, 몸무게는 3배가 증가한다.
- 생후 9~10개월부터 다른 사람의 반응에 모방적 표현을 한다.
- 생후 6개월경에는 밤에 12시간 정도 잠을 자고 낮에 3~4시간 정도 낮잠을 잔다.
- 8~9개월에는 숟가락을 정확히 잡고 가지고 놀 수 있다.
- 배변훈련은 유아기 때 시작한다.

027 신생아 선천 대사 이상 검사

- 모든 신생아에게 시행하는 검사이다.
- 효소를 만드는 유전자의 이상으로 페닐케톤뇨증, 단풍시럽뇨증, 갈락토스혈증, 갑상샘저하증, 고페닐알라닌혈증, 호모시스틴뇨증 등이 있다.
- 수유 시작 후 24시간이 지난 후에 시행한다.
- 검사는 생후 3~7일경 채혈하여 여과지에 묻혀서 말린 후 검사실로 보낸다.(생후 48시간 이후, 분유나 모유를 충분히 먹이고 2시간 지나서 채혈)
- 가능하면 수혈하기 전에 채혈한다.

028 정상유아의 행동 특성

- 거절증, 떼쓰는 것(분노발작), 분리불안, 퇴행, 의식적인 행동, 양가감정, 심리적인 요인으로 인해 야뇨증이 발생한다.
- 늘 사용하던 물건만 고집한다.
- 친구보다는 엄마, 아빠와 함께 있는 것을 더 좋아한다.
- 친구들 옆에서 놀고 있지만 따로 장난감을 가지고 혼자 노는 평행놀이를 한다.
- 호기심이 많지만 위험성을 인식하지 못해 사고 위험이 높다.
- 유아기 사망의 주된 원인은 낙상과 사고이다.

029 급성 통증 시 신체 증상

맥박 상승, 호흡수 증가, 동공 확대, 발한, 창백, 불안정, 집중력 저하, 두려움 등의 증상이 나타난다.

030 경련 환자 간호

- 가장 먼저 환자가 혀를 물거나 혀가 기도로 말려들어가는 것을 방지하기 위해 구강 내에 설압자나 깨끗한 수건을 삽입한다(억지로 넣지는 않아야 함).
- 기도를 확보하고 필요시 처방된 산소를 공급한다.
- 측위를 취하거나 고개를 옆으로 돌려 이물(이물질)이 흡인되지 않도록 한다.
- 부상을 입지 않도록 주위의 위험한 물건을 치운다.
- 환자의 목과 가슴 주변의 옷을 풀어준다.
- 처방에 따라 항경련제, 진정제 등을 투여한다.
- 신체보호대를 적용하거나 마사지하지 않도록 하며 경련 양상을 주의 깊게 관찰하고 기록한다.
- 경련 후에는 분비물을 닦아주고 바로 눕혀서 기도를 유지하며 혀와 입술의 깨물림 등의 손상이나 경련 시 생긴 피부상처가 없는지 살펴본다.
- 경련 환자의 병실은 조용하고 어둡게 유지한다.
- 간호사실과 가까운 곳으로 배치하여 수시로 관찰하되 불필요한 자극을 주지 않는다.

031 요붕증

- 뇌하수체 후엽에서 분비되는 항이뇨호르몬의 결핍으로 인해 다뇨(4~5L 이상/일)가 발생하는 질환
- 충분한 수분 섭취, 염분 제한, 섭취량과 배설량의 정확한 측정, 탈수나 전해질 불균형 증상 관찰

032 젖니(유치)와 간니(영구치)의 교환

간니(영구치)는 만 6세부터 나오기 시작하여 18세에 완전히 나오게 된다.

033 하악 제1큰어금니

만 6세경 하악 제1큰어금니가 맹출되므로 젖니와 혼동될 수 있다.

※ 3회 33번 해설 참조

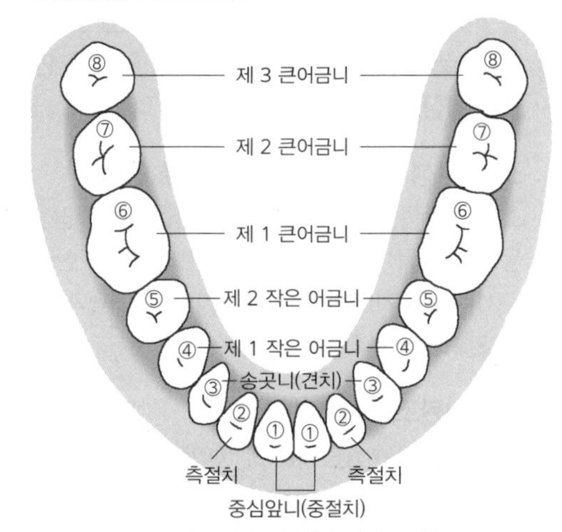

치열과 치아 이름(간니(영구치))

034 한방의 진단법

- 망진(望診) : 눈이나 얼굴 등에 나타나는 색깔을 보고 진단하는 방법

- 문진(聞診) : 소리를 듣고 냄새를 맡아 진단하는 방법
- 문진(問診) : 오미(五味)를 중심으로 환자에게 질문을 하여 진단하는 방법
- 절진(切診) : 여러 가지 진단법 중에 가장 우위를 차지하는 방법으로 심장박동에 의해 생긴 파동이 동맥을 따라 말초로 전파될 때 노뼈(요골)동맥 위에 지두(손가락 끝)를 올려 질병상태를 판단하는 방법

035 장기법시론

한방간호에 대한 가장 오래된 문헌은 소문의 장기법시론이다.

보건간호학 개요

036 교육방법

- 일방적 교육방법 : 강의, 비디오·영화 상영, 게시판, 포스터, 라디오, TV, 신문, 녹음기 사용 등
- 왕래식 교육방법 : 집단토의, 면접, 극화실험, 분단토의, 시범교육, 교수 강습회 등

037 1차 보건의료의 접근성

할아버지는 거리에 대한 불만을 호소하고 있으므로 지리적 접근성이 부족하다고 할 수 있다.

038 국민 의료비 상승 원인

인구의 고령화, 만성질환 증가, 이동수단의 발달로 의료기관 이용이 쉬워짐, 전국민 건강보험 시행으로 본인부담 비용이 감소, 사소한 질병에도 병원을 찾는 빈도 증가, 의료서비스의 고급화, 의료급여 확대, 국민의 소득수준 향상, 병원의 대형화와 고가의 의료장비 사용 등

039 소음 발생 시 간호조무사의 간호 중재

소음은 두통, 불안, 수면 방해, 청력 손상, 작업능률 저하 등의 신체적·정신적 증상을 야기시키므로 산업 간호조무사는 근로자에게 작업 시 귀마개나 귀덮개 등을 착용하도록 권장한다.

040 이산화탄소(0.04%)

- 위생학적 허용농도는 0.1%이다.
- 무색, 무취의 약산성 가스로 실내공기의 혼탁도(탁도) 판정기준으로 사용된다.
- 이산화탄소 증가 시 실내에서는 군집중독이, 실외에서는 온실효과가 발생한다.

> - 군집중독 : 다수의 사람이 밀폐된 공간(예 극장, 만원버스 등)에 있을 때 공기 중에 이산화탄소가 증가하여 두통, 불쾌감, 권태, 현기증(어지럼), 구토 등의 증상을 일으키는 것으로 환기가 가장 중요한 예방책이 된다.
> - 온실효과 : 대기 중 이산화탄소 등의 온실가스가 지표에서 우주 공간으로 향하는 적외선 복사를 대부분 흡수하여 지구의 온도를 비교적 높게 유지하는 작용으로, 빛은 받아들이고 열은 내보내지 않는 온실과 같은 작용을 한다는 데서 유래한 말이다.

041 기온 역전 현상

- 상층부로 올라갈수록 온도가 높아지는 현상으로 대기 오염의 중요한 원인이 된다.
- 바람 없이 맑게 갠 날, 겨울철, 눈이나 얼음이 땅에 덮여 있을 때 주로 발생한다.

042 비만 초등학생의 영양교육

비만인 초등학생에게 영양교육을 실시할 때는 주로 음식을 관리하거나 제공하는 학생의 부모님과 함께 교육해야 효과가 높아진다.

043 보건교육 평가

- 진단평가 : 교육 전 평가
- 형성평가 : 교육 중 평가
- 총괄평가 : 교육 후 평가

044 작업환경 관리 방법 중 격리

장벽, 방호벽, 밀폐, 원격장치 등을 이용하여 물질, 시설, 공정, 작업자를 격리하는 것

045 불감기류

- 피부가 감지하지 못하는 0.5m/sec 이하의 기류를 불감기류라고 한다.
- 냉·한에 대한 저항력을 강화시키고 생식샘의 발육을 촉진시킨다.
- 실내나 의복에 끊임없이 존재한다.

046 밀스-라인케 현상

상수를 여과하여 공급한 후 장티푸스, 이질, 장염 등의 수인성 감염병으로 인한 사망자가 감소한 현상

047 의료폐기물 종류 및 처리

※2회 74번 해설 참조

048 영아사망률이 한 국가의 건강수준 및 보건상태를 나타내는 대표적 지표인 이유

- 일정 연령군이므로 통계적 유의성이 높다.
- 모자보건 수준이나 환경위생 수준이 높아지면 영아사망률이 낮아지기 때문이다.

- 경제상태, 교육정도, 환경위생상태 등이 영아사망률에 영향을 미친다.
- 영아사망률 변동범위가 조사망률 변동범위보다 크기 때문이다.

> 모자보건지표 : 영아사망률, 산전 진찰률, 영유아 예방접종률, 주산기 사망률(출산전후기 사망률), 사산율, 일반 출산율, 모성사망률(임산부사망률), 시설 분만률 등

049 보건소

- 지방보건행정조직이다.
- 「지역보건법」에 따라 설치한다.
- 4년마다 지역보건의료계획을 수립한다.
- 시·군·구에 설치한다.
- 기능 및 업무
  - 건강 친화적인 지역사회 여건의 조성
  - 지역보건의료정책의 기획, 조사·연구 및 평가
  - 보건의료인 및 보건의료기관 등에 대한 지도·관리·육성과 국민보건 향상을 위한 지도·관리
  - 보건의료 관련기관·단체, 학교, 직장 등과의 협력체계 구축
  - 지역주민의 건강증진 및 질병예방·관리를 위한 지역보건의료서비스 제공

050 사회서비스

- 정의 : 국가·지방자치단체·민간부분의 도움을 필요로 하는 모든 국민에게 복지, 보건의료, 교육, 고용, 주거, 문화, 환경 등의 분야에서 인간다운 생활을 보장하고 상담, 돌봄, 재활, 정보 제공, 관련시설의 이용, 역량 개발, 사회참여 지원 등을 통하여 국민의 삶의 질이 향상되도록 지원하는 제도
- 종류 : 노인복지, 아동복지, 장애인복지, 가정복지 등
  예 장애인 활동지원서비스, 산모/신생아 건강관리 지원사업

공중보건학 개요

051 정신건강간호사업의 내용

정신건강복지센터 설치·운영, 아동·청소년 정신건강간호사업, 정신건강위기 상담전화, 자살예방사업 및 자살예방센터 운영, 알코올 상담센터 설치·운영, 마약류 중독자 치료·보호, 정신재활시설 설치·운영, 정신요양시설 설치·운영, 정신의료기관 개설·운영, 정신질환 편견 해소 및 인식 개선사업

052 간호과정 중 계획단계

계획단계에서는 목표설정, 우선순위 결정, 간호방법 및 수단 선택, 수행계획 및 평가계획을 세워 계획서를 작성해야 한다.

053 만성질환(생활습관병)의 특징

- 원인이 다양하고 발생시점이 불분명하다.
- 생활습관과 관련이 있어 예방이 중요하다.
- 질병이 발생하면 대부분 3개월 이상 오랫동안 증상이 지속되고 쉽게 치료되지 않는다.
- 호전과 악화를 반복하며 계속 나빠지는 방향으로 진행된다.
- 연령이 증가할수록 유병률이 높아진다(유병률 〉 발생률).
- 장시간의 치료와 관리가 필요하다.
- 대부분 재활을 위한 특수한 훈련이나 치료가 필요하다.

054 모자보건법에 근거한 건강진단

- 신생아 : 수시로
- 출생 후 1년 이내 : 1개월마다 1회
- 출생 후 1~5년 : 6개월마다 1회

055 감염병의 종류

- 바이러스성 감염병 : 일본뇌염, A·B·C형 간염, 인플루엔자, 두창, 홍역, 볼거리(유행귀밑샘염), 폴리오, 공수병 등
- 세균성 감염병 : 이질, 결핵, 폐렴, 장티푸스, 콜레라, 백일해, 성홍열, 디프테리아 등
- 리케차성 감염병 : 발진티푸스, 쓰쓰가무시병 등

056 비말전파 감염병의 예

사스, 메르스, 폐렴알균, 백일해, 수두, 인플루엔자, 볼거리(유행귀밑샘염), 풍진, 뇌수막염, 수막알균수막염, 디프테리아, 결핵, 홍역, 폴리오(회색질척수염), 성홍열 등

057 자궁 내 장치(루프)

- 루프를 삽입하여 수정란의 자궁 내 착상을 방해하는 방법이다.
- 삽입시기 : 월경이 끝날 무렵
- 부작용 : 월경량 증가, 골반염, 부정출혈 등
- 1회 시술로 장기간(약 3~5년간) 피임이 가능하고 장치만 제거하면 곧바로 임신이 가능하다.
- 모유수유 중에도 사용할 수 있다.
- 첫 아이 출산 후 터울조절을 위해 권장된다.

058 지역사회 간호 목표
주민들이 스스로 건강문제를 해결할 수 있도록 하는 것

059 가정방문 우선순위
- 미숙아와 신생아 → 임산부 → 학령 전 아동 → 학령기 아동 → 성병 환자 → 결핵 환자
- 개인보다 집단을, 만성질환보다 급성질환을, 전염성 환자보다 비전염성 환자를, 구환자(기존환자)보다 신환자(새로운 환자)를, 산재되어 있는 곳보다 집합되어 있는 곳을, 건강한 대상보다는 문제가 있는 대상을 먼저 방문한다.
- 감수성이 높은 환자를 먼저 방문한다.
- 경제력이나 교육수준이 낮은 환자를 먼저 방문한다.

060 침묵
짧은 침묵은 대상자나 간호조무사 모두에게 생각을 정리할 수 있는 기회를 준다.

061 난관결찰(자궁관묶음)
여성의 양측 난관을 절단 또는 봉합하여 폐쇄함으로써 난자와 정자가 난관에서 수정되지 못하도록 하는 여성의 영구적인 피임 방법이다.

※ 8회 55번 해설 참조

062 인수공통감염증
- 정의 : 동물과 사람간에 서로 전파되는 병원체에 의하여 발생되는 감염병으로 즉시 질병관리청장에게 통보
- 종류 : 탄저, 중증급성호흡증후군, 동물인플루엔자 인체감염증, 결핵, 장출혈성대장균감염증, 일본뇌염, 브루셀라증, 공수병, 변형 크로이츠펠트-야코프병, Q열(큐열), 중증열성혈소판감소증후군

063 홍역
- 원인 : 홍역 바이러스(Measles virus)
- 전파경로 : 비말감염
- 증상
  - 카타르기(전구기) : 전염력이 강한 시기로 기침, 재채기, 결막염, 구강점막에 코플릭 반점
  - 발진기 : 홍반성 발진이 목뒤, 귀 아래에서 시작하여 몸통, 팔, 다리로 퍼짐, 발진 후 고열
  - 회복기 : 기관지염, 폐렴, 중이염 발생가능
- 예방 : MMR백신 접종(12~15개월, 4~6세), 홍역 유행 시에는 6~11개월에 MMR접종
- 치료 : 격리, 대증치료, 붕산수를 이용한 구강간호, 중조(탄산수소소듐)나 황산마그네슘을 물에 타서 씻겨주어 소양감을 감소시켜준다.

  *홍역환자와 접촉 후, 발진 후 1주일간 격리한다.
  *해열 1~2일 후 합병증이 없다면 등교가 가능하다.

064 질편모충
- 원인 : 질트리코모나스
- 전파경로 : 성 접촉으로 전파, 여성의 질과 남성의 전립샘이나 요도 등에 기생
- 증상 : 질의 충혈과 소양감, 백대하
- 예방 : 변기는 석탄산수나 크레졸로 소독, 내의는 삶거나 일광소독
- 치료 및 간호 : 보균자는 조기치료하고 부부가 함께 치료

065 필수예방접종(17종)
디프테리아, 백일해, 파상풍, 홍역, 볼거리(유행귀밑샘염), 풍진, 로타바이러스 감염증, 폴리오, B형간염, 일본뇌염, 수두, 뇌수막염(b형 헤모필루스 인플루엔자 : Hib), 폐렴알균, 결핵, A형간염, 인플루엔자, 사람유두종바이러스 감염증, 그밖에 질병관리청장이 필요하다고 인정하여 지정하는 감염병

066 의료법의 목적
모든 국민이 수준 높은 의료혜택을 받을 수 있도록 국민의료에 필요한 사항을 규정함으로써 국민의 건강을 보호하고 증진하는 것을 목적으로 한다.

067 간호기록부 기재사항
간호를 받는 사람의 성명, 체온·맥박·호흡·혈압에 관한 사항, 투약에 관한 사항, 섭취 및 배설에 관한 사항, 처치와 간호에 관한 사항, 간호 일시 등을 기록하고 5년 동안 보관한다.

068 감염병의 종류
※ 총정리 [감염병의 종류] 참조

069 자의입원
- 정신의료기관 등의 장은 자의입원 등을 한 사람이 퇴원 등을 신청한 경우에는 지체 없이 퇴원 등을 시켜야 한다.
- 정신의료기관 등의 장은 자의입원 등을 한 사람에 대하여 입원 등을 한 날로부터 2개월마다 퇴원 의사가 있는지 확인하여야 한다.

070 플루오린(불소) 용액 양치 시 플루오린의 농도
매일 양치하는 경우 양치액의 0.05%, 주 1회 양치하는 경우 양치액의 0.2%

071 임신 중 빈혈의 진단

※ 9회 20번 해설 참조

072 급성중증과민증(anaphylaxis)

급성 알레르기 반응의 하나로 매우 위급한 상황(예 호흡곤란, 의식상실 등)을 초래하므로 즉각 치료해야 하는 증상

073 뇌졸중 사정

양손을 들어 올려 보게 하여 팔을 든 높이를 확인하고, 웃었을 때 입꼬리를 확인하여 뇌졸중으로 인한 팔과 얼굴의 마비상태나 정도를 관찰한다.

074 침상의 종류

- 빈침상 : 새로 입원할 환자를 위한 침상
- 개방 침상 : 환자가 잠깐 동안 자리를 비울 때 침대를 정리하는 방법으로 빈침상 만들기 후 담요와 윗홑이불을 발치 쪽으로 내려둔다.
- 사용 중 침상(환자가 누워있는 상태에서 침상만들기) : 환자가 침대에 누워 있는 상태에서 침대를 손질하거나 홑이불을 교환하는 방법
- 요람(클래들) 침상 : 환자의 발, 다리, 복부에 위 침구가 닿지 않도록 하기 위해 쇠나 나무로 만들어진 반원형의 침구버팀장비를 반홑이불과 윗홑이불 사이에 넣어 주는 침상으로, 주로 화상환자나 피부염 환자, 몹시 허약한 환자에게 사용한다.
- 골절환자 침상 : 환자의 척추나 등의 근육을 반듯하게 유지하기 위하여 매트리스 위에 딱딱한 판자를 넣어 만드는 침상
- 수술환자 침상 : 수술 후 병실로 돌아오는 환자를 위해 고무포 2개, 반홑이불 2개를 깔아 밑침구가 더러워지지 않게 만든 침상

075 보행기를 이용한 이동돕기

한 쪽 다리만 약한 환자가 보행기를 사용하여 이동 시에는 약한 다리와 보행기를 함께 앞으로 한 걸음 정도 옮긴 후 건강한 다리를 옮긴다.

※ 총정리 [운동과 이동 돕기] 참조

076 생리 중 소변검사

생리중인 경우 소변 검사를 하지 않는 것이 원칙이나, 어쩔 수 없이 해야 할 경우 생리중임을 표시하여 혈뇨와 감별할 수 있도록 한다.

077 고막(적외선) 체온

- 고막 체온은 뇌의 체온 조절 중추인 시상하부와 혈류를 공유하기 때문에 심부체온을 짧은 시간(1~2초)에 가장 정확하게 측정할 수 있는 방법이다.
- 수술한 귀나, 귀지가 많을 경우에는 사용할 수 없다.
- 성인의 경우 귀를 후상방으로, 소아의 경우 후하방으로 당긴 후 체온계 끝을 외이도(바깥귀길)로 삽입하여 측정한다.

078 유아의 인지발달

- 상징적 사고 : 가상의 사물이나 상황을 실제 사물이나 상황으로 상징화 하는 놀이를 가상놀이라고 하는데 유아기 동안 더 빈번해지고 복잡해진다.
  예 소꿉놀이나 병원놀이 등
- 물활론적 사고 : 유아는 모든 사물을 살아있다고 생각하여 생명이 없는 대상에게 생명과 감정을 부여한다.
  예 '추운 날엔 꽃도 추울거야', '종이를 가위로 자르면 종이가 아플거야'
- 자기중심적 사고 : 자신이 좋아하는 것은 다른 사람도 좋아하고, 자신이 느끼는 것은 다른 사람도 느낀다고 생각한다.
- 직관적 사고 : 유아는 사물이나 사건의 여러 측면을 살필 줄 모르고 직관적 사고로 판단한다.
  예 같은 양의 물을 넓이가 넓은 그릇에 옮겨 담았을 때 물의 양이 줄어들었다고 생각한다.

079 보조기구

- 요람(클래들) : 윗침구의 무게가 전해지지 않게 하기 위한 기구 예 화상 환자
- 발받침대(발지지대) : 발의 발처짐 예방 및 신체선열을 유지하기 위한 기구
- 대전자(넓적다리큰돌기) 두루마리 : 대퇴의 바깥돌림(외회전)을 방지하기 위한 방법
- 손 두루마리 : 손가락의 굴곡을 유지하기 위한 방법
- 침상난간 : 낙상 방지를 위한 안전장치
- 판자 : 척추 손상이나 골절 환자에게 사용

080 체온

- 체온이 상승하는 경우 : 운동, 전율, 음식물 섭취, 흥분, 분노, 스트레스, 더운 환경에 노출 시 등
- 체온이 하강하는 경우 : 활동 저하, 수면, 월경 시, 연령 증가, 기아, 추운 환경에 노출 시 등

081 목발 보행 종류

- 4점 보행 : 두 다리에 체중부하가 가능한 경우에 걷는 방법으로 오른쪽 목발 → 왼쪽 다리 → 왼쪽 목발 → 오른쪽 다리 순서로 옮기므로 안정적이지만 속도가 느리다.
- 3점 보행 : 한 쪽 다리에만 체중부하가 가능한 경우 걷는 방법으로 양쪽 목발과 아픈 다리 → 건강한 다리 순서로 내딛는다.

- 2점 보행 : 두 다리에 체중부하가 가능한 경우에 걷는 방법으로 오른쪽 목발과 왼쪽 다리 → 왼쪽 목발과 오른쪽 다리 순서로 옮기므로 속도가 빠르다.

082 테니스팔꿈치증

- 정의 : 반복적으로 손목을 펴는 동작(뒤로 굽히는 동작)을 많이 할 경우 팔꿉관절(외측상과)에 염증이 생겨 통증이 발생하는 질환
- 증상 : 팔꿈치 바깥쪽에서 시작해서 손으로 가는 통증
- 스트레칭 및 간호 방법
  - 한 손으로 반대쪽 손을 아래로 굽혀 잡고 안쪽으로 당겨준다.
  - 팔을 한 쪽으로 회전하고 반대쪽 손으로 손을 감싸 잡고 당겨준다.
  - 보호대는 팔꿈치 2~3cm 아래에 착용한다.
  - 물건을 들 때는 손바닥을 위로 향한 상태로(손목굽힘근(굴근) 사용) 물건을 들어올린다.

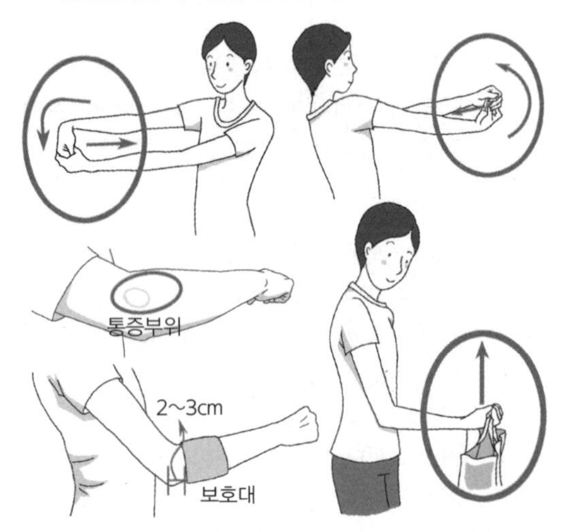

083 의사와 간호조무사의 위치선정

누워있는 환자의 머리를 기준으로 의사는 7~12시 방향에, 간호조무사는 2~5시 방향에 위치하는 것이 바람직하다.

084 발적이 발생한 요실금 환자 간호

요실금으로 인해 엉치뼈(천골)부위에 발적이 생긴 경우 더 이상의 피부손상을 예방하기 위해 정체도뇨를 실시한다.

※ 4회 80번 해설 참조

085 심첨맥박

- 심장질환 등이 있어 정확한 맥박 측정이 필요한 환자에게 실시한다.
- 환자를 눕거나 앉게 한 후 측정한다.
- 좌측 빗장뼈(쇄골) 중앙선과 네 번째와 다섯 번째 늑골(갈비뼈)이 만나는 지점에 청진기를 대고 1분간 측정한다.

086 기립 저혈압

기립 저혈압 : 앉아 있거나 누워 있다가 일어났을 때 복부나 다리에 몰려있던 혈액이 심장이나 뇌로 충분히 되돌아가지 못해 눈앞이 캄캄해지면서 순간적으로 핑 도는 듯한 증상이 나타나는 것을 말한다.

- 충분한 수분과 적절한 염분을 섭취한다.
- 갑작스럽게 일어나는 것을 피한다.
- 일어나기 전에 침상가에 앉아 다리운동을 한 후 움직인다.
- 일어날 때에는 최대한 천천히 움직이고, 중간에 한 번씩 쉬어주며 일어난다.
- 최근 복용한 약물에 의해 기립 저혈압 증상이 있으면 담당 의사와 약물에 대하여 상의한다.

087 유치도관(유치도뇨관)을 지닌 환자의 소변배양검사

유치도관(유치도뇨관)을 삽입하고 있는 환자는 도뇨관을 소독약으로 소독한 후 멸균주사기를 삽입하여 3~5cc가량 채취한다. 유치도관(유치도뇨관)과 소변주머니의 연결부위를 분리하여 소변을 받아서는 안 된다.

088 감염과 관련된 용어

구분	내용
감염	• 오염 : 미생물이 숙주 내에 일시적으로 생명을 유지하는 상태로 세척으로 쉽게 제거 가능 • 정착 : 미생물이 숙주 내에 자리를 잡고 살고 있지만 아무런 병적 반응을 유발하지 않은 상태 • 감염 : 미생물이 숙주 내에 자리 잡고 살면서 인체에 영향을 주는 단계로, 증상이 있는 증상감염과 증상이 없는 불현성 감염으로 나뉨
소독과 멸균	• 멸균 : 아포를 포함한 모든 미생물을 사멸시키는 것 • 소독 : 아포를 제외한 병원성 미생물을 사멸시키는 것 • 방부 : 세균의 서식을 불리하게 만들어 미생물의 증식이나 발육을 저지하는 것 • 무균 : 감염되지 않은 상태로 병원성 미생물이 없는 상태
격리	• 일반격리법 : 균이 퍼지는 것을 막는 방법 • 역격리법(보호적 격리) : 감염에 민감한 사람을 위해 주위환경을 무균적으로 유지하는 것 • 코호트격리 : 동일한 균이 검출되는 환자들을 한 병실에, 또는 한 병동이나 한 병원 등을 통째로 격리하여 치료하는 것 • 음압병실 – 공기의 흐름이 병실 외부에서 내부로만 흘러들어 가도록 만든 병실로 기압 차이를 이용해 공기의 흐름을 통제하는 병실 – 감염자를 음압병실에 격리할 경우 그 병실의 공기는 외부로 확산되지 않고 hepa필터가 내장된 별도의 환기구를 통해 배출

089 손소독 후 손을 올리고 있어야 하는 이유

외과적 무균술로 손소독을 마친 후에는 손이 오염되는 것을 막기 위해 손 끝이 팔꿈치보다 높은 상태로 양손을 올리고 있어야 한다.

090 MRSA(메치실린 내성 황색포도알균)

- 메치실린에 내성을 지닌 황색포도알균으로 그람양성균이다.
- 반코마이신, 테이코플라닌으로 치료한다.
- 의료인을 통한 직·간접 접촉 및 오염된 의료기구, 환경 등을 통해 전파된다.
- 항생제의 신중한 사용, 철저한 손 위생, 의료기구의 철저한 소독과 멸균, 침습적인 시술 시 무균술 시행, 환경 표면의 청소와 소독, 지속적인 감시를 통해 감염을 예방한다.
- 환자의 혈압계, 혈당기계, 청진기 등을 단독으로 사용한다.
- 간호 행위 전후 손씻기를 철저히 하고 장갑을 사용한다.
- 환자나 환자의 환경과 접촉이 예상되는 경우 가운을 착용한다.
- 격리 또는 코호트 격리 하는 것이 바람직하지만 불가능한 경우라면 접촉주의 지침을 준수한다.
- 건강요원들에게 MRSA 감염 환자임을 알려 접촉전파를 예방한다.

091 성인의 관장 방법 및 주의사항

- 왼쪽 옆으로 누워 심즈 자세를 취하도록 한다.
- 성인의 경우, 40~43℃ 정도의 관장액이 담긴 관장통을 항문에서 40~60cm 높이에 건다.
- 직장에 삽입하기 전에 조절기를 열어 고무관에 용액이 약간 흘러나오게 한다.
- 1회용 장갑을 끼고 직장관 끝에 10cm가량 윤활제를 바른 후 직장관을 7.5~10cm가량(성인) 배꼽을 향해 부드럽게 삽입한다.
- 조절기를 열어 1,000cc가량의 관장 용액을 10~15분간 천천히 주입한다.
- 관장액 주입 시 복통을 호소하면,
  - 일단 멈춘 후 복통이 완화되면 다시 서서히 주입한다.
  - 용액의 흐름을 늦추어본다.
  - 관장통의 높이를 낮추어본다.
- 장 내로 공기가 주입되는 것을 막기 위해 관장통에 용액이 약간 남아 있을 때 조절기를 잠그고 직장관을 뺀다.
- 변의가 있더라도 정체관장은 적어도 1시간 이상, 그 외에는 5~15분 정도 참았다가 배변하도록 격려한다.

	성인	영아 및 소아
관장액의 온도	40~43℃	37℃
관장촉 삽입 길이	7.5~10cm	• 영아 : 2.5~3.75cm • 소아 : 5~7.5cm
항문 – 관장통의 높이	40~60cm	30~40cm
관장용액의 양	750~1,000cc 정도	• 영아 : 100~200cc 정도 • 유아~청소년 : 200~700cc 사이
관장액 보유시간	정체관장은 적어도 1시간 이상, 그 외는 5~15분 정도	10분 정도 (참기 어려운 경우 2~3분)

092 등마사지

- 목적 : 순환 증가, 근육긴장 완화, 욕창 예방
- 방법
  - 20~50% 정도의 알코올과 크림 등을 사용하여 마사지 한다.
  - 등마사지 시 엉치뼈(천골)부위가 붉게 변했을 경우 마사지를 중지하고 측위를 취해준다.
  - 경찰법, 유날법, 지압법, 경타법으로 15~20분간 마사지 한다.
- 금기 : 혈전정맥염 환자, 심하게 허약한 환자, 전염력이 있는 피부염 환자, 늑골(갈비뼈) 골절 환자 등

093 기립 저혈압 발생 시 간호

기립 저혈압 발생 시 무리해서 이동하지 말고 바닥에 그대로 앉게 한 후 간호사에게 보고한다.

※ 7회 86번 해설 참조

094 증기흡입(가습기)

- 목적 : 가래를 묽게 하여 쉽게 배출, 기도의 건조와 부종 완화, 환기 증진
- 가습기를 매일 청소한다.
- 가습기는 실온의 물이나 증류수를 사용하고 가습기에 표시되어 있는 눈금까지만 채운다.
- 환자가 사용하는 침구를 젖지 않게 하고 환자에게 오한이 생기지 않도록 충분히 보온한다.
- 환자의 코 방향으로 수증기가 나오는 방향을 조절한다.

095 대변가리기 훈련

항문과 요도조임근의 수의적 조절이 가능해지는 시기, 아동이 대변을 참고 어머니의 말에 협조할 수 있는 시기인 12~18개월 정도가 적합하다.

096 붕대법 주의사항

- 정맥귀환을 증진시키기 위해 말초에서 몸통을 향해 감는다.

- 혈액순환을 확인하기 위해 말단 부위를 노출시킨다.
- 관절은 약간 구부린 상태에서 감는다.
- 상처 위에서 붕대를 감기 시작하거나 끝내지 않는다.
- 젖은 드레싱이나 배액이 있는 상처는 마르면서 수축되어 국소빈혈을 일으킬 수 있으므로 느슨하게 감아준다.
- 균등한 압박으로 감으며 뼈 돌출 부위에는 솜을 대어주어 불편감을 줄인다.
- 몸통보다 높게 한 상태에서 붕대를 적용하여 정맥울혈과 부종을 경감시킨다.
- 붕대를 감은 부위에 색깔, 감각, 온도, 부종 등을 매 1~2시간마다 점검한다.

※ 6회 81번 해설 참조

097 분만 1기 임부 간호

- 초산부의 경우 자궁경부가 완전히 개대되면 분만실로 옮긴다.
- 다분만부의 경우 자궁경부가 6~8cm 개대되면 분만실로 옮긴다.
- 분만 시 사용될 호흡법을 가르친다.
- 자궁 수축과 수축 사이에 산모는 휴식을 취하도록 하고 임부에게 태아 심음을 들려준다.
- 자궁경관의 개대 정도로 분만의 진행 정도를 알아보기 위해 내진을 실시한다.
- 분만 1기 중에서도 초기에는 자궁수축을 촉진하고 산도의 오염을 방지하기 위해 관장을 실시하고 유동식을 섭취하도록 한다.
- 감염을 예방하기 위해 회음부 삭모를 실시한다.
- 방광팽만 예방을 위해 규칙적으로 배뇨하도록 하고 진통을 촉진하기 위해 실내를 걷도록 한다.

098 압박스타킹

- 피부에 화농성 염증이 있거나 동맥순환 장애가 있는 사람에게는 사용하지 않는다.
- 다리에 부종이 있거나 장기간 누워 있는 경우 혈액순환을 촉진시켜 부종을 줄이고 수술 후 혈전증이나 정맥류 등을 예방하기 위해 의사나 간호사의 지시에 따라 압박스타킹을 신긴다.
- 혈전 예방을 위해 압박스타킹을 신는 경우에는 수면 시에도 착용한다.
- 압박스타킹을 신기기 쉽도록 말아서 준비한 후 다리를 올린 상태에서 신는다.
- 발 끝부터 신기고 주름이 잡히지 않았는지 확인하며 끝까지 올린다.
- 착용 전후에 둘레 차이를 측정하여 현저한 차이를 보일 경우 간호사에게 보고한다.

099 피하주사(피부밑주사)

- 주사 부위 : 복부, 대퇴전면, 어깨뼈(견갑골) 아래부위, 위팔의 외측
- 소화효소로 약의 작용이 파괴될 염려가 있을 때 사용하는 주사방법이다.
- 환자의 피하층 두께와 바늘의 길이를 고려해 삽입각도는 45(~90)° 각도로 삽입한다.
- 주사 후 내관을 뒤로 당겨보았을 때 혈액이 나오지 않아야 한다.
- 주사 후 문질러 준다(헤파린, 인슐린은 문지르지 않음).
- 최대 2cc까지 투여가 가능하다.

100 조기양막파열(조기양막파수) 임부의 이동 방법

조기양막파열(조기양막파수) 임부를 이동할 때는 반드시 운반차에 눕혀 이동하여 출혈이나 양수 배출이 심해지는 것을 예방한다.

간호조무사 실전모의고사 제8회 정답 및 해설

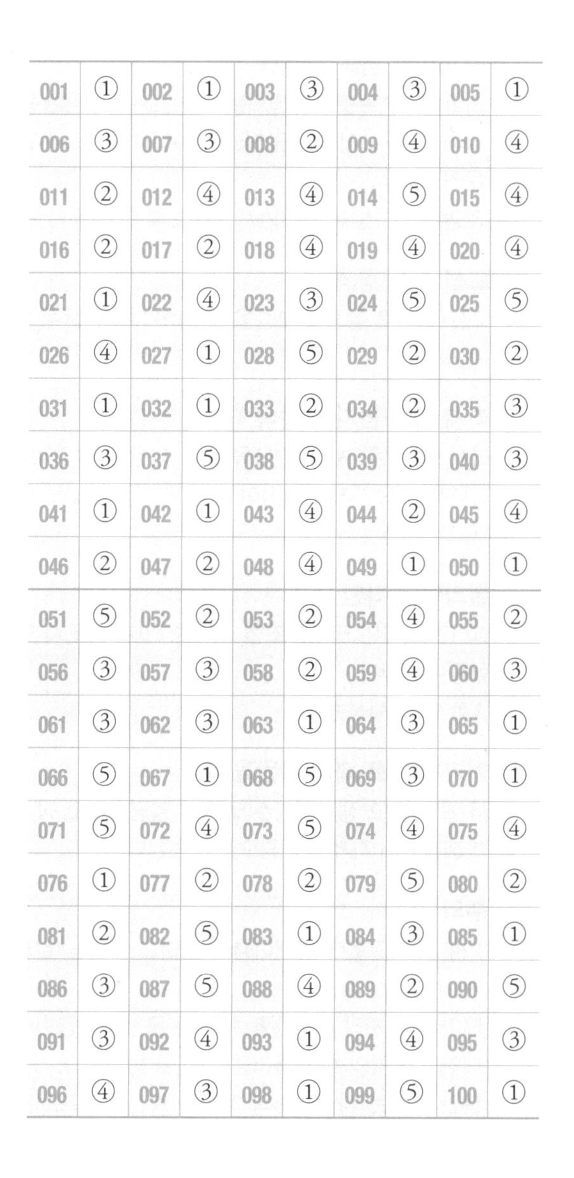

001	①	002	①	003	③	004	③	005	①
006	③	007	③	008	②	009	④	010	④
011	②	012	④	013	④	014	⑤	015	④
016	②	017	②	018	④	019	④	020	④
021	①	022	④	023	③	024	⑤	025	⑤
026	④	027	①	028	⑤	029	②	030	②
031	①	032	①	033	②	034	②	035	③
036	③	037	⑤	038	⑤	039	③	040	③
041	①	042	①	043	④	044	②	045	④
046	②	047	②	048	④	049	①	050	①
051	⑤	052	②	053	②	054	④	055	②
056	③	057	③	058	②	059	④	060	③
061	③	062	③	063	①	064	③	065	①
066	⑤	067	①	068	⑤	069	③	070	①
071	⑤	072	④	073	⑤	074	④	075	④
076	①	077	②	078	②	079	⑤	080	②
081	②	082	⑤	083	①	084	③	085	①
086	③	087	⑤	088	④	089	②	090	⑤
091	③	092	④	093	①	094	④	095	③
096	④	097	③	098	①	099	⑤	100	①

기초간호학 개요

001 전립샘 비대

방광 아래에서 요도를 감싸고 있는 전립샘이 비대해지는 상태로, 여성에게는 전립샘이 존재하지 않으므로 남성에게만 발생하는 질환이다.

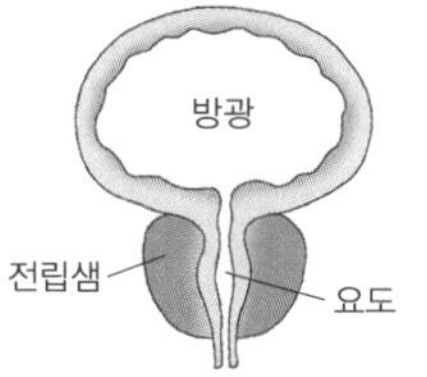

정상 방광 출구

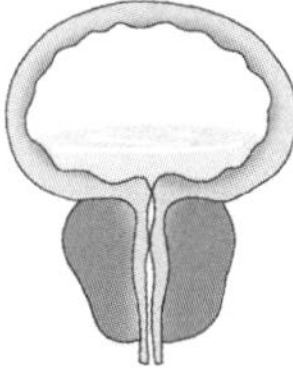
경도의 폐색

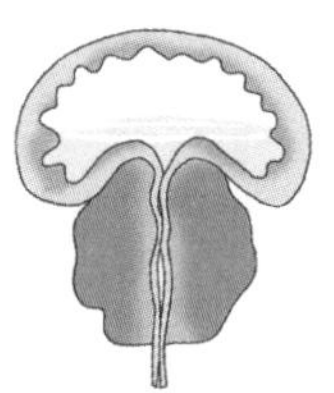
심한 폐색

002 에릭슨의 심리사회적 발달이론

연령	주요사건	발달과제
영아기(0~1세)	수유	신뢰감 대 불신감
유아기(1~3세)	배변	자율성 대 수치감
학령전기(3~6세)	운동, 성역할 배움	주도성 대 죄책감
학령기(6~12세)	학교	근면성 대 열등감
청소년기(12~18세)	친구	자아정체감 대 역할 혼돈
성인초기(18~40세)	부모로부터의 독립, 새로운 가정 형성	친밀감 대 고립감
중년기(40~60세)	자녀양육, 자아평가	생산성 대 침체성
노년기(60세 이상)	은퇴	자아통합감 대 절망감

003 팔꿈치 보호대(팔꿈치 관절 보호대)

- 영아나 어린아이에게 주로 적용하는 것으로 소아의 팔에 정맥주사 후, 수술 상처나 피부 병변을 긁지 못하도록 팔꿈치를 구부리는 것을 방지하기 위한 보호대이다.

- 구개열(입천장갈림증)의 경우 수술 부위가 구강이므로 팔꿈치를 구부리지 못하게 하는 팔꿈치 보호대가 적합하다.

004 보구여관

우리나라 최초의 간호사 교육기관으로 1903년 서울 정동의 보구여관(이화여대 의대부속병원의 전신)이라는 부인병원에 세워졌던 간호부 양성소

005 뇌졸중의 증상

반신마비(편마비), 전신마비, 감각장애, 언어장애, 의식장애, 두통, 구토, 어지럼증, 운동 실조증, 시력장애, 삼킴곤란(연하곤란), 치매 등

006 말기암 환자와의 의사소통

환자의 말을 경청하고 개방적 질문을 하여 환자가 자신의 감정을 표현할 수 있도록 돕는다.

007 간호조무사의 근무시간 변경

부득이한 사정으로 근무시간을 변경하고자 할 때는 가능한 일찍 직속상관에게 사유를 설명하여 인력을 대체할 수 있도록 한다.

008 노인의 심혈관계 변화

- 혈관의 탄력성 감소로 정맥류 증가
- 맥박은 젊었을 때와 비슷하거나 약간 감소
- 혈관 탄력성 감소와 혈관저항의 증가로 혈압 상승, 심박출량 감소
- 심장판막의 비후와 경화로 약한 심잡음 발생
- 협심증·심근경색·뇌졸중 발생빈도 증가

009 삼킴곤란(연하곤란) 환자에게 적합한 음식

삼키기 힘든 삼킴곤란(연하곤란) 노인에게는 너무 묽지도, 너무 딱딱하지도 않은 연두부 정도의 점도가 있는 음식(연식)을 제공하는 것이 바람직하다.

010 분만 도중 대변을 즉시 처리해야 하는 이유

항문과 질은 가깝게 위치하기 때문에 대변을 즉시 처리해주지 않으면 항문 근처에 있던 대변이 질로 옮겨가 산도를 오염시킬 수 있다. 그러므로 분만 도중 산모가 복압을 주다가 대변을 보게 되면 즉시 치워주어야 한다.

011 자궁외임신 증상

갑작스런 날카로운 복통 및 견갑통, 저혈압과 빈맥 및 창백, 빈혈 및 골반압통, 무월경, 양이 적고 흑갈색의 비정상적 출혈, 복강 내 출혈이 장시간 지속되어 배꼽 주위가 청색으로 변함(쿨렌 징후), 복강 내 심한 출혈로 인한 저혈량 쇼크

012 대장암

흔히 구불 결장과 직장에 발생하는 악성종양으로 수술, 화학요법, 방사선요법을 통해 치료한다.

013 혈액 응고 인자

혈액 응고 인자로는 칼슘, 비타민 K, 혈소판, 섬유소원(피브리노젠)이 있다.

014 락툴로오즈

변비 또는 간성혼수의 예방과 치료에 사용되는 약물이다.

015 약물 용기

- 밀봉 용기 : 미생물이 침범하지 못하도록 만든 용기
  예 바이알, 앰플, 수액 등
- 기밀 용기 : 수분이 침입되는 것을 방지하기 위한 용기
- 밀폐 용기 : 이물(이물질)이 들어가지 못하게 만든 용기
- 차광 용기 : 빛이 들어가지 못하도록 만든 용기

016 편도선 수술 후 식이

편도선 수술 후 통증과 부종을 완화하기 위해 찬 유동식을 제공한다.

017 쓰러져 있는 환자의 의식 사정

쓰러져 있는 환자를 발견했을 경우 가장 먼저 "여보세요, 괜찮으세요?"라고 말하여 환자의 반응(의식)을 확인한다.

018 코발라민(비타민 B_{12})

코발라민(비타민 B_{12})은 조혈 작용을 하며 부족 시 악성빈혈을 유발한다.

※ 1회 14번 해설 참조

019 장기가 밖으로 빠져 나왔을 때

다시 넣지 않고 생리식염수에 적신 멸균방포로 상처를 덮고 배횡와위 자세로 병원으로 이송한다.

020 양수의 기능

- 외부 자극으로부터 태아를 보호하고 체온을 일정하게 유지시킨다.
- 태아가 잘 자라고 운동할 수 있는 공간을 제공한다.
- 태아와 난막의 유착(들러붙는 것)을 방지한다.
- 분만 전에는 자궁경관의 개대를 촉진시켜주고 분만 시에는 산도(태아가 나오는 길)를 씻어주고 윤활제 역할을 한다.

021 방임

부양 의무자로서 책임이나 의무를 의도적 혹은 비의도

적으로 거부, 불이행 혹은 포기하여 노인에게 의식주 및 의료를 적절하게 제공하지 않는 것을 말한다.

022 위에서 분비되는 소화효소

위에서는 염산과 펩신 등의 위액(위산)을 분비하여 본격적인 소화의 첫 단계를 수행한다.

023 담즙과 췌장(이자)액의 배출

간에서 생성된 담즙은 담낭에 저장되었다가 총담관을 통해 십이지장으로 들어가고, 췌장(이자)액도 췌관을 통해 십이지장으로 들어간다.

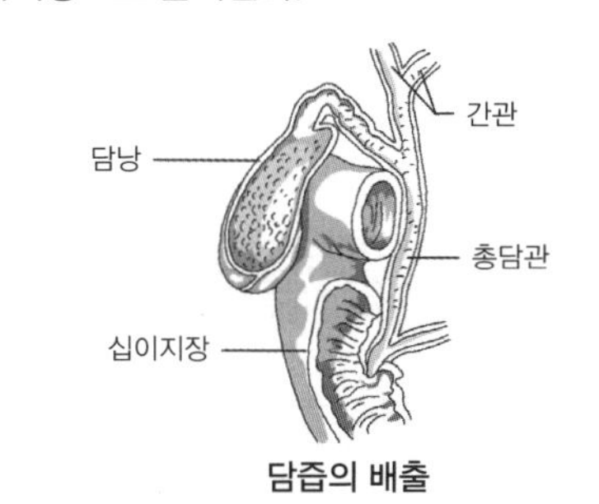

담즙의 배출

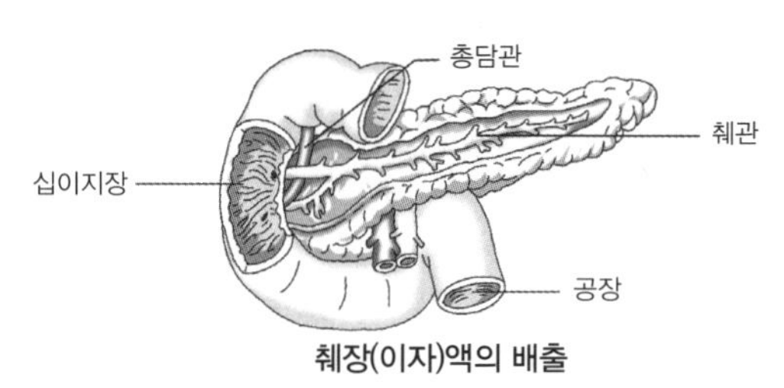

췌장(이자)액의 배출

024 혈액의 구성

- 체중의 약 1/13(4~6L)이 혈액량이며 pH 7.35~7.45의 약알칼리성이다.
- 혈구(고형성분으로 혈액의 45% 차지)

적혈구(RBC)	• 산소를 운반하는 혈색소(헤모글로빈)을 함유하고 있고 핵은 없으며 성인의 적혈구 수명은 120일 가량이다. • 폐에서 조직으로 산소를 운반하고, 조직에서 폐로 이산화탄소를 운반한다. • 골수(뼈속질)에서 생성되고 간, 비장, 골수(뼈속질)에서 파괴된다.
백혈구(WBC)	• 포식작용, 조직의 재생과 치유작용을 한다. • 핵을 가지고 있으며 적혈구보다 크다. • 정상수치는 혈액 1$\mu\ell$(마이크로리터)당 7,000~10,000개이며 감염 시 수치가 상승한다. • 과립구(과립백혈구) : 중성구(호중구), 호산구, 호염기구(호염구) • 무과립구(과립백혈구) : 림프구, 단핵구
혈소판	• 혈액응고작용을 하고 정상수치는 혈액 1$\mu\ell$(마이크로리터)당 15~45만 개이다. • 혈소판 외에도 혈액 중 섬유소원(피브리노젠), 프로트롬빈, 칼슘, 비타민 K 등이 혈액응고에 관여한다.

- 혈장(액체성분으로 혈액의 55% 차지)
  - 수분 92%, 혈장단백질 7%, 나머지 1%는 무기염류, 당분, 아미노산, 지방, 호르몬, 산소와 이산화탄소 등이 차지한다.
  - 혈장단백질 : 알부민(삼투압 유지), 글로불린(면역), 섬유소원(피브리노젠)(혈액응고)
  - 혈청은 혈장에서 섬유소원(피브리노젠)을 뺀 성분을 말한다.

025 당뇨병이 신생아에게 미치는 영향

거구증, 저혈당증과 저칼슘혈증, 호흡곤란, 선천성 기형 발생 증가

026 분만 2기 태아의 위험 증상

- 자궁 수축의 회복기가 30~60초 이상 지연된다.
- 태아의 심음이 불규칙하고 양수에 태변이 섞여 있다(태아의 산소결핍을 의미).
- 태아 심박동에 변이성과 다양성이 없다.

027 동상의 응급처치 및 간호

- 환자를 따뜻한 곳으로 옮긴다.
- 동상 부위를 즉시 따뜻한 물(38~42℃)에 20~40분간 담근다(난로 사용 금지).
- 손은 환자의 겨드랑에, 발은 치료자의 겨드랑에 넣어 녹인다.
- 마사지는 2차적 세포 손상을 야기하므로 금하고 조이는 옷은 풀어준다.
- 하지 동상 시 걷지 못하게 하고 들것으로 옮긴다.
- 동상 부위를 올려주어 부종과 통증을 감소시킨다.
- 궤양이 생겼다면 파상풍 예방접종을 하는 것이 좋다.

※ 9회 44번 해설 참조

028 영아 심폐소생술

- 1명의 의료인이 영아에게 심폐소생술을 시행할 때 흉부압박 : 인공호흡 = 30 : 2
- 2명의 의료인이 영아에게 심폐소생술을 시행할 때 흉부압박 : 인공호흡 = 15 : 2
- 일반인 구조자의 경우 구조 인원에 상관없이 흉부압박 : 인공호흡 = 30 : 2

※ 6회 31번 해설 참조

029 쇼크의 종류

종류	설명
저혈량 쇼크	출혈, 화상, 탈수 등으로 혈액이나 체액의 과도한 손실로 인해 초래되는 쇼크
심장성 쇼크	심장 수축력이 저하되어 발생되는 쇼크

분배성 쇼크 (혈관성 쇼크)	신경성 쇼크	척추손상이나 척추마취 후에 일시적으로 혈관 수축능력이 상실되어 발생하는 쇼크
	패혈쇼크 (독성 쇼크)	면역력이 약한 환자에게 균이 작용하는 것
	급성중증과민반응쇼크	• 정의 : 급성 알레르기 반응(항원-항체 반응)으로 과도한 전신성 혈관이완이 나타나며 매우 위급한 상황을 초래하기도 하므로 즉각 치료해야 하는 쇼크 • 원인물질 : 혈청, 벌침, 땅콩, 페니실린 등 • 대표증상 : 후두부종으로 호흡곤란, 의식상실 등

030 고름가슴증(농흉) 환자의 자세

폐에 고인 고름이 감염되지 않은 부위로 퍼지는 것을 예방하기 위해 감염된 쪽으로 눕는다.

031 빈혈의 종류

	용혈 빈혈	철분결핍성 빈혈	재생불량 빈혈	악성 빈혈
원인	적혈구 파괴	철분 부족, 출혈, 영양상태 불량	골수(뼈속질)의 조혈기능 저하	비타민 B_{12} 흡수 부족
증상	황달, 담석증, 진한 소변, 비장과 간 비대	창백, 윤기없는 피부와 머리털, 숟가락 모양의 손톱	창백, 구강괴사, 월경 과다, 생식기 출혈, 혈뇨	소화기 장애, 식욕부진, 체중 감소, 구역과 구토, 복부 팽만, 미각과 후각 저하, 전신 쇠약, 창백, 호흡곤란
치료	용혈의 원인 제거, 수혈	철분제 투여, 철분이 많은 음식섭취와 철분의 흡수를 위한 비타민 C 보충	수혈, 골수이식	비타민 B_{12} 근육주사, 수혈, 위암이 잘 발생하므로 조기발견을 위한 대변검사나 위 내시경 시행

032 치과에서 근무하는 간호조무사의 업무

접수, 진료실 기구 준비, 구강 진료기구 소독, 진료기구 교환, 진료 전 구강점막 소독 및 구강 세척, 진공흡인장치 사용 등

033 충치(치아우식증)를 증가시키는 요인

침(타액) 당질과 점성 증가, 침(타액) 분비 감소, 저작운동 감소, 플루오린(불소) 농도 감소

034 한방에서 사용되는 용어 설명

- 현훈 : 어지러움
- 훈침 : 침 시술 후 어지럽고 창백해지며 가슴이 답답하고 심하면 쇼크 증상으로 쓰러지는 것
- 어혈 : 전신의 혈액순환이 순조롭지 못해서 쌓이는 것
- 혈종 : 침을 뺀 후 멍이 드는 현상

※ 6회 35번 해설 참조

035 7정과 관련 장기

내인(7정)	관련 장기
희(기쁨)	심장
노(성냄)	간
우(근심)	폐
사(생각)	비장
비(슬픔)	폐
공(공포)	신장
경(놀람)	–

※ 3회 35번 해설 참조

보건간호학 개요

036 주사 교육시 효율적인 매체

주사 교육 시에는 실제와 유사한 모형을 이용하여 교육하는 것이 가장 효율적이다. 모형은 역동적(활발하고 힘찬) 학습이 가능하지만 이동이 불편하고 시간과 비용이 많이 드는 단점을 가지고 있다.

037 긴급복지지원제도

갑작스러운 위기상황 발생으로 생계유지 등이 곤란한 저소득층 중 요건을 충족하는 가구를 지원 대상으로 정부가 생계·의료·주거 지원 등의 필요한 복지 서비스를 신속하게 지원하여 위기 상황에서 벗어날 수 있도록 돕는 제도로 공공부조의 일환이다.

※ 3회 37번 해설 참조

038 일반건강진단

근로자의 건강관리를 위하여 사업주가 주기적으로(사무직은 2년에 1회 이상, 기타 근로자는 1년에 1회 이상) 실시하는 건강진단

039 WHO에서 제시한 1차 보건의료 접근의 필수 요소

- 접근성 : 지리적, 지역적, 경제적, 사회적 이유로 차별이 있어서는 안 된다.
- 수용 가능성 : 주민이 받아들일 수 있는 과학적 방법으로 접근해야 한다.
- 주민 참여 : 보건진료소 운영위원회나 마을건강원 제도 활용 등 주민의 적극적 참여를 통해 이루어져야 한다.
- 지불부담능력 : 주민의 지불능력에 맞는 보건의료수가로 제공되어야 한다.

040 링겔만 농도표
기계가 필요하지 않다는 장점 때문에 국제적으로 널리 사용되고 있는 방법으로 굴뚝에서 나오는 연기의 농도를 통해 매연량을 측정하는 방법이다.

041 수질오염의 지표
① 용존산소량(DO)
- 수중에 용해되어 있는 산소의 양
- 용존산소량이 높은 물은 깨끗한 물이다.
- 일반적으로 온도가 낮으면 용존산소는 증가한다.
- 염분이 높을수록 용존산소는 감소한다.
- DO가 높으면 BOD, COD가 낮아진다.

② 생화학적 산소요구량(BOD)
- 호기성 미생물이 일정 기간 동안 물속에 있는 유기물을 분해할 때 사용하는 산소량
- 생화학적 산소요구량이 높은 물은 오염된 물이다.
- 하천수나 가정오수의 오염지표로 사용한다.
- BOD가 높으면 COD는 높아지고 DO는 낮아진다.

③ 화학적 산소요구량(COD)
- 수중의 유기물을 산화제를 이용하여 산화시킬 때 요구되는 산소량
- 화학적 산소요구량이 높은 물은 오염된 물이다.
- 공장폐수, 호수나 연못 및 해양오염의 지표로 사용한다.
- COD가 높으면 BOD는 높아지고 DO는 낮아진다.

④ 이외에도 수소이온농도(pH), 부유고형물량, 대장균, 특수 유해물질 등을 평가하여 수질오염을 측정한다.

	깨끗한 물(오염도↓)	오염된 물(오염도↑)
DO	↑	↓
BOD	↓	↑
COD	↓	↑
온도	↓	↑
염분	↓	↑
부유고형물	↓	↑
대장균	↓	↑

042 보건교육 실시 절차
- 도입 : 대상자들과 관계 형성, 여러 가지 방법을 통한 주의집중으로 학습동기를 높여주는 단계(전체 학습의 10~15%)
- 전개(본론) : 본격적인 교육활동이 이루어지는 단계(전체 학습의 70~80%)
- 결론(종결) : 내용을 요약해주고 대상자들이 이해했는지 점검하는 단계(전체 학습의 10~15%)

043 집단토의(그룹토의) : 10~20명의 참가자들이 자유롭게 의견을 교환하고 결론을 내리는 방법이다.
- 장점 : 대상자들이 능동적으로 참가하므로 민주적인 회의능력을 기를 수 있다.
- 단점 : 인원이 제한적이다.

044 열섬 현상
배기가스와 미세먼지, 고층건물의 밀집, 인구의 과밀 등의 영향으로 도심의 온도가 변두리보다 높아지는 현상으로 밤에는 열대야를 유발한다.

045 수인성 감염병의 특징
- 환자가 집단적, 폭발적으로 동시에 발생한다.
- 성별, 연령별, 직업별 차이가 없다.
- 계절에 관계없이 발생하지만 대체로 여름에 많다.
- 수인성 감염병 발생지역과 음용수 사용지역이 일치한다.
- 치사율과 2차 감염률은 낮다.
- 종류 : 콜레라, 장티푸스, 세균 이질 등

046 대장균
- 대장균은 물 100cc 중 검출되지 않아야 한다.
- 병원성 장내세균으로 인한 수질 오염의 간접적인 지표가 된다.

047 우유소독법
우유는 저온살균법으로 63℃에서 30분간 가열하여 우유의 영양 손실을 최소화한다.

048 의료인력정책과/간호정책과
- 의료인력정책과 : 의료인의 보수교육, 면허 신고 및 지도·감독에 관한 사항, 보건의료인 국가시험의 관리에 관한 사항을 담당하는 보건복지부 내의 부서
- 간호정책과 : 간호조무사의 보수교육, 자격신고 및 지도·감독에 관한 사항을 담당하는 보건복지부 내의 부서

049 사회보험 : 국민에게 발생하는 사회적 위험을 보험방식으로 대처함으로써 국민의 의료와 소득을 보장하는 제도
- 국민건강보험
  - 특징 : 법률에 의한 강제가입, 보험료 납부의 의무성, 보험료의 차등부과(보험료를 형평성 있게 부과), 보험급여의 균등한 혜택, 단기 보험적 성격, 소득재분배 기능 수행, 사회연대성 강화, 위험분산, 보험료의 분담(직장가입자의 경우 사업자와 근로자가 50%씩 부담), 평소 경제활동을 통하여 소득이 있을 때 그 소득의 일부를 강제로 각출하여

사전에 대비하는 제도이므로 노동력이 있는 사람을 대상으로 함
- 본인일부부담제 : 의료기관 이용 시 본인에게도 병원비를 부담하게 함으로써 불필요한 의료서비스를 이용하지 않게 하려는 제도
- **산업재해보상보험** : 국가가 사회보험제도를 이용하여 사업주에게 연대책임을 지게 하는 것으로 보상은 근로복지공단에서 제공
- **고용보험** : 근로자가 실직한 경우 생활에 필요한 급여를 제공하여 소득을 보장하는 제도
- **국민연금** : 근로능력을 상실하여 소득이 없을 때에도 최저생활을 할 수 있도록 소득을 보장하는 제도
- **노인장기요양보험** : '65세 이상인 자' 또는 '65세 미만이지만 노인성 질병을 가진 자'로 거동이 불편하거나 치매 등으로 인지가 저하되어 6개월 이상의 기간 동안 혼자서 일상생활을 수행하기 어려운 자에게 서비스를 제공하기 위한 제도

050 진료비 보상제도
※ 6회 37번 해설 참조

공중보건학 개론

051 폐흡충증
- 원인 : 폐흡충
- 전파경로 : 충란이 가래와 대변으로 탈출하여 담수에 도달 → 다슬기(제1 중간숙주) 속에 들어가 유충이 자람 → 자란 유충이 게와 가재(제2 중간숙주)의 아가미, 간, 근육 내에 침입 → 감염된 게나 가재를 먹었을 때 감염
- 증상 : 기침, 객혈
- 예방 : 게나 가재의 생식을 금하고 물은 끓여 먹기, 가래와 분뇨의 위생적인 처리
- 치료 : 프라지콴텔 등의 구충제 복용

052 학교보건의 목적
학생과 교직원의 건강을 확보하고 건강관리 능력을 키워 학교 교육의 효율성을 높이는 데 있다.

053 모자보건의 목적
모성의 생명과 건강을 보호하고 건전한 자녀의 출산과 양육을 도모하여 국민보건의 향상에 이바지함을 목적으로 한다.

054 콜레라
- 원인 : 콜레라균
- 전파경로 : 물과 음식물, 병원체 보유자의 대변이나 구토물과 직접 접촉
- 매개체 : 파리
- 증상 : 쌀뜨물 같은 심한 설사
- 예방 : 음식물과 사람 분변의 위생적 처리, 파리 구제, 예방백신 복용
- 치료 및 간호 : 경구 또는 정맥으로 수분과 전해질 공급

055 영구적인 피임법
① 정관절제
- 음낭에 국소마취를 한 후 작은 절개 부위를 만들고 이 부위를 통해 정관을 절단하여 정자의 통로를 폐쇄시키는 방법
- 수술(시술) 후 관리
  - 자전거 타기 등의 격렬한 운동은 2~3일간 피한다.
  - 샤워나 목욕, 성관계는 수술 7일 후 봉합사를 제거하고 난 후에 하도록 한다.
  - 수술 후 6주 정도는 다른 피임법을 병행하고 6주 후 정액검사를 실시하여 정자가 나오지 않는 것을 확인해야 한다.

② 난관결찰(자궁관묶음) : 여성의 양쪽 자궁관을 절단하거나 결찰(묶는 것)하여 난자와 정자가 수정되지 못하도록 하는 방법으로 수술 후 바로 피임 효과가 있음

056 지역사회 간호조무사의 역할
- 가장 먼저 지역 주민들의 건강요구를 알아낸다.
- 환자 상태를 정확히 파악해야 한다.
- 환자의 조기발견과 보건계몽에 힘쓴다.
- 보건교육의 장소 및 도구를 준비한다.
- 간호사의 지도, 감독 하에 임산부에 대한 보건교육을 실시한다.
- 결핵사업에 참여하고 보건 통계 작성에 협조한다.
- 응급처치 및 시범교육 시 조력한다.
- 간호사의 지시, 감독 하에 업무를 수행하고 보조한다.
- 진찰실의 정돈 및 환경관리, 진료 시 보조한다.
- 가정방문 후 방문기록 및 환자상태를 보고한다.
- 주민이 불만을 호소할 때 인내심을 갖고 끝까지 청취한다.
- 주민 스스로 건강에 대한 올바른 개념을 갖도록 해준다.

057 국가암검진 중 위암검진
위암 검진으로는 위 내시경(EGD)과 상부위장관조영술(UGI)이 있다.

※ 6회 25번 해설 참조

058 지역사회 보건요원이 지역사회에 대해 잘 알아야 하는 이유

지역사회 보건요원은 지역사회가 가진 문제점을 파악하기 위해 자신이 담당한 지역의 통계적 특성, 사회적 환경, 지리 등을 잘 알아야 한다.

059 외상 후 스트레스 장애 환자를 위한 간호

- 시간이 지나면서 과거의 영향에서 벗어날 수 있다는 것을 알려준다.
- 주관적인 지각을 객관적으로 바라볼 수 있도록 돕는다.
- 환자의 신체적·심리적 증상을 이해하도록 노력하고 가족과 친구들의 지지를 받을 수 있도록 한다.
- 환자의 비논리적 사고를 교정해준다.

060 감염병 발생과정(감염회로)

병원체 → 병원소(저장소) → 병원소로부터 병원체 탈출(탈출구) → 전파(전파경로) → 새로운 숙주로 침입(침입구) → 숙주의 감수성과 면역력 따라 감염여부 결정

061 질병 예방에 중점을 두는 이유

- 의료비에 대한 사회적 부담을 감소하기 위해
- 비전염성 질환, 만성 퇴행관절염 질환 및 난치병이 증가하였기 때문
- 건강생활 습관의 중요성이 강조되었기 때문

062 A형 간염(전염 간염, 유행 간염)

- 원인 : A형 간염 바이러스
- 전파경로 : A형 간염 바이러스에 오염된 식수와 음식물, 주사기나 혈액제제
- 증상 : 발열, 구역 및 구토, 암갈색 소변, 복부 불편감, 식욕 부진, 황달
- 예방 및 치료 : 손씻기, 예방접종, 식기 구별, 사용한 식기는 끓인 후 세척, 환자의 대·소변은 소독 후 버리기

063 투베르쿨린 반응 검사

※ 4회 64번, 6회 60번 해설 참조

064 의료기관의 종류

- 10종 : 의원, 치과의원, 한의원, 조산원, 병원, 치과병원, 한방병원, 종합병원, 요양병원, 정신병원
- 의원 : 주로 외래환자를 대상으로 의료행위를 하는 의료기관
- 병원 : 30개 이상의 병상
- 종합병원 : 100개 이상의 병상
- 요양병원 : 요양병상을 갖춘 곳으로, 노인성 질환자, 만성질환자, 외과적 수술 후 또는 상해 후 회복기간에 있는 장기입원 환자의 요양과 치료를 위한 병원
- 상급종합병원 : 중증질환에 대하여 난이도가 높은 의료행위를 전문적으로 하는 500병상 이상의 종합병원을 상급종합병원으로 지정, 보건복지부가 3년마다 재평가
- 전문병원 : 특정 진료과목이나 특정질환 등에 대하여 난이도가 높은 의료행위를 하는 병원을 전문병원으로 지정, 보건복지부가 3년마다 재평가

065 구강보건사업

- 보건복지부장관은 5년마다 구강보건사업에 관한 기본계획을 수립해야 한다.
- 시·도지사는 기본계획에 따라 구강보건사업에 관한 세부계획을 수립·시행한다.
- 질병관리청장은 보건복지부장관과 협의하여 국민의 구강건강상태와 구강건강의식 등 구강건강 실태를 3년마다 조사해야 한다.
- 구강보건에 관한 조사·연구·교육사업은 기본계획에 포함된다.
- 구강보건사업의 대상은 임산부 및 영유아, 노인, 장애인 등이 있다.
- 특별자치시장, 특별자치도지사, 시장·군수·구청장은 임산부 및 영유아에 대하여 구강보건교육계획을 수립하여 구강보건교육을 매년 실시해야 한다.

※ 4회 70번 표 참조

066 『정신건강증진 및 정신질환자 복지서비스 지원에 관한 법률』 용어 정의

① 정신건강증진시설 : 정신의료기관, 정신요양시설, 정신재활시설

- 정신의료기관 : 정신질환자를 치료할 목적으로 설치된 의료기관(정신병원, 정신과 의원 등)
- 정신요양시설 : 정신질환자를 입소시켜 요양서비스를 제공하는 시설로 설치·운영하려면 특별자치시장·특별자치도지사, 시장·군수·구청장의 허가를 받아야 한다.
- 정신재활시설 : 사회적응을 위한 각종 훈련과 생활지도를 하는 시설로 설치·운영하려면 특별자치도지사, 시장·군수·구청장에게 신고하여야 한다.
  - 생활시설 : 정신질환자들이 생활할 수 있도록 의식주 서비스를 제공하는 시설
  - 재활훈련시설 : 정신질환자 등이 지역사회에서 직업활동과 사회생활을 할 수 있도록 주로 상담, 교육, 취업, 여가, 문화, 사회참여 등 각종 재활활동을 지원하는 시설

② 정신질환자 : 망상, 환각, 사고나 기분장애 등으로 인하여 독립적으로 일상생활을 영위하는 데 중대한 제

약이 있는 사람

③ 정신건강증진사업 : 정신건강과 관련된 교육·상담, 정신질환의 예방·치료, 정신질환자의 재활, 정신건강에 영향을 미치는 사회복지·교육·주거·근로환경 개선 등을 통하여 국민의 정신건강을 증진시키는 사업

067 의료인의 면허 취소

- 의료인 결격사유에 해당될 때
- 자격정지 처분기간 중에 의료행위를 하거나 3회 이상 자격정지 처분을 받은 경우
- 면허의 조건을 이행하지 않은 경우
- 면허증을 대여한 경우(5년 이하의 징역 또는 5천만 원 이하의 벌금)
- 일회용 의료기기의 재사용으로 사람의 생명 또는 신체에 중대한 위해를 발생하게 한 경우
- 사람의 생명 또는 신체에 중대한 위해를 발생하게 할 우려가 있는 수술, 수혈, 전신마취를 의료인이 아닌 자에게 하게 하거나 의료인에게 면허사항 외의 업무를 하게 한 경우

068 고위험 병원체

- 고위험 병원체 : 생물테러의 목적으로 이용되거나 외부에 유출될 경우 국민 건강에 심각한 위험을 초래할 수 있는 병원체 예 탄저, 페스트 등
- 고위험 병원체의 반입 : 질병관리청장의 허가(위반 시 5년 이하의 징역 또는 5천만 원 이하의 벌금)
- 고위험 병원체의 분리 후, 분양·이동 전 : 질병관리청장에게 신고(위반 시 2년 이하의 징역 또는 2천만 원 이하의 벌금)

069 결핵 환자 발생 시 조치

보건소장은 신고된 결핵 환자 등에 대하여 결핵예방 및 의료상 필요하다고 인정되는 경우 해당 의료기관에 간호사 등을 배치하거나 방문하게 하여 환자관리 및 보건교육 등 의료에 관한 적절한 지도를 하게 하여야 한다.

070 특정 수혈 부작용

- 정의 : 수혈한 혈액제제로 인하여 발생한 부작용(사망, 장애, 입원치료를 요하는 부작용, 바이러스 등에 의하여 감염되는 질병 등)
- 신고 : 의료기관의 장은 특정 수혈 부작용 발생 사실을 확인한 날로부터 15일 이내에 보건소장을 거쳐 시·도지사에게 신고한다(단, 사망의 경우에는 지체 없이 신고). 신고받은 시·도지사는 보고서를 보건복지부장관에게 제출하고 통보받은 보건복지부장관은 그 발생원인의 파악 등을 위한 실태조사를 실시하여야 한다.

실기

071 자궁내막염

- 정의 : 태반이 붙어 있던 부위에 세균이 침입하여 염증이 발생하는 것
- 치료 : 안정, 수분 섭취 권장, 산후질분비물(오로) 배출 촉진, 의사 지시에 따라 자궁수축제와 항생제를 투여하여 치료

072 사상체질

태양인 (폐대간소)	• 기대거나 눕기를 좋아하고, 허리나 척추가 약하여 오래 앉지 못한다. • 진취성이 강하고 재주가 많으며 사교적이다. • 뜨거운 음식을 싫어한다. • 소변이 잘 나오면 병이 없는 것이다.
태음인 (간대폐소)	• 수족이나 입술이 크고, 골격이 장대하며, 피부가 약간 검고 두터운 반면 가슴부분이 빈약하고 복부가 견실하다. • 식성이 좋다. • 호흡기와 순환기계가 약하다.
소양인 (비대신소)	• 비뇨생식기 및 내분비샘 기능이 약하다. • 손발이 항상 뜨겁고 피부는 땀이 적으며 가슴이 넓고 하체는 약한 편이다. • 식성은 차고 시원한 것을 좋아한다. • 밖에 나가는 것을 좋아한다. • 대변이 잘 통하면 병이 없는 것이다.
소음인 (신대비소)	• 내성적인 성격으로 깔끔하고 착실하며 매사에 치밀하고 인색하다. • 상체보다 하체가 견실하여 엉덩이가 넓고 수족은 작은 편이며 피부가 부드럽고 매끄럽다. • 편식이 있고 더운 음식을 좋아한다. • 소화기계와 정신계 질환(히스테리, 불면증 등)이 잘 발생한다. • 집에 있는 것을 좋아한다. • 소변이 원활하고 대변이 굳고 잘 통하면 건강한 것이다.

073 매독균을 조기에 치료해야 하는 이유

매독균은 임신 16~20주 사이에 혈류를 통해 태반으로 전파되므로 매독 진단 즉시 치료하는 것이 바람직하다.

074 요실금 환자의 간호

- 소변을 참지 않도록 하고 하루에 적어도 1리터 이상의 수분을 충분히 섭취한다.
- 규칙적인 시간에 소변을 보도록 하고 케겔운동을 권장한다.

※ 4회 80번 해설 참조

075 욕창 발생 기전

- 피부에 가해진 압력으로 인해 모세혈관이 폐쇄되어 허혈이 유발된다.
- 짧은 시간 강한 압박보다 장시간 낮은 압박에 의해 더 잘 발생한다.

- 국소적 압력이 넓은 부위 압력보다 피부손상을 더 많이 받는다.
- 지속적인 압력이 가장 중요한 욕창 발생 요인이지만 영양이 불량하거나 탈수일 경우 욕창이 더 잘 발생한다.
- 조직의 국소 빈혈에 의한 무산소증의 결과로 유발된다.

076 격리가운 다루는 방법

격리실 안에 걸어둘 경우

격리실 밖에 걸어둘 경우

- 격리실 안에 걸어둘 경우 : 가운의 바깥면(오염된 면)이 겉으로 나오게 해서 걸어둔다.
  (외출 후 옷걸이에 외투를 걸어 두듯이)
- 격리실 밖에 걸어둘 경우 : 가운의 바깥면(오염된 면)이 안으로 들어가게 해서 걸어둔다.
  (안쪽면이 밖으로 나오게 뒤집어서)

077 만성폐쇄폐질환(COPD)

※ 2회 27번 해설 참조

078 숙면을 위한 간호

- 취침시간과 기상시간을 규칙적으로 한다.
- 밤잠을 설치게 되므로 낮잠을 자제한다.
- 낮 동안 가벼운 운동을 한다.
- 배가 고파 잠이 안 올 경우 소화가 잘 되는 간단한 먹거리(예 우유, 카스테라 등)를 제공한다.
- 카페인, 알코올, 담배, 수면제 사용을 자제하고 밤에 수분 섭취를 제한한다.
- 침실 조도를 낮추고 환경 자극을 최소화 하여 소음을 방지한다.
- 취침 전에 등마사지를 해준다.

079 침상에 주름이 없어야 하는 이유

침상 머리 쪽의 홑이불을 침요 밑으로 넉넉히 넣어 밑침구를 팽팽하게 당겨야 침구에 주름이 생기지 않아 욕창을 예방할 수 있다.

080 신생아 간호

- 신생아의 호흡은 출생 30초 이내에 반드시 시작되고 유지되어야 한다.
- 신생아 간호 시 호흡유지 → 체온유지 → 감염예방 → 영양에 신경 쓴다.

081 무릎가슴 자세

- 무릎과 가슴을 바닥에 붙이고 둔부를 높이 올린 자세
- 골반 내 장기를 이완시키고 산후 자궁후굴을 예방하는 자세, 자궁 내 태아 위치 교정, 월경통 완화, 직장이나 대장 검사 시 자세

082 지팡이를 사용하지 않는 반신마비(편마비) 환자의 이동

환자의 불편한 쪽에 서서 한 팔로 허리를 안고 다른 팔로 환자의 팔꿈치 가까운 위팔(상완)의 아랫부분을 잡아준다.

083 손톱과 발톱깎기

손톱은 둥글게, 발톱은 일자로 손질한다.

084 호흡 측정 방법 및 주의사항

- 맥박을 측정한 후 환자의 손목을 그대로 잡은 채로 호흡수와 규칙성 등을 측정한다.
- 호흡은 1분간 측정하는 것이 원칙이다.

085 가래 검사

이른 아침에 가래에 균이 가장 많이 존재하므로 눈뜨자마자 기침을 통해 배출된 가래를 채취한다.

086 9의 법칙(화상의 면적에 따른 분류)

- 성인 : 머리(9), 팔 각각(9), 가슴과 배(18), 등(18), 다리 각각(18), 생식기(1) = 총 100%
- 소아 : 머리(18), 팔 각각(9), 가슴과 배(18), 등(18), 다리 각각(13.5), 생식기(1) = 총 100%

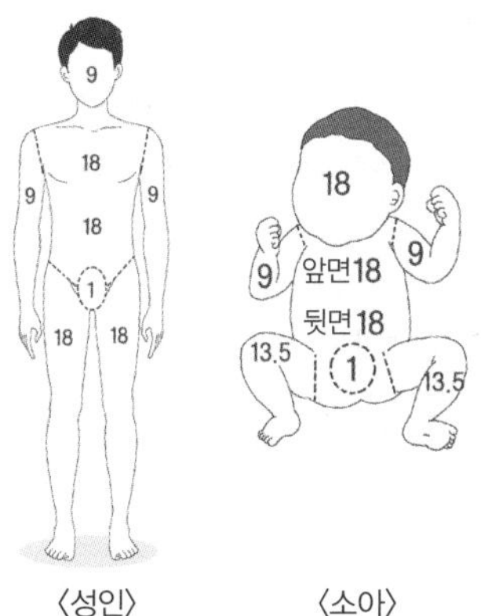

〈성인〉 〈소아〉

087 파상풍 환아 간호

- 불필요한 자극을 주지 않는다.
- 경련 시 주변에 있는 위험한 물건들을 치우고 혀가 말려들어가는 것을 예방하기 위해 설압자를 혀 위로 넣어준다.
- 밝은 빛은 경련을 자극하므로 병실은 어둡고 조용하게 해준다.
- 환아의 호흡상태를 주의 깊게 관찰한다.
- 항생제나 항독소 및 진정제를 투여하고 산소를 공급해 준다.

088 병원감염(의료관련 감염)

- 외인성 감염 : 환자나 병원 직원, 면회인 등 사람에서 사람을 매개로 하는 경우(교차감염)와, 진료용 기구나 기재 등 물품을 매개로 하여 일어나는 감염(의료관련 감염: 진단 및 치료과정으로 인한 감염)을 외인성 감염이라고 한다.
- 내인성 감염 : 체내에 상주해 있던 상주균의 변화나 과잉성장으로 인한 감염으로 환자의 면역이 감소되었을 때 주로 발생한다. 미숙아, 신생아, 부신피질호르몬제·면역억제제·항암제 투여자 등에게서 일어나기 쉽다.

  예 기회감염 : 정상적인 상태에서는 감염되지 않다가 환경이 바뀌면 발생하는 감염(대장균이 장에 있을 때는 질병을 유발하지 않지만 요도로 이동하면 요로감염을 일으킬 수 있다)

089 건열 멸균법

- 160℃에서 1~2시간 또는 120~140℃에서 3시간가량 소독한다.
- 파우더, 오일 등의 물품 소독에 사용된다.

090 모유수유 방법

- 젖꽃판(유륜)까지 물린다는 생각으로 젖꼭지를 깊숙이 입에 넣어준다.
- 수유 전에 젖은 기저귀를 교환해 준다.
- 신생아의 상체를 약간 올린 상태로 수유한다.
- 유방을 바꾸어 가면서 10~20분 동안 충분히 먹인다.
- 수유 후 아기 등을 가볍게 두드려 트림을 시켜 구토나 복부팽만을 예방한다.
- 수유 후 유방에 남은 젖은 모두 짜낸다.

091 격리와 역격리(둘 다 내과적 무균술에 해당)

격리	환자가 전염성 질환을 가지고 있을 때	• 외부로 균이 퍼지지 않게 하기 위해 음압 유지 : 병실 밖 → 병실 안으로 공기 이동(호흡기계 감염일 경우에만 음압병실 격리) • 격리실에서 사용된 물품이나 분비물 등은 이중포장법을 이용하여 처리
역격리(보호적 격리)	환자의 면역력이 약할 때	• 외부로부터 공기유입이 없도록 양압 유지 : 병실 안 → 병실 밖으로 공기 이동 • 광범위 화상환자, 백혈병, 항암제 투여환자 등 • 환자의 물품은 사용하기 전에 소독 또는 멸균

092 VRE(반코마이신 내성 장알균)

전파경로	접촉
치료	감수성 있는 항생제로 치료하지만 사용할 수 있는 항생제가 지극히 제한됨
격리 해제	1주일 간격으로 실시한 직장도말검사에서 3회 이상 연속으로 음성이 나오면 해제
특징	• 4급 법정감염병 • 환경에 대한 적응력이 강해서 주 서식 장소를 벗어나도 수일 내지 수주간 살 수 있음
감염관리	• 격리 또는 코호트 격리를 해야 함(일반병실에서 접촉주의 격리 가능) • 손씻기와 장갑착용 철저히 • 가운 : 분비물이나 배설물과 접촉할 가능성이 있을 경우 착용 • 마스크 : 내성균이 공기 중으로 분무될 가능성이 있는 치료나 상황 시 착용 • 가래관리 : 비말에서 균이 분리된 경우 분비물이 주변에 튀지 않도록 주의하고 환자에게도 마스크 착용 • 검체관리 : 다른 환자 검체와 섞이지 않도록 분리하여 비닐봉투에 넣어 접수, 가능하면 당일 마지막 일정으로 조정 • 환자 이동 : 격리병실 외 이동 제한 • 기구 및 환경관리 – 되도록 일회용 물품 사용 – 모든 의료기구나 물품은 환자마다 별도로 사용 – 멸균할 수 없는 의료기구나 물품은 70% 알코올 등으로 닦아서 사용 – 재사용 기구들은 소독제에 30분간 담갔다가 멸균 – 의료폐기물 : 격리의료폐기물 용기에 담아 표면에 '감염'이라고 표기한 후 별도 수거 – 세탁물 : 다른 환자의 린넨과 구분지어 별도 수거 – 기타 : 자주 접촉하는 환경표면은 소독제로 자주 닦고 격리기간 중에는 방문객을 가능한 한 제한

093 옷입기를 거부하는 치매 환자 간호

- 자신의 옷이 아니라고 반복해서 우길 경우 옷 라벨에 환자 이름을 써두어 확인시켜 준다.
- 옷 입는 것을 거부하면 강요하지 말고 잠시 후 다시 시도하거나 목욕시간을 이용하여 새 옷으로 갈아입힌다.

094 영양액 주입 중 흡인

영양액 주입 중 구토와 청색증 등의 흡인 증상이 발생하면 주입을 즉시 중단하고 간호사에게 보고한다.

095 이동 시 지침

- 기저면을 넓게 하고 무게중심점을 기저면에 가까이 한다.
- 허리높이에서 일하도록 한다.
- 무거운 것을 들어 올릴 때는 힘의 방향으로 마주한다.
- 물건을 들어 올릴 때는 허리근육을 사용해서는 안 되고 엉덩이와 배의 근육을 사용한다.
- 무거운 물체를 들어 올릴 때 몸 전체를 구부리지 말고 쭈그리는 체위를 취한다.
- 물체를 잡아당기거나 밀 때 체중을 사용하고 손가락보다는 손바닥으로 잡는다.
- 이동할 방향을 향하여 마주본다.
- 중력에 맞서서 일하지 않도록 한다.
- 방향을 바꿀 때는 척추가 비틀어지지 않도록 몸과 사지를 축으로 해서 돌린다.
- 기립 저혈압을 예방하기 위해 일어나기 전에 침상가에 앉아 다리운동을 한 후 천천히 움직인다.
- 환자를 이동하기 전에 반드시 침대 또는 휠체어 바퀴를 고정한다.

096 온요법 금기

각종 염증(충수염, 이염[귀의 염증], 치주염 등), 원인 모를 복통, 화농을 지연시켜야 하는 경우, 출혈 부위, 개방 상처, 감각장애나 감각소실 부위, 의식이 저하된 환자 등

097 드레싱의 형태

- 건조 대 건조 : 배액과 조직상실이 거의 없는 경우 건조한 거즈를 대고 그 위에 건조한 거즈를 다시 한 번 덮는 드레싱
- 습기 대 건조 : 생리식염수나 소독용액에 적신 거즈를 대고 그 위에 건조한 드레싱을 덮는 드레싱으로 욕창, 3도 화상, 정맥류 궤양 등의 상처에 사용
- 습기 대 반건조 : 습기가 있는 거즈를 대고 그 위에 반건조 상태의 거즈를 덮는 드레싱으로 드레싱이 완전히 마르기 전에 제거해야 함
- 습기 대 습기 : 습기가 있는 거즈를 대고 그 위에 같은 용액에 적신 드레싱을 다시 한 번 덮는 드레싱

098 수술 전날 저녁의 간호

① 환자준비

- 금식 : 수술 중 구토로 인한 흡인을 막기 위해 8시간 이상 금식
- 관장 : 마취로 인한 조임근(괄약근) 이완 시 배변의 가능성이 있는 경우 시행
- 삭모
  - 미생물을 최소화하여 수술 부위 감염을 예방하기 위함
  - 면도기를 30~45° 각도로 피부에 대고 털이 난 방향으로 면도
  - 삭모 후 로션을 바르지 않아야 함
  - 수술 부위보다 넓게 면도
    예 복부 수술 시 유두선부터 서혜부 중간까지 면도
  - 말초순환 상태를 확인하기 위해 손톱과 발톱에 매니큐어를 지워야 함
- 휴식 : 수술을 위한 신체적·정신적 안정
- 수면제(필요시) : 수술에 필요한 체력을 비축하기 위해, 마취를 쉽게 유도하기 위해

② 환자교육

- 합병증을 예방하기 위하여 시행하며 교육의 효과가 큰 수술 전날 시행
- 수술 후 올 수 있는 호흡기계 합병증인 무기폐(폐확장부전)와 폐렴 예방을 위해 기침과 심호흡, 체위 변경 교육
- 수술 후 올 수 있는 순환기계 합병증인 혈전정맥염 예방을 위해 조기이상, 압박스타킹 적용방법, 다리운동 등을 교육

099 청각장애 환자와의 의사소통

- 정면에서 눈을 보면서 또박또박 천천히 말한다.
- 자음을 분명하게 발음하고 조금 낮은 음조로 말한다.
- 소음이 없는 곳에서 대화하도록 한다.
- 적절한 몸짓을 사용한다.

100 항생제 반응검사

- 주로 아래팔(전완)의 내측면, 흉곽 상부, 어깨뼈(견갑골)부위에 주사
- 희석액을 0.1cc 주입
- 주사 시 바늘의 각도는 15°
- 주사 후 내관을 뒤로 당겨보지 않고, 약물 투여 후 문지르지 않음
- 정해진 관찰 시간에 주사 부위 피부 확인 : 보통 15~20분 후, 투베르쿨린 반응은 48~72시간 후 확인하여 주사 부위 팽진의 직경이 10mm 이상이면 양성으로 판독

간호조무사 실전모의고사 제9회 정답 및 해설

001	①	002	④	003	③	004	④	005	②
006	③	007	⑤	008	⑤	009	③	010	③
011	⑤	012	②	013	①	014	②	015	②
016	④	017	①	018	①	019	①	020	④
021	①	022	①	023	③	024	①	025	④
026	①	027	①	028	③	029	②	030	④
031	①	032	③	033	②	034	③	035	④
036	②	037	③	038	③	039	②	040	①
041	③	042	⑤	043	②	044	④	045	③
046	⑤	047	④	048	⑤	049	④	050	③
051	②	052	②	053	④	054	⑤	055	⑤
056	②	057	①	058	④	059	④	060	⑤
061	③	062	②	063	②	064	②	065	④
066	②	067	①	068	①	069	②	070	③
071	②	072	②	073	③	074	①	075	④
076	③	077	③	078	②	079	④	080	③
081	①	082	③	083	③	084	⑤	085	①
086	⑤	087	②	088	⑤	089	①	090	②
091	③	092	①	093	②	094	②	095	④
096	④	097	②	098	③	099	③	100	①

기초간호학 개요

001 노인의 낙상 예방 방법

- 근력강화를 위해 규칙적으로 운동한다.
- 높은 조도의 조명은 눈부심을 야기시켜 낙상을 유발하기도 하므로 적당한 조도의 조명을 사용한다.
- 앉거나 일어날 때 천천히 움직이고 지팡이나 보행기 등의 보조기구를 사용한다.
- 신체보호대는 꼭 필요할 때만 의사의 처방 하에 사용하는 것이 바람직하다.
- 폭이 넓고 뒷굽이 낮으며 미끄러지지 않는 편안한 신발을 신는다.
- 욕조와 화장실 바닥에 미끄럼 방지용 매트나 깔판을 깐다.

※ 2회 14번, 10회 85번 해설 참조

002 임부의 요통 완화 방법

- 굽이 낮은 신발을 착용한다.
- 등받이가 긴 의자에 앉는다.
- 딱딱한 매트리스를 사용한다.
- 평상시 허리를 꼿꼿하게 편 자세를 유지한다.
- 휴식을 취하고 수시로 가벼운 스트레칭을 한다.

003 출혈성 뇌졸중 환자 간호

- 뇌출혈로 인한 뇌졸중일 경우 상체를 약간 올려준다.
- 체위 변경 시 복와위를 취하면 복압과 뇌압이 높아질 수 있으므로 금한다.
- 뇌졸중 발생 시 침상안정 또는 절대안정을 취할 수 있도록 한다.
- 1~3일 정도 금식을 하고 수액으로 영양을 공급한다.
- 대변을 볼 때 너무 무리하게 힘을 주거나(발살바) 복압을 높일 수 있는 자세를 피한다.

004 축적작용

간에서 해독 작용을 거친 약물의 대사산물은 주로 신장을 통해 소변으로 배출되는데 배설이 지연되는 약물은 몸 안에 쌓여(축적되어) 부작용을 나타내기도 하므로 축적 작용에 주의해야 한다. 축적 작용이 잘 발생하는 약물로는 디곡신이 있다.

005 태변

- 출생 후 3일 정도 지속되는 끈적하고 냄새가 없는 암녹색이나 암갈색의 변으로, 1일 4~5회 정도 배출한다. 생후 하루가 지나도 신생아가 태변을 보지 않으면 직장기형을 의심해볼 수 있다.
- 태변 → 이행변 → 정상변 순으로 변한다.

006 간호조무사의 대인관계

- 모든 요구를 들어주는 것은 환자의 독립성과 자립을 방해한다.
- 의견충돌 시 우선 당사자와 대화를 시도해본다.
- 노인 환자에게도 이름을 호칭한다.
- 거리감으로 인해 병원 생활에 불안감을 느끼지 않도록 한다.

007 환자가 진단명을 궁금해 할 때

진단명과 치료에 대한 설명은 의사만이 가능하므로 환자가 궁금해하는 부분을 담당 간호사에게 보고하거나 의사에게 직접 묻도록 한다.

008 테스토스테론

남성 호르몬의 총칭인 안드로젠의 하나로 고환에서 분비되며 남성의 2차 성징 발현과 생식기 발달에 관여한다.

009 호스피스

- 죽음을 앞둔 말기 환자와 그 가족을 사랑으로 돌보는 행위이다.
- 환자의 요구와 필요에 맞춰 통증 관리, 정서적 지원, 영적 지원 등을 제공한다.

010 비타민 D의 기능 및 결핍증

종류	기능	결핍증
비타민 D	칼슘과 인의 대사에 관여, 자외선을 통해 비타민 D 합성, 겨울철에 결핍되기 쉬움	구루병

※ 1회 14번 참조

011 환자가 금전적인 보상을 하려고 할때

환자가 금전적인 보상을 하려고 할 때 간호조무사는 병원 규칙을 설명하며 정중히 거절해야 한다.

012 비뇨기계의 경로

2개의 신장 → 2개의 요관 → 1개의 방광 → 1개의 요도

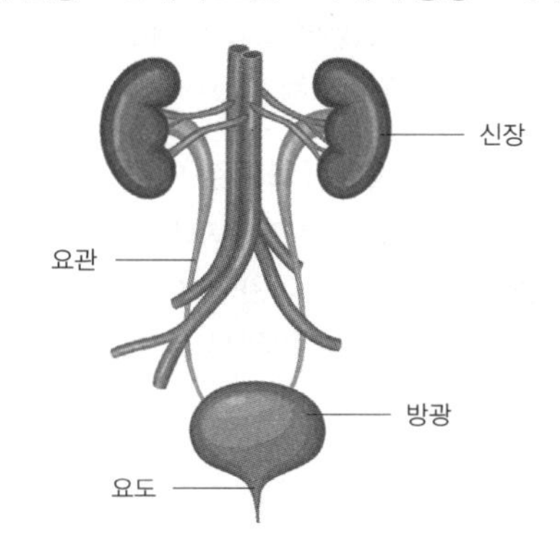

013 심한 출혈환자의 응급처치

심한 출혈이 있을 때 가장 우선적으로 시행해야 할 간호는 출혈 부위를 직접 압박하고 심장보다 높게 들어 올려 주는 것이다.

014 항생제를 일정한 시간에 복용해야 하는 이유

항생제나 항고혈압제 등은 약물의 혈중 농도를 일정하게 유지하여 치료 효과를 높이기 위해 일정한 간격으로 복용하거나 투여하는 것이 바람직하다.

015 산후열

분만 2~10일 사이에 38℃ 이상의 열이 지속되는 경우로 원인균은 대부분 사슬알균(연쇄상구균)이다.

016 기초대사량

- 혈액순환, 호흡, 체온유지 등 생명유지를 위해 필요한 최소한의 열량
- 남 〉 여, 젊은 사람 〉 노인, 근육이 많은 사람 〉 지방이 많은 비만형이나 영양상태가 불량한 마른 사람, 겨울 〉 여름
- 기초대사량 증가 : 생리 2~3일 전, 수유부, 갑상샘호르몬(타이록신), 에피네프린, 성장호르몬, 감염, 고열, 정서적 긴장 시
- 기초대사량 감소 : 수면 시, 생리 중
- 측정 시 주의사항 : 검사 전날 저녁식사 후부터(9시 이후) 다음날 아침 검사가 끝날 때까지 금식하고 안정상태로 누워서 측정한다.

017 제대(탯줄)

- 태아와 태반을 연결하는 약 50cm가량의 줄로, 그 안에는 2개의 제대동맥과 1개의 제대정맥이 들어있다.
- 모체 측 태반과 태아의 배꼽에 연결되어 있다.
- 대체수혈(교환수혈) 시 제대정맥을 사용한다.

- 재대동맥 2개(정맥혈) : 태아의 노폐물과 이산화탄소를 모체쪽으로 이동(태아→모체)
- 제대정맥 1개(동맥혈) : 모체로부터 태아에게 영양분과 산소 공급(모체→태아)

018 임부의 속쓰림(위산역류로 인한가슴앓이)

- 원인 : 황체호르몬(프로제스테론)의 영향으로 평활근(민무늬근육)이 이완되어 식도하부조임근(식도하부괄약근)의 힘이 약해지고, 이로 인해 위산이 역류되기 때문
- 완화법
  - 물과 따뜻한 차를 충분히 마신다.
  - 지방이 많은 음식과 가스를 형성하는 음식, 양념이 많은 자극적인 음식은 피한다.
  - 허리가 조이는 옷은 입지 않는다.
  - 과식을 피하고 식사 후 바로 눕지 않는다.

019 인공수유 방법

- 우유병과 젖꼭지는 매회 소독한 것으로 사용한다.
- 100℃ 이상 끓인 물을 50~60℃로 식힌 다음 분유를 탄다.
- 젖꼭지 구멍은 적당히 뚫어 너무 많은 양이 한꺼번에 나오지 않도록 한다.
- 수유 시에는 젖꼭지를 잘 기울여 공기가 들어가지 않도록 주의하고 절대 젖병을 물건에 기대어 놓은 채 수유하지 않는다.
- 남은 우유는 버려야 하고 수유 후에는 반드시 트림을 시켜준다.

020 임부의 빈혈

- 임신 중 가장 흔한 빈혈은 철분 결핍성 빈혈로 임신 전에 비해 혈액량이 증가함으로써 흔히 발생하며 임신 말기에는 더 많은 철분이 요구된다.
- 철분이나 엽산이 풍부한 음식을 골고루 섭취하고 경구용 철분제제를 복용한다.
- 임신 중 빈혈의 진단
  - 임신 초기 : 혈색소(헤모글로빈) 11g/dL, 적혈구용적률(헤마토크리트) 37% 미만
  - 임신 중기 : 혈색소(헤모글로빈) 10.5g/dL, 적혈구용적률(헤마토크리트) 35% 미만
  - 임신 말기 : 혈색소(헤모글로빈) 10g/dL, 적혈구용적률(헤마토크리트) 33% 미만

021 분만 3기(태반 만출기)

- 태아 만출 후부터 태반이 만출될 때까지를 분만 3기라고 한다.
- 태반 조직이 자궁 내에 남아 있으면 출혈과 감염의 원인이 되므로 태반이 만출되고 나면 반드시 태반 결손 유무를 검사하여야 한다.
- 태반이 박리될 때 산모는 복통을 느낀다.
- 아기를 분만하고 약 20분 후부터 태반 만출을 위한 자궁 수축이 시작된다.
- 태반 박리 징후가 보이면 산모에게 복압을 주게 하고 제대는 잡아 당기지 말고 서서히 태반이 만출될 수 있도록 한다.
- 활력징후, 출혈정도, 자궁수축상태 등을 확인한다.

022 균열유두

- 유두가 갈라져 심한 통증을 유발한다.
- 상처가 나을 때까지 3시간마다 규칙적으로 젖을 짜낸다.
- 24~48시간 동안은 수유를 금하고, 유두 주위에 비타민 A, D 연고를 바르면 상처치유가 촉진된다.

023 신체 절단부위 보관방법

잘린 부위를 청결한 거즈에 싼다. → 비닐봉지에 담는다. → 얼음을 채운 용기에 넣는다. → 환자와 함께 병원으로 가지고 간다.

024 이유식

- 이유식 시기는 치아가 나기 시작하고 머리에 균형을 잡을 수 있는 6~12개월 사이가 적당하다.
- 6~24개월경 철분 결핍성 빈혈이 잘 오는 시기이므로 이유식을 통해 빈혈을 예방한다.
- 씹는 동작으로 골격과 근육 발달을 촉진시킨다.
- 균형 잡힌 영양공급으로 면역력을 증진시킨다.
- 이유식을 먼저 주고 부족한 부분을 우유로 보충한다.
- 싫어하는 음식을 억지로 먹이지 않는다.
- 알레르기를 확인하기 위해 한 번에 하나의 음식만 시도하고, 새로운 음식을 추가할 때는 4~7일 정도 간격을 둔다.
- 곡물 → 야채 및 과일(야채→과일) → 고기 순으로 먹인다.
- 자극성이 있는 조미료 사용을 금한다.

025 영아의 운동발달

- 3개월 정도가 되면 목을 가누게 되며 4개월경이 되면 뒤집고 잡아주면 앉기 시작하여 약 6개월이면 도움 없이 혼자 앉고, 8개월 전후로 기기 시작하여 10개월이 되면 가구를 붙잡고 서거나 걷고 12개월이 되면 혼자서 걷기 시작한다.
- 영아가 손가락과 엄지를 통제할 수 있게 되어 물건을 집을 수 있는 시기는 생후 8~9개월 경이다.

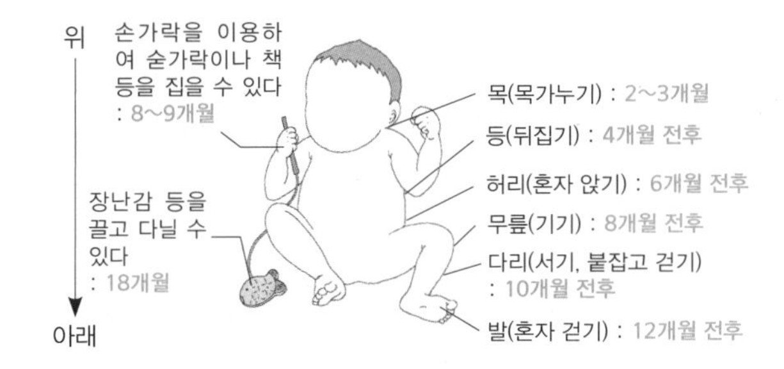

026 흉곽 수술 후 재활운동

흉곽 수술 후 수술한 쪽 팔의 재활운동은 되도록 빠른 시일 내에 시작해야 폐 합병증을 예방할 수 있다.

027 폐렴

- 미생물(폐렴균 90%, 바이러스 10%), 유독가스와 같은 화학적 자극으로 인해 발생한다.
- 우유나 수분이 기도 내로 들어가서 흡인성 폐렴이 발생하기도 한다.
- 빠르고 얕은 호흡, 가래, 오한과 고열, 백혈구 증가, 식욕부진, 빈맥 등이 나타난다.
- 항생제 사용, 고열량·고단백 식이 제공, 호흡곤란 시 반좌위를 취해준다.
- 재발을 방지하기 위해 퇴원 후 6주 정도 올바른 방법으로 심호흡과 기침을 하도록 권장한다.

028 철분제제

- 정상적인 적혈구 생성을 위해 빈혈 환자에게 제공한다.
- 공복에 복용하면 흡수율은 좋지만 소화불량이 생길 수 있다.
- 적혈구 형성을 위한 철분 흡수를 돕기 위해 비타민 C와 함께 제공한다.
- 대변색이 검게 변할 수 있다고 미리 설명한다.
- 액체로 된 철분제제는 빨대를 사용한다.

029 장루 수술 환자의 간호

- 장루의 색깔이 적갈색, 보라색, 검은색일 경우 즉시 보고한다.
- 탄산음료, 양배추, 양파, 콩, 튀긴 음식 등은 가스를 유발하므로 자제한다.
- 수분과 섬유질을 충분히 섭취한다.
- 빨대로 음료를 마시거나 껌을 자주 씹으면 장루에 가스가 차게 되므로 자제한다.
- 장루 주머니 교환은 스스로 할 수 있어야 한다.
- 배변습관 형성을 위해 규칙적인 시간에 장세척을 실시한다.

030 척추 손상 환자의 응급처치

척추 손상이 의심되면 목을 움직이지 않고 턱을 들어올리는 턱 밀어 올리기(Jaw thrust) 방법으로 기도를 개방한 후 목을 고정하고, 전신부목으로 척추를 고정한 채 앙와위 자세로 병원으로 속히 이송한다.

031 성인의 심폐소생술

- 성인의 경우 5cm 깊이로 가슴을 압박한다.
- 가슴압박과 인공호흡(30:2)을 5회(약 2분간) 반복 시행한 후 환자의 상태를 다시 평가한다.
- 효과적인 심폐소생술을 위해 딱딱한 판자 위에서 시행한다.
- 압박 부위는 복장뼈(흉골)의 아래쪽 절반부위이다.

032 치아 우식증 예방

- 충치 예방을 위해 가장 중요한 것은 올바른 양치질이다.
- 치아건강을 위해서는 단백질이 필수적이며 신선한 제철 채소나 과일에는 섬유질이 풍부하여 충치 예방에 도움이 된다.
- 저탄수화물 식이를 섭취하고 치과에서 플루오린(불소)도포와 치면열구전색, 학교에서 플로오린용액 양치를 시행하고 6개월마다 정기적인 구강검진을 실시한다.

033 진공흡인장치의 사용

- 치과 간호조무사가 하는 업무 중 가장 중요하고 기본적인 업무로 진료 중에 진공흡인장치를 적절하게 사용할 줄 알아야 한다.
- 진공흡인장치를 조정하지 않는 나머지 손으로는 기구를 전달한다.
- 팁을 치아 가까이에 대어주고 의사가 사용하는 기구나 이거울(치경)을 가리지 않도록 한다.
- 치과 의사가 오른손으로 기구를 사용하면 간호조무사도 오른손으로 흡입기를 사용하여 진료에 방해가 되지 않도록 한다.
- 치아의 설측을 삭제할 때는 순면 쪽(협면 쪽)에 팁을 경사지게 위치시키고, 순측(협측)을 삭제할 경우에는 팁을 설측으로 위치시킨다.

034 부항요법

- 음압 펌프질로 관속의 공기를 빼내어 경혈상 피부 표면에 흡착시키거나, 간접적으로 화력을 이용하여 울혈시켜 치료하는 방법이다.
- 출혈 증상이 심한 사람, 정맥류 환자는 부항을 금한다.
- 부항 적용시간은 5~15분 정도가 적당하다.

- 서서히 체력에 적응되도록 압력과 횟수를 조절한다.
- 부항 후 피로가 심하면 2~3일 정도 휴식기를 갖는다.
- 자연식이를 섭취하고 육식 또는 산성식품을 제한한다.
- 큰 수포 발생 시 멸균적으로 수포액을 뽑고 거즈를 붙여둔다.

035 추나요법(안마, 안교, 지압, 수기요법)

- 손이나 손가락을 이용하여 음양을 조화시키고 경락을 소통시키며, 기와 혈을 활성화시키고 관절을 부드럽게 이완시켜 관절 운동 범위를 개선시킨다.
- 출혈성 질환, 염증성 질환, 골절이나 관절 탈구 시에는 추나요법을 금한다.
- 아픈 곳이 시술점이 된다.
- 약한 자극부터 시작해서 강한 자극으로, 횟수도 점차 늘려간다.

보건간호학 개요

036 VDT 증후군 예방법

자주 휴식을 취하고 스트레칭으로 근육을 풀어주기 위해 작업하고 있는 책상이나 컴퓨터에 홍보 스티커를 붙여놓고 수시로 운동할 수 있도록 한다.

※ 2회 45번 해설 참조

037 의료보장

- 목적 : 개인의 능력으로 해결할 수 없는 건강문제를 사회적 연대책임으로 해결하여 사회 구성원 누구나 건강한 삶을 누릴 수 있도록 하기 위함
- 의료보장제도가 추구하는 내용 : 국민의 건강권 보호, 보건 의료비의 적정 수준 유지, 보건의료사업 효과의 극대화, 국민 간에 보건의료 서비스를 균등하게 분배, 예기치 못한 의료비의 부담으로부터 국민을 재정적으로 보호

> 의료보장의 종류
> - 건강보험
>   - 직장가입자와 피부양자(가족) : 보수에 근거하여 일정액을 보험료로 내는 것
>   - 지역가입자 : 직장가입자와 그 피부양자를 제외한 자(자영업자, 농어업민 등)
> - 의료급여 : 보험료 부담능력이 없는 저소득층에게 국가가 의료서비스를 제공하는 것(1종/2종)
> - 산재보험 : 사업장에 고용되어 근무하던 근로자가 업무상의 산업재해로 부상, 질병, 신체장애, 사망 시 재해 근로자와 가족이 신속하고 공정하게 보상(근로복지공단)을 받을 수 있도록 하기 위한 제도
> - 노인장기요양보험 : '65세 이상인 자' 또는 '65세 미만이지만 노인성 질병을 가진 자'로 거동이 불편하거나 치매 등으로 인지가 저하되어 6개월 이상의 기간 동안 혼자서 일상생활을 수행하기 어려운 자에게 서비스를 제공하기 위한 제도

038 보건행정조직

국민의 건강과 복지수준 향상에 관한 정책 수행 주무 부처로 중앙보건기구로는 보건복지부가, 지방보건기구로는 보건소, 보건지소, 보건진료소가 있다.

> 보건복지부의 업무
> - 국민의 건강과 보건, 복지, 사회보장 등 삶의 질을 향상시키기 위한 정책 및 사무를 관장하며 방역, 위생 등을 실시한다.
> - 보건소 업무 중 보건에 대한 교육을 지도· 감독한다.

039 진동에 의한 레이노병

※ 5회 44번 해설 참조

040 퇴비처리

분쇄된 쓰레기에 분뇨를 혼합하여 발효되는 과정 중에 60~70℃의 고온으로 기생충을 사멸하여 수일 내에 퇴비를 만들어내는 방법이다.

041 보건교육 종결단계

보건교육의 마지막 단계에서는 대상자(피교육자)의 교육내용 이해정도를 반드시 파악해야 한다.

042 분단토의(버즈세션, 와글와글토의)

참여자의 수가 많을 경우 6~8명 정도로 구성된 분단으로 나누어 토의한 후 다시 전체 회의에서 의견을 종합하는 방법이다.

043 매체를 중심으로 한 보건교육

- 장점 : 짧은 시간에 많은 사람에게 정보를 전달할 수 있고 이해하기 쉽다.
  - 예 감염병 유행 시 대중에게 가장 신속히 알릴 수 있는 효과적인 방법 : 대중매체
- 단점 : 값이 비싸고 일방적인 전달이므로 개인의 상황이 고려될 수 없다.
- 종류
  - 시각매체 : 신문, 잡지, 벽보판, 투시환등기, 슬라이드, 포스터, 전단, 사진 등
  - 청각매체 : 강연, 방송, 라디오 등
  - 시청각매체 : TV, 비디오, 영화 등

044 저온에 의한 동상

- 정의 : 심한 추위에 노출된 후 피부조직이 얼어버려서 국소적으로 혈액공급이 없어진 상태
- 증상 : 홍반, 통증, 수포, 부종, 피부색 변화 등
- 예방법
  - 추운 곳에서 장시간 작업을 하거나 담배를 피우지 않는다.
  - 사지를 자주 움직여 순환이 되도록 한다.

- 순환을 방해하는 옷이나 신발은 신지 않는다.
- 과로를 피하고 균형 잡힌 식사를 한다.
- 여분의 양말을 준비하여 젖으면 즉시 갈아 신는다.
- 통기성은 적고 함기성이 높은 의복을 입는다.

※ 8회 27번 해설 참조

045 산성비

- 각종 연료, 특히 석탄 연소 시 발생하는 아황산가스(SO_2, 이산화황)로 인해 발생한다.
- 문화재 등의 건축물 부식, 산림이나 농작물에 피해, 수질 생태계 교란, 가시거리 좁아짐, 호흡기질환을 유발한다.

046 하수 처리 방법

스크린 → 침사 → 침전 → 생물학적 처리(호기성 균을 이용한 활성오니법)

047 위생해충에 의한 감염병

- 쥐 : 페스트, 발진열, 쓰쓰가무시병, 신증후출혈열(유행출혈열) 등
- 모기 : 말라리아, 일본뇌염, 사상충, 황열, 뎅기열 등
- 파리 : 콜레라, 장티푸스, 이질, 식중독균 등

048 유병률

- 유병률 : 현재 특정 건강문제를 갖고 있는 사람의 수/전체 인구 수 × 1,000
- 특정 건강문제에 이환되어 있는 사람이 얼마나 있는지 비율로 나타낸 것이다.
- 과거에 발병한 사람도 모두 포함된다.
- 발생률이 큰 질병일수록, 이환기간이 긴 질병일수록 유병률이 증가한다.

049 1차 보건의료

※ 5회 49번 해설 참조

050 포괄수가제

- 개념 : 환자 요양일수별 또는 진단명에 따라 진료비를 책정하는 방식
- 장점 : 진료비 청구·심사업무 간소화, 과잉진료 억제, 입원일수 단축, 의료비 억제
- 단점 : 의료서비스의 질 저하, 진료코드를 조작할 우려가 있음

※ 6회 37번 해설 참조

 공중보건학 개론

051 노인장기요양보험제도

① 특별현금급여로는 종합병원 이용 시 간병비 등이 있다.(x)

장기요양보험제도에서 특별현금급여는 재가급여와 시설급여를 받을 수 없을 때 지급하는 것으로 가족요양비, 특례요양비, 요양병원간병비가 있다.

- 가족요양비 : 도서·벽지 등 장기요양기관이 현저히 부족한 지역, 천재지변, 수급자의 신체·정신 또는 성격상의 사유 등으로 인해 가족 등으로 부터 방문요양에 상당한 장기요양급여를 받은 경우 지급되는 현금급여
- 특례요양비 : 수급자가 장기요양기관이 아닌 노인요양시설 등의 기관 또는 시설에서 재가급여 또는 시설급여에 상당한 장기요양급여를 받은 경우 수급자에게 지급되는 현금급여
- 요양병원간병비 : 수급자가 요양병원에 입원했을 때 장기요양에 사용되는 비용의 일부가 지급되는 현금급여

② 장기요양등급판정을 받아야 급여를 받을 수 있다.(o)

[장기요양인정점수에 따른 등급]

등급	장기요양 인정점수	상태
1등급	95점 이상	심신의 기능 상태 장애로 일상생활에서 전적으로 다른 사람의 도움이 필요한 자
2등급	95점 미만 75점 이상	심신의 기능 상태 장애로 일상생활에서 상당부분 다른 사람의 도움이 필요한 자
3등급	75점 미만 60점 이상	심신의 기능 상태 장애로 일상생활에서 부분적으로 다른 사람의 도움이 필요한 자
4등급	60점 미만 51점 이상	심신의 기능 상태 장애로 일상생활에서 일정부분 다른 사람의 도움이 필요한 자
5등급	51점 미만 45점 이상	치매환자(노인장기요양보험법 시행령 제2조에 따른 노인성질병으로 한정)
인지지원 등급	45점 미만	치매환자(노인장기요양보험법 시행령 제2조에 따른 노인성질병으로 한정)

③ 방문요양은 시설급여에 해당된다.(x)

[재가급여의 종류]

급여종류	내용
방문요양	장기요양요원이 수급자의 가정 등을 방문하여 신체활동 및 가사활동 등을 지원
방문목욕	장기요양요원이 목욕설비를 갖춘 장비를 이용하여 수급자의 가정 등을 방문하여 목욕을 제공
방문간호	장기요양요원인 간호사 등이 의사, 한의사 또는 치과의사의 지시서(이하 '방문간호지시서'라 한다)에 따라 수급자의 가정 등을 방문하여 간호, 진료 보조, 요양에 관한 상담 또는 구강위생 등을 제공

제9회

주·야간 보호	수급자를 하루 중 일정한 시간 동안 장기요양기관에 보호하여 신체활동지원 및 심신기능의 유지·향상을 위한 교육·훈련 등을 제공
단기보호	수급자를 보건복지부령으로 정하는 범위 안에서 일정 기간 동안 장기요양기관에 보호하여 신체활동지원 및 심신기능의 유지·향상을 위한 교육·훈련 등을 제공
기타 재가급여	수급자의 일상생활 · 신체활동 지원 및 인지기능의 유지 · 향상에 필요한 용구를 제공하거나 가정을 방문하여 재활에 관한 지원 등을 제공하는 장기요양급여로서 대통령령으로 정하는 것

[시설급여의 종류]

급여 종류	내용
노인요양시설 (요양원)	치매·중풍 등 노인성 질환 등으로 심신에 상당한 장애가 발생하여 도움이 필요한 노인을 입소시켜 급식·요양과 그 밖에 일상생활에 필요한 편의를 제공하는 시설이다.
노인요양공동생활가정 (그룹홈)	치매·중풍 등 노인성 질환 등으로 심신에 상당한 장애가 발생하여 도움이 필요한 노인에게 가정과 같은 주거 여건과 급식·요양과 그 밖에 일상생활에 필요한 편의를 제공하는 시설이다.

④ 등급은 치료받는 의료기관에서 신청한다.(x)
등급은 국민건강보험공단의 장기요양등급판정위원회에서 판정하므로 국민건강보험공단에 신청한다.

⑤ 재원은 장기요양보험료만으로 구성된다.(x)
노인장기요양보험제도가 운영되기 위한 재원은 보험료, 국가지원, 본인일부부담으로 구성된다. (보험료 : 60~65%, 국가지원(조세) : 20%, 본인일부부담 : 15~20%)

※ 총정리 [노인장기요양보험제도] 참조

052 가정 방문 시 건강한 사람을 먼저 방문하는 이유

전염성 환자보다 비전염성 환자를 먼저 방문하여 전염성 질환이 전파되는 것을 방지한다.

053 영유아 클리닉 설치 시

- 조용한 장소를 선택한다.
- 실내에 놀이터를 두어 긴장을 풀게 한다.
- 영유아가 이용할 수 있도록 장난감과 교육 자료를 갖추어둔다.
- 화장실은 가까운 곳에 위치시키고 어둡지 않게 조명한다.
- 클리닉 내에 음용수 시설을 구비한다.
- 각종 위험물은 치워둔다.
- 건강관리실 내에 수유를 할 수 있는 공간을 마련한다.
- 대기실과 처치실을 분리한다.

054 기생충질환의 종류 및 특징

① 유구조충증(갈고리조충증)
- 원인 : 유구조충
- 전파경로 : 충란 → 돼지 사료나 풀에 오염 → 오염된 사료나 풀을 먹은 돼지에게 감염 → 불충분하게 조리된 돼지고기를 섭취함으로써 사람이 감염
- 증상 : 식욕부진, 소화불량, 상복부 통증, 변비
- 예방 : 돼지고기 충분히 익혀 먹기

② 무구조충증(민조충증)
- 원인 : 무구조충
- 전파경로 : 무구조충란에 오염된 풀을 중간숙주인 소나 양 등의 초식동물이 먹음 → 불충분하게 조리된 소고기를 섭취함으로써 사람이 감염
- 증상 : 상복부 통증, 식욕부진, 소화불량, 구토, 배변 시 항문주위 불쾌감
- 예방 : 소고기 충분히 익혀 먹기

③ 구충증
- 원인 : 십이지장충과 아메리카구충
- 전파경로 : 오염된 흙 위를 맨발로 다닐 경우 피부로, 채소 등을 통해 성숙 충란이 경구적으로 침입 → 소장 중 십이지장에서 주로 기생
- 증상 : 성충의 흡혈에 의한 빈혈, 어린이의 경우 신체와 지능발달 지연 및 체력 저하
- 예방 : 회충증에 준함, 피부로 침입하는 것을 예방하기 위해 인분을 사용한 작업장에서 피부노출 삼가, 채소밭 등에 맨발로 출입하는 것 금함
- 치료 : 알코파로 치료

④ 말라리아
- 원인 : 말라리아 원충
- 전파경로 : 말라리아 원충에 감염된 모기가 사람을 물어 감염, 수혈
- 증상 : 권태감, 발열, 발한과 해열이 반복, 두통, 구역, 설사
- 예방 : 가능한 모기에 물리지 않도록 하는 것이 중요, 필요한 경우 의사와 상담하여 말라리아 예방약 복용

⑤ 회충증
- 원인 : 회충(채소를 씻지 않고 섭취하는 경우, 인분비료, 파리 등)
- 전파경로 : 분변으로 탈출한 충란이 채소, 파리, 손에 의해 경구적으로 침입 → 소장 중부에 정착하여 성충이 되어 산란
- 증상 : 무증상, 복통, 식욕부진
- 예방 : 변소의 개량 및 분변관리, 채소는 흐르는 물에 5회 이상 세척 후 먹는 등의 위생적 관리, 파리구제, 정기적인 구충제 복용
- 치료 : 알벤다졸로 치료

055 보건교사(학교보건의 전문인력)의 직무

학교보건계획 수립, 신체허약 학생의 보건지도, 보건교육 자료의 수집 및 관리, 학교 환경위생 유지·관리·개선, 각종 질병의 예방처치 및 보건지도, 보건지도를 위한 학생 가정방문, 학생 건강기록부 관리, 학생과 교직원에 대한 건강진단 준비와 실시에 관한 협조, 학생과 교직원 건강관찰, 학교의사의 건강상담·건강평가 등의 실시에 대한 협조, 보건실의 시설과 설비 및 약품의 관리, 간호사 면허를 가진 보건교사의 경우 일부 의료행위, 교사의 보건교육 협조와 필요시 보건교육

예 금연교육, 성교육 등

056 요충증

- 원인 : 요충
- 전파경로 : 성숙 충란의 경구적 침입 → 직장 내에서 기생하다가 항문 주위에서 산란
- 진단 : 기상 직후, 아침 배변 전에 항문주위도말법으로 진단
- 증상 : 항문주위 소양감, 음경발기, 정액흘림(정액루), 백대하, 어린이들의 경우 신경과민, 불면증, 악몽, 야뇨증
- 예방 : 내의는 삶고 침구는 일광소독, 손을 깨끗이 씻고 손톱은 짧게 자름, 어린이의 경우 꼭 끼는 팬티를 입히고 가려움이 있을 경우 옷 위에서 긁도록 함
- 치료 : 알벤다졸로 치료

057 WHO에서 제시하는 건강의 정의

신체적, 정신적, 사회적으로 안녕한 상태

058 응급피임약

응급피임약은 성폭행 등으로 인해 원치 않은 임신을 방지하기 위해 복용하는 약으로 의사의 처방이 있어야 복용할 수 있다.

059 지역사회 주민이 불만을 호소할 때

지역사회 간호조무사는 인내심을 가지고 끝까지 경청해야 보건간호사업을 성공적으로 이끌 수 있다.

060 만성질환

만성질환은 지속관리율과 자기관리율이 모두 높은 질환이다.

※ 5회 64번, 7회 53번 해설 참조

061 폐결핵의 전염경로

폐결핵은 결핵 환자의 기침이나 재채기를 통한 비말과 공기 감염이 가장 흔한 경로이지만 밀집된 생활 환경에서 직접 감염되거나 결핵에 걸린 소에서 짠 우유제품을 섭취한 후 감염되기도 한다.

062 인간병원소

- 환자(현성 감염자) : 병원체에 감염되어 증상이 있는 사람
- 무증상 감염자(불현성 감염자) : 증상이 없는 사람
- 보균자 : 병원체를 체내에 보유하면서 병적 증세에 대해 외견상 또는 자각적으로 아무런 증세가 나타나지 않지만 병원체를 배출함으로써 감염을 일으킬 위험이 있는 사람
  - 건강 보균자 : 감염이 되고도 처음부터 전혀 임상 증상 없이 외견상 건강하면서 병원체를 보유하고 이것을 배출하는 사람으로 감염병 관리상 가장 관리가 어려움
  - 회복기 보균자 : 질병의 임상 증상이 없어지고 난 이후에도 여전히 병원체를 배출하는 사람
  - 잠복기 보균자 : 잠복기간 중에 타인에게 병원체를 전파시키는 사람

063 인공수동면역과 인공능동면역

- 면역글로불린과 항독소 주사는 인공수동면역에 해당된다.
- 인공수동면역은 접종 즉시 효력이 생긴다.
- 인공수동면역은 인공능동면역에 비해 지속시간이 짧다.
- 인공수동면역의 목적은 질병치료이다.
- 인공능동면역의 목적은 질병예방이다.

※ 3회 59번 해설 참조

064 N95마스크를 착용해야 하는 질병

폐결핵, 메르스, 사스, 조류독감 등

065 혈액 관리 업무

수혈이나 혈액제제의 제조에 필요한 혈액을 채혈, 검사, 제조, 보존, 공급, 품질관리하는 업무

066 정보누설의 금지와 벌칙

관련법	내용	벌칙
의료법	의료인이나 의료기관 종사자는 의료, 조산, 간호하면서 알게 된 다른 사람의 정보를 누설하거나 발표하지 못한다.	3년 이하의 징역 또는 3천만 원 이하의 벌금
감염병 예방 및 관리에 관한 법률	건강진단, 입원치료, 진단 등 감염병 관련 업무에 종사하거나 또는 종사했던 자가 업무상 알게 된 비밀을 누설한 경우	3년 이하의 징역 또는 3천만 원 이하의 벌금

정신건강증진 및 정신질환자 복지서비스 지원에 관한 법률	정신질환자 또는 정신건강 증진시설과 관련된 직무를 수행하고 있거나 수행하였던 사람은 그 직무의 수행과 관련하여 알게 된 다른 사람의 비밀을 누설하거나 공표해서는 안 된다.	3년 이하의 징역 또는 3천만 원 이하의 벌금
결핵 예방법	결핵관리 업무에 종사하는 자 또는 종사하였던 자는 업무상 알게 된 환자의 비밀을 정당한 사유 없이 누설해서는 안 된다.	3년 이하의 징역 또는 3천만 원 이하의 벌금
혈액 관리법	혈액관리 업무에 종사하는 자는 건강진단·채혈·검사 등 업무상 알게 된 다른 사람의 비밀을 누설하거나 발표해서는 안 된다.	2년 이하의 징역 또는 2천만 원 이하의 벌금

067 수돗물 플루오린(불소) 농도

0.8ppm으로 하되 그 허용범위는 최소 0.6ppm, 최대 1.0ppm으로 한다.

068 혈액 관리 온도

- 전혈 : 섭씨 1도 이상 10도 이하, 혈소판 성분 : 섭씨 20도 이상 24도 이하, 혈장 : 섭씨 6도 이하
- 보존 온도를 유지하는 장치와 그 온도를 기록하는 장치를 갖추어야 한다.
- 혈액제제 운송 및 수령확인서는 3년간 보관한다.

069 의료인의 면허 자격정지

- 의료인의 품위를 심하게 손상시키는 행위를 한 때
- 의료기관 개설자가 될 수 없는 자에게 고용되어 의료행위를 한 때
- 일회용 의료기기를 다시 사용하지 않아야 한다는 것을 위반한 때
- 진단서, 검안서, 증명서를 거짓으로 작성하거나 진료기록부 등을 거짓으로 작성하여 내주거나 사실과 다르게 추가기재 또는 수정한 때
- 태아의 성감별 행위 금지를 위반한 경우(2년 이하의 징역 또는 2천만 원 이하의 벌금)
- 의료기사가 아닌 자에게 의료기사의 업무를 하게 한 때
- 의료인, 의료기관 개설자, 의료기관 종사자가 부당한 경제적 이익 등을 제공받은 때
- 관련서류를 위조, 변조하거나 속임수 등 부정한 방법으로 진료비를 공단에 거짓 청구한 때

070 정신질환자

망상, 환각, 사고나 기분장애 등으로 인하여 독립적으로 일상생활을 영위하는 데 중대한 제약이 있는 사람

실기

071 코위관(비위관) 삽입 도중 구역질

코위관 삽입 중 입천장반사(구역반사)로 인해 구역질이 생기면 잠깐 그 상태로 쉬게 하고 입으로 짧은 호흡을 하도록 한다.

072 부작용

약물을 사용할 때 나타날 수 있는 '원하지 않은 작용'을 부작용이라고 하며 대부분의 약물에는 부작용이 있을 수 있다.

073 방수포가 필요한 환자

분만 후 산모, 설사 환자, 구토 환자, 요실금 환자, 관장을 해야 하는 환자, 수술 후 상처 분비물이 많은 환자, 전신마취 수술 후 환자 등

> 방수포는 환자의 어깨에서 무릎까지 위치하도록 한다.

074 병원 환경 관리

- 먼지(분진)를 발생시키는 비질을 삼간다.
- 바람이 직접 환자에게 닿지 않도록 한다.
- 자외선이 강한 낮시간에는 커튼을 쳐서 햇빛의 양을 조절한다.
- 물걸레질을 했다면 낙상 예방을 위해 마른 걸레로 즉시 닦아야 한다.

075 주관적 자료

통증, 가려움, 열감, 현기증(어지럼), 식욕부진, 속쓰림, 기운없음 등 환자가 느끼는 증상을 의미한다.

076 배뇨증진을 위한 간호

- 따뜻한 변기를 제공한다.
- 하복부에 더운물주머니를 적용한다.
- 배뇨하는 동안 환자의 사생활이 보호되는 편안한 환경을 제공한다.
- 손이나 발을 따뜻한 물에 담가주거나 씻어준다.
- 금기가 아니라면 수분 섭취를 격려하고 남자의 경우 침대 옆에 서서, 여자의 경우 침대에서 쪼그리고 앉는 자세를 취해준다.
- 물 흐르는 소리를 들려주거나 아랫배를 가볍게 눌러 준다.

077 격리병실 관리

- 호흡기계 감염병 환자의 병실은 음압병실이어야 한다.

음압병실 : 공기의 흐름이 병실 외부에서 내부로만 흘러 들어가도록 만든 병실로 기압 차이를 이용해 공기의 흐름을 통제하는 병실을 말한다. 감염병 환자를 음압병실에 격리할 경우 그 병실의 공기는 외부로 확산되지 않고 hepa필터가 내장된 별도의 환기구를 통해 배출된다.

- 감염성이 강하거나 문제가 될 수 있는 미생물을 지닌 환자인 경우 가능한 한 이동은 환자 병실 내로 제한한다.
- 격리 환자의 병실과 가구도 일반환자의 병실과 같은 방법으로 주기적으로 청소하고 소독한다. 오염균의 종류와 양이 많거나 전염력이 강할 경우 청소하는 사람은 반드시 개인보호구를 착용하여 특별히 주의한다.
- 감염병 환자가 사용하던 세탁물이나 매트리스는 소독 후 재사용한다.

078 물품 관리

- 피나 점액이 묻었을 경우 : 먼저 찬물로 헹구고 더운물과 비눗물로 씻되 기구의 모서리는 빳빳한 솔을 이용하여 꼼꼼히 닦는다.
- 응혈로 달라붙은 주사기 : 과산화수소 용액에 담가두었다가 세척한다.
- 얼음주머니, 더운물주머니 : 잘 말린 후 공기를 약간 넣어 붙지 않도록 한다.
- 고무포 : 둥근 막대기에 걸어서 보관한다.
- 고무관 : 물을 통과시켜 내면까지 깨끗이 씻고 물이 빠지도록 잘 말린 후 중앙공급실로 보내 EO가스 소독한다.
- 대변기나 소변기 : 매일 솔로 닦고 소독약으로 헹군다.
- 소독 날짜가 최근의 것일수록 뒤쪽에 보관한다.(유효기간이 짧은 것은 앞쪽에 배치)

079 변비가 있는 노인 환자를 위한 간호

- 섬유질이 풍부한 음식을 제공하고 수분을 충분히 섭취할 수 있도록 권장한다.
- 복부를 시계방향으로 부드럽게 마사지 하면 장운동이 활발해진다.
- 식사량이 부족해서 변비가 발생하기도 하므로 평소보다 식사량을 약간 늘려본다.

080 의심증상을 보이는 치매환자 간호

치매 환자의 의심을 부정하거나 설득하지 말고 먼저 먹는 모습을 보여주어 안심시킨다.

081 요람(크래들, cradle)

환자의 발, 다리, 복부에 윗 침구가 닿지 않도록 하기 위해 반홑이불과 윗홑이불 사이에 넣어주는 쇠나 나무로 만들어진 반원형의 침구버팀장비로, 주로 화상 환자나 피부염 환자, 몹시 허약한 환자에게 사용한다.

082 허리천자(요추천자) 시 자세

허리천자(요추천자) 시에는 옆으로 누운 자세에서 턱을 향하여 무릎을 붙이고 등을 굴곡 시킨 새우등 자세를 취해 3, 4번 허리뼈(요추) 사이 간격을 최대로 넓혀준다.

083 심폐소생술 시 가슴압박을 위한 손의 위치

복장뼈(흉골)의 하단(아래쪽 절반)에 두 손을 포개어 올려놓고 분당 100회 이상의 속도로 누른다.

※ 6회 31번, 10회 7번 해설 참조

084 갑자기 체온이 높게 측정된 경우

갑자기 체온이 높게 측정되었을 경우, 다른 체온계로 다시 측정해본 후 간호사에게 보고한다.

085 맥박산소계측기(Pulse oximeter)

빛을 이용하여 적혈구 안에 있는 혈색소(헤모글로빈)의 비율을 계산하는 기계이므로 혈색소(헤모글로빈)가 부족한 빈혈 환자의 경우 측정 결과가 부정확할 수 있다.

086 일반 소변 검사

- 종이컵에 중간뇨를 30~50cc가량 받는다.
- 검사물 운반이 지연되는 경우 냉장보관한다.
- 생리중인 경우 생리중임을 표시한다.

087 치매 환자 목욕 돕기

- 안전을 위해 혼자서 목욕하지 않도록 한다.
- 몸이 불편한 치매 환자는 넘어져 다칠 수 있으므로 서서 하는 샤워보다는 욕조에서 하는 통목욕이 더 안전하다.
- 욕조에 물을 받아 간호조무사가 온도를 확인한 후 환자가 욕조에 들어가도록 한다.
- 목욕을 강요하지 말고 목욕 과정을 간단히 한다.

088 복막천자(복수천자)

- 검사 시 자세 : 좌위 또는 반좌위
- 주의사항 : 방광을 찌르지 않기 위해 시행 전에 소변을 보게 하고 천자 전·후에 복부둘레를 측정한다. 복수를 너무 빨리 빼게 되면 혈압 하강, 맥박 상승 등의 쇼크 증상이 나타나게 되므로 주의한다.

089 EO가스 멸균법

- 에틸렌옥시드 가스를 이용하여 낮은 온도(보통 38~55℃)에서 멸균이 되므로 냉멸균이라고도 한다.
- 유효기간 : 6개월~2년
- 적용물품 : 열과 습도에 약한 물품, 예리한 기구, 내시경, 플라스틱, 고무제품 등

- 장점 : 열과 습기에 약한 제품의 소독이 가능하고 유효기간이 길다.
- 단점 : 특수하고 비싼 기계와 가스(EO gas)가 필요하며, 가스에 독성이 있으므로 인체에 해롭다. 멸균 즉시 사용해서는 안 되고 8~16시간 정도 통기 후 사용해야 한다.

090 심즈 자세(측와위)

- 심즈 자세는 반복와위로 측위와 복와위의 중간형태이다.
- 무의식 환자의 구강 내 분비물 배출을 촉진하기 위함이다.
- 마비 환자의 엉치뼈(천골)부위 압박을 줄이기 위함이다.
- 관장, 항문 검사 시에 적절한 자세이다.

※ 3회 92번 그림 참조

091 혈액 투석을 위한 동정맥루를 가진 환자의 간호

- 동정맥루를 만들고 1~2개월 정도 시일이 경과한 후 투석을 실시한다.
- 동정맥루가 있는 팔의 손가락을 자주 움직여 팔의 부종을 예방하고 혈액순환을 돕는다.
- 동정맥루에 찌릿찌릿한 느낌(진동감)이 없거나 통증이 있으면 병원을 방문한다.
- 동정맥루가 있는 팔에서는 혈압측정, 정맥주사, 채혈을 금한다.
- 동정맥루가 있는 팔로는 무거운 물건을 들거나 팔베개를 하지 않아야 하고 심한 운동을 삼가고 시계, 팔찌 등의 착용도 피한다.
- 환자 침대에 보호 표지판을 달아둔다.(예 왼팔보호, 오른팔 보호)
- 혈액 투석 시 저혈압이 발생할 수 있으므로 주의깊게 관찰하고 투석 후 반드시 혈압을 측정한다.
- 적절한 단백질과 열량 섭취, 포타슘과 인·수분·염분을 제한하는 식이를 한다.
- 따뜻한 물수건을 동정맥루 부위에 올려놓고 찜질한다.

092 코위관(비위관) 제거

- 제거 시기 : 수술 후 장운동이 회복되었을 때(방귀가 나오거나 청진상 장음이 들릴 때)
- 제거 방법
  - 좌위 또는 반좌위 자세를 취하고 코에 붙인 반창고를 제거한다.
  - 코위관 제거 직전 심호흡을 한 뒤 숨을 잠시 멈추라고 한 상태에서 한 번에 부드럽게 코위관을 제거한다.
  - 제거 후 구강 및 코안간호를 실시한다.

093 반신마비(편마비) 환자 돕기

- 반신마비(편마비) 환자 이동 시 보조자는 환자의 불편한 쪽에 선다.
- 침대에서 휠체어로 이동하려고 할 때 휠체어는 환자의 건강한 쪽에 둔다.
- 환자가 지팡이를 사용하면 환자의 불편한 쪽에서 보조한다.
- 옷을 벗을 때는 건강한 쪽부터 벗고, 입을 때는 불편한 쪽부터 입는다.
- 보행벨트를 이용하는 경우 환자의 불편한 쪽 뒤에서 벨트를 지지한다.

※ 총정리 [운동과 이동돕기] 참고

094 신체보호대 사용 지침

- 신체보호대는 의사의 처방(필요시 처방은 원칙적으로 허용하지 않음) 하에 사용 절차에 따라 최소한의 시간 동안 적용하되, 적용 전에 환자나 보호자의 서면동의가 필요하다.
- 보호대는 침상틀에 묶어야 하며 침상 난간에 묶어서는 안 된다.
- 응급상황 시에 쉽게 풀 수 있거나 즉시 자를 수 있어야 한다.
  예 클로브히치, 고리매듭
- 청색증, 창백, 냉감, 저린감, 무감각 등의 순환장애 증상이 나타나면 즉시 풀어 운동을 시킨다.
- 수치심을 유발할 수도 있으니 다른 사람에게 보이지 않도록 한다.
- 뼈 돌출 부위에는 패드를 대주어 피부를 보호한다.
- 환자 상태와 억제 부위를 자주 관찰하고 욕창 예방을 위한 체위 변경을 시행한다.
- 적어도 2시간마다 30분간 풀어준다.
- 억제 부위의 움직임은 최대한 적게 하고 억제하고자 하는 부위 이외의 곳은 움직임이 자유로워야(가동부위를 넓게) 한다.
- 보호대 사용 감소를 위한 활동과 직원 교육을 연 1회 이상 시행한다.

※ 1회 95번, 5회 67번 해설 참조

095 기관절개술 환자 간호

- 내관 제거 전에 기도흡인을 실시한 후 내관을 90도 돌려 빼낸다.
- 빼낸 내관을 과산화수소수에 담가 두었다가 솔이나 면봉을 이용하여 내관 전체를 깨끗이 닦고 생리식염수로 헹군다.
- 내관을 끼우기 전에 다시한번 흡인을 한 후 내관을 넣고 원래대로 돌려 고정한다.

- 기관절개관 주변 피부는 과산화수소수를 이용하여 매일 소독하고 Y자 거즈를 기관절개관 아래에 넣는다.
- 기관절개관 입구에 젖은 거즈를 덮어주어 습도를 유지시키고 먼지(분진)를 흡착시킬 수 있도록 한다.
- 기관절개관이 빠진 경우 간호조무사는 의사가 올 때까지 멸균겸자로 기관절개부위를 벌리고 있어야한다.
- 목소리가 명확하지 않으므로 필기도구를 준비해둔다.

096 수술 당일 아침의 간호

① 환자 상태 확인

- 머리핀, 의치, 장신구를 제거한다.
- 수술 전 속옷까지 모두 벗도록 하고 환자복만 입도록 한다.
- 수술실에 가기 전에 배뇨하거나 처방이 있는 경우 유치도관(유치도뇨관)을 삽입한다.
- 수술 당일 아침에 기침이나 발열 등의 감염증세가 있으면 보고한다.
- 활력징후를 측정하고 환자의 차트를 확인(금식여부, 피부준비상태, 수술 전 투약, 방사선 필름, 수술서약서 등)하여 빠진 부분이 없는지 살펴본다.

② 수술 전 투약

- 수술 30분 전에 투약하고 투약이 끝난 후 낙상 예방을 위해 침상난간을 올려준다.
- 아트로핀 : 호흡기계 분비물 억제
- 모르핀과 데메롤 : 수술 전 불안을 진정, 마취상태를 쉽게 유도

097 수술 24시간 이내에 드레싱이 흠뻑 젖었을 때

감염 예방을 위해 수술 후 24시간 동안은 거즈가 젖어도 바꾸지 않고 소독거즈를 덧대어 준다.

098 신생아 간호

- 제대간호 : 2개의 클램프로 고정하고 멸균된 가위를 사용해 절단한다. 매일 75% 알코올로 제대를 소독하면 6~10일경 떨어진다.
- 태지는 제거하지 않는다.
- 산모가 분만 전에 비타민 K 주사를 맞지 않았을 경우 분만 후 신생아에게 비타민 K를 근육주사 한다.
- 임균눈염증을 예방하기 위해 출생 직후 신생아의 눈에 1% 질산은이나 에리트로마이신, 테트라사이클린 연고를 도포한다.

099 통목욕

- 목욕실의 실내온도는 24℃ 정도, 42~44℃ 정도의 물을 목욕통의 1/2~1/3 정도 받는다.
- 뜨거운 물은 욕조 밖에 나와서 받아 화상을 예방한다.
- 문 밖에 '사용중'이라는 팻말을 달고, 문은 안에서 잠그지 않는다.
- 낙상을 예방하기 위해 욕실과 욕조 바닥에 미끄럼방지용 매트를 깔고 벽에는 손잡이를 설치한다.
- 20분 이상 물속에 있지 않도록 한다.
- 목욕 중 어지럽거나 실신하면 가장 먼저 통 속의 물을 빼고 머리는 평평하게 하고 다리는 올려준다.
- 반신마비(편마비) 환자가 욕조에 들어가고 나올 때는 건강한 쪽부터 이동한다.

100 임종의 단계

부정	• 충격적으로 반응하며 사실로 받아들이려 하지 않는다. • 다시 회복할 수 있다고 믿고 싶어 하기 때문에 여러 병원을 방문하며 검사를 반복하기도 한다. 예 "아니야, 나는 믿을 수 없어!"
분노	• 어디에서나 누구에게나 불만스러운 면만 찾으려고 한다. • 목소리를 높여 불평을 하면서 주위 관심을 끌려고 한다. 예 "왜 하필이면 나야? 왜 하필 지금이야!"
협상	• 죽음을 부정하고 부인해도 피할 수 없는 상황임을 알고 제3의 길을 선택한다. • 비이성적인 요구가 줄어든다. • 삶이 연장되기를 바란다. 예 "우리 아이가 시집갈 때까지만 살게 해주세요."
우울	• 자신의 근심과 슬픔을 더 이상 말로 표현하지 않고 조용히 있거나 울기도 한다. • 환자가 자신의 감정을 표현하도록 격려하고 말보다는 접촉이 훨씬 더 필요하다.
수용	• 죽는다는 사실을 체념하고 받아들이는 단계이며 마지막 정리의 시간이 된다. • "나는 지쳤어"라고 표현할 수도 있다.

간호조무사 실전모의고사 제10회 정답 및 해설

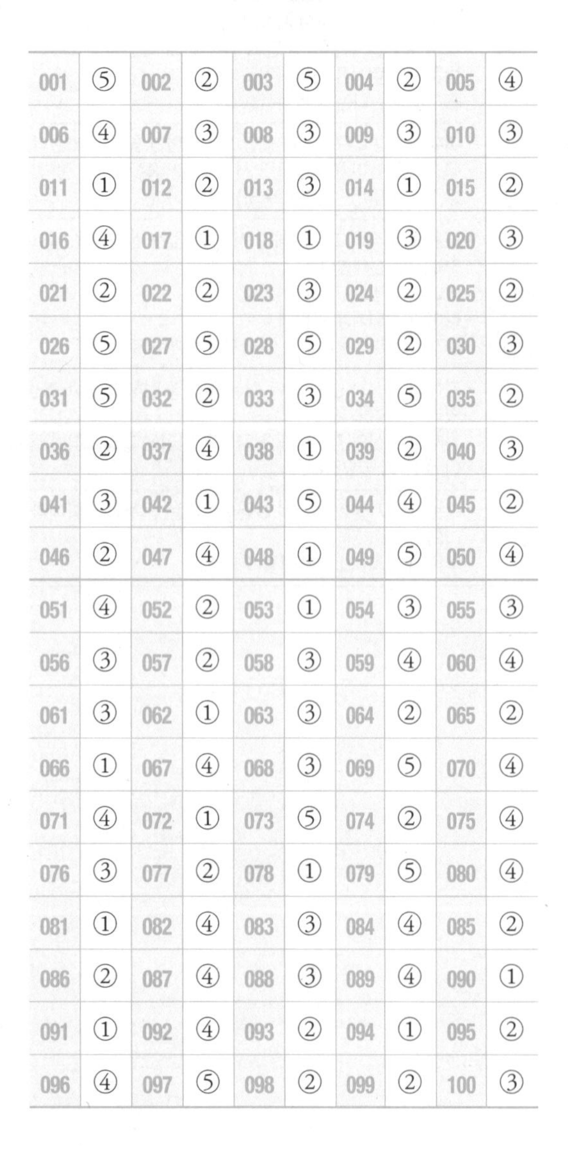

001	⑤	002	②	003	⑤	004	②	005	④
006	④	007	③	008	③	009	③	010	③
011	①	012	②	013	③	014	①	015	②
016	④	017	①	018	①	019	③	020	③
021	②	022	②	023	③	024	②	025	②
026	⑤	027	⑤	028	⑤	029	②	030	③
031	⑤	032	②	033	③	034	⑤	035	②
036	②	037	④	038	①	039	②	040	③
041	③	042	①	043	⑤	044	④	045	②
046	②	047	④	048	①	049	⑤	050	④
051	④	052	②	053	①	054	③	055	③
056	③	057	②	058	③	059	④	060	④
061	③	062	①	063	③	064	②	065	②
066	①	067	④	068	③	069	⑤	070	④
071	④	072	①	073	⑤	074	②	075	④
076	③	077	②	078	①	079	⑤	080	④
081	①	082	④	083	③	084	④	085	②
086	②	087	④	088	③	089	④	090	①
091	①	092	④	093	②	094	①	095	②
096	④	097	⑤	098	②	099	②	100	③

기초간호학 개요

001 파상풍

- 원인 : 파상풍균(혐기성균, 아포형성균, 신경조직 친화성균)
- 전파경로 : 동물의 대변, 흙, 녹슨 못 등에 포함된 파상풍의 아포가 피부 상처를 통해 감염
- 증상 : 3대 증상(입벌림장애(아관긴급), 활모양강직(후궁반장), 연축미소(조소)), 경부 경직(목이 뻣뻣해짐), 삼킴곤란(연하곤란)(음식물을 삼키기 어려운 증상)
- 예방 : DTaP주사(생후 2·4·6개월, 15~18개월, 4~6세)
- 치료 및 간호 : 조용하고 어두우며 외부자극을 피할 수 있는 환경에서 간호, 파상풍 면역글로불린 및 항생제를 사용하여 치료, 예방차원에서 톡소이드 투여

002 혈당을 증가시키는 호르몬

혈당을 증가시키는 호르몬으로는 글루카곤, 코티솔, 성장호르몬, 에피네프린이 있다.

003 나이팅게일의 간호이념

- 간호는 직업이 아닌 사명이다.
- 간호는 질병을 치료하는 것이 아니라 사람을 간호하는 것이다.
- 간호의 전문성을 강조 : 간호사는 간호사이지 의사가 아니다.
- 전인간호의 이념 제시 : 육체, 정신, 감정 모두에 관심을 가져야 한다.
- 모든 간호행위는 간호사의 손으로 행하는 것이 바람직하다.

004 삼킴곤란(연하곤란) 환자에게 적합한 음식

- 삼킴곤란(연하곤란) 환자에게는 소화되기 쉽고 부드럽게 조리한 연식을 제공하는 것이 좋다.

- 신맛이 강한 음식은 침 분비를 자극하여 사레가 걸릴 수 있으므로 제한한다.

005 항결핵제의 종류와 부작용

분류	종류	부작용
1차약	에탐부톨	시력 감소, 적녹색맹
	아이소나이아지드(INAH)	말초신경염 예방을 위해 피리독신(비타민 B_6)과 함께 복용
	리팜피신	소변의 색이 붉게 변함(정상)
	피라진아마이드	간독성
	스트렙토마이신(SM)	제8뇌신경장애(청각장애)
2차약	프로디나마이드	소화장애, 간독성
	사이클로세린(cycloserine)	성격변화, 정신병, 경련
	파라아미노살리실산(PAS)	소화장애, 간독성
	카나마이신(KM)	제8뇌신경장애

006 비윤리적인 지시에 대한 간호조무사의 권리

간호조무사는 의사나 간호사로부터 비윤리적 지시를 받았을 경우 거절할 권리가 있다.

007 심폐소생술 중 가슴 압박

- 호흡이 없거나 비정상적이면 뇌와 심장으로 혈액을 공급하기 위해 가슴 압박을 시작해야 한다.
- 환자 복장뼈(흉골)의 아래쪽 절반 부위에 두 손을 깍지 끼고 올려놓는다.
- 팔꿈치를 쭉 편 상태에서 팔이 바닥에 수직을 이루도록 하여 체중을 실어 가슴을 5cm 깊이로 압박한다.
- 30회의 가슴 압박이 끝나면 2회의 인공호흡을 실시한다.
- 2명의 의료인이 영아에게 심폐소생술 시행 시 흉부 압박 : 인공호흡의 비율은 15 : 2이다.
- 가슴 압박은 분당 100~120회의 속도로 시행한다.
- 가슴압박을 중단하는 시간은 10초가 넘지 않아야 한다.

008 간호조무사의 업무

※ 6회 6번 해설 참조

009 물품 분류와 소독 및 멸균 방법

	사용부위	소독 및 멸균	해당 기구 및 물품
비위험 기구	손상 없는 피부와 접촉	낮은 수준의 소독	혈압계, 청진기, 심전도 기계, 대소변기, 복부초음파용 탐색자
준위험 기구	점막이나 손상된 피부와 접촉	높은 수준의 소독	위·대장 내시경류, 호흡 치료기구, 마취기구, 후두경날, 직장·질 초음파용 탐색자
고위험 기구	혈관계에 접촉	멸균	수술기구, 요로카테터, 관절경·복강경 등의 내시경류, 전기소작팁, 전달집게(이동겸자)

010 노인의 호흡기계 변화

- 감소 : 기관지 섬모운동, 폐포의 탄력성, 기침반사 및 기침의 효율성(기도청소율), 폐활량
- 증가 : 호흡기 감염, 잔류공기량과 기능적 잔기량(남은 공기량)

011 폐경기 여성의 골다공증

폐경기 여성에게는 에스트로젠 부족으로 골다공증이 발생한다.

012 자간전증(전자간증) 증상이 나타나는 순서

자간전증 발생 시 혈압 상승 → 부종(발–하지–전신) → 단백뇨 순서로 증상이 나타난다.

013 치매 환자 식사 돕기

- 소금과 후추의 용도를 잊은 경우가 많기 때문에 식탁 위에 소금, 간장, 후추 등의 조미료를 두지 않는다.
- 그릇은 넓은 접시보다는 사발을 사용하여 덜 흘리게 하고 유리제품보다 플라스틱 제품을 사용하게 하여 사고를 방지한다.
- 물과 같은 묽은 음식에 사레가 자주 걸리면 약간의 밀도가 있는 걸쭉한 음식을 제공한다.
- 질식 위험이 있는 사탕, 콩, 팝콘 등은 제공하지 않는다.
- 규칙적인 일과에 따라 되도록 같은 장소에서, 같은 시간에, 같은 식사도구를 이용한 식사를 제공한다.

014 소독약

- 과산화수소수(H_2O_2) : 소독 시 제일 먼저 사용하는 약으로 산소와 결합하여 효과를 나타낸다.
- 포비돈 아이오딘(베타딘) : 수술 부위 상처 소독, 열상, 화상, 상처, 감염된 피부 소독에 사용한다.
- 겐티아나바이올렛(GV) : 입안염(구내염), 아구창, 농가진 등에 사용하는 항진균제이다.
- 알코올
  - 소독력이 가장 강한 알코올 농도 : 70~75%
  - 등마사지에 사용되는 알코올 농도 : 30~50%
  - 유수알코올(예 75% 알코올)이 무수알코올(예 100% 알코올)보다 소독 효과가 높다.

- 붕산수 : 2~4%의 농도를 이용하며 피부점막 및 눈 세척에 사용할 수 있는 무색·무취의 소독약이다.
- 글루타르알데하이드 : 내시경 기구나 플라스틱 기구 소독에 주로 사용한다.

015 노인 학대 예방을 위한 법적·제도적 장치

학대받는 노인을 보면 노인보호전문기관이나 수사기관에 신고해야 한다. 신고하지 않으면 500만 원 이하의 과태료가 부과된다.

016 임신성 고혈압 환자 식이

고단백, 고비타민, 적절한 탄수화물, 저지방, 저염, 부종이 심할 경우 수분제한 식이

017 인슐린

췌장(이자)의 랑게르한스섬의 β세포에서 분비되는 호르몬으로 당이 세포내에 흡수되도록 작용하여 혈당을 낮추는 작용을 한다.

018 간염환자의 식이

간염환자에게는 고탄수화물, 고단백, 고비타민, 저지방 식이를 제공하여 회복을 돕는다.

019 유아의 특성

- 행동 특성으로는 거절증, 떼 쓰는 것, 의식적인 행동, 양가검정 등이 있다.
- 퇴행 : 스트레스 상황 시 발생한다.
  예 배변을 잘 가리다가 동생이 생긴 이후 배변을 다시 가리지 못하는 행위
- 분리불안 : 주 양육자(애착 대상)와 떨어져 있는 것을 심하게 불안해하는 증상이다.
- 분노발작 : 대부분 관심을 끌기 위한 행동으로 자신의 요구가 충족되지 않을 때 표현하는 분노의 폭발적 반응을 말한다.
- 고집 : 항상 사용하던 물건만을 고집한다.
- 야뇨증 : 유아에게 자주 발생하는 야뇨증은 대부분 심리적 요인으로 인해 발생한다.
- 낙상 : 깊이에 대한 인식은 초기 아동기 때에야 가능하기 때문에 낙상이 자주 발생한다.
- 영양 : 영아보다 성장률이 감소하기 때문에 이 시기에는 열량, 단백질, 수분의 요구량이 감소하게 된다.
- 신체 기능 조절 능력이 향상하게 되어 대변과 소변을 가릴 수 있게 된다.
- 에릭슨의 심리사회적 발달 이론에 따르면 자율성 또는 수치감이 형성되는 시기이다.

연령	주요사건	발달과제
영아기(0~1세)	수유	신뢰감 대 불신감
유아기(1~3세)	배변	자율성 대 수치감
학령전기(3~6세)	운동, 성역할 배움	주도성 대 죄책감
학령기(6~12세)	학교	근면성 대 열등감
청소년기(12~18세)	친구	자아정체감 대 역할 혼돈
성인초기(18~40세)	부모로부터의 독립, 새로운 가정 형성	친밀감 대 고립감
중년기(40~60세)	자녀양육, 자아평가	생산성 대 침체성
노년기(60세 이상)	은퇴	자아통합감 대 절망감

- 프로이트의 심리성적 발달 이론에 따르면 항문부위가 쾌락추구의 근원이 되는 시기로, 이 시기에 대소변 가리기 훈련이 시작됨으로써 유아는 최초로 갈등과 조절을 경험하게 된다.

연령	성감대
구강기(0~1세)	구강
항문기(1~3세)	항문
남근기(3~6세)	성기
잠복기(6~12세)	성적 온화기
생식기(12세 이상)	성적 성숙기

020 성인의 활력징후 정상범위

- 겨드랑 체온 : 35.7~37.3℃
- 입 안 체온 : 36.5~ 37.5℃
- 맥박 : 60~100회/분
- 호흡 : 12~20회/분
- 혈압 : 수축기압 90 이상 140 미만mmHg / 이완기압 60 이상 90 미만mmHg
  (고혈압 : 140/90mmHg 이상, 저혈압 : 90/60mmHg 이하)
- 맥박산소포화도 : 95~100%

021 질식으로 인해 의식을 잃고 쓰러진 환자의 응급처치

※ 3회 81번 해설 참조

022 분만후 출혈 시 우선적인 간호

분만후 출혈 시 우선 하지를 올리고 즉시 의사나 간호사에게 보고한다.

023 수면제 중독 시 응급처치

※ 4회 28번 해설 참조

024 예방접종시기

- 폴리오(회색질척수염) : 2, 4, 6개월, 만 4~6세
- B형 간염 : 0, 1, 6개월
- BCG : 4주 이내

※ 5회 7번 해설 참조

025 기침이 심한 환자를 위한 병실 환경

호흡기 질환자의 방은 습도를 높여 기도 분비물이 쉽게 배출될 수 있도록 돕는다.

026 환상통

이미 절단해서 상실한 팔다리가 아직 있는 것처럼 느끼는 통증

※ 3회 23번 해설 참조

027 성장호르몬 : 뇌하수체 전엽에서 분비되는 호르몬으로 뼈의 형성과 성장을 촉진한다.

- 성장기에 과잉 분비 시 : 거인증
- 성장기에 분비 부족 시 : 왜소증(난쟁이)
- 성장이 끝난 성인에게 과다분비 시 : 말단비대증

028 갑상샘항진증(바제도갑상샘종)

- 갑상샘 비대와 타이록신의 과잉분비로 신진대사가 증가되는 질환
- 증상 : 체중 감소, 발한, 안구돌출, 두근거림, 빈맥, 설사, 신경과민, 손이나 눈꺼풀 등의 떨림, 무월경 또는 불규칙한 월경, 정서적 불안정, 갑상샘 증대, 더위에 민감
- 방문객을 제한하고 안정, 고열량 식이와 다량의 수분·비타민·미네랄 제공, 발한이 있으므로 피부간호, 진정제 등의 약물 투여, 시원환 환경 제공, 방사선 아이오딘 치료, 갑상샘 절제술 시행

029 자동심장충격기 사용법

- 오른쪽 빗장뼈(쇄골) 아래와 왼쪽 젖꼭지 아래 중간 겨드랑 선에 부착한다.
- 세동제거(제세동)가 필요하면 "세동제거가 필요합니다."라는 음성 지시와 함께 자동심장충격기 스스로 설정된 에너지로 충전을 시작한다.
- 자동심장충격기의 충전은 수 초 이상 소요되므로 가능한 한 가슴 압박을 시행한다.
- 세동제거 버튼을 누르기 전에 다른 사람이 환자에게서 떨어져 있는지 확인하고 본인도 환자 곁에서 물러선 후 버튼을 누른다.
- 세동제거 실시 후 즉시 심폐소생술을 다시 시행한다.
- 자동심장충격기는 2분마다 한 번씩 심장리듬을 분석한다.

※ 5회 72번 해설 참조

030 설사 환자의 식이

설사가 심할 때는 식사를 제한하고 끓인 보리차를 조금씩 마셔서 장이 쉴 수 있게 한다.

031 고혈압

- 140/90mmHg 이상의 혈압이 지속되는 상태로 무증상이거나 두통, 어지러움, 코피, 흐린 시야 등을 볼 수 있다.
- 저염·저칼로리·저지방·저콜레스테롤 식이, 포타슘은 체내의 소듐(나트륨)을 배출시키므로 포타슘이 많은 음식 섭취, 금주와 금연, 규칙적인 운동으로 체중 관리, 약물요법, 스트레스 관리에 신경 쓴다.
- 약물 복용 후에 혈압이 정상으로 돌아오더라도 약을 꾸준히 복용해야 한다.

032 부정교합(덧니, 턱뼈 이상)

- 정의 : 어떤 원인에 의해 치아의 배열이 가지런하지 않거나 위, 아래 맞물림의 상태가 정상의 위치를 벗어나서 심미적, 기능적으로 문제가 되는 교합관계를 의미한다.
- 종류
  - 1급 : 어금니 맞물림은 정상이나 덧니, 치아 사이의 공간, 치아배열이 고르지 못한 경우 또는 윗니와 아랫니의 기준 교두선이 일직선상에 놓여 있는 경우
  - 2급 : 위턱이 앞으로 튀어나온 경우(뻐드렁니, 윗니 돌출)
  - 3급 : 아래턱이 앞으로 튀어나온 경우(주걱턱)

033 치과 기구와 장비

- 손잡이기구는 치아를 삭제할 때 사용하는 기구로 고속용과 저속용으로 구분되고 고속용에서는 물이 함께 분사된다.
- 커튼플라이어(핀셋)는 구강 내의 이물(이물질)을 제거하거나 치료에 필요한 재료를 넣을 때 사용한다.
- 라이트(무영등)는 환자의 눈에 직접 비추지 않도록 해야 하고 60~90cm가량 떨어져 위치시킨다.
- 필요한 기구는 브래킷(사전준비용 접시)에 좌측에서 우측으로 배열시킨다.
- 진료 중간에 환자가 구강을 헹구었을 경우 타구에 뱉도록 한다.

034 침요법 시 주의사항

- 침구실의 온도는 따뜻하게 하고 기온이 낮은 경우 치료시간을 단축할 수 있다.

- 편안한 자세(일반적으로 눕는 자세)를 취해주고 유침 시간 동안 환자의 체위를 일정하게 유지한다.
- 침을 맞다가 어지럽거나 가슴이 답답하다고 불편함을 호소하면 즉시 한의사에게 알린다(훈침).
- 발침 후 출혈이 있는 부분은 멈출 때까지 가볍게 눌러준다.

035 수치료법(냉온요법, 수욕요법)

- 효과 : 자극과 진정, 혈액정화 및 혈액순환 촉진, 해독과 중화작용, 산·염기 균형
- 냉탕 16℃ 전후, 온탕 42℃ 전후
- 고령자나 순환기 질환자는 냉탕이 30℃ 전후, 온탕이 40℃ 전후로 온도차가 10℃ 내외로 시행하는 것이 좋다.
- 1분씩 교대로 탕에 들어가되, 냉탕부터 시작해서 냉탕에서 끝내도록 한다.
- 중증 심장질환자는 금기이다.

보건간호학 개요

036 급성 감염병 유행시 효과적인 교육 매체

대중을 단시간에 교육시키기에 가장 적절한 매체는 TV, 라디오, 신문 등의 대중매체이다.

037 보건소 간호조무사의 업무

보건간호사의 지시와 감독 하에 일일·주간·월간 계획 작성, 보건소 환경정리, 보건 계몽 보조, 보건 통계 작성에 협조 등

038 의료급여

- 정의 : 경제적으로 생활이 곤란하여 의료비용을 지불하기 어려운 국민을 대상으로 국가가 대신하여 의료비용을 지불하는 제도로 공공부조에 해당한다.
- 구분

1종 수급권자	국민기초생활보장수급권자(근로 무능력세대), 이재민, 의사상자, 국가유공자, 무형문화재보유자, 북한이탈주민, 5·18 민주화운동 관련자, 입양아동(18세 미만), 노숙인 등
2종 수급권자	1종에 해당하지 않는 국민기초생활보장수급권자(근로 능력세대)

- 본인일부부담금

	입원	외래	약국
1종 수급권자	급여비용 면제	의원(1,000원)병원 및 종합병원(1,500원)3차기관(지정기관 2,000원)	500원(처방전 1매당)
2종 수급권자	급여비용의 10%	의원(1,000원)병원 및 종합병원(급여비용의 15%)3차기관(급여비용의 15%)	500원(처방전 1매당)

- 의료급여 절차 : 의료급여 수급자는 1차의료급여기관에 우선 의료급여를 신청하여야 하며, 2차의료급여기관, 3차의료급여기관 순서로 이용할 수 있다.
- 의료급여수급권자가 제1차의료급여기관 진료 중 제2차 또는 제3차의료급여기관 진료가 필요한 경우 진료 담당 의사가 발급한 의료급여의뢰서를 7일 이내에 해당 의료급여기관에 제출하여야 한다. 이는 의료자원의 효율적 활용과 대학병원에의 환자 집중현상 방지, 국민세금으로 조성된 의료급여기금의 안정화를 기하기 위함이다.

039 직업병

- 고산병 : 고지대로 올라갔을 때 산소가 부족하여 겪게 되는 증상(저기압)
- 진폐증 : 폐에 분진이 침착하여 폐 세포에 염증과 섬유화가 일어난 상태
- 경견완 증후군(목위팔증후군) : 장시간 일정한 자세로 팔을 반복하여 과도하게 사용하는 노동으로 발생하는 직업성 건강 장애로 후두부·어깨·팔·손·손가락 등의 부위에 통증·저림·결림·냉기·지각이상 등과 눈의 피로·두통·수면장애·정서불안정 등의 건강장애 발생
- 잠함병 : 고기압 상태에서 급속히 감압이 이루어 질 때 체내에 녹아있던 질소가 혈액으로 섞이게 되어 공기색전증 등의 증상을 일으키게 되는 것(고기압)

040 온실효과

- 지구 대기 내의 이산화탄소와 수분이 축적되어 지구복사선을 흡수함으로써 태양열과 복합하여 대기의 온도를 상승시키는 작용
- 지구 온난화를 방지하기 위해서는 온실효과를 가져오는 가스의 배출을 줄이고 이산화탄소의 정화능력이 뛰어난 산림을 육성하고 대체에너지를 개발해야 한다.
- 온실 효과로 인해 지구온난화, 해수면 상승, 엘니뇨현상 등이 야기된다.

041 포도알균 식중독의 특징

- 잠복기가 가장 짧고 우리나라에 가장 많은 식중독이다.
- 100℃에서 30분간 끓여도 파괴되지 않는다.
- 유통기간이 지난 케이크, 빵 등 당분이 많은 식품에 잘 발생한다.

• 편도선염, 화농성 질환을 가진 사람의 식품취급을 금한다.

042 보건교육 계획

• 필요한 경비는 우선순위에 따라 배정한다.
• 보건교육 계획은 국가 보건사업의 일부분으로 수행되어야 한다.
• 평가계획은 계획단계에서 미리 수립한다.
• 보건교육 후 반드시 사업에 대한 평가를 실시하고, 필요시 그 평가를 토대로 재계획을 수립한다.

043 심포지엄

동일한 주제에 대해 2~5명의 전문가가 10~15분간 의견을 발표하고 사회자가 청중을 공개토론 형식으로 참여시키는 방법으로 보통 발표자, 사회자, 청중 모두가 전문가이다.

044 작업환경 관리 방법

• 대체(대치) : 덜 유해하거나 덜 위험한 물질로 바꾸는 것 예 벤젠 대신 톨루엔 사용, 수동 대신 자동, 페인트 작업 시 분무식 대신 전기 흡착식
• 격리 : 장벽, 방호벽, 밀폐, 원격장치 등을 이용하여 물질, 시설, 공정, 작업자를 격리하는 것
• 환기 : 깨끗한 공기로 희석하는 것
• 교육 : 작업장의 정리정돈, 직업병 예방방법 등에 대한 교육
• 개인보호구 사용

045 수은중독(미나마타병)

• 증상 : 신경계에 고농도의 축적을 보임, 입안염(구내염), 떨림(진전), 불면증이나 신경질 등의 정신적 변화, 단백뇨, 보행실조, 발음장애 등
• 대상직업 : 제약회사 근무자, 건전지나 형광등을 다루는 직업, 수은체온계나 혈압계 제조업자, 농약 제조업자, 아말감을 다루는 치과의사나 치위생사 등
• 호흡기계, 피부 접촉, 어패류 섭취 등으로 흡입

046 공기의 자정 작용

공기가 교통기관 및 공장의 매연·각종 가스·먼지(분진)·방사능 물질 등에 의해 오염되었다 하더라도 자정작용(스스로 정화하는 능력)으로 인해 공기의 조성은 크게 달라지지 않는다.

047 환경영향평가

친환경적이고 지속 가능한 발전과 건강하고 쾌적한 국민생활을 도모함을 목적으로 환경영향평가가 시행되고 있다.

048 영아사망률

※ 7회 48번 해설 참조

049 보건진료소

• 1980년 '농어촌 등 보건의료를 위한 특별조치법'에 의해 1981년 처음으로 설치되었다.
• 벽지나 오지에 설치되어 있으며 이곳의 보건의료 인력을 '보건진료 전담공무원(간호사, 조산사)' 이라 부른다.

050 장기요양등급

등급	상태	장기요양인정점수
장기요양 1등급	심신의 기능상태 장애로 일상생활에서 전적으로 다른 사람의 도움이 필요한 자	95점 이상
장기요양 2등급	심신의 기능상태 장애로 일상생활에서 상당부분 다른 사람의 도움이 필요한 자	75점 이상 95점 미만
장기요양 3등급	심신의 기능상태 장애로 일상생활에서 부분적으로 다른 사람의 도움이 필요한 자	60점 이상 75점 미만
장기요양 4등급	심신의 기능상태 장애로 일상생활에서 일정부분 다른 사람의 도움이 필요한 자	51점 이상 60점 미만
장기요양 5등급	치매대상자	45점 이상 51점 미만
인지지원 등급	치매대상자	45점 미만

공중보건학 개론

051 가정방문 시간

• 대상자가 바쁜 시간이나 농촌의 농번기에는 피하는 것이 좋다.
• 미리 약속된 시간에 방문하는 것이 가장 중요하다.

052 간호서비스의 결정

지역사회 가족에게 제공되어야 할 간호서비스는 개인이나 가족의 필요에 기초를 두어야 한다.

053 집단검진의 목적

질병 초기에 있는 사람들을 가능한 빨리 찾아내서 적절한 치료를 받도록 하여 건강을 되찾도록 하는 조치로, 가슴X선을 통한 결핵 발견, 건강검진, 집단검진 등이 대표적인 2차 예방의 예이다.

054 첫 진료를 받는 임부의 검사항목

모성클리닉을 처음 방문한 초산모에게는 체중, 소변 검

사, 혈액 검사, 혈압 측정 등을 시행하고, 철저하고 꾸준한 산전관리(분만전관리)로 모성사망률을 감소시켜야 한다.

055 질병 예방

- 1차 예방 : 질병이 발생하기 전에 건강수준과 저항력을 높이는 것
  예 예방주사, 건강증진, 보건교육, 상담 등
- 2차 예방 : 질병을 조기발견·조기치료하는 것
  예 건강검진
- 3차 예방 : 잔존기능을 최대화하려는 노력
  예 재활, 물리치료 등

056 감염병 발생 양상

- 유행적(전국적) 발생 : 감염병이 짧은 시일 내에 발생하여 넓은 범위로 퍼지는 것
- 토착적(지방적, 편재적) 발생 : 지역적 특성에 의해 특정지방에 발생하는 것 예 풍토병
- 세계적(범발생적, 범유행적, pandemic) 발생 : 한 지역에서 전국, 나아가 전 세계로 전파되는 것 예 코로나 바이러스 감염증-19
- 산발적 발생 : 전파경로가 확실하지 않고 여기저기에서 발생하는 것
- 주기적 발생 : 주기적으로 감염병이 발생하는 것

057 부양비 : 경제활동 연령층(15~64세)의 인구에 대한 비경제활동 연령층(0~14세와 65세 이상) 인구의 비율

- 총 부양비 = 0~14세 인구+65세 이상 인구/15~64세 인구×100
- 유년부양비 = 0~14세 인구/15~64세 인구×100
- 노년부양비 = 65세 이상 인구/15~64세 인구×100
- 노령화지수 = 65세 이상 인구/0~14세 인구×100

> 노령화지수가 높다는 것은 노인 인구가 증가하여 노년부양비가 증가됨을 의미한다.

058 투베르쿨린 검사

※ 4회 64번, 6회 60번 해설 참조

059 클리닉의 장점

보건소 내의 클리닉은 같은 문제를 가진 대상자들끼리 정보를 교환할 수 있는 장점이 있다.

060 가정방문

※ 3회 54번 해설 참조

061 인구동태와 인구정태

- 인구동태 : 일정 기간 내의 인구변동 상황(기간조사)
  – 출생률, 사망률, 전·출입률, 혼인률, 이혼률 등
- 인구정태 : 특정 시점에 있어서의 인구상태(시점조사) – 인구크기, 인구구조, 인구분포, 인구밀도, 성별 인구, 연령별 인구 등

062 감염병 발생과정(감염회로)

- 병원체 → 병원소(저장소) → 병원소로부터 병원체 탈출(탈출구) → 전파(전파경로) → 새로운 숙주로 침입(침입구) → 숙주의 감수성과 면역력에 따라 감염 여부 결정
- 입을 통해 결핵균이 배출될 것으로 예상해 입을 가렸으므로 → 탈출구 차단
- 탈출구를 통해 나온 결핵균이 다른 사람의 호흡기(입 또는 코)를 통해 들어올 것으로 예상해 마스크를 착용하였으므로 → 침입구 차단

063 매독

- 원인 : 성적 접촉에 의해 전파되는 트레포네마 팔리듐균(Treponema pallidum)
- 진단 : 바서만 검사(Wassermann test), 매독혈청검사(VDRL 검사)
- 예방 및 치료 : 매독 환자와의 성적 접촉을 피함, 성관계 시 콘돔 사용, 페니실린으로 치료, 꾸준히 치료하면 치유될 수 있고 성 파트너와 함께 치료를 받는 것이 바람직

064 간흡충증과 폐흡충증

- 간흡충증
  – 전파 : 쇠우렁이(제1 중간숙주) → 민물고기(제2 중간숙주) → 사람
  – 증상 : 간 비대, 복수, 황달, 소화기 장애 등
- 폐흡충증
  – 전파 : 다슬기(제1 중간숙주) → 게 및 가재(제2 중간숙주) → 사람
  – 증상 : 기침, 객혈 등

065 간호조무사의 자격인정과 해당 법령

간호조무사는 보건복지부장관의 자격인정을 받아야 하고, 구체적인 업무범위와 한계에 대하여 필요한 사항은 보건복지부령으로 정한다.

066 요양병원에 입원이 가능한 사람

- 요양병원 입원이 가능한 환자로는 노인성질환자, 만성질환자, 외과적 수술 후 회복기에 있는 환자가 있다.
- 알코올 중독과 마약 중독은 정신질환에 해당하므로 정신병원에 입원해야 한다.
- 장티푸스와 A형 간염은 전염성 질환에 해당하므로

요양병원에 입원할 수 없다.

067 의료인의 품위 손상 행위

- 학문적으로 인정되지 않는 진료행위
- 비도덕적 진료행위
- 거짓 또는 과대광고 행위
- 불필요한 검사, 투약, 수술 등 지나친 진료행위를 하거나 부당하게 많은 진료비를 환자에게 요구하는 행위
- 전공의의 선발 등 직무와 관련하여 부당하게 금품을 수수하는 행위
- 다른 의료기관을 이용하려는 환자를 영리를 목적으로 자신이 종사하거나 개설한 의료기관으로 유인하는 행위
- 자신이 처방전을 교부한 환자를 영리를 목적으로 특정약국에 유치하기 위하여 약국 개설자나 약국에 종사하는 자와 담합하는 행위

068 정신건강증진시설

- 정신의료기관 : 정신질환자를 치료할 목적으로 설치된 기관(정신병원, 정신과 의원 등)
- 정신요양시설 : 정신질환자를 입소시켜 요양서비스를 제공하는 시설로 특별자치시장·특별자치도지사·시장·군수·구청장의 허가를 받아야 한다.
- 정신재활시설 : 사회적응을 위한 각종 훈련과 생활지도를 하는 시설로 특별자치도지사, 시장·군수·구청장에게 신고하여야 한다.
  - 생활시설 : 정신질환자들이 생활할 수 있도록 의식주 서비스를 제공하는 시설
  - 재활훈련시설 : 정신질환자 등이 지역사회에서 직업활동과 사회생활을 할 수 있도록 주로 상담, 교육, 취업, 여가, 문화, 사회참여 등 각종 재활활동을 지원하는 시설

보건복지부장관은 정기적으로(3년마다) 정신건강증진시설에 대한 평가를 하여야 한다.

069 구강관리용품

보건복지부장관이 지정하는 것으로 구강질환의 예방, 구강건강 유지 및 증진 등을 목적으로 제조된 용품

070 헌혈증서의 발급 및 교부

- 의료기관에 그 헌혈증서를 제출한 후 무상으로 혈액제제를 수혈받을 수 있다.
- 무상으로 수혈받을 수 있는 혈액제제량은 헌혈 1회당 혈액제제 1단위로 한다.
- 혈액원이 헌혈자로부터 헌혈을 받았을 때에는 헌혈증서를 그 헌혈자에게 발급하여야 한다.
- 헌혈증서에 의한 무상수혈을 요구받은 의료기관은 정당한 이유 없이 이를 거부하지 못한다.
- 헌혈증서는 양도 또는 기부가 가능하다.

실기

071 잔뇨량 측정

잔뇨량은 소변을 본 후 방광에 남아있는 소변량을 측정하는 것이므로 소변을 본 직후에 단순도뇨를 시행하여 측정한다.(50cc 이하가 정상)

072 분만 전 관장

자궁경부 개대가 거의 안된 분만 1기 초기에 관장을 실시하여 산도의 오염을 방지하고 자궁 수축을 촉진한다.

073 태아순환을 증가시키기 위한 자세

똑바로 눕게 되면 산모의 자궁 뒤 약간 오른쪽으로 치우쳐 있는 하대정맥(아래대정맥)을 누르게 되어 태아순환에 방해가 되므로 산모를 왼쪽 옆으로 돌려 눕힌다.

074 녹내장

- 정의 : 안압의 상승으로 인해 시신경이 눌리거나 혈액 공급에 장애가 생겨 시신경의 기능에 이상을 초래하는 질환(안압의 정상범위는 10~21mmHg)
- 증상 : 시력 감소, 두통, 안구 통증, 구토, 충혈, 시야 결손, 불빛 주위에 무지개가 보이는 증상 등
- 간호
  - 안압을 상승시키는 행동을 금한다.
  - 눈에 자극을 주지 않기 위해 실내를 너무 밝지 않게 한다.
  - 갑작스런 안구 통증, 구토, 무지개 잔상 등은 안압 상승의 징후이므로 병원을 방문하도록 교육한다.
  - 안전을 위해 침대 난간을 설치하고 수술 후 일시적으로 시야에 제한이 있을 수 있으므로 환자 혼자 있지 않도록 한다.
  - 봉합 부위에 긴장을 피하고 감염을 예방한다.

075 수술 전 검사 항목

혈액 검사(CBC, BUN/Cr 신장기능 검사 등), 흉부 X-선 촬영, 소변 검사, 심전도 등

076 전신마취 환자의 기도유지

전신마취 시 환자의 근육은 이완되고 모든 감각과 의식이 상실된다. 따라서 전신마취제 투여 시 반드시 환자의 기도가 잘 유지되고 있는지 확인하여야 한다.

077 회음부 간호

- 여자는 배횡와위, 남자는 앙와위를 취해준다.
- 여자는 음순을 벌린 상태로 두덩뼈(치골)에서 항문 방향, 대음순 → 소음순 → 요도 순으로 겹쳐진 부위를 세심하게 닦는다.
- 남자는 귀두에서 음경 방향, 포경수술을 하지 않은 남성은 포피를 젖혀서 나선모양으로 닦는다.
- 43~46℃의 따뜻한 물에 수건을 적셔서 닦는데 매번 수건의 다른 면을 사용한다.
- 생리중이거나 유치도뇨를 하고 있는 사람은 물에 적신 솜이나 거즈를 사용하는데 소독솜은 한 쪽 방향으로만 닦고 한 번 닦을 때마다 새 소독솜으로 바꿔 사용한다.

078 관장의 종류

- 배변관장(청정관장, 배출관장) : 관장용 비눗물을 사용하여 연동운동을 촉진시켜 배변을 유도하는 관장
- 윤활관장 : 글리세린 등의 오일을 사용하여 변을 부드럽게 해서 배변을 돕는 관장
- 구풍관장 : 장 내의 가스를 제거하기 위한 관장
- 정체관장 : 약물을 장내에 오랫동안 보유하게 하기 위한 관장으로 약물관장과 바륨관장이 있음

> **정체관장의 예**
> - 암모니아 수치를 낮추기 위한 락툴로오즈 관장
> - 고포타슘혈증시 케이엑살레이트 관장, 칼리메이트 관장
> - 대장 조영술을 위한(장의 윤곽을 X-선으로 잘 보이게 하기 위한) 바륨관장
> - 해열·진통제 주입을 위한 약물관장

- 수렴 관장 : 지혈을 위한 관장
- 손가락 관장 : 윤활제를 바른 손가락을 직접 항문으로 넣어 변을 잘게 부수어 꺼내는 방법으로 미주신경을 자극하여 부정맥 등의 심장질환을 일으킬 수 있으므로 주의해야 함

079 좌욕

- 목적 및 방법 : 상처 치유, 염증 감소, 통증 제거 등
- 방법
  - 물을 1/2 정도 담은 후에 대야채로 끓인 후 40~43℃ 정도로 식혀서 사용한다.
  - 배변 후나 수유 후에 하루 3~4회, 5~10분간 실시한다.
  - 쭈그리고 앉으면 혈액순환이 되지 않으므로 의자 위에 올려놓고 앉아 좌욕한다.
  - 프라이버시를 유지하되 산모를 혼자두지 않는다.
  - 좌욕 후에는 소독된 수건으로 앞에서 뒤로(요도에서 항문 방향) 닦아 청결을 유지한다.

080 환자 운반법

- 언덕을 내려갈 때는 환자의 다리를 앞으로 하여 운반한다.
- 평지를 갈 때는 환자의 다리를 앞으로 한다.
- 리더는 환자의 머리 쪽에 선다.
- 구급차에 들어갈 때는 환자의 머리가 먼저 들어간다.
- 경사진 곳을 올라갈 때는 환자의 머리를 앞으로 한다.

081 마비된 환자를 침대에서 휠체어로 옮길 때

건강한 쪽에 휠체어를 두고 침대에 나란히 붙이거나 30~45° 비스듬히 붙인 후 휠체어를 고정한다.

082 반신마비(편마비) 환자를 침상 밖으로 일으켜 세울 때

간호조무사는 자신의 무릎을 환자의 마비된 쪽 무릎에 대고 지지해준다.

083 협조가 불가능한 환자를 침대 머리쪽으로 이동할 때

환자의 협조가 불가능한 경우 침대 양쪽에 간호조무사가 마주 서서 한 쪽 팔은 어깨와 등 밑을, 다른 팔은 둔부와 대퇴를 지지한 채 신호에 맞추어 두 사람이 동시에 환자를 침대 머리 쪽으로 이동시킨다.

084 의심증상이 있는 치매환자와의 대화 방법

- 잃어버린 물건에 대한 의심을 부정하거나 설득하지 말고 함께 찾아보도록 한다.
- 자주 물건을 잃어버렸다고 의심하는 경우 미리 동일한 물건을 준비해 두었다가 잃어버렸다고 주장할 때 꺼내놓고 환자 스스로 찾도록 하여 안심시킨다.

085 낙상예방을 위한 간호

- 침대에서 운반차로 옮길 때 둘의 높이를 같게 한다.
- 환자의 물품은 손이 닿는 곳에 배치한다.
- 침상난간을 올려준다.
- 콜벨 사용법을 알려준다.
- 화장실, 욕실, 복도에 난간을 설치한다.
- 병실 바닥에 물기가 없도록 관리한다.

※ 2회 14번, 9회 1번 해설 참조

086 목발 보행

- 방법 및 주의사항
  - 지팡이나 목발 보행 전에 반드시 고무받침을 확인한다.
  - 목발의 길이 : 목발을 한 걸음 앞에 놓고 팔꿈치가 약 20~30° 정도 구부러지게 섰을 때 겨드랑에 손가락 2~3개(3~5cm) 정도가 들어갈 정도의 길이가 적당하다.

- 목발 보행 시 겨드랑이 아닌 손목이나 손바닥으로 몸무게를 지탱한다.
- 목발 보행 전 어깨와 위팔(상완) 근육 강화를 위해 앉은 상태에서 팔굽혀펴기를 하면 도움이 된다.
- 계단을 올라갈 때는 건강한 다리가 먼저 올라가고, 계단을 내려갈 때는 아픈 다리가 먼저 내려간다.

목발보행 시
- **계단을 올라갈 때 : 건강한 다리 → 아픈다리 + 목발**
- **계단을 내려갈 때 : 아픈다리 + 목발 → 건강한 다리**

- 목발 보행 종류
  - 4점 보행 : 두 다리에 체중 부하가 가능한 경우에 걷는 방법으로 오른쪽 목발 → 왼쪽 다리 → 왼쪽 목발 → 오른쪽 다리 순서로 옮기므로 안정적이지만 속도가 느리다.
  - 3점 보행 : 한 쪽 다리에만 체중 부하가 가능한 경우 걷는 방법으로 양쪽 목발과 아픈 다리 → 건강한 다리 순서로 내딛는다.
  - 2점 보행 : 두 다리에 체중 부하가 가능한 경우에 걷는 방법으로 오른쪽 목발과 왼쪽 다리 → 왼쪽 목발과 오른쪽 다리 순서로 옮기므로 속도가 빠르다.

087 신생아 우유 흡인 시 간호

신생아가 토를 하거나 흡인 증상을 보이면 상체를 세우지 말고 옆으로 눕히거나 엎드려 눕혀 흡인된 우유가 배출되게 하는 처치를 하면서 간호사를 부른다.

088 검사물 채취 및 관리 방법

- 상처 배양 검사 : 멸균된 면봉을 이용하여 상처 부위에서 도말을 한 후 손으로 잡았던 부분을 제외한 부분을 멸균검사관에 넣어서 검사실로 보낸다.
- 사고로 인해 검사물이 손실되었을 경우 다시 받아야 한다.
- 아메바 검사를 위한 대변은 받는 즉시 검사실로 보낸다.
- 뇌척수액은 실온보관한다.
- 전체혈구계산(CBC)은 EDTA보틀에 채혈한 후 조심스레 굴려서 항응고제와 섞어주어야 한다.

089 응급으로 사용해야 할 기구의 소독

날이 있는 예리한 기구를 응급으로 사용해야 할 경우에는 소독 효과가 좋은 70% 알코올로 소독한 후 사용할 수 있다.

090 외과적 무균술이 필요한 경우

주사약 준비과정, 정맥주사 삽입, 인공도뇨 삽입, 흉곽배액관 교환, 상처 드레싱, 멸균물품 다룰 때, 각종 천자검사 등의 침습적 행위 시 등

[쉬운 암기법!]
균이 절대 들어가면 안 되는 행위 시, 혈액과 닿을 가능성이 있는 행위 시 → 외과적 무균술!!

091 코위관(비위관) 영양액 주입 전 확인내용과 간호

영양액 주입 전에 매번 잔류량을 확인하여 100cc 이상이 나오면 위 내용물을 다시 주입한 후 보고한다.

092 산소흡입의 종류

- 비강 카테터
  - 코에서 귓불까지의 길이만큼 콧구멍을 통해 카테터를 삽입하여 산소를 투여하는 방법이다.
  - 8시간마다 카테터를 반대쪽 콧구멍으로 다시 삽입한다.
  - 복부팽만이 발생하는지 자주 확인한다.
- 코삽입관
  - 환자가 말하고 먹을 수 있어 편안해 하기 때문에 가장 많이 사용되는 방법이다.
  - 저농도의 산소 투여 시 사용하며 콧구멍의 자극 증상이 없는지 수시로 살펴야 한다.
- 산소마스크
  - 100%에 가까운 산소 투여가 가능하므로 가장 효과적인 산소 투여 방법이다.
  - 말하거나 먹을 때마다 벗어야 하고, 환자가 답답함을 느낄 수도 있다.
  - 2시간마다 마스크를 제거하고 피부간호를 제공한다.
  - 귀 뒤나 뼈 돌출부위의 피부 자극방지를 위해 거즈나 패드를 대어준다.
  - 부분 재호흡 마스크의 경우 이산화탄소의 과량 흡입을 막기 위해 저장백이 완전히 수축되어 있지 않도록 한다.
- 산소텐트 : 주로 어린이에게 사용하는 방법이며 고농도의 산소가 산소텐트 안으로 주입되므로 인화성 물질의 반입을 금한다.

093 엉치뼈(천골)부위에 발적이 있는 환자 간호

욕창이 이미 시작된 징후인 발적이 보이는 경우 자극을 주지 말고 측위를 취해주고 체위 변경을 자주 실시한다.

094 수술 후 간호

- 환자의 의식상태를 사정하기 위해 제일 먼저 언어적 자극을 준다.
- 활력징후를 15분 간격 → 30분 간격 → 2시간 간격으로 측정한다.

- 수술 부위 출혈과 배액 사정 : 감염 예방을 위해 수술 후 24시간 동안은 거즈가 젖어도 바꾸지 않고 소독거즈를 덧대어 준다.
- 배뇨 : 수술 후 6~8시간 이내에 배뇨를 못할 때는 의사에게 보고 후 인공도뇨를 실시한다.
- 식이 : 수술 직후 금식해야 할 환자가 갈증을 호소하면 입술에 젖은 거즈를 대어준다. 이후 장운동이 돌아오면 물 → 유동식 → 연식 → 경식 → 일반식(보통 식사)의 순서로 식사를 제공한다.
- 의식이 없을 때는 고개를 옆으로 한 앙와위로 흡인을 예방한다.
- 의식이 있을 때는 좌위나 반좌위(수술 후 가장 많이 쓰이는 체위)를 취해준다.
- 수술 후 호흡기, 순환기 합병증을 예방하기 위해 24~48시간 이내에 조기이상을 권장한다.
- 호흡기 합병증인 무기폐(폐확장부전)와 폐렴을 예방하기 위해 기침과 심호흡을 권장한다.

095 경구 투약의 주의점 및 장단점

- 다른 병으로 약을 옮기지 않아야 하고, 약을 너무 많이 따랐을 경우 약병에 다시 붓지 않고 버린다.
- 환자가 병원 약이 아닌 다른 약을 복용하고 있으면 즉시 중단하고 간호사에게 보고한다.
- 수술 후에는 수술 전에 주던 약을 주지 않고 다시 처방을 받는다.
- 약을 희석시킬 경우 흡수를 증가시키기 위해 미지근한 물을 이용한다.
- 약병에 입을 대고 먹거나 기침약을 희석시켜 먹지 않는다.
- 약품의 라벨을 적어도 3회(약병을 약장에서 꺼낼 때, 약물을 통에서 따를 때, 약통을 약장에 다시 넣을 때) 확인한다.
- 쓴 약은 투여 전에 얼음조각을 물고 있게 한 후 투여한다.
- 액상형태의 철분제제는 치아변색의 우려가 있으므로 빨대를 사용한다.
- 기름류의 약물을 복용한 후에는 따뜻한 물을 마신다.
- 설하 투여 약물은 삼키지 않도록 하고 완전히 녹을 때까지 물을 마시면 안 된다.
- 강심제 투여 전 맥박을 측정하여 60회 이하이면 투약을 보류한다.
- 모르핀 투여 전 호흡을 반드시 측정하여 12회 이하이면 투약을 보류한다.
- 약을 완전히 삼킬 때까지 환자 곁에 머문다.
- 투약 후 기록하고 투약의 반응을 관찰한다.

구분	내용
장점	• 피부 자극이 없다. • 투약 중 가장 경제적이고 편리하다. • 부작용 시 빠르게 교정할 수 있으므로 안전하다.
단점	• 위장관과 치아에 자극을 준다. • 흡수가 가장 느리다. (IV 〉 IM 〉 SC 〉 PO)
금기	무의식 환자, 삼키지 못하는 삼킴곤란(연하곤란) 환자, 구역·구토가 있는 환자, 금식 환자

096 임신 시 체중 증가

- 임신 초기 3개월 동안은 약 1.5kg가량 증가하고, 이후로는 한 달에 1.5~2kg 정도 증가하여 임신 말기에는 임신 전보다 11~12kg 정도의 체중 증가를 정상으로 본다.
- 몸무게가 급격히 증가하였을 경우 적극적인 운동을 권장한다.

097 수혈간호

- 수혈 시작 후 15분간은 수혈 부작용이 잘 나타나는 시기이므로 환자 곁에서 상태를 주의 깊게 관찰한다.
- 수혈 중 오한, 호흡곤란, 발열, 알레르기 반응 등의 이상반응(수혈 부작용)이 있으면 수혈을 중지하고 즉시 보고한다.

※ 5회 5번 해설 참조

098 혈압

혈압이 높게 측정될 수 있는 경우	혈압이 낮게 측정될 수 있는 경우
• 운동, 식사, 흡연 후 • 측정띠(커프)가 팔 둘레보다 너무 좁을 때 • 측정띠(커프)가 느슨하게 감겼을 경우 • 팔이 심장보다 낮을 때 • 혈압 측정 전에 충분히 안정이 안 되었을 경우 • 반복 측정 시 2~5분 이상 충분히 휴식하지 않은 경우 • 측정띠(커프)의 공기를 너무 천천히 뺄 때	• 설사, 구토로 인한 탈수, 쇼크, 수면 시 • 측정띠(커프)가 팔 둘레보다 너무 넓을 때 • 심장보다 팔을 더 높이 두고 측정할 때 • 측정띠(커프)의 공기를 지나치게 빨리 뺄 때

- **수은혈압계 사용을 자제하고 자동혈압계를 이용하는 것을 권장한다.**
- **혈압계가 파손되었을 경우 간호사에게 즉시 사실대로 알린다.**

099 뇌압 상승 예방을 위한 간호

- 상체를 15~30도 정도 상승시킨다.
- 절대안정하도록 한다.
- 과다 호흡을 시킨다.
- 활력징후를 자주 사정한다.
- 동공의 크기와 빛반사(홍채수축반사, pupillary reflex), 의식상태를 수시로 확인한다.

- 변비를 예방한다.
- 불필요한 자극을 주지 않는다.
- 마니톨이나 글리세롤 등의 고장액을 투여하여 뇌압을 하강시킨다.

100 제대 절단 부위 간호

제대 절단 부위는 감염이 잘 발생하는 부위이므로 감염 증상을 잘 관찰하면서 75% 알코올로 매일 소독하면 보통 7~10일경 탈락된다.

모의고사 문제집

다락원

감염병의 종류

	제1급	제2급	제3급	제4급
특성	생물테러감염병 또는 치명률이 높거나 집단 발생의 우려가 커서 발생 또는 유행 즉시 신고하여야 하고, 음압 격리와 같은 높은 수준의 격리가 필요한 감염병을 말한다(다만, 갑작스러운 국내 유입 또는 유행이 예견되어 긴급한 예방·관리가 필요하여 질병관리청장이 보건복지부장관과 협의하여 지정하는 감염병을 포함한다).	전파 가능성을 고려하여 발생 또는 유행 시 24시간 이내에 신고하여야 하고, 격리가 필요한 감염병을 말한다(다만, 갑작스러운 국내 유입 또는 유행이 예견되어 긴급한 예방·관리가 필요하여 질병관리청장이 보건복지부장관과 협의하여 지정하는 감염병을 포함한다).	그 발생을 계속 감시할 필요가 있어 발생 또는 유행 시 24시간 이내에 신고하여야 하는 감염병을 말한다(다만, 갑작스러운 국내 유입 또는 유행이 예견되어 긴급한 예방·관리가 필요하여 질병관리청장이 보건복지부장관과 협의하여 지정하는 감염병을 포함한다).	제1급 감염병부터 제3급 감염병까지의 감염병 외에 유행 여부를 조사하기 위하여 표본감시 활동이 필요한 감염병을 말한다.
질환	에볼라 바이러스병, 마르부르크병, 라싸열, 크리미안콩고출혈열, 남아메리카 출혈열, 리프트밸리열, 두창, 페스트, 탄저, 보툴리누스 중독(보툴리눔 독소증), 야토병, 신종감염병 증후군, 중증급성호흡증후군(SARS), 중동호흡증후군(MERS), 동물 인플루엔자 인체 감염증, 신종 인플루엔자, 디프테리아	홍역, 볼거리(유행귀밑샘염), 풍진(선천성, 후천성), 결핵, 수두, 콜레라, 장티푸스, 파라티푸스, 세균 이질, 장출혈성대장균 감염증, A형 간염, 백일해, 폴리오, 수막알균감염증, b형 헤모필루스 인플루엔자, 폐렴알균(폐렴구균) 감염증, 한센병, 성홍열, 반코마이신 내성 황색 포도알균(VRSA) 감염증, 카바페넴내성장세균(CRE) 감염증, E형 간염	파상풍, B형 간염, 일본 뇌염, C형 간염, 말라리아, 레지오넬라증, 비브리오 패혈증, 발진티푸스, 발진열, 쓰쓰가무시병, 렙토스피라증, 브루셀라증, 공수병, 신증후군 출혈열(신증후출혈열), 후천면역결핍증후군(AIDS), 크로이츠펠트-야코프병(CJD) 및 변형크로이츠펠트-야코프병(vCJD), 황열, 뎅기열, Q열(큐열), 웨스트나일열, 라임병, 진드기 매개 뇌염, 유사비저, 치쿤구니야열, 중증 열성 혈소판 감소 증후군(SFTS), 지카바이러스병, 매독	회충증, 편충증, 요충증, 간흡충증, 폐흡충증, 장흡충증, 임질, 클라미디아, 연성궤양(무른궤양), 생식기포진(성기단순포진), 뾰족콘딜로마(첨규콘딜로마), 사람 유두종 바이러스 감염증, 인플루엔자, 손발입병(수족구병), 반코마이신 내성 장알균(VRE) 감염증, 메티실린 내성 황색 포도알균(MRSA) 감염증, 다제 내성 녹농균(MRPA) 감염증, 다제 내성 아시네토박테르 바우마니균(MRAB) 감염증, 장관감염증, 급성 호흡기 감염증, 해외유입 기생충 감염증, 엔테로바이러스 감염증
신고주기	즉시	24시간 이내	24시간 이내	7일 이내

개인위생 돕기

미온수 목욕	30~33℃ 또는 체온보다 2℃ 낮게 시작	20~30분
신생아 목욕	목욕물 : 40℃ 전후 (팔꿈치를 넣어보았을 때 따뜻한 정도)	5~10분
침상 목욕	병실 : 22~23℃ 목욕물 : 43~46℃	5~10분
통목욕	목욕실 온도 : 24℃ 정도 목욕물 : 42~44℃	20분 이상 물속에 있지 않는다
등마사지	20~50% 정도의 알코올이나 크림 사용	15~20분
좌욕	좌욕물 : 40~43℃	5~10분, 하루 3~4회 시행

사회보장제도

*사회보장(사회보험, 공공부조, 사회서비스) : 질병, 장애, 노령, 실업, 사망 등의 사회적 위험으로부터 국민을 보호하고 국민생활의 질을 향상시키기 위하여 제공되는 서비스로서 최저생활보장 기능, 경제적 기능, 소득재분배 기능, 사회통합 기능을 한다.

구분	대상자	종류	재원
사회보험	국민	소득보장 : 국민연금보험, 고용보험, 산업재해보상보험	보험료, 국고부담금, 연체금 등의 기여금
		의료보장 : 국민건강보험, 산업재해보상보험	
		노인요양 : 노인장기요양보험	
공공부조	취약계층(빈곤층)	소득보장 : 국민기초생활보장	조세
		의료보장 : 의료급여	
사회서비스	법률이 정한 특정인(소년소녀 가장, 조손가정, 장애인, 노인 등)	노인복지, 아동복지, 장애인복지, 가정복지	조세, 일부 본인 부담

(1) 사회보험

① 정의 : 국민에게 발생하는 사회적 위험을 보험방식으로 국민소득과 건강을 보장하는 것

② 종류(5종)

국민건강보험	• 건강보험심사평가원 : 요양급여심사 및 적정성을 평가하는 기관 * 요양급여 : 의료보험과 산업재해보상보험에서 지급하는 보험급여 중 가장 기본적인 급여(서비스)로 ① 진찰·검사, ② 약제 또는 치료재료의 지급, ③ 처치·수술 및 그 밖의 치료, ④ 예방·재활 ⑤ 의료시설에의 수용(입원), ⑥ 간호, ⑦ 이송 등이 포함된다. • 특징 : 법률에 의한 강제가입, 보험료납부의 의무성, 보험료의 차등부과(보험료를 형평성 있게 부과), 보험급여의 균등한 혜택, 단기 보험적 성격, 소득재분배기능수행, 사회연대성 강화, 위험분산, 보험료의 분담(직장가입자의 경우 사업자와 근로자가 50%씩 부담), 평소 경제활동을 통하여 소득이 있을 때 그 소득의 일부를 강제로 각출하여 사전에 대비하는 제도이므로 노동력이 있는 사람을 대상으로 함 • 본인일부부담제 : 의료기관 이용 시 본인에게도 병원비를 부담하게 함으로써 불필요한 의료서비스를 이용하지 않게 하려는 제도 • 우리나라 보험급여 형태와 종류 – 현물급여 : 요양기관(병·의원 등)으로부터 본인이 직접 제공받는 의료서비스【예 요양급여, 건강검진】 – 현금급여 : 공단에서 현금으로 지급 하는 것【예 요양비(만성신부전 환자의 복막투석 소모성 재료구입비, 산소치료기기 대여료, 인공호흡기 대여료 및 소모품 구입비 등), 장애인보장구급여비, 본인부담상한액, 본인일부부담금환급금】 – 바우처(이용권) : 이용 가능한 서비스의 금액이나 수량이 기재된 증표 【예 임신·출산진료비】
산업재해보상보험	국가가 사회보험제도를 이용하여 사업주에게 연대책임을 지게 하는 것으로 보상은 근로복지공단에서 제공
고용보험	근로자가 실직한 경우 생활에 필요한 급여를 제공하여 소득을 보장하는 제도
국민연금	근로능력을 상실하여 소득이 없을 때에도 본인이나 그 유족이 최저생활을 할 수 있도록 소득을 보장하는 제도
노인장기요양보험	노인장기요양보험 총정리 참조

(2) 공공부조

① 정의 : "국가와 지방자치단체의 책임 하에 생활유지능력이 없거나 생활이 어려운 국민의 최저생활을 보장하고 자립을 지원하는 제도" 즉, 국가 책임 하에 도움을 필요로 하는 사람들에게 무기여 급부를 제공함으로써 자력으로 생계를 영위할 수 없는 사람들의 생활을 그들이 자력으로 생활할 수 있을 때까지 국가의 재정자금으로 보호해주는 일종의 구빈제도

② 종류

<table>
<tr><td>국민기초생활보장</td><td>가족이나 스스로가 생계를 유지할 능력이 없는 저소득층에게 생계와 교육, 의료, 주거 등의 기본적인 생활을 보장하고 자활을 조성하기 위한 제도</td></tr>
<tr><td>의료급여</td><td>
• 정의 : 경제적으로 생활이 곤란하여 의료비용을 지불하기 어려운 국민을 대상으로 국가가 대신하여 의료비용을 지불하는 제도로 공공부조에 해당한다.
• 구분
<table>
<tr><td>1종 수급권자</td><td>국민기초생활보장수급권자(근로 무능력세대), 이재민, 의사상자, 국가유공자, 무형문화재보유자, 북한이탈주민, 5·18 민주화운동 관련자, 입양아동(18세 미만), 노숙인 등</td></tr>
<tr><td>2종 수급권자</td><td>1종에 해당하지 않는 국민기초생활보장수급권자(근로 능력세대)</td></tr>
</table>
• 본인일부부담금
<table>
<tr><th></th><th>입원</th><th>외래</th><th>약국</th></tr>
<tr><td>1종 수급권자</td><td>급여비용 면제</td><td>의원(1,000원)병원 및 종합병원(1,500원)3차기관(지정기관 2,000원)</td><td>500원(처방전 1매당)</td></tr>
<tr><td>2종 수급권자</td><td>급여비용의 10%</td><td>의원(1,000원)병원 및 종합병원(급여비용의 15%)3차기관(급여비용의 15%)</td><td>500원(처방전 1매당)</td></tr>
</table>
• 의료급여 절차 : 의료급여 수급자는 1차의료급여기관에 우선 의료급여를 신청하여야 하며, 2차의료급여기관, 3차의료급여기관 순서로 이용할 수 있다.
• 의료급여수급권자가 제1차의료급여기관 진료 중 제2차 또는 제3차의료급여기관 진료가 필요한 경우 진료담당의사가 발급한 의료급여의뢰서를 7일 이내에 해당 의료급여기관에 제출하여야 한다. 이는 의료자원의 효율적 활용과 대학병원에의 환자 집중현상 방지, 국민세금으로 조성된 의료급여기금의 안정화를 기하기 위함이다.
</td></tr>
<tr><td>긴급복지지원</td><td>갑작스러운 위기상황 발생으로 생계유지 등이 곤란한 저소득층으로 ① 위기상황(예 주 소득자의 사망·가출·행방불명·구금시설에 수용되는 등의 사유로 소득을 상실한 경우, 학대, 가정폭력, 화재 등)과 ② 소득 · 재산기준(예 중위소득 75% 이하, 금융재산 500만 원 이하 등) 등의 요건을 충족하는 가구를 지원 대상으로 정부가 생계·의료·주거 지원 등의 필요한 복지 서비스를 신속하게 지원하여 위기 상황에서 벗어날 수 있도록 돕는 제도</td></tr>
<tr><td>기초연금</td><td>65세 이상의 소득인정액 기준 하위 70% 어르신에게 일정금액을 지급하는 제도</td></tr>
</table>

(3) 사회서비스

① 정의 : 국가·지방자치단체·민간부분의 도움을 필요로 하는 모든 국민에게 복지, 보건의료, 교육, 고용, 주거, 문화, 환경 등의 분야에서 인간다운 생활을 보장하고 상담, 돌봄, 재활, 정보 제공, 관련시설의 이용, 역량 개발, 사회참여 지원 등을 통하여 국민의 삶의 질이 향상되도록 지원하는 제도

② 종류 : 노인복지, 아동복지, 장애인복지, 가정복지 등
　예 장애인 활동지원서비스, 산모/신생아 건강관리 지원사업

노인장기요양보험제도

(1) 목적

고령이나 노인성 질병 등의 사유로 일상생활을 혼자서 수행하기 어려운 노인 등에게 신체활동 또는 가사활동 지원 등의 장기요양급여에 관한 사항을 규정하여 노후의 건강 증진 및 생활안정을 도모하고 그 가족의 부담을 덜어줌으로써 국민의 삶의 질을 향상하기 위함이다.

(2) 보험자 및 가입자

① 보험자 : 국민건강보험공단

② 가입자 : 국내에 거주하는 건강보험 가입자 또는 피부양자, 국내에 체류하는 재외국민 또는 외국인

③ 장기요양보험료와 건강보험료는 독립회계로 관리되고 있다.

(3) 장기요양급여 대상자

'65세 이상인 자' 또는 '65세 미만이지만 노인성 질병을 가진 자'로 거동이 불편하거나 치매 등으로 인지가 저하되어 6개월 이상의 기간 동안 혼자서 일상생활을 수행하기 어려운 사람

(노인성질병은 총 21개로 뇌졸중, 치매, 파킨슨, 중풍후유증, 떨림(진전) 등이 있다.)

(4) 장기요양인정 신청 및 판정절차 : 인정신청 → 방문조사 → 등급판정

공단에 장기요양 인정 신청 → 공단직원(사회복지사, 간호사 등)이 방문조사 → 공단이 조사결과서, 의사 소견서 등을 등급판정위원회에 제출 → 등급판정위원회가 최종 등급판정 → 판정 결과 통보(장기요양인정 유효기간은 최소 2년 이상)

(5) 판정결과

등급	상태	장기요양인정점수
장기요양 1등급(최중증)	심신의 기능상태 장애로 일상생활에서 전적으로 다른 사람의 도움이 필요한 자	95점 이상
장기요양 2등급(중증)	심신의 기능상태 장애로 일상생활에서 상당부분 다른 사람의 도움이 필요한 자	75점 이상 95점 미만
장기요양 3등급(중등증)	심신의 기능상태 장애로 일상생활에서 부분적으로 다른 사람의 도움이 필요한 자	60점 이상 75점 미만
장기요양 4등급(경증)	심신의 기능상태 장애로 일상생활에서 일정부분 다른 사람의 도움이 필요한 자	51점 이상, 60점 미만
장기요양 5등급	치매대상자	45점 이상 51점 미만
장기요양 인지지원 등급	치매대상자	45점 미만

*등급 외 A, B, C로 분류 된 경우 노인보건복지사업의 대상자로 다양한 서비스를 지원받을 수 있다.

(6) 등급판정 후 장기요양서비스 이용 절차

서비스·신청 접수 및 상담(방문, 전화) → 장기요양기관이 가정방문 후 서비스 제공 계획 수립 → 서비스 이용 계약 체결 → 서비스 제공 → 모니터링 실시/서비스 종료 혹은 계속

(7) 노인장기요양보험 재원조달

① 장기요양보험료 : 60~65%

② 국가 및 지방자치단체의 부담금 : 20%

③ 본인부담금 : 15~20%

(8) 장기요양 급여의 내용(재가급여, 시설급여, 특별현금급여)

① **재가급여** : 가정에서 생활하며 장기요양기관이 운영하는 각종 서비스를 제공받는다.

*본인일부부담금 15%, 의료급여수급자는 면제

재가급여 종류	내용
방문요양	장기요양요원이 수급자의 가정 등을 방문하여 신체활동 및 가사활동을 지원
방문목욕	장기요양요원이 목욕설비를 갖춘 장비를 이용하여 수급자의 가정 등을 방문하여 목욕을 제공
방문간호	장기요양요원인 간호사 등이 의사, 한의사 또는 치과의사의 방문간호지시서에 따라 수급자의 가정 등을 방문하여 간호, 진료보조, 요양에 관한 상담 또는 구강위생 등을 제공
주·야간보호	수급자를 하루 중 일정시간 동안 장기요양기관에 보호하여 신체활동 지원 및 심신기능의 유지· 향상을 위한 교육과 훈련 등을 제공
단기보호	수급자를 보건복지부령으로 정하는 범위 안에서 일정기간 동안(월 9일 이내) 장기요양기관에 보호하여 신체활동지원 및 심신기능의 유지·향상을 위한 교육과 훈련 등을 제공
기타 재가급여 (복지용구)	수급자의 일상생활 또는 신체활동 지원에 필요한 제품을 제공하거나 대여하여 수급자의 편의를 도모하고자 지원하는 장기요양급여(예 수동휠체어, 전동·수동침대, 욕창예방 매트리스, 성인용 보행기 등)

재가급여 장점	• 평소에 생활하는 친숙한 환경에서 지낼 수 있다. • 사생활이 존중되고 개인 중심 생활을 할 수 있다.
재가급여 단점	• 의료, 간호, 요양서비스가 단편적으로 진행되기 쉽다. • 긴급한 상황에 신속하게 대응하기가 어렵다.

방문간호가 가능한 장기요양요원의 자격
- 간호사로서 2년 이상의 간호업무 경력이 있는 자
- 간호조무사로서 3년 이상의 간호보조업무 경력이 있고, 보건복지부 장관이 지정한 교육기관에서 소정의 교육을 이수한 자
- 치과위생사

② **시설급여** : 가정에서 생활하지 않고 시설에 입소하여 신체활동 지원 및 심신기능의 유지·향상을 위한 서비스를 제공받는다.

*본인일부부담금 20%, 의료급여수급자는 면제

노인의료복지시설	내용
노인요양시설(요양원)	치매·중풍 등 노인성 질환 등으로 심신에 상당한 장애가 발생하여 도움이 필요한 노인을 입소시켜 급식·요양과 그 밖에 일상생활에 필요한 편의를 제공하는 시설(입소자 10인 이상 시설)
노인요양공동생활 가정 (그룹홈)	치매·중풍 등 노인성 질환 등으로 심신에 상당한 장애가 발생하여 도움이 필요한 노인에게 가정과 같은 주거여건과 급식·요양, 그밖에 일상생활에 필요한 편의를 제공하는 시설(입소자 9인 이내의 시설)

시설급여 장점	• 의료, 간호, 요양서비스를 종합적으로 제공 받을 수 있다.
시설급여 단점	• 지역사회(가족, 이웃, 형제)와 떨어져 지내며 소외되기 쉽다. • 개인중심의 생활이 어렵다.

③ **특별현금급여** : 재가급여와 시설급여를 받을 수 없을 때 지급하는 것이다.

- 가족요양비 : 도서·벽지 등 장기요양기관이 현저히 부족한 지역, 천재지변, 수급자의 신체·정신 또는 성격상의 사유 등으로 인해 가족 등으로 부터 방문요양에 상당한 장기요양급여를 받은 경우 지급되는 현금급여
- 특례요양비 : 수급자가 장기요양기관이 아닌 노인요양시설 등의 기관 또는 시설에서 재가급여 또는 시설급여에 상당한 장기요양급여를 받은 경우 수급자에게 지급되는 현금급여 (현재 시행 안 함)
- 요양병원간병비 : 수급자가 요양병원에 입원했을 때 지급되는 현금급여(현재 시행 안 함)

(9) 노인장기요양보험 표준서비스

분류	표준서비스 내용
신체활동지원서비스	세면 도움, 구강 청결 도움, 머리 감기 도움, 몸 단장, 옷 갈아입기 도움, 몸씻기 도움, 식사 도움, 체위 변경, 이동 도움, 신체 기능의 유지·증진, 화장실 이용하기
가사 및 일상생활지원서비스	식사준비, 세탁, 청소 및 주변 정돈, 개인활동지원(외출 시 동행, 장보기, 산책, 은행·관공서·병원 등 방문 시 부축 또는 동행하고 책임 귀가)
인지활동지원서비스	인지자극활동, 일상생활 함께하기
인지관리지원서비스	인지행동변화 관리 등
정서지원서비스	말벗, 격려, 위로, 의사소통 도움
방문목욕서비스	방문목욕
기능회복훈련서비스	신체 기능 훈련, 기본동작 훈련, 일상생활동작 훈련, 물리치료, 신체·인지기능 향상 프로그램, 작업치료, 인지 및 정신기능 향상 훈련, 인지활동형 프로그램
치매관리지원서비스	행동변화 대처
응급서비스	응급상황 대처
시설환경관리서비스	침구·린넨 교환 및 정리, 환경관리, 물품관리, 세탁물 관리
건강 및 간호관리	관찰 및 측정, 기초건강관리, 인지훈련, 욕창관리, 투약관리, 호흡기간호, 영양관리, 통증관리, 배설관리, 당뇨발관리, 투석간호, 구강간호

노인장기요양보험 표준서비스는 최소한의 서비스 범위를 설정하여 서비스의 질적 수준을 보장하고 서비스를 제공받는 급여 대상자의 기본권을 보장하기 위한 것이다.

의사소통과 방어기제

(1) 치료적 의사소통

인도	• 개방적인 대화를 할 수 있도록 대화의 시작 부분에 사용 • "잘 지내셨어요? 요즘 기분이 좀 어떠세요?"
개방적 질문	• 대상자의 생각과 반응을 이끌어 낼 수 있는 질문 • "무슨 생각을 하고 계신가요?"
경청	• 의식적이고 의도적으로 타인에게 주의를 기울이는 기술 • 눈을 맞추고 고개를 끄덕임, 상냥한 얼굴, 즉각적인 반응
공감	• 다른 사람의 감정을 있는 그대로 인정하고 이해하는 것 • "그런 생각이 들 정도로 힘이 드시는군요."
명료화	• 대상자의 표현이 모호할 때 내용을 명확하게 해주는 것 • "예를 들어 말씀해주시겠어요?"
반영	• 대상자가 표현한 생각, 경험, 감정을 정리하여 다른 용어로 대상자에게 다시 표현하는 것 • "내가 잘못한 게 계속 생각나고 왜 그랬을까 후회가 돼요." → "죄책감을 느끼시는군요."
재진술	• 대상자의 표현을 그대로 반복하는 것 • "퇴원하고 싶어요." → "퇴원하고 싶다고요?"
직면	• 의문을 제기함으로써 말과 행동이 불일치하거나 모순되는 점을 인식시키는 것으로, 무비판적이어야 한다. • "남편이 병문안을 오지 않아서 섭섭하다고 하셨는데 당신이 남편에게 피곤할테니 오지 말라는 문자를 보냈다는 말을 들어서 좀 혼란스러워요."
정보제공	• 대상자에게 필요한 지식 및 정보를 제공하는 것 • "이 약은 불안을 진정시키기 위한 항불안제입니다."
침묵	• 짧은 침묵은 대상자나 간호조무사 모두에게 생각을 정리할 수 있는 기회를 준다.
현실제시	• 망상이나 환각을 가진 대상자에게 현실에 대해 사실대로 이야기 하는 것 • "저 사람이 매일 나를 잡으러 와요." →"저 분은 환자분의 주치의입니다."
탐색	• 대화내용 중 주목할 만한 내용을 세밀하게 탐색하는 것 • "그것에 대해 더 자세히 설명해 주시겠습니까?"
초점 맞추기	• 한 가지 주제로 대화에 집중하도록 하는 것 • "많은 것들을 언급했는데 먼저 말씀하셨던 학교 자퇴문제에 대해 다시 이야기 해봅시다."
요약	• 면접(면담)을 마무리 할 때 주로 사용 • "우리는 지금까지 금주에 대한 여러 가지 방법에 대해 이야기 해봤어요."

(2) 비치료적 의사소통

일시적 안심	• 사실에 근거하지 않고 대상자를 안심시키려 하는 것 • "걱정 마세요. 다 잘될 거에요."
즉각적인 찬성과 동의	• 대상자의 행동과 태도에 평가를 한 것이 되어 대상자는 다음에 그 이야기의 내용을 바꾸고 싶어도 자유로이 바꾸지 못함 • "잘 하셨어요.", "환자분 결정에 100퍼센트 동의합니다."
거절	• 대상자의 생각이나 행동을 받아들이지 않는 태도 • "그 부분은 더 이상 듣고 싶지 않네요"
비난	• 대상자의 행동과 생각을 비판하는 것 • "왜 그런 이상한 생각을 하세요?"
주제변경	• 관계없는 주제를 내놓는 것 • "죽고 싶어요." → "알코올중독 자조모임에 다녀오셨어요?"
불일치	• 대상자의 생각과 간호조무사의 생각이 다름을 표현하는 것 • "그렇지 않아요. 나는 절대 (~와/과) 동의하지 않아요."
충고	• 대상자가 취해야 할 행동에 관하여 조언하고 해결책을 제안하는 것 • "나는 당신이 ~해야 한다고 생각해요.", "내가 당신이라면~"
탐지	• 대상자에게 꼬치꼬치 심문하듯이 묻는 것 • "왜 그렇게 된건가요? 이야기 해주면 안되나요? 그래서요?"
도전	• 대상자의 생각을 증명하도록 답변을 요구하는 것 • "당신이 죽었다면 왜 아직까지 심장이 뛰고 있는거죠?"
방어	• 구두 공격으로부터 어떤 것을 보호하려는 시도 • "이 병원은 평판이 좋고 OOO의사는 이 분야 최고의 권위자입니다."
해명요구	• 대상자의 생각, 느낌, 행동에 대한 이유를 말하도록 하는 것 • "왜 그렇게 생각하세요?"

(3) 방어기제

승화	• 본능적 욕구나 참기 어려운 충동적 에너지를 사회적으로 용납되는 형태로 표출하는 성숙하고 긍정적인 방어기제 예 공격성을 가진 사람이 유능한 권투선수가 되는 것
부정	• 현실을 거부함으로써 현실과 관련된 정신적 고통을 피해보려는 것(외적인 근원을 가진 위협을 억누름, 아무 일도 없는 척) 예 시한부 판정을 받은 후 진단결과를 믿지 않고 5년 후 계획을 세우는 것 예 아들이 전쟁에서 사망했다는 사실을 믿지 않고 늘 밥상을 차릴 때 아들의 밥까지 올려놓는 등 아들이 살아있는 것처럼 행동하는 것
억압	• 의식에서 용납하기 어려운 생각, 욕망, 충동을 무의식속으로 눌러 놓는 것(기억상실, 망각, 완전히 잊어버림) 예 어린 시절 성추행이나 학대당한 기억을 잊는 것
억제	• 마음에 고통을 주는 기억을 의식적으로 잊으려고 노력하는 것 예 헤어진 연인에 대한 생각을 하면 괴롭고 힘들어서 생각하지 않으려고 노력하는 것 예 친구가 내 뒷담화를 하는 것을 알고 화가 났지만 '그럴 수도 있겠구나' 하며 참는 것
저항	• 괴롭고 불안한 기억이 의식으로 떠올라 오는 것을 막는 것 예 "몰라요, 기억이 안나요. 그건 별로 중요하지 않잖아요?"
투사	• 자신의 결점이나 받아들일 수 없는 행동에 대한 책임을 남이나 환경 탓으로 돌리는 것 속담 실력 없는 목수가 연장 탓 한다, 잘되면 내 탓 못되면 조상 탓
퇴행	• 심한 좌절을 경험할 때 현재의 위치나 성숙의 수준이 과거 수준으로 후퇴하는 것 예 대소변을 잘 가리던 아이가 동생이 태어난 후 밤에 오줌을 싸는 것
반동형성	• 겉으로 보이는 태도나 언행이 마음속 생각과 정반대로 행동하는 경우 예 싫어하는 사람에게 더 잘해주는 것, 좋아하는 여학생을 괴롭히는 것 속담 미운 자식 떡 하나 더 준다.
대치	• 목적하는 것을 갖지 못하는 데서 오는 불안을 최소화하기 위해 원래와 비슷한 것을 갖는 것으로 원래목표와 대용목표가 아주 유사할 때만 유용 예 아버지를 사랑하는 딸이 아버지를 닮은 사람과 결혼 속담 꿩 대신 닭
전치	• 어떤 대상에 대한 부정적인 감정을 덜 위험하거나 편안한 대상자에게 표출하는 것 예 부모에게 야단맞고 만만한 동생을 때리는 행동 속담 종로에서 뺨 맞고 한강 가서 눈 흘긴다.
동일시	• 자신에게 중요한 사람과 동일한 수준으로 생각하며 자신의 가치를 높이고자 하는 것 예 자신이 좋아하는 연예인의 옷차림을 따라하는 경우, 자녀의 직장·승진·성취 등을 늘 자랑하고 다니는 부모님
합리화	• 용납하기 어려운 충동이나 욕구를 그럴듯한 이유로 설명하는 것 예 "손이 닿지 않는 저 포도는 분명 시큼하고 맛이 없을 거야.", "시험 문제가 이상해서 내 점수가 낮은거야." 속담 핑계 없는 무덤이 없다.
보상	• 자신의 성격, 외모, 지능 등의 결함을 다른 것으로 대리만족 하기 위해 다른 능력이나 특성을 강조하는 것 예 가난에 대한 콤플렉스가 있어 과하게 치장을 하는 것 • 어떤 분야에서 특별히 뛰어나다는 인정을 받음으로써 다른 분야에서의 실패나 약점을 보충하고자 하는 경우 예 외모 콤플렉스가 있는 사람이 열심히 공부해서 판사가 되는 것 속담 작은 고추가 더 맵다.
해리	• 마음을 편치 않게 하는 성격의 일부가 그 사람의 지배를 벗어나 하나의 독립된 성격인 것처럼 행동하는 것 예 이중인격, 지킬박사와 하이드
신체화	• 현실적인 불만이나 심리적인 갈등이 신체를 통해 병이나 불편함으로 나타나는 것 예 운동을 싫어하는 학생이 체육시간만 되면 배가 아픈 것
취소	• 용납할 수 없거나 스스로 죄책감을 일으키는 사고, 감정, 행동에 대하여 상징적인 방법을 통해 무효화하는 것 예 미워하는 동생을 때리고는 뽀뽀하는 것, 폭언을 한 후 아내에게 고가의 선물을 하는 것

 운동과 이동 돕기

지팡이 사용 시

- 지팡이를 짚는 반신마비(편마비) 환자 부축 시 : 지팡이를 건강한 쪽으로 잡으니까 지팡이의 반대쪽(마비쪽)에서 보조
  - 계단 올라갈 때 : 지팡이 → 건강한 다리 → 아픈 다리
  - 계단 내려갈 때(=평지이동 시) : 지팡이 → 아픈 다리 → 건강한 다리
  - 2점 보행 : 지팡이+아픈 다리 → 건강한 다리

목발 사용 시

- 계단을 올라갈 때 : 건강한 다리 → 아픈 다리+목발
- 계단을 내려갈 때 : 아픈 다리+목발 → 건강한 다리
- 3점 보행 : 목발+아픈 다리 → 건강한 다리

보행기 사용 시

- 한쪽 다리만 약한 환자 : 보행기+아픈 다리 → 건강한 다리
- 양쪽 다리가 모두 불편한 환자 : 보행기 → 한쪽 다리 → 반대쪽 다리

운반차나 들것으로 이동 시

- 리더는 항상 환자의 머리 쪽에 서기!
- 평지 : 환자의 다리가 앞으로!
- 계단이나 언덕을 오르거나 내릴 때 : 환자 머리는 항상 계단의 위쪽에!
- 구급차 안으로 들어갈 때 : 머리가 먼저!

휠체어를 타고 엘리베이터를 이용할 때

- 뒤로 들어가서 앞으로 밀고 나온다.

반신마비(편마비) 환자 이동 돕기

- 반신마비(편마비) 환자 이동 시 보조자는 환자의 불편한 쪽에 선다.
  (보행벨트 사용 시 환자의 뒤에서 마비된 쪽의 보행벨트를 지지한다).
- 환자의 불편한 쪽에 서서 한 팔로 허리를 안고 다른 팔로 환자의 팔꿈치 가까운 위팔(상완)의 아랫부분을 잡아준다.
- 침대에서 휠체어로 이동 시 휠체어는 환자의 건강한 쪽에 둔다.
- 반신마비(편마비) 환자가 욕조에 들어가고 나올 때는 건강한 다리부터 옮긴다.

반신마비(편마비) 환자 식사 돕기

- 반신마비(편마비) 환자 식사 보조 시 보조자는 환자의 불편한쪽(마비된 쪽)에서 보조하고 저작이 편한 쪽(건강한 쪽)으로 씹도록 한다.
- 누워서 식사를 하는 경우 건강한 쪽을 밑으로 하여 옆으로 누운 자세를 취한다.

단추 없는 상의 갈아입고 벗기

- 입을 때 : 마비된 팔 → 머리 → 건강한 팔
- 벗을 때 : 건강한 팔 → 머리 → 마비된 팔

표준예방접종

대상 감염병 (17종)	백신 종류	횟수	접종시기
결핵	BCG(피내용)	1	• 1개월 이내
B형간염	HepB	3	• 0, 1, 6개월
로타바이러스 감염증	RV1	2	• 2, 4개월
	RV5	3	• 2, 4, 6개월
디프테리아, 파상풍, 백일해	DTaP	5	• 2, 4, 6, 15~18개월, 만 4~6세
	Tdap(권장)/Td	1	• 만 11~12세 • 이후 10년마다 Td 재접종
폴리오(회색질척수염)	IPV	4	• 2, 4, 6~18개월, 만 4~6세
b형 헤모필루스 인플루엔자 (뇌수막염)	Hib	4	• 2, 4, 6개월, 12~15개월
폐렴알균	PCV	4	• 2, 4, 6개월, 12~15개월
홍역, 볼거리(유행귀밑샘염), 풍진	MMR	2	• 12~15개월, 만 4~6세
수두	VAR	1	• 12~15개월
A형간염	HepA	2	• 1, 2차 : 12~35개월 *1차 접종은 생후 12~23개월에, 2차는 1차 접종으로부터 6개월 이상 경과한 후
일본뇌염	IJEV (불활성화 백신)	5	• 1, 2차 : 12~23개월 • 3차 : 24~35개월 • 4차 : 만 6세 • 5차 : 만 12세 *1차 접종 1개월 후 2차 접종, 2차 접종 11개월 후 3차 접종
	LJEV (약독화 생백신)	2	• 1차 : 12~23개월 • 2차 : 24~35개월 *1차 접종 12개월 후 2차 접종
사람유두종바이러스 감염증	HPV	2	• 1, 2차 : 만 11~12세 *6~12개월 간격으로 2회 접종
인플루엔자	IIV	매년 접종	• 6개월 이후 ~ 만 12세

* 예방접종 순서 : B형간염 → BCG → 로타바이러스 감염증, b형 헤모필루스 인플루엔자, 폐렴알균, DTaP, 주사용 폴리오(회색질척수염) → 수두, MMR → A형간염, 일본뇌염 → 사람유두종바이러스 감염증

12개월(돌) 이전(9개)		12개월(돌) 이후(7개)
• B형간염 (0, 1, 6개월) • BCG (1개월 이내) • 로타바이러스 감염증(2, 4개월 또는 2, 4, 6개월) • b형 헤모필루스 인플루엔자 (2, 4, 6개월, 12~15개월) • 폐렴알균 (2, 4, 6개월, 12~15개월) • DTaP (2, 4, 6, 15~18개월, 만4~6세) • 주사용 폴리오(회색질척수염) (2, 4, 6~18개월, 만4~6세)	인플루엔자 (6개월 ~ 만 12세까지 매년 접종)	• 수두 (12~15개월) • MMR (12~15, 만4~6세) • A형간염 (1, 2차 : 12~35개월) • 일본뇌염(생백신) 1차 : 12~23개월 2차 : 24~35개월 • 사람유두종바이러스 감염증 (1, 2차 : 만11~12세)